Dietmar Schlegel
Sebastian Werner

Das Bw Nossen

Chronik einer 100-jährigen Dienststelle für Regel- und Schmalspurlokomotiven

EK-Verlag

Impressum

Titelbild

Das Bw Nossen am 11. Mai 1985: In ihrem heimatlichen Lokschuppen stehen 50 1002, 35 1113 und 50 3540. Aufgrund der letzten Einsätze dieser Maschinen pilgerten zahlreiche Eisenbahnfreunde in jener Zeit nach Nossen.

Aufnahme: Frank Ebermann

Rückseite

Im Jahr 1967 präsentiert sich 38 323 in ihrem Heimat-Bw Nossen dem bekannten Dresdner Eisenbahnfotografen Georg Otte.

Aufnahme: Georg Otte, Sammlung Matthias Hengst

ISBN 978-3-8446-6438-6

www.eisenbahn-kurier.de

Bearbeitung/Gestaltung: Sebastian Werner

Bildbearbeitung: Sandra Schnellbach, Sabine Ressel, Daniel Jennewein und Rico Schreiber

Unser Gesamtverzeichnis erhalten Sie kostenlos unter Tel. 0761-70 310 0 oder unter service@eisenbahn-kurier.de

EK-Verlag – ein Verlag der VMM Verlag + Medien Management Gruppe GmbH
Lörracher Straße 16 – 79115 Freiburg

Inhalt

△ **Bild 1** • Sie wurde aufgrund der Ausrüstung mit Wagner-Windleitblechen zum heimlichen Star des Bw Nossen: 50 1002. Am 29. Mai 1982 steht sie auf der Drehscheibe ihres heimatlichen Bahnbetriebswerkes.
Aufnahme: Joachim Volkhardt

Vorwort

Liebe Leserinnen und Leser,

die Kleinstadt Nossen, an der Freiberger Mulde gelegen, ist unter Eisenbahnfreunden kein unbekannter Ort. Durch Nossen verläuft die Strecke Dresden – Döbeln – Leipzig, zudem zweig(t)en dort noch die Strecken nach Freiberg (Sachs) und Riesa ab. Bis 1972 gab es zudem eine 750-mm-Schmalspurbahn, die von Nossen über Mohorn und Wilsdruff nach Freital-Potschappel führte.

Die Hauptaufgabe des 1923 gebildeten Bahnbetriebswerkes Nossen lag in der Bespannung von Reise- und Güterzügen auf den von Nossen ausgehenden Strecken. Entsprechend vielseitig waren die hier beheimateten Baureihen schon zu Dampflokzeiten. In den Bestandslisten finden sich unter anderem Vertreter der Baureihen 23^{10}, 38^{2-3}, 38^{10-40}, 50, 52, 55, 57^{10-35}, 58^{4}, 58^{10-21}, 75^{5}, 86, 89 und 91^{3-18}. Ab 1976 wurde die Dampftraktion in Nossen zunehmend durch Diesellokomotiven der Baureihen 106, 110 und 112 abgelöst.

Bis 1946 unterstanden dem Bw Nossen die Schmalspur-Lokbahnhöfe in Frauenstein, Klingenberg-Colmnitz, Lommatzsch, Mohorn, Meißen Jaspisstraße, Freital-Potschappel, Hainsberg und Wilsdruff. Zum 1. November 1967 wurde auch das bis zu diesem Zeitpunkt eigenständige Schmalspur-Bw Mügeln dem Bw Nossen angegliedert, und zum 1. Oktober 1972 übernahm Nossen vom Bw Wilsdruff die komplette Betriebsführung auf den Schmalspurstrecken Freital-Hainsberg – Kurort Kipsdorf und Radebeul Ost – Radeburg. Entsprechend beheimatete das Bw Nossen offiziell auch die Schmalspurlokomotiven der Baureihen 99^{51-60}, 99^{64-71}, 99^{73-76} und 99^{77-79}.

Das Ihnen nun vorliegende Buch informiert umfassend über die interessante wie abwechslungsreiche Historie des Nossener Bahnbetriebswerkes und beschreibt ausgiebig die Einsatzgeschichte der dort vorhandenen Lokomotivbaureihen. Für die Lokstatistik wurden Betriebsbücher, Kostenübersichten für Triebfahrzeuge und Werkstattunterlagen des Bw Nossen verwendet. Mit großer Sorgfalt wurde der Inhalt des Buches recherchiert, trotzdem gab es je nach Quelle widersprüchliche Daten zur Geschichte des Bahnbetriebswerkes, zur Beheimatung von einzelnen Lokomotiven sowie deren Leistungen. Für diesbezüglich weiterführende Erkenntnisse aus der Leserschaft dieses Buches wären wir sehr dankbar.

Ein solches Buch kann selbstverständlich nicht ohne Zuarbeiten sowie der Bereitstellung von Bildern, Hilfe beim Korrekturlesen und der Bildbearbeitung entstehen.

Aus diesem Grund geht unser herzlicher Dank an Frau Sylvia Böhme für die Koordinierung und Unterstützung bei der Bildauswahl, an Guido Wranik für dessen Hilfe bei der inhaltlichen und grammatikalischen Kontrolle der Texte sowie an die Herren Volkmar Kubitzki, Olaf Wanka, Gero Istel, Hans-Jürgen Smok, Andreas Leschniowski, Andreas Stange und Martin Stams für die Bereitstellung von Dokumenten. Unser Dank gilt ebenso Matthias Hengst, Marco Heyde, Lennart Fehr, Frank Ebermann, Rainer Heinrich, Jörg Leuthardt, Klaus Brautzsch vom Heimatmuseum Nossen, Manfred Meyer, Michael Banndorf, Andreas Rasemann, Jürgen Jentsch, Martin Büttner, Wolfgang Nitsche, Peter Wunderwald, dem Fotostudio Krüger in Nossen, Marko Rost, Charly Kissel, Daniela Nestler, Volker Lukas, Joachim Volkhardt, Jörg Sauter, Udo Steinwasser, Danny Teuchert und Gunter von Hartwig, die uns eigene Aufnahmen oder Bilder aus ihren Sammlungen bzw. Archiven für dieses Buch zur Verfügung gestellt haben. Gleichsam gilt unser Dank den Damen und Herren in der Bildbearbeitung des EK-Verlages in Freiburg für deren hervorragende Arbeit.

Wir wünschen viel Spaß beim „Eintauchen“ in die Geschichte des Nossener Bahnbetriebswerkes!

Dresden und Halle (S) im Oktober 2023

Dietmar Schlegel und Sebastian Werner

△ **Bild 2** • Für den kultur- und kunsthistorisch Interessierten ist Nossen aufgrund des dort vorhandenen Schlosses eine Reise wert, während der Eisenbahnfreund im ehemaligen Bahnbetriebswerk einige Zeugen der „guten alten Nossener Eisenbahnzeit" findet. Am 17. April 2010 gab es im Rahmen einer Fotoveranstaltung dieses Szenario, als 35 1097 mit einem Güterzug den Bahnhof Nossen in Richtung Meißen verließ und dabei das auf einem Bergsporn hoch über der Freiberger Mulde stehende Schloss passierte. AUFNAHME: UDO STEINWASSER

1 Nossen – eine kurze Stadtgeschichte

Nossen? Sind wir ehrlich: Vielen Menschen ist diese Kleinstadt allenfalls durch das Autobahndreieck A14/A4 bekannt. Nossen liegt abseits der großen Tourismuswege in Sachsen und ist kaum in einem der üblichen Reiseführer zu finden. Und wenn, dann finden das Schloss und der um das ehemalige Kloster Altzella angelegte Landschaftspark Erwähnung. Immerhin! Doch es lohnt sich durchaus, einen kurzen Blick in die Geschichte des Ortes – abseits des Themas Eisenbahn – zu werfen, denn Nossen kann auf eine sehr lange Historie zurückblicken.

Aber zunächst einmal soll die Frage geklärt werden, wo Nossen geografisch genau liegt. Grob gesagt: in Sachsen. Etwas feiner: im Landkreis Meißen, am Südrand des Mittelsächsischen Hügellandes, welches gemeinhin schon als Erzgebirgsvorland bezeichnet werden kann. Da die Städte Leipzig, Dresden und Chemnitz vielleicht etwas besser zu lokalisieren sind, mögen sie an dieser Stelle als „Wegmarken" dienen. Von Dresden sind es 31 km (Luftlinie) in westlicher Richtung bis Nossen, von Chemnitz liegt Nossen knapp 36 km (Luftlinie) in nordöstlicher Richtung entfernt und von Leipzig bis Nossen sind es ca. 72 km (Luftlinie) in südöstlicher Richtung. Die exakte Position der Stadtmitte: 51°3'29.246"N 13°17'58.065" E. Im Verlauf der von der Quelle bei Moldava (Tschechien) bis zur Vereinigung mit der Zwickauer Mulde bei Sermuth insgesamt 124 km langen Freiberger Mulde liegt Nossen bei Flusskilometer 47,2. Da die „Vereinte Mulde" bei Dessau-Roßlau in die Elbe und diese bekanntlich in die Nordsee mündet, hat Nossen also auch auf dem Wasserweg einen Anschluss an die große weite Welt – wenn auch nur für Paddler …

Die erste urkundliche Erwähnung des Ortes datiert aus dem Jahr 1185 und steht im Zusammenhang mit einem Rechtsstreit zwischen einem Ritter Petrus de Nozin und dem 1162 von Otto I., Markgraf von Meißen, gegründeten Kloster Altzella. Der edle Rittersmann hatte das Land als Lehen vom Bischof von Meißen erhalten und darauf seinen Herrensitz errichtet. Ob es sich dabei aber um eine Wallanlage oder bereits um eine „feste Behausung" handelte, ist nicht mehr nachzuvollziehen. Im Verlauf des 12. Jahrhunderts wurde jedoch auf einem Felssporn hoch über der Freiberger Mulde eine Burg errichtet und für 1264 ist in der unterhalb der Burg entstandenen Siedlung bereits eine Kirche nachgewiesen. Sowohl Burg als auch Siedlung gingen 1315 in den Besitz des Bischofs von Meißen – zu diesem Zeitpunkt Withego II. von Colditz – über.

Die Herren vom Bistum Meißen hatten die Nossener Burg allerdings nicht sehr lange in ihrem Eigentum, denn Bischof Johann IV. von Schweidnitz – vor seiner Berufung zum Bischof (1427) war er 1409 einer der Begründer der Universität in Leipzig – verkaufte sie im Jahr 1436 für 2.200 Rheinische Gulden an das Kloster Altzella. Die unterhalb der Burg befindliche Siedlung war im Kaufpreis inbegriffen. Zunächst als Sitz des Abtes genutzt, stellte sich aber wohl relativ schnell heraus, dass die Unterhaltung eines solchen Baus auch für ein Kloster mit überaus guten Ein- bzw. Auskommen kein leichtes finanzielles Unterfangen ist. Der Abt zog wieder in seine Abtei – die Burg war dem Verfall preisgegeben.

Doch die westlich des Ortes gelegene Zisterzienserabtei – von 1190 bis 1381 Erbbegräbnisstätte der Wettiner – blieb nur noch 114 Jahre bestehen, wobei dieser Zeitraum gleichzeitig als die „Blütezeit" der Abtei gilt. Nicht zuletzt auch, weil sich der dort befindliche Bibliotheksbestand auf 1.000 Bücher erhöhte. Allerdings: Im Zusammenhang mit der Reformation wurde das Kloster 1540 durch den sächsischen Herzog Heinrich dem Frommen säkularisiert. Oder einfacher ausgedrückt: Es wurde verstaatlicht und gelangte in das Eigentum des Kurfürstentums Sachsen. Für die Verwaltung des Geländes und des durchaus umfangreichen Klosterbesitzes – die Abtei besaß u.a. beträchtlichen Grund und Boden rund um Nossen – ist 1544 das „Amt Nossen" eingerichtet worden. Die zahlreichen Gebäude auf dem nunmehr ehemaligen Klostergelände wurden z.T. abgebrochen und die Steine als Baumaterial – sozusagen in Zweitverwertung – für den Ausbau der Nossener Burg zu einem Jagdschloss für Kurfürst August genutzt. Zwischen 1554 und 1557 entstand auf diese Weise der heutige Westflügel des Schlosses. Auch der Neubau der Kirche in Nossen ab 1565 fand übrigens mit Altmaterial des Klosters Altzella statt. Im Jahr 1599 wurden die noch vorhandenen Klostergebäude bei einem Großbrand zerstört. Lediglich das ehemalige Konservenhaus – das Gebäude der Klausur, also jener Bau, der nur den Zisterziensern vorbehalten war – blieb erhalten und fand eine anschließende Verwendung als Stall.

Apropos Großbrand: Gleich von zwei Großbränden wurde Nossen im Verlauf des 16. Jahrhunderts heimgesucht, denen nahezu alle Häuser zum Opfer fielen, zudem sorgten Hungersnöte und die Pest für eine Dezimierung der Einwohner. Auch das 17. Jahrhundert kann nicht unbedingt als das „Goldene Jahrhundert" bezeichnet werden, wenngleich dem Ort im Jahr 1664 das Stadtrecht verliehen wurde. Zuvor wütete der Dreißigjährige Krieg auch in dieser Region und hinterließ durch Plünderungen, Verwüstungen und Gewaltexzesse seine Spuren. Während dieser Zeit halbierte sich in Nossen die Einwohnerzahl.

Von was lebten die Einwohner der Stadt zu jener Zeit? Ackerbau und Viehzucht standen diesbezüglich ganz weit oben, viele verdienten ihren Lohn auch im (Silber-) Bergbau. Entsprechende Stollen gab es z. B. im Zellwald (Adolph-Stolln), im Tal der Freiberger Mulde (Joseph-Schacht, Wolfgangschacht) und in der Nähe der Klosteranlage Altzella. Selbstverständlich wurde auch Handwerk und Handel in Nossen betrieben, seit dem Jahr 1600 ist auch eine Apotheke nachweisbar. Für den Handel war die Möglichkeit eines Übergangs über die Freiberger Mulde bedeutsam. Im Jahr 1717 wurde in Nossen die Muldebrücke

△ **Bild 3** • Selbstverständlich konnte der Besucher der Stadt auch per Ansichtskarte einen „Gruß aus Nossen" in die Welt schicken. ABBILDUNG: SAMMLUNG GUIDO WRANIK

nach Entwürfen von keinem geringeren als Matthäus Daniel Pöppelmann – einem der „Starbaumeister" des Barocks und Rokoko – erneuert. Pöppelmanns berühmtestes Bauwerk ist der zwischen 1711 und 1728 errichtete Dresdner Zwinger.

Im Verlauf des Siebenjährigen Krieges standen Preußische Truppen im Herbst 1759 vor Nossen, beschossen und stürmten schließlich die Stadt und das Schloss. Dabei wurden u. a. die auf dem Gelände des ehemaligen Klosters in Altzella befindlichen Grabmäler der Markgrafen zu Meißen zerstört, zudem nahmen Stadt und Schloss große Schäden. Das Schloss diente ab 1775 nur noch als Sitz des Amtes Nossen, der Nord- und Ostflügel wurden ab 1808 als Gefängnisse genutzt. Prominenten Besuch hatte das Nossener Schloss im Mai 1813: Für eine Nacht – vom 7. zum 8. Mai – war der französische Kaiser Napoleon Bonaparte zu Gast. Apropos Prominenz: Fast 100 Jahre zuvor verbrachte Anna Constantia Gräfin von Cosel, die wohl bekannteste Mätresse Augusts des Starken, einige Wochen auf dem Schloss. Auf dem Weg nach Stolpen musste sie krankheitsbedingt vom 23. November bis zum 24. Dezember 1716 in Nossen pausieren.

Im Verlauf des 19. Jahrhunderts wurden in der Stadt Unternehmen gegründet bzw. siedelten sich Gewerbe an, die sich bis weit in das 19. Jahrhundert, einige bis in die heutige Zeit, hielten. So eröffnete Christian Friedrich Junghanß 1809 ein Kolonialwarengeschäft „mit Restauration", welches später durch eine Drogerie und ein Fotoatelier erweitert wurde. Die Drogerie Junghanß gibt es noch heute und gilt als die älteste durchgehend im Besitz einer Familie gebliebene Drogerie in Deutschland. Im Jahr 1830 gründete Carl Heinrich Müller eine Sämischlederfabrik, die als Nossener Sämischleder H. A. Müller GmbH auch heute noch – als einziges Unternehmen in Sachsen – Leder herstellt.

Durch die Annahme der „Allgemeinen Städteordnung für das Königreich Sachsen" erhielt Nossen 1833 den Rang einer Stadt mit städtischer Selbstverwaltung. Zu diesem Zeitpunkt hatte Nossen ca. 1.700 Einwohner.

Zu Beginn des 20. Jahrhundert erlebte die Stadt – auch durch die Anbindung an die Eisenbahn – einen wirtschaftlichen Aufschwung, zudem vergrößerte sich die Fläche der Stadtflur durch diverse Geländezukäufe. Die Einwohnerzahl stieg auf 5.000 an.

Den Zweiten Weltkrieg überstand Nossen nahezu unbeschadet, dennoch forderten Tieffliegerangriffe in den letzten Kriegswochen noch 18 Menschenleben. Nicht unerwähnt soll bleiben, dass in Zella von 1944 an bis April 1945 ein Außenlager des KZ Flossenbürg (Bayern) bestand, in dem bis zu 471 Häftlinge inhaftiert waren.

Zu DDR-Zeiten war in Alt-Zella die Zentralstelle für Sortenwesen des Ministeriums für Landwirtschaft ansässig und in Nossen wurde in Tradition des 1856 gegründeten „Königlichen Lehrerseminar" im Jahr 1953 das Institut für Lehrerbildung eingerichtet. Zu den Hauptarbeitgebern in der Stadt gehörten die Haar- und Wollgarnspinnerei sowie die Eisengießerei. 1960 lebten fast 8.000 Menschen in Nossen. Aktuell sind es durch mehrere Eingemeindungen (56 Ortsteile) ca. 11.000 Einwohner. Klein- und mittelständische Unternehmen sowie der Einzelhandel sind heute die Hauptarbeitgeber in der Stadt.

2 Die Eisenbahn kommt nach Nossen

Im Königreich Sachsen lag bekanntlich die Wiege der deutschen Ferneisenbahnstrecken. Am 7. April 1839 wurde die Verbindung Leipzig – Dresden eröffnet und damit bewiesen, dass die Eisenbahn nicht nur auf kurzen Entfernungen dienlich sein kann. Vielmehr lagen ihre Vorteile in der Beförderung von Waren, Gütern und Menschen über größere Entfernungen. Bis zum Jahr 1860 kamen in Sachsen noch die Strecken Leipzig – Hof (Eröffnung 15. Juli 1851), Dresden – Görlitz (1. September 1847), Dresden – Pirna – Bodenbach (6. April 1851), Chemnitz – Riesa (1. September 1852), Dresden – Freital – Tharandt sowie Dresden – Meißen (1. Dezember 1860) hinzu.

Wenn man sich die Strecken vor Augen führt, so wird schnell deutlich, dass sich die Stadt Nossen zwar in „greifbarer Nähe" zur Eisenbahn befand, bisher allerdings bei den Planungen von derlei Linien von dieser nicht berücksichtigt wurde. Der nächste Bahnhof befand sich zu diesem Zeitpunkt im knapp 15 km Luftlinie entfernten Döbeln. An dieser Stelle muss nicht explizit darauf hingewiesen werden, dass bei den damaligen Wegeverhältnissen – von Straßen soll gar nicht gesprochen werden – damit eine Halbtagestour mit der Kutsche verbunden war.

Das wirtschaftlich weitaus bedeutsamere Freiberg (Sachs) erhielt zum 11. August 1862 in Verbindung mit der Eröffnung der Strecke aus Tharandt seinen Anschluss an die große weite Welt der Eisenbahn. Nun war Nossen von Schienensträngen „umzingelt", seine Einwohner konnten jedoch weiterhin nur voller Neid nach Riesa, Döbeln, Meißen oder Freiberg (Sachs) blicken und die positiven Entwicklungen beobachten, welche diese Städte und deren Wirtschaft durch die Eisenbahn nahmen.

Für die Strecke Tharandt – Freiberg (Sachs) war eine Verlängerung nach Chemnitz geplant, allein auch, um Dresden als Hauptstadt Sachsens mit der sich rasant entwickelnden Wirtschaftsmetropole Chemnitz zu verbinden. Man spricht nicht ganz falsch vom „sächsischen Manchester", wenn es um das Chemnitz in jener Zeit geht. Trotz dieser Planung wurden auch Stimmen laut, Freiberg (Sachs) über eine Eisenbahnlinie mit Döbeln zu verbinden, wofür es sogar Vorarbeiten in Form von möglichen Trassierungsvarianten gab. Es hätte sogar zum ersten Eisenbahnanschluss für Nossen führen können. Jedoch wurde dieses Vorhaben auch schnell wieder verworfen, denn das Interesse lag schon aus rein fiskalischen Gründen an einer Weiterführung der Strecke in Richtung Chemnitz. Nossen blieb also weiterhin außen vor. Die Handel- und Gewerbetreibenden sowie die Unternehmer in dieser Stadt mussten also weiter zusehen, wie andernorts die Wirtschaft aufblühte.

In einer 1988 vom Deutschen Modelleisenbahnverband der DDR herausgegebenen und von Peter Schulz verfassten Broschüre „Die Eisenbahn um Nossen zur Dampflokzeit" wird diesbezüglich ein Text wiedergegeben, der am 1. Mai 1863 im „Anzeiger für Stadt und Amt Nossen, Siebenlehn und die umliegenden Ortschaften" abgedruckt war. Darin spiegeln sich auf zeitgenössische Art sowohl die Ängste und Sorgen bei einem weiter ausbleibenden Anschluss an die Eisenbahn sowie die Hoffnungen wider, die mit einem Eisenbahnanschluss verbunden waren. An dieser Stelle soll auch den Leserinnen und Lesern dieses Buches der Text nicht vorenthalten werden:

„Die Bestrebungen nach einer Eisenbahn, welche die Städte Roßwein, Nossen und Umgegend mit den größten Verkehrswegen verbinden und sie vor der Zurücksetzung und vor der Verkümmerung ihres Handels und ihres Gewerbefleißes bewahren soll, nehmen eine festere Richtung an. Während man bisher noch schwankte, ob die Anschlußpunkte einer solchen Bahn in der Richtung Döbeln, Roßwein, Freiberg oder Döbeln, Roßwein, Nossen, Tharandt zu suchen seien, erkannte man in einer, am 22. April d. J. in Nossen gehaltenen Versammlung der Freunde und Beförderer dieser Eisenbahnverbindung, daß dieselbe ihre festen Punkte nur in Döbeln und Dresden zu suchen habe.

Die Linie Döbeln – Freiberg hatte bei der vorläufigen Zeichnung von Beiträgen zu den Kosten der Aufnahme eine so geringe Theilnahme gefunden, daß schon aus dieser Zurückhaltung deutlich abzunehmen war, wie wenig Hoffnung auf Lebensfähigkeit diese Bahnlinie habe. Für die Bahnlinie Döbeln – Tharandt sprach eine lebhafter Betheiligung. Nur erkannte man, daß Tharandt nicht als fester Vereinigungspunkt für die zu entbindenden Eisenbahnlinien aufzustellen, sondern diese thunlichst nahe bei Dresden aufzusuchen sei. Die Bahnlinie Döbeln – Dresden und Döbeln – Leipzig in denen beiden man gegenwärtig eine Bauaufgabe zu sehen hat, welche für Entwicklung, Beförderung und Erhaltung des Binnenverkehrs unsers Vaterlandes [gemeint ist das Königreich Sachsen, Anmerkung der Autoren] *die größte Berechtigung und die besten Aussichten in sich trägt, versprechen beide mit einander mindestens den gleichen Antheil an der Verkehrsbewegung, welche gegenwärtig die Bahnlinie Dresden – Leipzig allein befriedigt und ausbeutet. Die Erträge dieser Bahn sind bekannt.*

Steht auch nur die Hälfte derselben für die beiden Linien Döbeln – Leipzig und Döbeln – Dresden in Aussicht, so lohnt doch schon eine solche Hälfte das Bauunternehmen reichlich. Die Linie Döbeln – Leipzig ist sorgfältig aufgenommen und veranschlagt. Von der Linie Döbeln – Dresden ist die Strecke Döbeln – Niederstriegis im Veranschlage und in der Zeichnung ebenfalls fertig; es steht also nur noch die Untersuchung, Aufnahme und Veranschlagung der Strecke Niederstriegis bis Dresden, über Roßwein und Nossen zurück. Der Aufwand für diese Arbeiten ist noch nicht ganz gedeckt. Naturgemäß kann diese Deckung nur geschehen durch Privatmittel, welche die Städte Döbeln, Roßwein und Nossen mit Umgegend vorläufig aufbringen, künftig aber ersetzt erhalten, wenn ihr Bahnproject sich bewährt und zur Ausführung kommt. Durch rasche und reiche Betheiligung hat diese Gegend zu zeigen, daß sie erkennt, wie es gilt, jetzt oder nie in das vaterländische Eisenbahnnetz hineingezogen zu werden und eine Verkehrsader zugeführt zu erhalten, ohne welche ihr Handel und Gewerbe versiechen und in aller Entwickelung zurückbleiben müsse.

Überall in Sachsen, besonders in den Nachbarstädtchen Hainichen, Frankenberg und Andern regt es sich, um einen Antheil an den sächsischen Binnenbahnen zu erlangen. Freiberg hat sich seine Eisenbahnverbindung mit Dresden durch zähe Ausdauer erkämpft, die Bahnlinie nach Chemnitz fällt ihr nun von selbst zu. Sollte denn das gewerblich so thätige und an Naturschätzen so reiche allenthalben so wohlangebaute Gebiet, was zwischen Döbeln und Nossen an der Mulde und zwischen Nossen und Dresden liegt, an den Vortheilen der neuen großartigen Verkehrswege ausgeschlossen bleiben und an deren Ausbau sich nicht betheiligen dürfen und wollen?

Sicher würde man dieß, wenn es zu spät wäre, bereuen. Darum benutzte doch Jeder, der dazu betragen kann, die Aufforderung, welche von dem eingesetzten Comiteé und von den Stadträten zu Döbeln, Roßwein

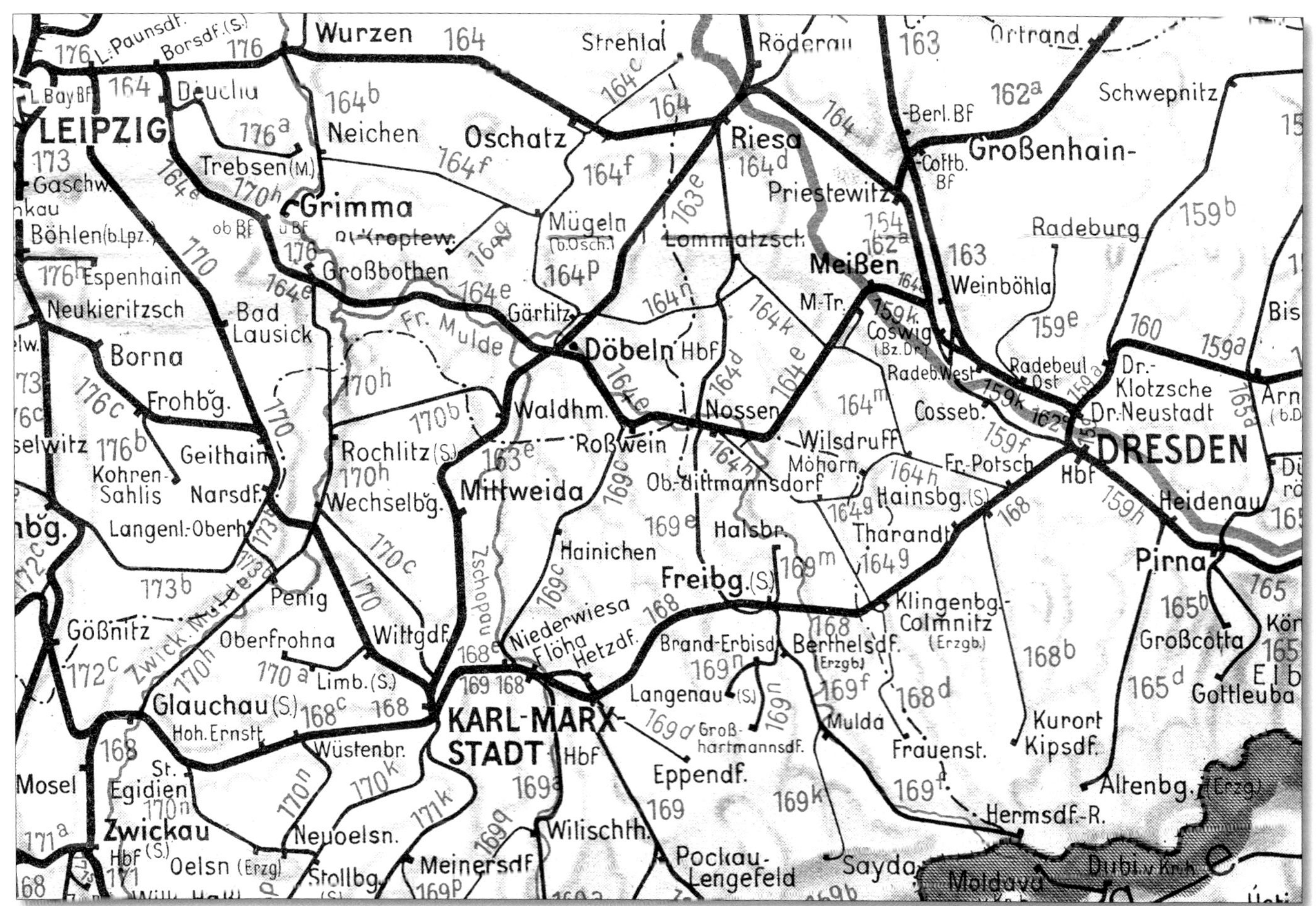

△ **Bild 4** • Und das kleine Nossen mittendrin! Auszug aus der Streckenkarte zum Kursbuch des Jahres 1961 mit der Lage des zwischen Döbeln und Meißen sowie zwischen Freiberg (Sachs) und Riesa liegenden Bahnknotens Nossen. Der Verantwortungsbereich des Bw Nossen zog sich zeitweilig bis in weit entfernte Lokbahnhöfe, wie z. B. Oschatz (Schmalspur), Radeburg (Schmalspur) und Bienenmühle (Regelspur). ABBILDUNG: SAMMLUNG SEBASTIAN WERNER

und Nossen zu neuer Zeichnung von Beiträgen für die Veranschlagung der Bahnlinie Döbeln – Dresden ausgehen wird, um sich daran zu betheiligen und beizutragen, daß auch unser schönes Muldenthal mit seinem Handel und Gewerbe an der großen Verkehrserweiterung der Gegenwart und Zukunft Theil habe.“

Diese Worte waren sehr deutlich, schildern sie doch das drohende Siechtum der Wirtschaft im Tal der Mulde zwischen Döbeln, Roßwein und Nossen, wenn es weiterhin ohne Anschluss an die Eisenbahn bleiben würde. Gleichzeitig stellte sich die Frage der (Vor-)Finanzierung eines solchen Projektes, denn bei allem Verständnis für Existenzängste, so dürften die Taler bei den Unternehmern in diesem Gebiet auch nicht so locker in der Tasche gelegen habe. Immerhin stellte der Nossener Stadtrat insgesamt 300 Taler für die anstehenden Vorarbeiten zum Bau einer Strecke Döbeln – Nossen – Dresden zur Verfügung, mit der Option auf weitere 200 Taler, sollte die benötigte Summe für diese Arbeiten nicht erreicht werden.

An zwei Terminen, am 18. Mai 1863 und am 20. Juni 1863, gab es in Nossen jeweils Generalversammlungen, zu denen alle Einwohner der Stadt und der Umgebung eingeladen waren, die ein Interesse an einer finanziellen Beteiligung zur Realisierung dieses Eisenbahnprojektes besaßen. Entsprechend bestand die grundsätzliche Einigung darüber, eine Verbindung Dresden – Nossen – Döbeln – Leipzig anzulegen, allein die Festlegung des genauen Streckenverlaufs sorgte noch für reichlich Diskussionen. Und so berichtete das „Dresdner Communalblatt“ im Jahr 1864:

„Von den Eisenbahnprojekten interessieren uns am meisten diejenigen, welche aus dem zwischen der Elbe und der Tharandt-Freiberg-Chemnitzer Bahnlinie gelegenen Landestheil näher rücken und weiterhin eine zweite Verbindung mit Leipzig eröffnen. Das eine weitere Durchschneidung des großen, einige 60 Quadratmeilen umfassenden Grunddreiecks nöthig ist, daß die Chemnitz-Riesaer Bahn, welche zwei gegenüberliegende Seiten verbindet, während die wichtigsten Bahnknotenpunkte in den Spitzen liegen, diesem Bedürfnisse nur sehr ungenügend entspricht, bedarf kaum des Beweises: Die Bedeutung von Chemnitz gestattet allerdings, dieses selbst als den Endpunkt eines Dreiecks zu betrachten, welches den östlichen Theil des erstgenannten großen umfaßt und durch eine, unten näher zu besprechende directe Linie von Leipzig nach Chemnitz von diesen abgeschnitten wird, dessen Seite also genau mit den directen Verbindungen der drei Landeshauptstädte Dresden, Leipzig und Chemnitz zusammenfallen. Für dieses kann die Chemnitzer Bahn ihren südlichen Theilen (Döbeln, Chemnitz) als die Verbindung des Centrums mit einem Eckpunkte betrachtet werden, der sich gleichberechtigt die Linien Döbeln – Leipzig und Döbeln – Dresden an die Seite stellen würden.

Diese sind es dann auch, um welche es sich gegenwärtig handelt; beide werden von besonderen Comités betrieben. Ihre Länge wird je acht Meilen mit einem Kostenaufwand von je 4 Mill Thlr. betragen, die Gesammtbahn Leipzig – Döbeln – Dresden also sich auf 16 Meilen und 8 Mill. Thlr. Kosten stellen.

Bedenkt man, daß vor dreißig Jahren Leipzig und Dresden bei halb so großer Einwohnerzahl und ohne eine Spur von Anschlußbahnen oder Durchgangsverkehr eine Eisenbahn tragen konnten, daß sie jetzt doppelt so groß und sogleich Hauptknotenpunkte eines allgemeinen Bahnnetzes geworden sind, sowie daß die an der Mulde zwischen ihnen liegenden Städte Grimma, Leisnig, Döbeln, Roßwein ohne Eisenbahn den entsprechenden Stationen der Leipziger Bahn an Bedeutung so ziem-

◁ **Bild 5**
Das Empfangsgebäude der „Station Nossen" von der Gleisseite, aufgenommen um 1870.

Aufnahme: Slg. Klaus Brautzsch

△ **Bild 6** • Auch wenn die Qualität der Glasplatte in den vergangenen fast 130 Jahren gelitten hat, so soll die Aufnahme dennoch gezeigt werden. Um 1900 haben sich einige Bahnbedienstete vor dem Nossener Bahnhofsgebäude in Position gebracht. Aufnahmen: Sammlung Klaus Brautzsch

lich die Waage gehalten haben, so kann man die Lebensfähigkeit des Projects nicht bezweifeln.

Vor der Hand schweben allerdings noch Streitigkeiten über die Details der Linie, sowohl auf der Leipziger wie auf der Dresdner Seite. In jene Theile beabsichtigt nämlich die Leipzig-Dresdner Bahn die Erbauung einer Zweigbahn von Borsdorf nach Grimma, wodurch sie den Kopf, ähnlich wie bei Erbauung der Dresden-Meißner Bahn an der früheren projectirten Dresden-Döbelner Linie, in ihre Hand bekäme und das Entstehen des unselbstständigen Mittelstücks, mithin die Concurenz mit ihrer eignen Bahn auf deren ganzer Länge zu verhindern im Stande wäre.

Die Regierung will deshalb, solange das weitere Project in Frage ist, auf keine Concessionsertheilung für Borsdorf – Grimma eingehen, obgleich es dort nicht einmal des Expropriationsgesetzt bedürfen würde, indem, wie bei Coswig – Meißen, alle Grundstücke aus freier Hand erkauft werden.

Am anderen Ende der Linie schwebt der Streit zwischen den Touren Döbeln – Nossen – Wilsdruff, Döbeln – Meißen und Döbeln – Freiberg oder Tharandt. Die letzteren eignen sich, abgesehen von den Schwierigkeiten des Anschlusses, schon deshalb nicht, weil auf diese Weise das große Unternehmen stets von einer kleinen Bahn abhängig bliebe. Döbeln – Freiberg würde übrigens ebenso wie Döbeln – Meißen einen ziemlichen Abweg, letzteres außerdem noch eine gewaltige verlorene Steigung involviren und der Bahn alle die Betriebsschwierigkeiten der Dresden-Freiberger Linie aufhalsen [So! Anmerkung der Autoren.] *Die Regierung hat deshalb bei beabsichtigter Concessionsertheilung die Linie über Nossen und Wilsdruff vor Augen, welche zwar dem Muldenthale, als der von der Natur gebahnten Straße, so lange sie mit der Hauptbahnrichtung zusammenfällt, nach-, dann aber direct aufs Ziel losgeht."*

Am 16. August 1864 erhielt die Leipzig-Dresdner Eisenbahngesellschaft (LDE) die endgültige Genehmigung zum Bau einer Eisenbahnlinie Leipzig – Döbeln – Dresden, wobei erst in diesem Zusammenhang die Linienführung Meißen – Nossen – Roßwein – Döbeln abschließend festgelegt wurde. Entsprechend ist auf dem ersten Teilstück ab Dresden auf die bereits vorhandene Trasse bis Meißen zurückgegriffen worden. Aus der anderen Richtung nutzte die LDE auf den ersten Kilometern die Strecke Leipzig – Dresden bis Borsdorf. Noch im selben Jahr begannen die notwendigen Vermessungsarbeiten für die Trassierung der Strecke. Zu diesem Zeitpunkt war seitens der Generalversammlung der LDE die Entscheidung für einen Bau dieser Eisenbahnlinie überhaupt noch nicht entschieden worden! Dieser durchaus wichtige Punkt kam dort erst am 23. März 1865 zur (positiven) Abstimmung. Wie bereits im Jahr zuvor vom „Dresdner Communalblatt" fast richtig verkündet, wurden die Baukosten für die Gesamtstrecke mit 8,5 Mio. Talern veranschlagt, wobei 2,5 Mio. Taler durch neue Aktien und 6 Mio. Taler durch Anleihen aufgebracht werden sollten.

Im Jahr 1864 wurden die für die Trassenführung im Raum Nossen notwendigen Flurstücke benannt. Der östliche Abschnitt der Strecke Dresden – Döbeln – Leipzig, also von Meißen bis Döbeln, gestaltete sich in der Trassierung weitaus schwieriger als der westliche Abschnitt

Döbeln – Borsdorf. Es musste nicht nur die Elbe überquert, sondern auch der Anstieg aus dem Elbtal geschafft werden.

Die Konzessionserteilung am 16. Januar 1866 war an mehrere Bedingungen geknüpft, u.a. wurde festgelegt, dass ein durchgehender Betrieb über die Gesamtstrecke durchzuführen ist sowie Anschlüsse zu den Zügen auf den Strecken Chemnitz – Döbeln – Riesa sowie Riesa – Röderau herzustellen sind.

Die Arbeiten zum Bau der Bahnlinie begannen schon vor der Konzessionserteilung im August 1865 bei Borsdorf und kamen aufgrund des dortigen, ebenen Terrains auch schnell voran. Bereits am 14. Mai 1866 fand die Eröffnung des ersten Streckenabschnitts (Leipzig –) Borsdorf – Grimma statt. Zu diesem Zeitpunkt hatten am anderen Ende der Strecke die Arbeiten an der Elbebrücke in Meißen gerade begonnen. Hierfür fand der erste Spatenstich am 17. April statt.

Den Weiterbau der neuen Bahnlinie verhinderte dann für einige Monate der im Juni 1866 ausgebrochene Preußisch-Österreichische Krieg (auch „Deutscher Krieg" genannt), in dem so ziemlich alle damaligen Königreiche, Kurfursten-, Großherzog-, Herzog- und Fürstentümer sowie Freie Städte verwickelt waren. So auch das Königreich Sachsen, welches an der Seite Österreichs stand … und damit auf der Seite des Verlierers. Nach dem Frieden von Prag (23. August 1866) blieb Sachsen noch von preußischen Truppen besetzt; erst nach einem gesonderten Friedensvertrag zwischen Preußen und Sachsen (21. Oktober 1866) zogen diese wieder ab.

Die Arbeiten an der Bahnstrecke Grimma – Döbeln – Meißen gingen erst im Frühjahr 1867 wieder richtig voran. Der Abschnitt Grimma – Leisnig wurde am 27. Oktober jenes Jahres eröffnet, das anschließende Teilstück Leisnig – Döbeln schließlich am 2. Juni 1868. In Döbeln entstand dabei ein komplett neuer Bahnhof, denn die bereits vorhandene Station der staatlichen Chemnitz-Riesaer Eisenbahn wäre für eine Aufnahme der Strecken aus Richtung Leipzig und Dresden zu klein gewesen. So einigten sich Staats- und Privatbahn auf die Errichtung eines gemeinsamen Bahnhofes, wobei die Gleisanlagen der beiden Bahnen getrennt blieben. Das Empfangsgebäude wurde am 1. Januar 1870 in Betrieb genommen.

In Nossen wurde am 8. Februar 1867 die öffentliche Aufforderung zum Bahnbau erlassen. Das heißt, es wurden zunächst die Ausschreibungen für den Bau von zwei Teilstücken (Sektionen VI und IX) – die wiederum in fünf Abschnitte geteilt waren – veröffentlicht. Wenige Wochen später, im März 1867, eröffnete in Nossen das Sektionsbüro für den Teilabschnitt VII. Die Arbeiten für den Bau der Strecke durch das Triebischtal (Meißen – Miltitz-Roitzschen – Nossen) begannen am 1. April jenes Jahres an mehreren Stellen gleichzeitig. Während die Arbeiten aus Richtung Osten stetig vorangingen und die Gleise dem Lauf der Mulde folgend verlegt werden konnten, standen die Ingenieure im Abschnitt Meißen – Nossen vor weitaus größeren Herausforderungen.

Mitte September 1868 hatten die Gleisbauarbeiten aus Richtung Döbeln Nossen erreicht. Am 14. September fuhr das erste

△ **Bild 7** • Um das Jahr 1933 verlässt eine pr. P 8 mit einem Reisezug den Bahnhof Nossen in Richtung Döbeln. Links befinden sich die Anlagen des Bahnbetriebswerkes. Aufnahme: Sammlung Peter Wunderwald

Mal eine Lokomotive als Probefahrt von Roßwein kommend bis Nossen, wobei die Verantwortlichen ihrer ingenieurtechnischen Leistungen und der Fertigkeit der Gleisarbeiter voll vertrauten, denn die Lok BRAUNSCHWEIG (Borsig 1857/821) brachte gleich ein paar Güterwaggons mit nach Nossen. Ladegut: Kilometersteine („nummerierte Meilensteine") sowie „einige optische Telegraphen". Bis zur offiziellen Inbetriebnahme des Streckenabschnitts Döbeln – Roßwein – Nossen dauerte es noch knapp sechs Wochen. Der Sektions-Ingenieur Adolf Frederking gab am 7. Oktober 1868 bekannt, dass das Teilstück Roßwein – Nossen an jenem Tag in die Betriebsverwaltung übergeht und da-

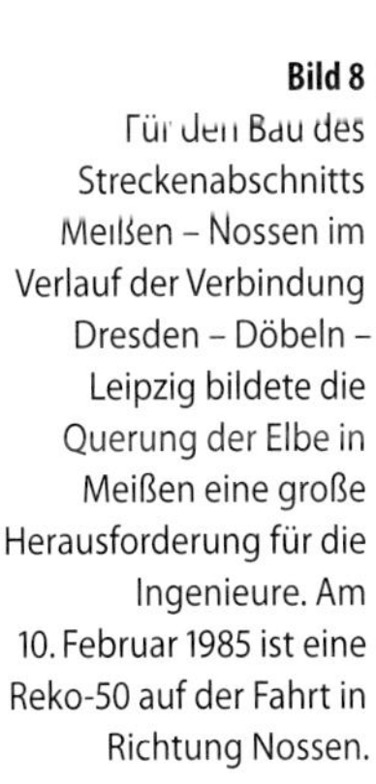

Bild 8 ▷ Für den Bau des Streckenabschnitts Meißen – Nossen im Verlauf der Verbindung Dresden – Döbeln – Leipzig bildete die Querung der Elbe in Meißen eine große Herausforderung für die Ingenieure. Am 10. Februar 1985 ist eine Reko-50 auf der Fahrt in Richtung Nossen. Aufnahme: Frank Edermann

△ **Bild 9 •** Wohl im Winter 1910/1911 entstand diese Aufnahme des Nossener Bahnhofspersonals. Im Verlauf des Jahres 1910 erhielten die Bahnsteige eine Überdachung und es wurde ein Fußgängertunnel vom Hausbahnsteig zu den Bahnsteigen 1 und 2 eingerichtet. AUFNAHME: SAMMLUNG KLAUS BRAUTZSCH

mit auch die entsprechenden Vorschriften („Betriebsreglements") in Kraft treten. Der letztere Hinweis war speziell für die Bewohner der Städte und Dörfer links und rechts der Strecke von besonderer Wichtigkeit! Denn die Gleise waren für die Menschen der damaligen Zeit nicht nur ungewohntes, sondern fortan auch verbotenes Terrain!

Nun gingen wiederum die Arbeiten im Abschnitt Nossen – Meißen voran, bestand doch jetzt die Möglichkeit, das notwendige Bau- und Schienenmaterial von Nossen aus per Zug zu transportieren. Neben der bereits erwähnten BRAUNSCHWEIG kam dabei im Triebischtal noch eine weitere Lok dieser Gattung im Arbeitszugdienst zum Einsatz.

Der große (Eisenbahn-)Tag für Nossen war der 25. Oktober 1868. Offiziell und feierlich wurde an jenem Sonntag der Anschluss der Stadt an die Eisenbahn mit einem Volksfest begangen. Der damalige Bürgermeister Theodor Zschiedrich bat die Einwohner, aus diesem Anlass die Straßen und Häuser mit Fahnen, Blumen und Flaggen zu schmücken. Das Festprogramm begann frühmorgens um 6 Uhr (!) – der Stadtmusikchor weckte die Stadt –, es gab ein Konzert auf dem Marktplatz (11 Uhr) und um 2 Uhr nachmittags fand im Gasthof „Zum deutschen Hause" ein Festmahl statt. Am Festmahl teilnehmen konnte ein jeder – solange er sich die dafür notwendige Eintrittskarte leisten wollte (oder konnte). Ab dem Folgetag, 26. Oktober 1868, trat der erste Fahrplan auf dem Streckenstück Leipzig – Döbeln – Nossen in Kraft. Immerhin drei Zugpaare verkehrten nun jeden Tag zwischen der großen alten Messestadt und der Kleinstadt an der Freiberger Mulde:

- Leipzig ab 7 Uhr, Nossen an 10:20 Uhr
- Leipzig ab 3 Uhr (nachmittags), Nossen an 6:20 Uhr (abends)
- Leipzig ab 6:45 Uhr (abends), Nossen an 9:50 Uhr (abends)
- Nossen ab 5 Uhr, Leipzig an 7:58 Uhr
- Nossen ab 1:20 Uhr (nachmittags), Leipzig an 4:28 Uhr (nachmittags)
- Nossen ab 4:45 Uhr (nachmittags), Leipzig an 7:42 Uhr (abends)

Wie in der Konzessionserteilung staatlich festgelegt wurde, gab es in Döbeln Anschlussmöglichkeiten in Richtung Riesa und Chemnitz, von Riesa aus war wiederum Dresden per Bahn zu erreichen.

Das mit der Eisenbahn auch eine erhebliche Hoffnung für das Gewerbe und den Handel in Nossen verbunden war, wird dadurch deutlich, dass bereits im Oktober sechs Lagerplätze am Nossener Bahnhof

△ **Bild 10 •** Auch der Anstieg aus dem Elbtal hinauf bis Deutschenbora war bei der Trassierung des Abschnitts Meißen – Nossen keine leichte Aufgabe. Am 19. März 1984 kämpft sich 50 1002 mit einem Güterzug die Steigung von Miltitz-Roitzschen bis Deutschenbora hinauf, hier aufgenommen am Block Rothschönberg. AUFNAHME: FRANK EBERMANN

meistbietend vergeben wurden. Deren Größe wird mit „30 bis 24 Quadrat-Ruten Flächeninhalt“ angegeben, was umgerechnet Werten zwischen 615 m² und 492 m² entspricht.

Mit der Aufnahme des Eisenbahnbetriebs auf der Relation durch das Muldetal kam es zu einer Reduzierung der Postkutschfahrten ab Nossen. Von den noch im Juni 1868 von Nossen in alle Himmelsrichtungen abfahrenden sieben Postkutschen – der einzigen Möglichkeit des öffentlichen Reisens in der damaligen Zeit – blieben bis zum Jahresende 1868 noch vier übrig. Zu diesem Zeitpunkt war auch das letzte Teilstück Nossen – Meißen fertiggestellt. Die Eröffnung fand am 22. Dezember statt.

Den Einwohnern von Nossen stand ab Dezember 1868 in zwei Richtungen auf dem Schienenwege die Welt offen. Immerhin: Wer wollte und es sich leisten konnte, hatte die Möglichkeit, per Eisenbahn z. B. bis Berlin zu reisen. Auch das ca. 17 km Luftlinie entfernte Freiberg (Sachs) war mit der Eisenbahn zu erreichen, jedoch nur über Umwege: Nossen – Döbeln – Chemnitz – Freiberg (Sachs) oder Nossen – Dresden – Freiberg (Sachs). Die Euphorie im Bahnbau ausnutzend und der allgemeinen rasanten Entwicklung im Eisenbahnwesen am Ende der sechziger Jahre des 19. Jahrhunderts folgend, wurden schnell wieder Stimmen laut, die eine Verbindung von Nossen mit Freiberg (Sachs) forderten. Gleichsam kamen auch Ideen auf den Tisch, eine solche Strecke gleich über Freiberg (Sachs) hinaus bis in das Nordböhmische Braunkohlenrevier zu verlängern.

Hier traten nun die wirtschaftlichen Interessen der Leipzig-Dresdner Eisenbahngesellschaft zu Tage. Denn der Bau einer solchen Verbindung abseits der damaligen Magistralen wäre zwar ein fiskalisches Risiko, allerdings würde sich dadurch auch die Möglichkeit eines „Transitverkehrs“ für Kohlentransporte aus Nordböhmen in Richtung Preußen ergeben – wenn gleichzeitig von Nossen aus eine direkte Strecke nach Riesa gebaut werden würde, wo wiederum in Röderau eine Anschlussmöglichkeit an die Dresden-Berliner Eisenbahn bestand. Bevor sich die LDE eine solche Gelegenheit entgehen ließ und womöglich die Konkurrenz diesen Güterstrom abgreifen konnte, beantragte die Gesellschaft die Konzession zum Bau und Betrieb einer Eisenbahnstrecke Nossen – Freiberg (Sachs) mit der Option der Weiterführung dieser Verbindung bis zur Landesgrenze bei Moldau, wenn der Anschluss aus Richtung Nordböhmen gesichert ist. Die Konzession wurde im Jahr 1871 erteilt, die Arbeiten an der 24 km langen Strecke begannen am 24. Januar 1872.

△ **Bild 11** • Dezember 1981: Mit einem Personenzug nach Großbothen verlässt 50 3539 den Bahnhof Nossen.
Aufnahme: Frank Ebermann

Für die Trasse wählten die Ingenieure einen Verlauf durch den Zellwald über Großvoigtsberg und Großschirma, wodurch die Stadt Siebenlehn von dieser Bahnlinie nicht tangiert wurde. Für deren Einwohner sollte die Station Zellwald als Ein- und Ausstiegsmöglichkeit in die Züge dienen. Die Arbeiten an der Strecke kamen nach dem Baubeginn gut voran. Dennoch dauerte es bis zum 15. Juli 1873, ehe der erste planmäßige Zug zwischen Nossen und Freiberg (Sachs) verkehrte. Insgesamt gab es täglich drei Zugpaare auf dieser Verbindung, davon waren jeweils zwei Zugpaare „gemischte“ Züge – also Personenzüge mit Gütertransport – und ein Zugpaar fuhr als reiner Personenzug:

- Nossen ab 10:40 Uhr, 4:40 Uhr (nachmittags) und 8 Uhr (abends),
- Freiberg (Sachs) ab 7:50 (morgens), 2 Uhr (nachmittags) und 5 Uhr nachmittags.

Die Dauer einer Fahrt betrug je nach Zugart zwischen 55 und 75 Minuten in Richtung Freiberg (Sachs) sowie fünf Minuten kürzer in Richtung Nossen.

Wie bereits erwähnt, entstand im Zusammenhang mit den Vorbereitungen zum Bau der Strecke Nossen – Freiberg (Sachs) und deren möglichen Fortführung bis an die nordböhmische Grenze auch der Gedanke einer direkten Eisenbahnverbindung Nossen – Riesa. Für die Realisierung dieser Idee gründete sich 1872 in Riesa ein Komitee, in welchem sich neben den Bürgermeistern auch Kaufleute aus den an eine solche Bahnlinie angeschlossenen Ortschaften sowie Vertreter der LDE und der Berlin-Anhalter Eisenbahngesellschaft befanden.

Die Arbeiten zur Errichtung dieser Strecke begannen im Juli 1875, wobei erneut die LDE als ausführende Gesellschaft auftrat. Zwar wurde der Teilabschnitt Riesa – Lommatzsch bereits am 5. April 1877 eröffnet, der Weiterbau bis Nossen verzögerte sich allerdings bis September 1878. Hintergrund war, dass der sächsische Staat zwischenzeitlich die Möglichkeit nutzte, und die Leipzig-Dresdner Eisenbahn-Gesellschaft samt ihrer Strecken, Anlagen und Fahrzeuge aufkaufte. Ausschlaggebend dafür war wiederum der hochwasserbedingte Einsturz der Elbebrücke in Riesa am 19. Februar 1876, deren Neubau von der LDE mit 1,5 Mio. Mark kalkuliert wurde. Nach dem Kauf der LDE (rückwirkend zum 1. Januar 1876) fanden allerdings in Riesa erst einmal umfangreiche Umbauarbeiten an den dortigen Gleisanlagen im Auftrag des sächsischen Staates statt, die sowohl Arbeitskräfte als auch Geld verschlangen. Nach dem Beginn der Arbeiten am ca. 20 km langen Streckenabschnitt Lommatzsch – Riesa im September 1878 dauerte es noch bis zum 15. Oktober 1880, bis die Gesamtstrecke Riesa – Nossen eröffnet wurde. Im ersten gültigen Fahrplan gab es zwischen Nossen und Lommatzsch insgesamt drei Zugpaare.

Damit war die Anbindung an das regelspurige Eisenbahnnetz in Nossen abgeschlossen und die hiesige Bahnstation zu einem Knotenpunkt geworden: In Richtung Norden ging es nach Riesa (und von dort weiter nach Preußen), in Richtung Süden fuhren die Züge bis Freiberg (Sachs) und ab Mai 1885 weiter bis Moldau in Nordböhmen, in Richtung Osten fuhren die Züge bis Dresden sowie in Richtung Westen bis Döbeln und darüber hinaus bis Leipzig.

Zum 31. Januar 1899 gab es noch die Eröffnung der 750-mm-Schmalspurbahn Nossen – Siebenlehn – Mohorn – Wilsdruff, die in ihrer Verlängerung bis Freital-Potschappel führte.

Zeittafel des Bw Nossen

1. Juni 1923	Bildung des Bw Nossen als eigenständige Dienststelle.
1928	Einbau einer Achssenke von der Firma Unruh und Liebig aus Leipzig.
1929	Stationierung eines Hilfszuges.
1934	Dem Bw Nossen werden die Lokbahnhöfe Bienenmühle, Freiberg (Sachs), Freital-Potschappel, Großhartmannsdorf, Hainsberg, Frauenstein, Kipsdorf, Klingenberg-Colmnitz, Langenau (Sachs), Lommatzsch, Mohorn, Meißen Jaspisstraße, Sayda und Wilsdruff unterstellt.
1936	Einbau einer Radsatz-Drehmaschine.
1. Januar 1937	Durch die Umwandlung des Lokbahnhofs Freiberg (Sachs) in ein eigenständiges Bahnbetriebswerk gehörten die Lokbahnhöfe in Bienenmühle, Großhartmannsdorf, Langenau (Sachs) und Sayda nicht mehr zum Bw Nossen.
31. Mai 1937	Der Lokbestand des Bw Nossen setzte sich aus 26 Regel- und 45 Schmalspurloks zusammen.
1938	Abgabe des Arzt- und Gerätewagens des Nossener Hilfszuges an das Bw Komotau.
April 1939	Für das Bw Nossen ist die Stationierung eines neuen Hilfszuges, bestehend aus einem zweiachsigen Arztwagen, einem ebenfalls zweiachsigen Gerätewagens sowie eines dreiachsigen Mannschaftswagens überliefert. Zudem befand sich im Bahnbetriebswerk ein zweiachsiger Ortsgerätewagen.
1941	Im August 1941 erhielt das Bw Nossen in Form der Baureihe 50 erstmals Lokomotiven der Einheitsbauart zugewiesen.
31. August 1945	Eine Lokzählung im Bw Nossen ergab einen Bestand von 25 Regel- und 76 Schmalspurloks.
6. Mai 1946	Das Bw Dresden-Altstadt übernahm vom Bw Nossen die Lokbahnhöfe Wilsdruff, Freital-Potschappel, Mohorn und Meißen Jaspisstraße mit den dazugehörigen Lokomotiven. Die Lokbahnhöfe Frauenstein und Klingenberg-Colmnitz kamen zum Bw Freiberg (Sachs).
Juli 1946	Übernahme des Lokbahnhofes Hainichen vom Bw Chemnitz Hbf.
23. Juni 1948	Stationierung der ersten Lok der Baureihe 56^1.
Herbst 1948	Der Lokbahnhof Hainichen wurde wieder dem Bw Chemnitz Hbf unterstellt.
1. Juli 1955	Das Bw Nossen beheimatete 22 Regelspur-Dampflokomotiven
1. Januar 1956	Übernahme des Lokbahnhofes Meißen vom Bw Dresden-Friedrichstadt.
1958	Bau eines neuen Küchengebäudes auf dem Gelände des Bw Nossen.
2. November 1960	Die erste Neubau-Personenzuglok der Baureihe 23^{10} trifft zur Beheimatung in Nossen ein.
1. Januar 1966	Im Bw Nossen waren 36 Regelspur-Dampflokomotiven beheimatet.
1. November 1967	Das Bw Mügeln wurde aufgelöst und eine Einsatzstelle des Bw Nossen.
29. September 1968	Abgabe des Lokbahnhofes Meißen an das Bw Dresden.
31. Mai 1970	Ende des Planeinsatzes von Lokomotiven der Baureihe 58.
1. Dezember 1971	38 308 als letzter „Sächsischer Rollwagen" in Nossen z-gestellt.
1972	Im Verlauf des Jahres fand eine Generalüberholung an der Drehscheibe statt.
1. Oktober 1972	Das Bw Nossen übernahm vom Bw Wilsdruff die Lokeinsatzstellen Freital-Hainsberg sowie Radebeul Ost und die Betriebsführung auf den Strecken Freital-Hainsberg – Kurort Kipsdorf sowie Radebeul Ost – Radeburg.
Winter 1972/73	Bau eines Reparaturstandes für Schmalspurlokomotiven im Nossener Lokschuppen.
1. Januar 1975	Im Bw Nossen sind 27 Vollspur- und 24 Schmalspurloks beheimatet.
25. September 1976	Das Bw Nossen erhält zehn Diesellokomotiven der Baureihe 110
21. Mai 1977	35 1106 beendete den Einsatz von Lokomotiven der Baureihe 23^{10} (ab 1970: Baureihe 35) im Bw Nossen
Sommer 1977	Errichtung einer Tankanlage zur Versorgung der Diesellokomotiven mit Kraftstoff.
28. September 1980	Nossener Lokführer fuhren erstmals planmäßig auf Elloks (Baureihe 242 des Bw Dresden im S-Bahn-Verkehr).
23. Februar 1981	Erstmals wurden keine Dampfloks mehr vom Bw Nossen aus eingesetzt.
1. Dezember 1981	Wiederbeginn des Dampflokeinsatzes vom Bw Nossen aus.
30. Mai 1987	Offizielles Ende des planmäßigen Einsatzes von Dampflokomotiven im Bw Nossen.
29. Mai 1988	Nossener Personale fuhren erstmals auf Elloks der Baureihe 243 des Bw Dresden.
1. Januar 1990	Das Bw Nossen beheimatete zehn Regelspur-Dampfloks, 27 Schmalspurloks und 30 Diesellokomotiven.
31. Dezember 1993	Auflösung des Bw Nossen als selbstständige Dienststelle und Weiterführung als Einsatzstelle des Betriebshofes Riesa.

3 Das Bw Nossen – Geschichte und Geschichten

Ob es in Nossen bereits mit Inbetriebnahme der ersten, den Ort tangierenden Eisenbahnstrecke aus Richtung Döbeln eine kleine Lokstation gab, ist nicht mehr festzustellen. Es ist lediglich bekannt, dass in den ersten Jahren vornehmlich Zweizylinder-Nassdampfloks mit der Achsfolge 1 B bzw. 1'B auf der Strecke Leipzig – Döbeln – Nossen – Dresden zum Einsatz kamen. Hersteller dieser Loks waren die Firma Borsig in Berlin, die Maschinenfabrik Esslingen und die Sächsische Maschinenfabrik vorm. Richard Hartmann AG in Chemnitz. Letztere war die „Hoflieferantin" für die Königlich Sächsischen Staatseisenbahnen (K. Sächs. Sts. E.B.).

Da es in den Anfangsjahren der Eisenbahn durchaus typisch war, den Lokomotiven Namen der Städte bzw. Ortschaften zu geben, die im Bereich ihres planmäßigen Einsatzgebietes lagen, kann davon ausgegangen werden, dass u. a. die 1'B n2-Loks „LEISNIG", „ROSSWEIN", „DÖBELN" und „NOSSEN" in den siebziger Jahren des 19. Jahrhunderts auch zwischen Leipzig und Dresden über Döbeln unterwegs waren. Entsprechend wird die eine oder andere von ihnen auch in Nossen stationiert gewesen sein. Bei den K. Sächs. Sts. E.B. erhielten diese Loks zunächst die Gattungsbezeichnung K III, ab 1896 K II und schließlich nur noch Gattung II.

Der erste Lokschuppen wurde 1879 errichtet und bereits 1883 erweitert. Durch die Entwicklung des Bahnhofes Nossen zu einem (kleinen) Eisenbahnknotenpunkt werden sich die entsprechenden Anlagen zur Abstellung der Lokomotiven, für deren Behandlung und technische Unterhaltung ständig erweitert haben. Verwaltungstechnisch gehörte die Lokstation zunächst noch zum Bahnhof Nossen.

Das in der Lokstation Nossen zunehmend auch längere Lokomotiven stationiert bzw. behandelt wurden, zeigt der Umstand, dass im Jahr 1920 eine 16-m-Drehscheibe vor dem Halbrundschuppen eingebaut wurde, die eine 12-m-Drehscheibe ersetzte. Die neue Scheibe stammte von der Firma Starr, hatte eine Nutzlast von 140 t und besaß einen wahlweisen Antrieb per Hand oder per Luft.

Ihrer gewachsenen Bedeutung entsprechend, wurde die „Lokomotivenstation Nossen" zum 1. Juni 1923 in ein Bahnbetriebswerk umgewandelt. In einer Mitteilung aus dem Amtsblatt der Direktion Dresden vom 2. Juni 1923 heißt es diesbezüglich weiter:

„Die Geschäfte des Lokomotivbetriebsdienstes einschl. der der Bahnhofsschlosserei gehen von diesem Tage an vom Bahnhof auf die neue Dienststelle über."

Das nunmehrige Bahnbetriebswerk Nossen bestand zu diesem Zeitpunkt aus einem Halbrundschuppen mit acht Ständen á 14 m Länge. An diesem Lokschuppen befand sich ein zweistöckiger Anbau, in dem Dienstwohnungen, die Aufenthalts- und Waschräume für das Personal, die Schmiede und die Schlosserei untergebracht waren. Gleichsam fanden im oberen Teil dieses Anbaus zwei Wasserbehälter (á 30 m^3 Fassungsvermögen) ihren Platz, die aus einem Brunnen mittels einer Pumpe (zuerst dampfbetrieben, später elektrisch) gespeist wurden.

Für die Verwaltung des Bahnbetriebswerkes gab es vor Ort zunächst keinerlei Räumlichkeiten. Dafür wurden weiterhin die Büros im Nossener Bahnhofsgebäude genutzt, von denen aus auch die Lokstation über die Jahre geleitet worden ist.

Im Jahr 1926 begannen Erweiterungsarbeiten im Nossener Bahnbetriebswerk, in deren Zusammenhang ein Werkstattanbau errichtet wurde. In der Sächsischen Staatszeitung war im Mai 1926 die folgende Mitteilung des Eisenbahn-Bauamtes Döbeln zu lesen:

„Die Erd-, Maurer- und Zimmererarbeiten bei Erweiterung des Lokomotivschuppens auf Bahnhof Nossen (und zwar etwa 620 cbm Bodenmassen, 320 cbm Stampfbeton, 160 cbm Bruchsteinmauerwerk, 185 cbm Ziegelmauerwerk, 1300 m Kanthölzer usw.) sollen öffentlich vergeben werden. Preislistenvordrucke sind, solange der Vorrat reicht, gegen eine Gebühr von 1 M. in

Bild 12 ▷ Blick vom Bahnsteig in Nossen auf das Verwaltungsgebäude des Bahnbetriebswerkes, dessen hinterer Teil 1926 angebaut wurde und vor dem am Tag der Aufnahme dieses Bildes 36 932 mit dem Hilfszug steht. Im vorderen Teil des Gebäudes befanden sich u. a. die beiden Wasserbehälter für die Wasserversorgung des Bw. Links ist das Stellwerk 1 zu sehen. Das Foto entstand Ende der zwanziger Jahre.

Aufnahme: Sammlung Manfred Meyer

△ **Bild 13** • Die westliche Bahnhofsausfahrt in Nossen mit den Streckengleisen in Richtung Riesa, Döbeln (– Leipzig) und Freiberg (Sachs), aufgenommen in den dreißiger Jahren. Links befinden sich die Anlagen des Bw Nossen, vor dessen Verwaltungsgebäude – wie fast immer – der Hilfszug steht. Aufnahme: Sammlung Matthias Hengst

bar vom unterzeichneten Bauamt, Mastener Straße, bei dem auch die Bedingungen ausliegen und weitere Auskünfte erteilt werden, zu entnehmen. (…)"

Bei den folgenden Arbeiten entstanden ein Werkstattanbau sowie durch Erweiterung des Lokschuppens vier neue Stände. Beides war auch zwingend notwendig, denn durch die Erhebung zum Bahnbetriebswerk gewann Nossen zunehmend an Bedeutung für die Beheimatung weiterer Lokomotiven und deren technischer Unterhaltung. Die vorhandenen Kapazitäten stießen diesbezüglich alsbald an ihre Grenzen.

Gleiches galt für die Unterbringung des Betriebs- und Werkstattpersonals, denn mit den steigenden Aufgaben des Bw Nossen stieg auch die Anzahl der im Bahnbetriebswerk tätigen Menschen. Zwischen 1929 und 1932 entstanden in der näheren Umgebung zwei Wohnsiedlungen, die ausschließlich für diejenigen errichtet wurden, die entweder auf dem Nossener Bahnhof oder im hiesigen Bw in Lohn und Brot standen.

◁ **Bild 14**
Blick vom Dach des Bw Nossen auf die Drehscheibe und die davor aufgestellten Maschinen der Baureihen 38^{2-3}, 38^{10-40} und 57^{10-35}. Die Aufnahme entstand im Jahr 1933.

Aufnahme: Slg. Peter Wunderwald

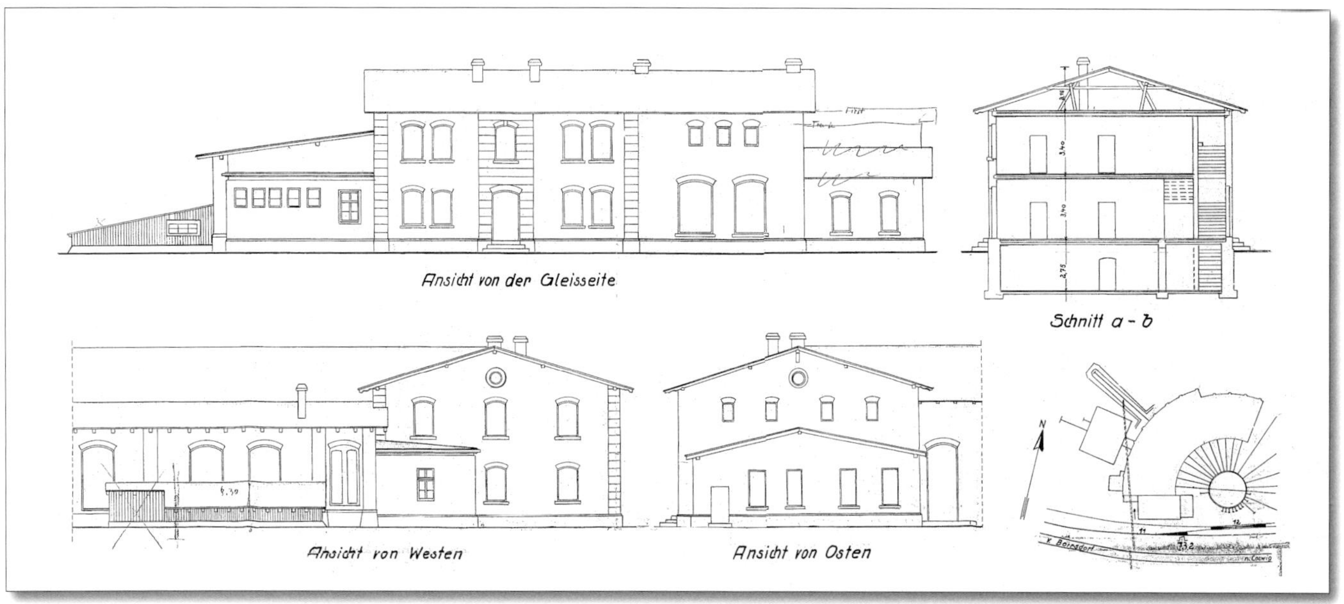

△ **Bild 15** • Aus dem Jahr 1940 stammen diese Zeichnungen des Verwaltungs- und Sozialgebäudes im Bw Nossen.

Aber nicht nur Wohnraum für die Nossener Eisenbahner zu finden, war zu jener Zeit ein Problem, auch der tägliche Bahnbetrieb wurde in Nossen zunehmend problematisch. Speziell die Versorgung der Lokomotiven mit dem dringend benötigten Wasser bereitete in den dreißiger Jahren Grund zur Sorge, denn die beiden 30m³-Wasserbehälter, aus denen immer noch die Wasserkräne gespeist wurden, erwiesen sich nicht nur aufgrund ihres Vorrats, sondern auch wegen ihres Wasserdrucks als Hindernisse für einen reibungslosen Betriebsablauf. Dabei kam es immer wieder zu der Situation, dass zwei der drei vorhandenen Wasserkräne nicht in Betrieb genommen werden durften, wenn z. B. eine Lok mit einem Durchgangsgüterzug am Bahnsteig ihre Wasservorräte auffüllte. Zeitweilig zapfte das Bw Nossen die städtische Wasserleitung an, um diesen Engpass zu überbrücken, was jedoch nicht dauerhaft funktionierte.

Es gab Anfang der vierziger Jahre die Planungen, über einen auf dem südwestlich des Bahnbetriebswerkes gelegenen Pfarrberg zu errichtenden Hochbehälter den Wasserdruck zu verbessern. Dieser hätte wohl durch die Höhendifferenz bei 2,5 atü gelegen, was fünfmal so viel gewesen wäre, wie es aus den Wasserkränen bis dato kam. Doch dieses Vorhaben wurde nicht realisiert. Die Situation besserte sich erst in den fünfziger Jahren durch eine neue Wasseranlage.

Nossen war in den zwanziger Jahren vornehmlich das Heimat-Bw für Maschinen der Baureihen 36^{9-10}, 55^{16-22}, 56^{5-6} und 57^{10-35}, bis 1929 die ersten pr. P 8 (Baureihe 38^{10-40}) zur Beheimatung eintrafen, denen Anfang der dreißiger Jahre noch „Sächsische Rollwagen“ der Baureihe 38^{2-3} folgten. Letztere blieben drei Jahrzehnte.

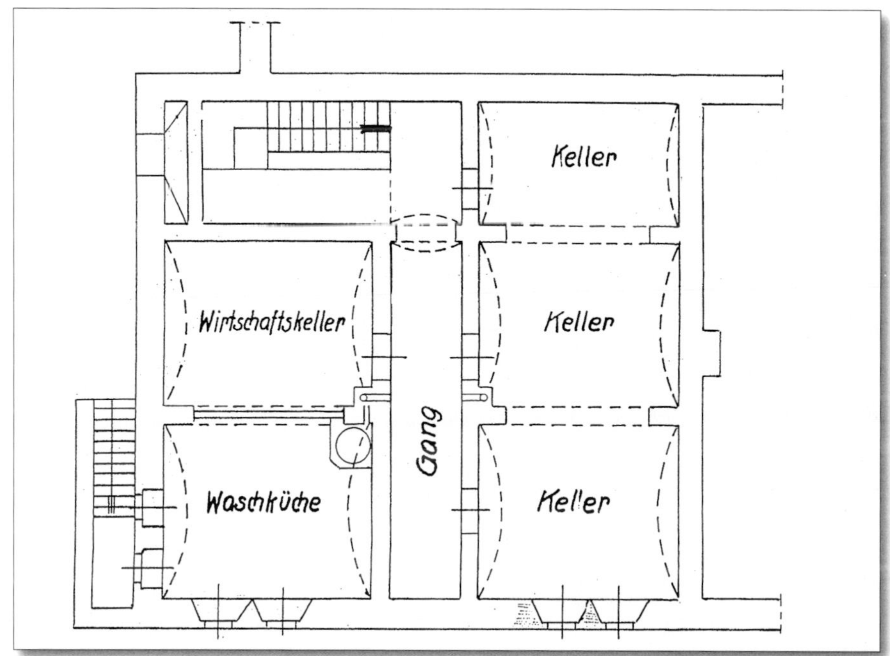

△ **Bild 16** • Grundriss des Kellergeschosses.

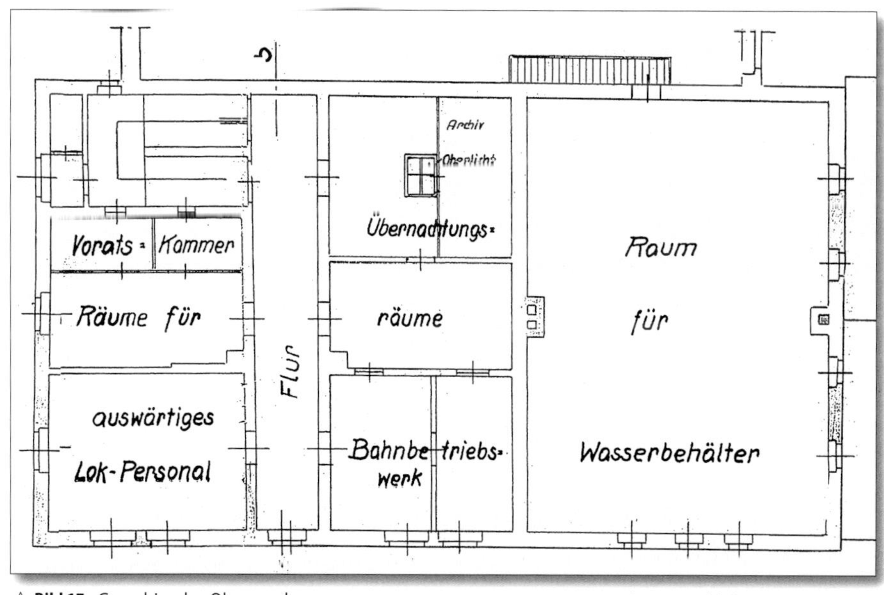

△ **Bild 17** • Grundriss des Obergeschoss.

Abbildungen (3): Sammlung Martin Stams

◁ **Bild 18**
Ansicht der alten Brücke an der Döbelner Straße mit dem Bw und dem Bahnhof Nossen dahinter. Auch diese Aufnahme entstand in den dreißiger Jahren.

AUFNAHME: SLG. ANDREAS LESCHNIOWSKI

Für die Bewältigung des stetig steigenden Güterverkehrs erhielt das Bw Nossen Mitte der dreißiger Jahre auch Vertreterinnen der Baureihe 58^{10-40} zugeteilt. Zum 31. Mai 1937 befanden sich insgesamt 26 Regelspur-Dampflokomotiven im Bestand des Bw Nossen, was für ein Bahnbetriebswerk dieser Größe eine durchaus beachtliche Anzahl ist – aber in den folgenden Jahren noch gesteigert wurde.

Die Bedeutung des Nossener Bahnbetriebswerkes innerhalb der RBD Dresden wird auch darin deutlich, dass es 1941 die ersten Einheitslokomotiven der Baureihe 50 direkt ab Werk (in diesem Fall die Berliner Maschinenbau AG vorm. Fa. Schwartzkopff in Wildau bei Berlin) zugewiesen bekam. Diese blieben zwar nicht lange und mussten weiter „in Richtung Osten" abgegeben werden, aber danach folgten immerhin noch ebenfalls fabrikneue Maschinen der (Kriegslok-)Baureihe 52.

Nun hatte Nossen richtig große bzw. lange Lokomotiven in seinem Bestand, allerdings nicht die passenden Schuppenstände dafür. Trotz der Situation im Lande und der allgemeinen Devise, dass alles unnötige Bauen usw. den Krieg verlängern würde, ist der Nossener Lokschuppen im Jahr 1941 um zwei Stände (13 und 14) erweitert worden, die beide eine Länge von 25 m aufwiesen.

Den Zweiten Weltkrieg überstanden die Anlagen des Bahnbetriebswerkes ohne Schäden. Bei einer Zählung am 25. Juli 1945 befanden sich an regelspurigen Loks Vertreterinnen der Baureihen 38^{2-3}, eine 38^{10-40}, zahlreiche 52, eine 55 sowie zwei ehemalige PKP-Loks (eingereiht als 56 3793 und 56 4000) in Nossen. Vom regulären Bestand galten 38 204, 52 5487, 52 6665 und 52 6668 als vermisst. Der tägliche Betrieb wurde zu dieser Zeit mit den „Sächsischen Rollwagen" und den Maschinen der Baureihe 52 absolviert.

Für die Dienststellen des Betriebsmaschinendienstes wurde regelmäßig ein sogenannter „Technischer Paß" ausgefüllt, der über den Zustand der Anlagen in dem jeweiligen Bahnbetriebswerk (oder Lokbahnhof) Auskunft gab. Für das Bw Nossen (RBD Dresden, Reichsbahnamt Riesa) sind im „Technischen Paß" – Stand 31. Dezember 1950 – folgende Daten eingetragen worden:

- bebaute Fläche: 4.800 m² Vollspur, 340 m² Schmalspur,
- Rechteckschuppen: 2 (Schmalspur) mit je 64 m² Grundfläche,
- Halbrundschuppen: 1 (Vollspur) mit 2.450 m² Grundfläche,
- vorhandene Loks: 8 × Gattung P 35.15, 11 × Gattung G 56.1,
- durchschnittliche Behandlungszeit einer Lok: 2,5 Std. täglich (Monat Januar); 2,2 Std. täglich (Monat Mai),
- Kopfstärke Noteinsatztrupp: 20,
- Ständezahl gesamt: 15 Vollspur, zwei Schmalspur
- für betriebliche Abstellung: vier Stände á 25 m Länge und drei Stände á 20 m Länge,
- Reparaturstände: zwei á 25 m Länge, einer mit 20 m Länge,
- Reparaturstand Schmalspur: je ein Stand mit 11 m und 12 m Länge,
- Auswaschstände: vier á 25 m Länge,
- ein Achswechselstand mit 16 m Länge,
- ein Wagenreparaturgleis mit 110 m Länge.

Der Zustand der Lokschuppen wurde als „betriebsfähig" beurteilt.

Wie schon in den dreißiger Jahren bestand in Nossen zunächst weiterhin das Problem der Wasserversorgung. Noch immer „lieferte" auch die Stadt Nossen dem Bahnbetriebswerk Wasser. Dies geschah gemäß eines Vertrages zwischen der Deutschen Reichsbahn-Gesellschaft und dem Nossener Stadtrat aus dem Jahr 1926, nachdem täglich 100 m³ Wasser zu einem Preis von 10,5 Pfennig dem Bw „zufließen". Am 20. Januar 1948 wurde eine neue Wasserversorgungsanlage unter Weiternutzung der beiden alten 30-m³-Wasserbehälter in Betrieb genommen. Diese diente jedoch hauptsächlich dazu, die Behälter schneller füllen zu können. Das Grundproblem des schwachen Wasserdrucks aus den Wasserkränen konnte auf diese Weise nicht gelöst werden, denn dafür lagen die Behälter zu niedrig – nur 5,85 m über der Schienenoberkante (SO). Sie hätten mindestens 20 m über SO liegen müssen! Gefordert war, dass wenigstens 2 m³ Wasser pro Minute (bzw. 5 m³/min bei Zügen ohne Lokwechsel) aus den Wasserkränen fließen sollen, in Nossen kam maximal ein Kubikmeter pro Minute. Dies lag allerdings auch in der zu schmalen Verteilungszuleitung (aus dem Jahr 1871!) und deren Zustand („*stark verschmutzt und verbraucht*"). Zum Zustand der beiden Wasserbehälter hieß es in einem Schreiben vom 26. Januar 1948:

„*(...) Auch ist der Behälterunterbau (Gebälk) baufällig und die Behälter selbst stark verschlissen.*"

Sie mussten jedoch noch einige Jahre durchhalten! Bei einer Generalreparatur im Dezember 1951 wurde festgestellt, dass die Wanddicke der Behälter nur noch bei 3 mm (ursprünglich 6 mm) – am Boden

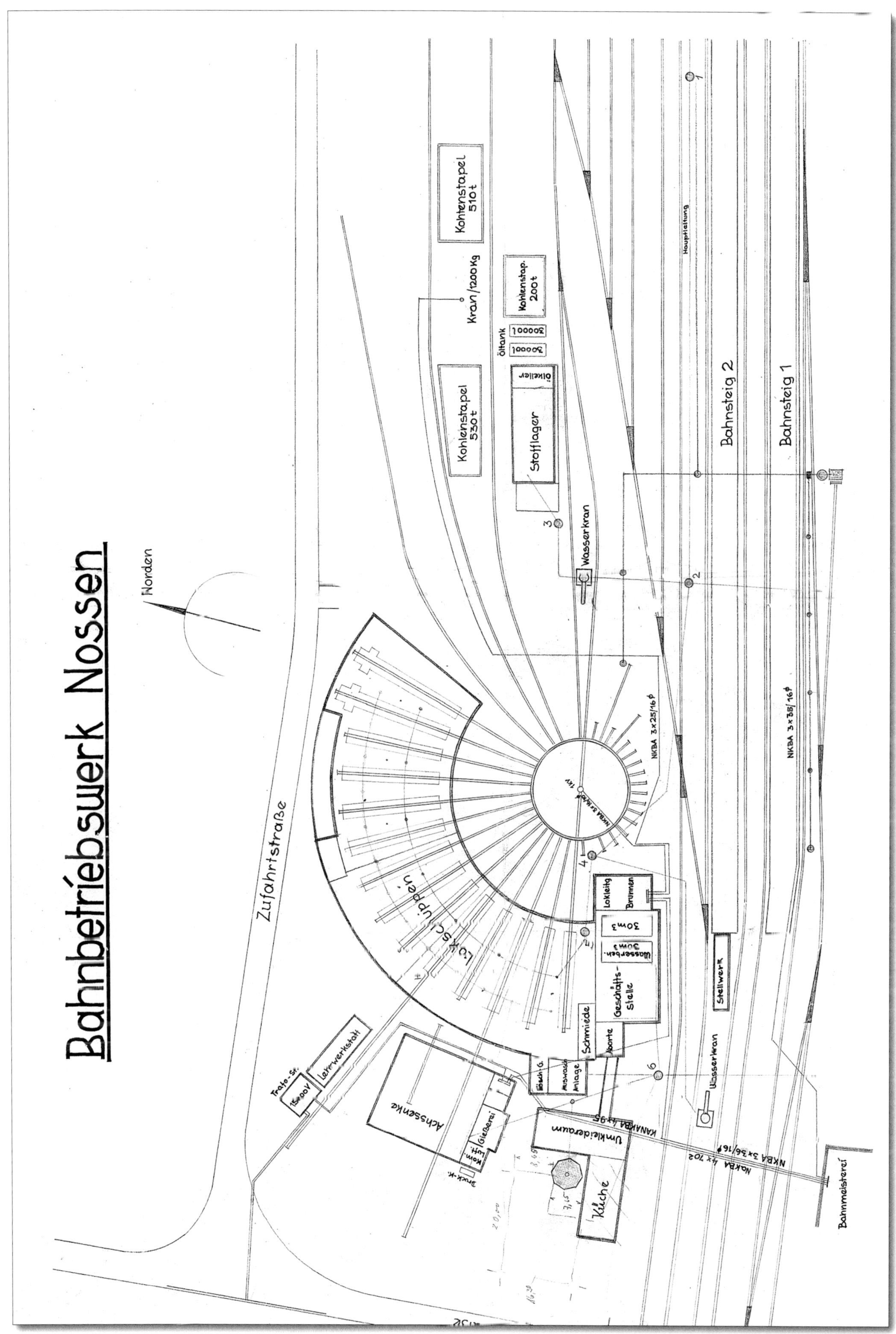

△ **Bild 19** • Lage- und Gleisplan des Bw Nossen aus dem Jahr 1950.

ABBILDUNG: SAMMLUNG MARTIN STAMS

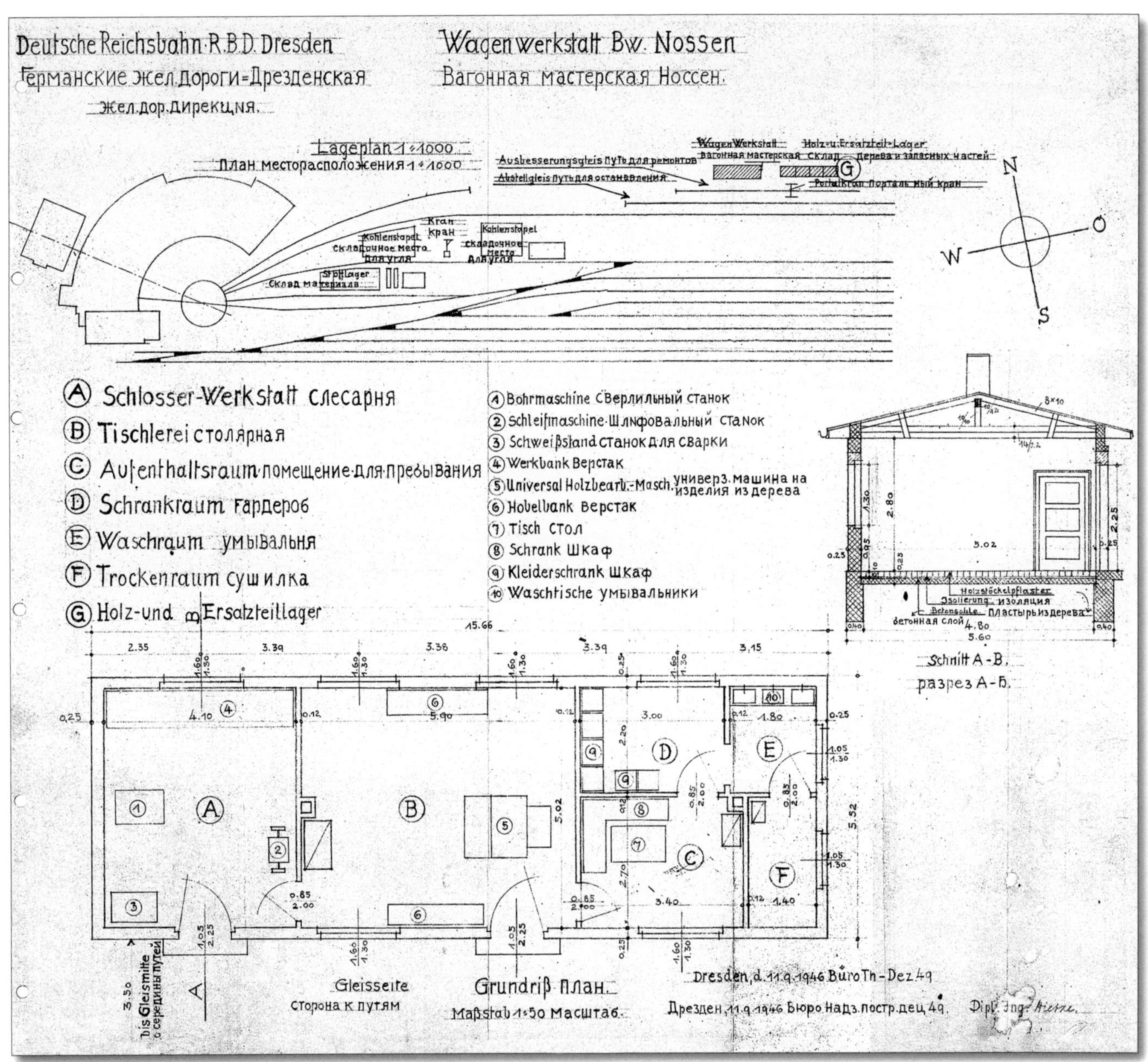

△ **Bild 20** • Ein besonderes Dokument aus der Nachkriegszeit ist dieses Zeichnungsblatt des Gebäudes der Wagenwerkstatt und eines vereinfachten Lage- und Gleisplanes des Bw Nossen, welches – der Zeit entsprechend – auch in kyrillischer Schrift bezeichnet ist. Abbildung: Sammlung Martin Stams

auch darunter – lag. Die „Restlaufzeit" der Behälter wurde zu diesem Zeitpunkt mit einem bis zwei Jahre angegeben.

Doch kurz zurück in das Jahr 1948: Die neue Wasserversorgungsanlage bestand aus einer Zuleitung (anfangs behelfsmäßig aus Feuerwehrschläuchen) vom nahen Pitzschebach zu einem Sammelteich (Fassungsvermögen 300 m³), von dem aus das Wasser über eine selbstgefertigte Pumpe in die Wasserbehälter hineingepumpt wurde und damit die Förderung aus dem Brunnen unterstützte. Zwar lag die angelegte Wasserentnahmestelle auf bahneigenen Gelände, allerdings ging es nun um die Einhaltung von Wasserrechten, denn die Reichsbahn war nicht alleine beim Abpumpen des Pitzschebachs. In einem Schreiben an das Reichsbahnamt Riesa wies das Bw Nossen am 21. Juli 1952 auf folgenden Sachverhalt hin, der dringender Klärung bedurfte:

„Erschwerend tritt hinzu, daß der Siedler Johannes Oehmigen, welcher eine Nutriafarm zur Züchtung unterhält und Gartenbau betreibt, aus dem Pitzschebach ebenfalls Wasser entnimmt. (…) Der Siedler Oehmigen hat angeblich das Recht der Wasserentnahme beim Kreisamt Meißen, Abtl. Wasserwirtschaft, erworben. (…)

Einige hundert Meter weiter oberhalb unserer Entnahmestelle entnimmt die Hühnerfarm Franke ebenfalls Wasser aus dem Pitzschebach. Wie in diesem Falle die Frage des Wasserrechts liegt, ist unbekannt. (…)

Der VEB Holzverarbeitung Nossen hat neben unserer Entnahmestelle am gleichen Ufer ebenfalls eine Wasserentnahmestelle. Diese hat seit Erbauung unserer Anlage (20.1.48) sozusagen stillgelegen. Dem Vernehmen nach bringt aber z. Zt. der VEB Holzverarbeitung seine Wasseranlage in Ordnung, so daß dieser dann wahrscheinlich sein Betriebswasser ebenfalls aus dem Pitzschebach entnehmen wird. Inwieweit diese Wasserentnahme wasserrechtlich festliegt, ist uns unbekannt. Fest steht aber, daß diese Entnahmestelle vor Erbauung unserer Wasserversorgungsanlage bestanden hat und somit angenommen werden muß, daß hier ein altes Wasserrecht vorliegt."

Um ein Verständnis für die über diese „bahneigenen Wasserversorgungsanlagen" geförderten Wassermengen zu bekommen: Im Jahr 1950 flossen dadurch 109.500 m³ Wasser in die Behälter, der tägliche Bedarf im Bw schwankte zwischen 450 und 500 m³. Das Provisorium hatte von 1948 bis Anfang 1956 bestand! Erst dann sorgte eine neue Anlage der Wasserversorgung von einem Hochbehälter auf dem Pfarrberg – nach den Plänen aus dem Jahr 1942 und bereits 1948 als Vorhaben angekündigt – für stets ausreichend Speisewasser, das auch mit ordentlich Druck aus

△ **Bild 21** • Freiwilliger Einsatz, Mehrleistung und ein fahrbarer Kran als Geschenk zum 1. Mai 1950 … die Nossener Eisenbahner waren äußerst eifrig!

der Leitung kam. Für den Bau des Hochbehälters auf dem Pfarrberg – der Name des Berges lautete nicht ohne Grund so – schloss die Deutsche Reichsbahn am 16. Dezember 1954 mit dem Evangelisch-Lutherischen Pfarrlehn zu Nossen (vertreten durch das Evangelisch-Lutherische Bezirkskirchenamt Meißen) einen Pachtvertrag ab. Laufzeit: 40 Jahre. Pacht: 0,02 DM/m², bei 1.620 m² Fläche also insgesamt 32,40 DM/Jahr.

Eine Verbesserung der Wasserversorgung im Bw Nossen war auch zwingend notwendig, denn der Lokbestand stieg enorm an. Im Jahr 1958 befanden sich 40 regelspurige Dampflokomotiven im Bestand des Bw Nossen, darunter alleine zwölf Vertreterinnen der Baureihe 58, deren Anzahl sich bis 1963 noch auf 19 Maschinen erhöhte. Diese hohe Stückzahl war dem Grund geschuldet, dass es zu diesem Zeitpunkt einen Ringverkehr bei den Güterzügen auf der Relation Leipzig – Dresden – Leipzig gab. Da sowohl die Strecke über Riesa als auch jene über Döbeln durch die geforder-

△ **Bild 22** • (Noch) Sauber und gepflegt: Der Speiseraum der neuen Betriebskantine im Bw Nossen, erbaut 1958.

Bild 23 ▷
Und war das Bw noch so klein, ein Kulturraum musste sein. Hier der Blick in den Kulturraum des Bw Nossen, welcher Ende der fünfziger Jahre eingerichtet wurde. Mittig das Bildnis von Otto Grotewohl, von 1949 bis 1964 Ministerpräsident der DDR.

Aufnahmen (3): Sammlung Klaus Brautzsch

ten Reparationsleistungen eingleisig waren, fuhren die Züge von Dresden-Friedrichstadt nach Leipzig-Engelsdorf über Nossen und Döbeln, in der Gegenrichtung über Riesa. Dieser Umstand forderte eine hohe Zahl an Lokomotiven, da die Ausbleibezeiten – also jener Zeitraum von der Abfahrt in Nossen bis zur Rückankunft – z. T. 24 Stunden betrugen.

Derweil tat sich auch einiges innerhalb des Bahnbetriebswerkes. Im Jahr 1958 wurde ein neues Küchengebäude im hinteren Teil des Bw-Geländes – also zur Döbelner Straße hin – errichtet und zudem ein Kulturraum eingerichtet.

Ab Herbst 1960 erhielt das Bw Nossen Neubau-Dampfloks der Baureihe 23^{10} zur Beheimatung zugewiesen, die zugleich die Leistungen der letzten noch vorhandenen 38^{10-40} übernahmen.

Für das Jahr 1967 sind in der Bahnhofsbeschreibung für Nossen folgende Angaben zum Bahnbetriebswerk zu finden:

- Beschäftigte im Bw: 288,
- ortsfeste Kräne: 1,2-t-Drehkran, 3-t-Raupengreiferkran,
- Kohlenbansen: 8 (Fassungsvermögen von 1.700 m^3),
- Wasch- und Duschanlage: vier Wannen, 31 Waschbecken und sieben Duschen,
- Abortanlagen: je eine mit zehn und drei Sitzen sowie zwei mit einem Sitz,
- Gerätewagen: einer,
- Drehscheibe: eine 20-m-Drehscheibe mit einer Tragfähigkeit von 140 t, Antrieb elektrisch, per Luft und Hand,
- Hilfswasserstellen: fünf Unterflurhydranten und zwei Oberflurhydranten,
- Bahnwasserwerk: Lokwasserentnahme aus Zuleitung der Stadt und aus Bach durch Wasserkran,
- Wasserkräne: vier, davon einer im Bw (Leistung 1 m^3/min).

Trotz dessen, dass das Bw Nossen im Winter 1968/69 bezüglich der Dampflokunterhaltung mit seinen eigenen Maschinen noch genug zu tun hatte, wurden von den hiesigen Werkstattmitarbeitern auch Bedarfs- und Planausbesserungen an Lokomotiven des Bw Dresden durchgeführt. Das es die Dresdner Kollegen diesbezüglich aber nicht übertreiben sollten, darauf wies der damalige Nossener Bw-Vorsteher Horst Schmidt in einem Schreiben an den Tu-Leiter (Tu = Technische Unterhaltung) im Bw Dresden vom 4. Februar 1969 hin. Darin hieß es:

„Uns wurden von Ihnen die Betriebsbücher der Loks 50 1308 und 50 3145 übergeben, mit dem Hinweis, sie in Zukunft im Bw Nossen zu unterhalten.

Wie Ihnen sicher bekannt ist, werden zur Zeit 15 Loks Ihrer Dienststelle bei uns unterhalten, trotzdem laut Planung Ihrer Dienststelle nur 12 Loks vorgesehen sind.

Zur genauen Orientierung möchten wir Ihnen die Nummern der 15 Loks nocheinmal zur Kenntnis bringen.

23 1018	*23 1105*	*50 1909*
23 1047	*23 1107*	*50 3111*
23 1044	*23 1112*	*50 31113*
23 1043	*23 1036*	*50 3113* [so!]
23 1045	*23 1037*	*38 3545*

und als 15. Lok 50 694, die von uns zusätzlich als L0 Bedarfsausbesserung mit allen Planarbeiten ausgebessert wird.

Bild 24
Was für ein Ausblick! Aus dem Büro der Lokleitung im Bw Nossen geht der Blick im Sommer 1976 in Richtung Drehscheibe, vor der 50 2641 und 35 1030 stehen.

AUFNAHME: HANS MÜLLER, ARCHIV JÖRG SAUTER

Bild 25 ▷ Zur Behandlung der Dampflokomotiven gehört(e) auch das Entfernen der Schlacke aus der Feuerkiste bzw. aus dem Aschkasten. Die Schlacke konnte bestenfalls in eine Grube fallen und wurde dann entweder per Muskelkraft oder – wie hier im Bw Nossen – per Kran in einen Schlackewagen geladen. Aber den dafür vorhandenen Hunt musste auch jemand beladen …

AUFNAHME: SLG. KLAUS BRAUTZSCH

Die Loks 50 1308 und 50 3145 können von uns auf keinen Fall in die Planunterhaltung aufgenommen werden. Wir schicken Ihnen deshalb die Betriebsbücher zurück. Uns ist unverständlich, das Sie entsprechende Hinweise unseres Kollegen Bursian einfach ignoriert haben und bitten Sie dringend, in Zukunft solche Veränderungen nicht einseitig, sondern erst mit Absprache unseres Tu-Gruppenleiters zu veranlassen."

Bereits am Folgetag ging ein weiteres Schreiben von Nossen aus in Richtung Tu-Abteilung des Bw Dresden:

„Ab 1.10.68 übernahmen wir zusätzlich in sozialistischer Hilfe Lokomotiven vom Bw Dresden zur Planausbesserung. In gemeinsamer Absprache mit Abt. M-Tu von der Rbd, Bw Dresden und Bw Nossen wurde damals festgelegt, daß das Bw Nossen 12 Lokomotiven vom Bw Dresden in die Planunterhaltung übernimmt. Gleichzeitig wurde aber, um dieses zusätzliche Arbeitsaufkommen bewältigen zu können, die Auswaschfrist verlängert und auf 36 Tage pro Lok festgelegt. Wir erklärten uns außerdem bereit, in besonders schwierigen Situationen dem Bw Dresden zu helfen und weitere drei Lokomotiven in die Planausbesserung zu übernehmen.

Es wurde in allen diesen Aussprachen ausdrücklich betont, daß 12 Lokomotiven übernommen werden sollen und es sich nicht um 12 Auswaschtage handelt. Eindeutig sagt dies auch die Fristverlängerung der Plantage auf 36 Tage aus. Daran haben wir uns konsequent gehalten und wir haben auch zur Zeit 15 Lokomotiven in unserer Dienststelle zur Unterhaltung. (…)

Eindeutig wurde auch bei allen Aussprachen festgelegt, daß die Lok 38 3545 zu den zu übernehmenden Lokomotiven gehört. Wir betonen nocheinmal, daß wir diese Ausbesserungen zusätzlich übernahmen und nur mit allergrößten Schwierigkeiten bewältigen können, weil auch bei uns die Arbeitskräftesituation kritischer wird.

Wir haben Ihr Schreiben mit unseren Kollegen Schlossern ausgewertet, dabei kam zum Ausdruck, daß nicht ein einziger Kollege die entstellte Darlegung der Fakten versteht (…)"

Neben dem wichtigen Faktor der Einsparung von Arbeitskräften spielte selbstverständlich auch der Punkt „Kostenermittlung" eine bedeutende Rolle bei dem Hin und Her in der „sozialistischen Hilfe". Um wieviel Geld es dabei ging, darüber gibt der Monatsüberblick für den Februar 1969 Auskunft, den das Bw Nossen am 13. März 1969 an das Bw Dresden schickte.

In der „Kostenermittlung über Triebfahrzeug-Instandsetzung" sind alle Lokomotiven aufgeführt, die im Nossener Bahnbetriebswerk für das Bw Dresden unterhalten wurden, inklusive der Arbeitszeit, der Material- und Gesamtkosten. Die zunächst sehr hoch wirkenden Minutenzahlen ergeben sich aus dem Fakt, das z. B. bei Auswaschen eines Dampflokkessels schon mal fünf bis sechs Personen einen kompletten Arbeitstag – mit Vor- und Nacharbeiten auch länger – beschäftigt waren. Im Einzelnen sah dies wie folgt aus:

Lok	Arbeitszeit	Materialkosten	Summe
23 1018	7.478 min	184,- M	537,- M
23 1036	9.198 min	591,- M	1.025,- M
23 1097	9.936 min	379,- M	849,- M
23 1044	5.707 min	–	270,- M
23 1045	7.119 min	167,- M	503,- M
23 1047	–	–	–
23 1105	8.258 min	531,- M	921,-M
23 1107	9.111 min	336,- M	767,- M
23 1112	6.522 min	374,- M	682,- M
	63.329 min	**2.562,- M**	**5.554,- M**
38 3545	9.225 min	549,- M	1.014, M
50 1909	9.517 min	535,- M	985,- M
50 3111	5.562 min	137,- M	400,-M
50 3113	10.579 min	339,- M	838,- M
58 1678*	662 min	166,- M	197,- M
Gesamt	**98.874 min**	**4.288,- M**	**8.980,- M**

* als Wendelok gekennzeichnet.

Es ging also um beides: Um sehr viel Arbeitszeit, die in „fremde" Lokomotiven gesteckt wurde, und um eine für damalige Zeiten hohe Summe. Allerdings wurden in Nossen noch durch das ganze Jahr 1969 weiterhin Dampflokomotiven des Bw Dresden unterhalten. Dies änderte sich erst zum 1. Januar 1970, dann übernahm die Tu-Abteilung des Dresdner Bahnbetriebswerkes die Ausbesserung seiner Maschinen wieder komplett alleine.

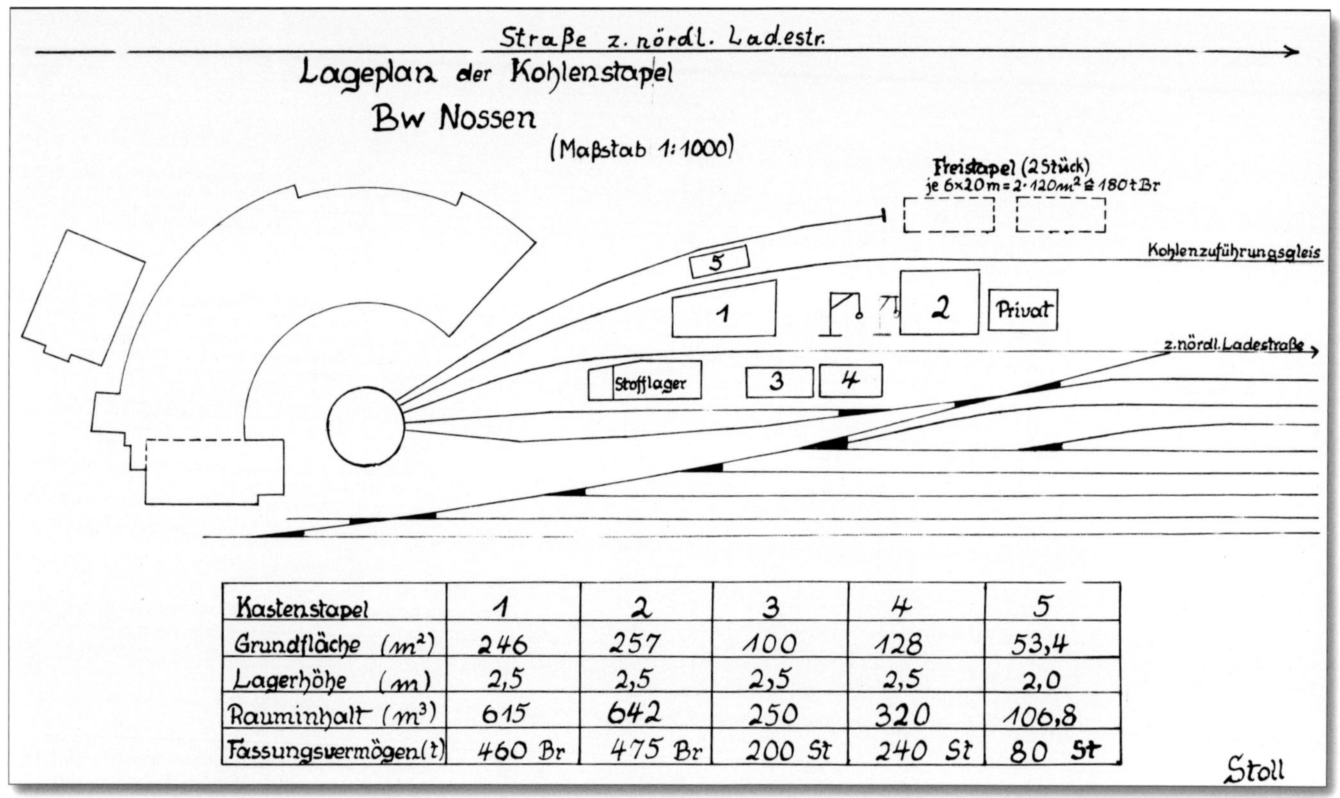

Kastenstapel	1	2	3	4	5
Grundfläche (m²)	246	257	100	128	53,4
Lagerhöhe (m)	2,5	2,5	2,5	2,5	2,0
Rauminhalt (m³)	615	642	250	320	106,8
Fassungsvermögen (t)	460 Br	475 Br	200 St	240 St	80 St

△ **Bild 26** • Lageplan der Kohlenstapel im Bw Nossen aus den fünfziger Jahren. Zu diesem Zeitpunkt stand die Feuerung der Dampfloks mit Braunkohle an der Tagesordnung. Der Mehrbedarf aufgrund der geringeren Heizleistung dieser Kohle war enorm.

In den fünfziger Jahren galt es bei der Deutschen Reichsbahn nicht nur alles zu tun, um die noch junge Republik mit „Volldampf" auf ihrem Weg in den Sozialismus zu unterstützen, sondern auch, mit modernsten Verfahren dem technischen Fortschritt nicht hinterherfahren zu müssen. So kam Mitte der fünfziger Jahre das Umwälzverfahren beim Auswaschen der Dampflokkessel „in Mode", was selbstverständlich auch im Bw Nossen zur Anwendung kommen sollte. Den genauen Ablauf des Verfahrens an dieser Stelle zu erläutern, würde den inhaltlichen Rahmen des Buches sprengen. Grundsätzlich ist dafür aber eine (funktionierende) Pumpe von Bedeutung. Und daran scheiterte das Vorhaben in Nossen über einen längeren Zeitraum! Nachdem bereits im September 1956 festgestellt wurde, dass die vorhandene Auswaschanlage für die Einführung des Umwälzauswaschverfahrens sehr gut geeignet wäre, fand man allerdings heraus, dass die vorhandenen Pumpe in ihrer Leistung nicht ausreichte. Eine neue Heißwasser-Kreiselpumpe (10 kW, 2.850 U/min, Fördermenge 15 m³/h) wurde im März 1957 beim VEB Pumpenfabrik Oschersleben (Bode) bestellt und später auch geliefert – aber ohne Motor. Am 11. März 1958 schickte der damalige Bw-Leiter Alfred Stoll eine Bedarfsmeldung für das Jahr 1959 (!) an die Verwaltung Maschinenwirtschaft der Rbd Dresden:

„Wir haben Bedarf an einem Elektromotor für die im Jahr 1957 beschaffte Hochdruck-Kreiselpumpe für das Umwälzverfahren. Die Lieferfirma der Kreiselpumpe konnte den zur Pumpe gehörigen Motor leider nicht beschaffen. Unsere Bemühungen zur Beschaffung des Motors waren ebenfalls ohne Erfolg. Da wir diese Kreiselpumpe als 2. Pumpe benötigen, bitten wir, den Motor aus Investmitteln für das Jahr 1959 zu beschaffen."

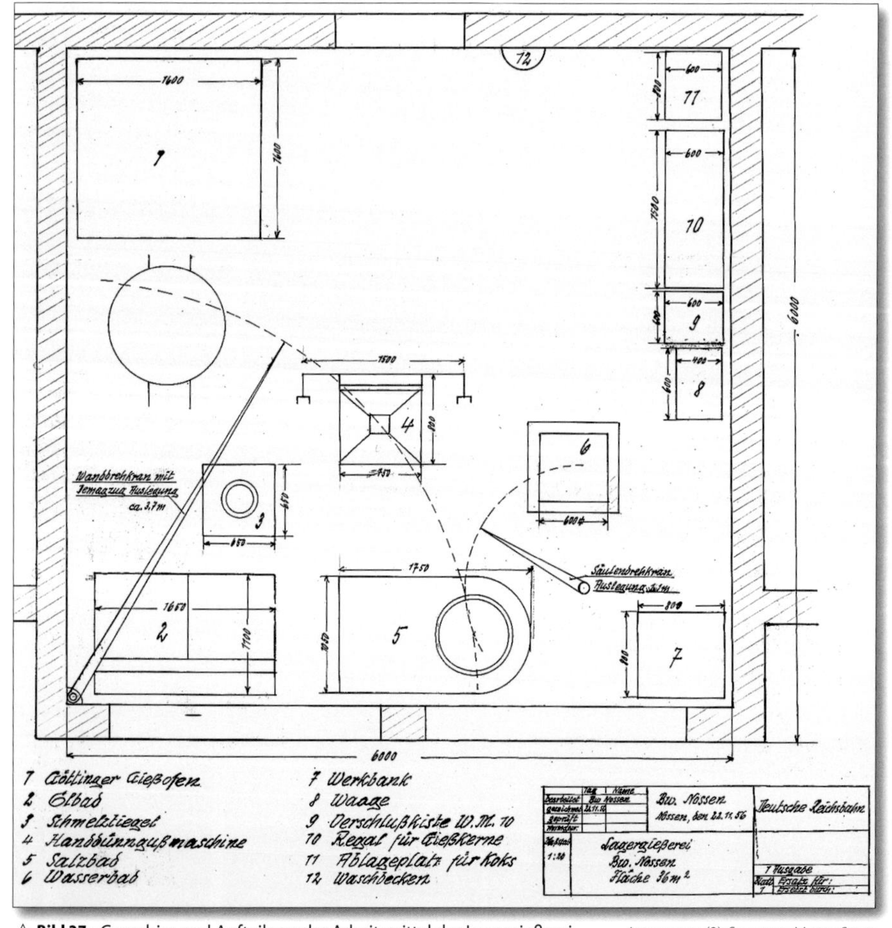

△ **Bild 27** • Grundriss und Aufteilung der Arbeitsmittel der Lagergießerei. Abbildungen (2): Sammlung Martin Stams

Ob dieser gewünschte E-Motor allerdings jemals geliefert wurde, darüber finden sich in den Akten kein Nachweise mehr …

Somit konnten die eigentlich vorhanden Kapazitäten nicht ausgeschöpft werden. Zum Thema „Ausnutzung und Kapazität“: Im September 1953 gab das Bw Nossen bezüglich der Werkstattausrüstung, der dort vorhandenen Kapazitäten und der Ausnutzung der Arbeitsmittel folgende Nachweise an das Reichsbahnamt Riesa:

Maschine	Ausnutzung h/Tag	Kapazität in 24 h
Radsatzdrehbank	24	3 Radsätze
Spitzendrehbank I	8	5 Stehbolzen, 2 Deckenstehbolzen und Dreharbeiten für Zubringerwerkstatt und Werkzeugausgabe
Spitzendrehbank II	8	dient zur Anfertigung von Schrauben und Muttern
Spitzendrehbank III-V	24	Steuerungsteile, Armaturen, Bremse, Ausgleichhebel, Kolben- und Schieberstangen, Buchsen
Spitzendrehbank VI	8	alle Dreharbeiten für die Schmalspur-Betriebsausbesserung
Plandrehbank	–	–
Bohrwerk	24	4 Achslager, 10 Stangenlager, 2 Gleitbahn-Schuhe
Säulenbohrmasch. I/II	24	–
Säulenbohrmasch. III	16	–
Säulenbohrmasch. IV/V	8	–
Zylinderbohrmaschine	–	–
Tischbohrmaschinen	8	–
Tischhobelmaschinen	–	–
Kurzhobler Shaping I	8	–
Kurzhobler Shaping II	24	–
Fräsmaschine	8	1 Kuppel- oder Treibstange für Schmalspur, 2 Achslagergleitplatten oder 1 Stangenlager
Bügelsäge	24	–
Wkzg-Schleifmasch. I/II	24	–
Wkzg-Schleifmasch. III	16	–
Wkzg-Schleifmasch. IV-VI	8	–
Sandschleifstein	24	–
elektr. Schweißeinricht.	16	–
autog. Schweißeinricht.*	8	–
Schmiedeeinrichtung	2	–
Gießereimaschinen	–	–
Blechschere I	24	–
Blechscheren II-IV	8	–
Blechbiegemaschine	–	–
Holzbearb.-Maschine	8	–
Bandsäge	–	–
Tischlereimaschinen	–	–

* Es waren insgesamt vier Schweißeinrichtungen zum autogenen Schweißen vorhanden.

△ **Bild 28** • Im April 1965 fotografierte Frank Ebermann den rückseitigen Teil des Nossener Lokschuppens. In der Bildmitte ist die abgestellte 38 299 zu erkennen.

△ **Bild 29** • Am selben Tag entstand diese Aufnahme der Tender voraus aus Nossen ausfahrenden 38 316. Hier ist der alte Hilfszug des Bw Nossen einmal in voller Länge zu sehen. Aufnahmen (2): Frank Ebermann

Wie bereits erwähnt, kamen Ende des Jahres 1960 die ersten Neubau-Dampflokomotiven der Baureihe 23^{10} in den Bestand des Bw Nossen und lösten dort die Maschinen der Baureihe 38^{10-40} in deren Umlaufplänen ab. 1965 befand sich nur noch eine pr. P 8 unter den insgesamt 35 Regelspur-Dampflokomotiven, die das Nossener Bahnbetriebswerk in jenem Jahr beheimatete. Auch wenn es nicht den Anschein machte, so stand der Traktionswechsel in Nossen dennoch vor der Tür, selbst wenn sich die Dampftraktion noch für weitere 20 Jahre – mit einer kurzen Unterbrechung – halten sollte.

Allerdings blieb die Werkstatt im Bw Nossen von der Arbeit an der „neuen“ Technik noch einige Zeit verschont, denn Nossener Lokführer lernten zunächst auf den Rangierloks der Baureihe V 60 (ab 1970: Baureihe 106), später dann auf V 100 (ab 1970: Baureihe 110) des Bw Dresden das Fahren und den Umgang mit der Dieseltraktion.

Dennoch begannen auch die personellen Vorbereitungen für die Beheimatung von Diesellokomotiven im Bw Nossen und deren Besetzung bereits Ende der sechziger Jahre. Dafür erstellte die Leitung des Bahnbetriebswerkes Anfang 1969 einen Plan zur Personalentwicklung bei den Lokführern bis zum 31. Dezember 1975. Zum 1. Januar 1969 befanden sich demnach 73 Lokführer im Bw Nossen, für jenes Jahr und 1970 wurde mit einem Zugang von fünf weiteren Lokführern gerechnet. Allerdings standen auch gesicherte Abgänge in Rente an: für 1970 ein Lokführer, für den Zeitraum 1971 bis 1975 deren Neun. Hinzu kamen drei Lokführer, die – als Ersatz für dort in Rente gehende Beschäftigte – in die Lokleitung wechseln sollten, und die Verantwortlichen rechneten bei weiteren fünf Lokführern mit einem „unvorhergesehenen Abgang“. Blieben unterm Strich in der Prognose zum 31. Dezember 1975 noch 60 Lokführer, die zur Verfügung stehen würden.

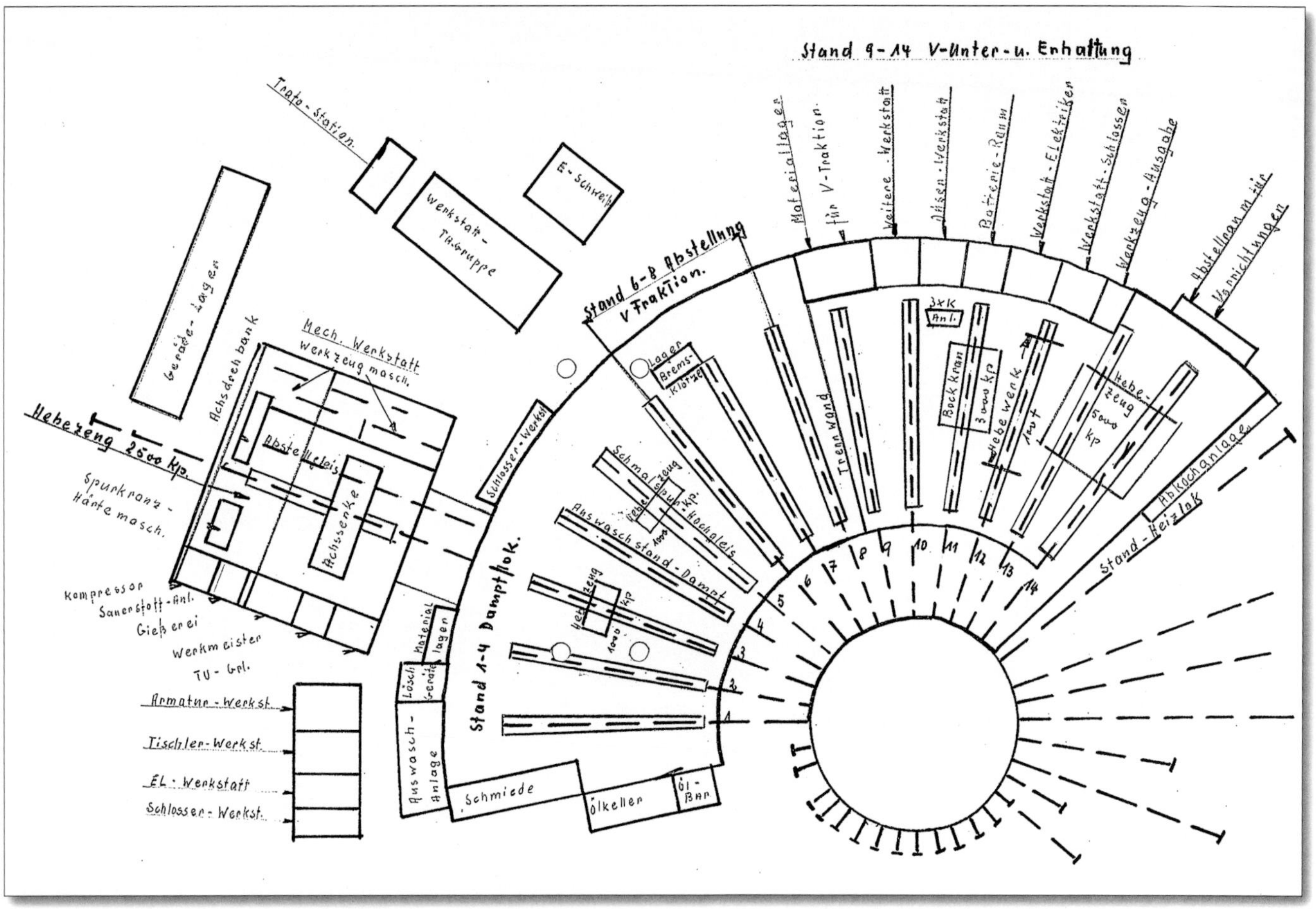

△ **Bild 30 •** In Vorbereitung der Beheimatung und Unterhaltung der Dieseltraktion im Bw Nossen entstand dieser Plan zur Einteilung der Schuppenstände und der Errichtung neuer Werkstatt- und Lagerräume. Über Stand 3 ging es durch bis zur Achssenke und weiter in ein Freigleis hinter dem Schuppen. ABBILDUNG: SAMMLUNG MARTIN STAMS

Mit diesen könnten zwei Maschinen der Baureihe V 60 (acht Lokführer) und 13 weitere Dieselloks (39 Lokführer) besetzt werden – in Summe also 15 Dieselloks. Die „überzähligen" 13 Lokführer wurden in diesem Plan als UuK-Vertreter (Urlaub und Krankheit) angesehen. Nachdem Nossener Lokführer mit Beginn des Winterfahrplans 1971/72 zunächst auf Dresdner 106, dann ab Sommer 1975 auch auf 110 des Bw Dresden das Diesellokfahren gelernt hatten, kamen im Sommer 1976 die ersten Diesellokomotiven zur Beheimatung zum Bw Nossen. Zuvor mussten dafür allerdings noch einige umfangreiche strukturelle Änderungen im Lokschuppen (und drumherum) vollzogen werden, denn auch die Wartung und Unterhaltung der Loks sollte fortan in Nossen durchgeführt werden. In diesem Zusammenhang entstand u. a. eine provisorische Tankanlage, deren Fassungsvermögen allerdings nicht der ursprünglich geplanten Menge an Dieselkraftstoff entsprach. Auch für das Jahr

◁ **Bild 31**
Zum „Tag des Eisenbahners" im Jahr 1970 gab es am 14. Juni eine Sonderfahrt, bei der 38 308 und 75 515 zum Einsatz und nach Nossen kamen.

AUFNAHME: UWE FRIEDRICH, SAMMLUNG DANIELA NESTLER

Bild 32 ▷ Ruhe im Bw Nossen am 11. Juni 1972. Alle erkennbaren Lokomotiven stehen „Esse voran“ auf ihren Ständen.

Aufnahme: Frank Ebermann

1980 war der Neubau einer Tankanlage als Investitionsvorhaben nicht möglich, obwohl eine derartige Kapazitätserhöhung durchaus erforderlich war. Vielmehr wurde es notwendig, eine Technologie bei den Umläufen der Loks zu erstellen, die es ermöglichte, wenigstens die Maschinen der Baureihe 110 in anderen Bahnbetriebswerken zu tanken. Im Oktober 1979 musste das Bw Nossen aufgrund fehlender Kapazität eine Menge von 2.483 t Dieselkraftstoff stornieren!

Nebenbei bemerkt: Zu diesem Zeitpunkt war es aufgrund eines Wasserrohrbruchs nicht möglich, im Bw Nossen Wasser zu nehmen. In einem Telegramm wies der Dienststellenleiter am 11. Oktober 1979 darauf hin, „bitte Lokspeisewasser auf Vorstationen ergänzen.“ Zuvor war im Spätsommer 1979 die Drehscheibe aufgrund einer Generalreparatur bis Mitte September außer Betrieb.

Im Herbst 1979 wurden zahlreiche Lokführer aus dem Bw Nossen nach den erforderlichen Lehrgängen zur „Abnahme der Probefahrt im Zugdienst auf BR 110“ gebeten, ebenso auf der Baureihe 106 und einige sogar auf der Baureihe 120! Gleichzeitig gab es aber auch noch Abnahmefahrten für Anwärter auf der Baureihe 50 …

Doch in den ersten Monaten des Fahrens auf den Dieselloks kam es häufiger zu Störungen bei den Nossener Loks, sodass sich die Verwaltung Maschinenwirtschaft (M) bereits im Mai 1978 dazu veranlasst sah, einen Instrukteur für Triebfahrzeuge im Bw Nossen einzusetzen. Dessen Aufgabe war die fachliche Betreuung der Lokführer in der Praxis, was der Verwaltung-M „*verstärkt notwendig*“ erschien.

Im Juni 1979 teilte die Fachabteilung Triebfahrzeugdienst der Rbd Dresden mit, dass sich die Wartungsfristen bei der Baureihe 110 auf maximal sieben Tage erhöht habe und fragte in Nossen an, wann diese

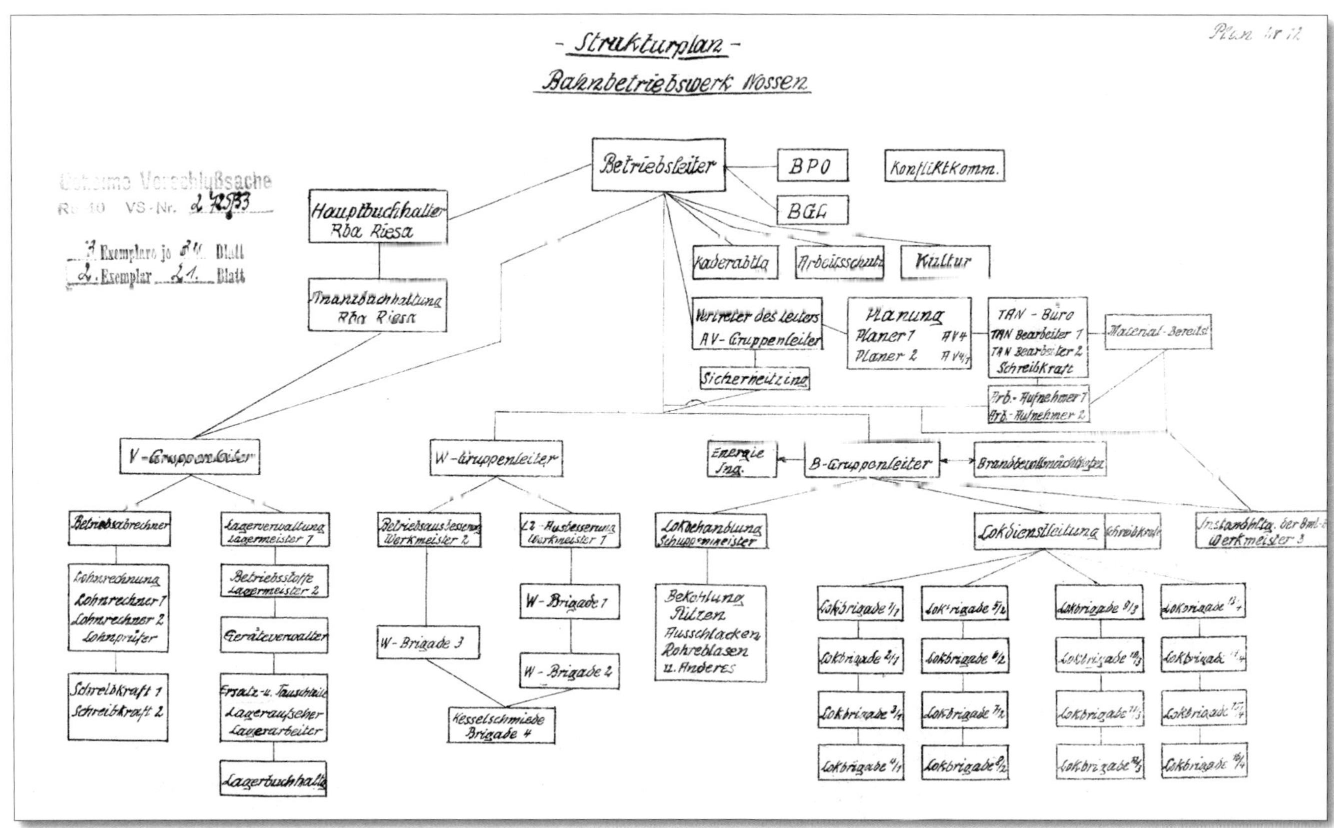

△ **Bild 33** • „Geheime Verschlusssache“ – der Strukturplan des Bw Nossen in den sechziger Jahren. Zwei Abkürzungen sind erklärungsbedürftig: BPO = Betriebs-Parteiorganisation, BGL = Betriebs-Gewerkschaftsleitung.

Abbildung: Sammlung Dietmar Schlegel

△ **Bild 34** • Während es in den meisten Bahnbetriebswerken einen Sandturm gab, über den aus die Lokomotiven mit Sand versorgt werden konnten, geschah dies in Nossen auf sehr spezielle Weise: per Druckluft von Füllstationen aus. In den hier neben 50 3539 zu sehenden Behältern befand sich der Sand, die Druckluft wurde im nahegelegenen Stofflager – in welchem auch der Sand lagerte – per Kompressor erzeugt. Das Befüllen dieser Sandbehälter erfolgte dann schon per Druckluft vom Stofflager aus. Die Sandkästen auf bzw. an den Lokomotiven wurden über lange Schläuche erreicht und der Sand von den Füllstationen aus durch die Schläuche in diese Kästen „gepustet".
AUFNAHME: RAINER SCHULZ, SAMMLUNG DANNY TEUCHERT

△ **Bild 35** • Blick aus dem Nossener Lokschuppen in Richtung Drehscheibe, aufgenommen am 14. Oktober 1978.
AUFNAHME: FRANK EBERMANN

neue Wartungsfrist dort eingeführt und wie viele Loks dieser Baureihe einbezogen wurden. Nossen meldete die Einführung der neuen Frist zum 27. Mai 1979 und dass zwölf Vertreterinnen der Baureihe 110 einbezogen waren.

Doch trotz aller modernen Dieseltraktion gab es weiterhin Probleme in der Personal- und Lokgestellung seitens des Bw Nossen. Am 29. Juni 1979 richtete der Tb-Gruppenleiter ein Schreiben an die Rbd Dresden, in dem es u. a. heißt:

„Die Personalsituation hat sich durch den Wegfall der Leistung Roßwein – Karl-Marx-Stadt sowie durch die Reduzierung der Dampftraktion verbessert. Durch den erhöhten Einsatz der BR 110 im Güterzugdienst, in Bezug auf das hohe Frachtenaufkommen, müssen nachteilig Sonderzüge (80330, 88330) gefahren werden. Diese Leistungen treten fast täglich ein und bedeuten somit für uns einen zusätzlichen, außerplanmäßigen Personal- sowie Lokeinsatz. Das Verkehren der Sonderzüge erschwert außerdem die Behandlung der Plan-Züge auf dem Bahnhof Nossen, so daß die Plan-Züge oft verspätet verkehren und somit unser Tfz-Umlauf nicht gewährleistet ist. Des Öfteren konnte der 7768 in Döbeln nicht gattungsgerecht bespannt werden. Der 7768 mußte von Döbeln nach Großbothen mit der BR 106 bespannt werden, was allerdings in den Wintermonaten nicht möglich ist (keine Heizung)."

Die zu fahrenden Mehrleistungen sorgten bei der Dienstplanung für die Personale zu der Situation, dass einige Lokführer per Dienstwagen zu ihren Zügen befördert wurden. So zum Beispiel vom 27. Mai bis zum 5. Juni 1979, als es sich „aufgrund zusätzlicher Leistungen" erforderlich machte, einen Dienstwagen zum Fahren von Triebfahrzeugpersonalen zum Bahnhof Roßwein bereitzustellen. Abfahrt im Bw Nossen jeweils 6:15 Uhr, Abfahrt in Roßwein am Bahnhof 6:30 Uhr.

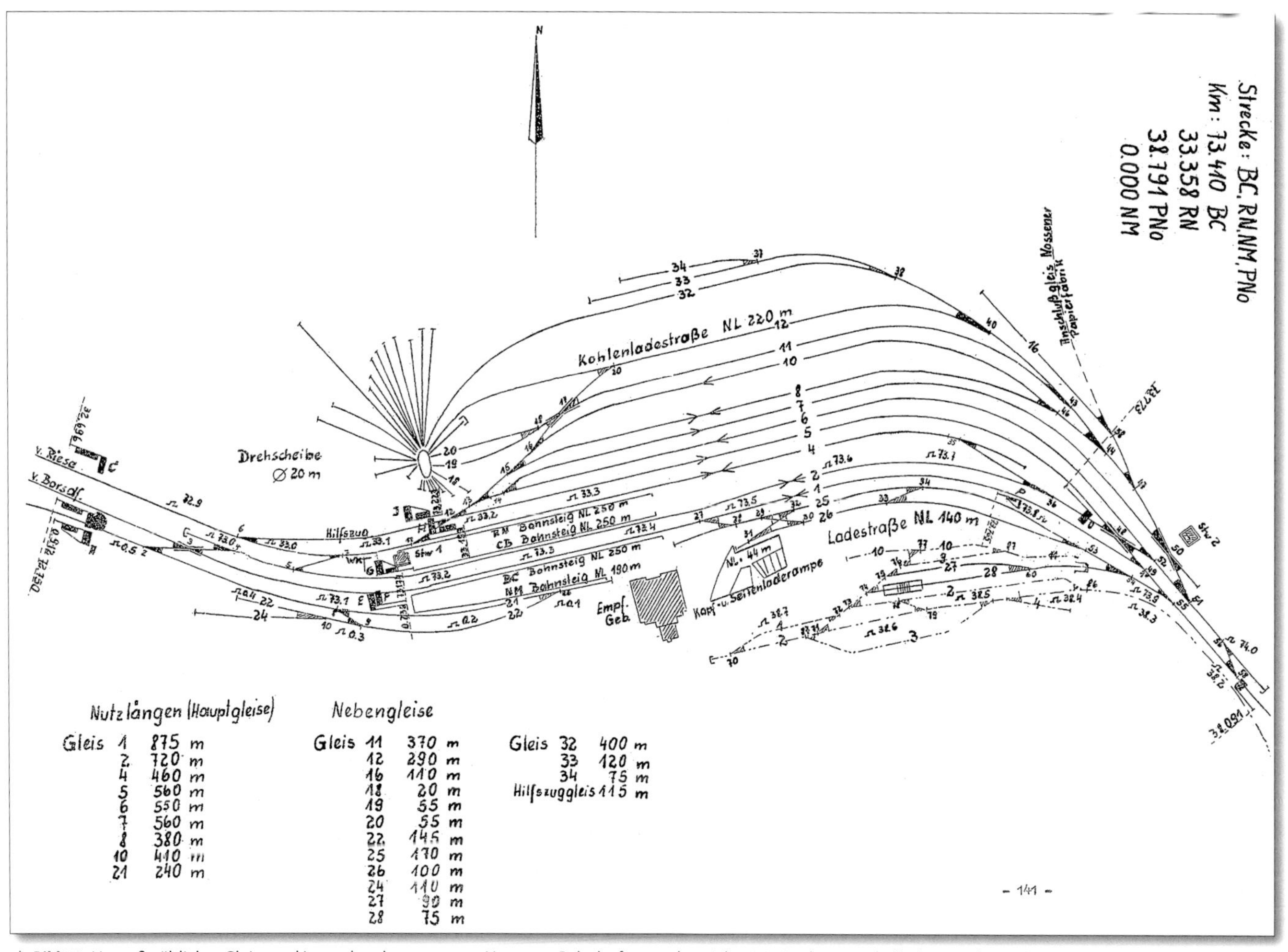

△ **Bild 36 •** Unmaßstäblicher Gleis- und Lageplan des gesamten Nossener Bahnhofes aus dem Jahr 1967. Rechts unterhalb der Regelspurgleise sind die Anlagen der Schmalspurbahn eingezeichnet.
Abbildung: Sammlung Andreas Stange

Dazu passend: Im zweiten Halbjahr 1978 sammelten sich bei den Nossener Lokführern insgesamt 30.909 Überstunden an, für das erste Quartal 1979 wurden insgesamt 14.475 Stunden angegeben. Dabei hatten in den ersten drei Monaten des Jahres 1979 die Lokführer durchschnittlich bereits 87 Überstunden, im zweiten Halbjahr 1978 waren es im Durchschnitt 184 Stunden! Das Thema der Mehrleistungen und Überstunden war z.T. aber auch „hausgemacht", denn im Mai 1979 meldete sich der damalige Nossener Dienststellenleiter Horst Schmidt bei der Verwaltung Maschinenwirtschaft mit einem Schreiben, in dem er auf die verbesserte Personalsituation in seinem Bw hinwies und aus diesem Grund verkündete, das ein Bedarf nach Leistungsübernahmen vorhanden sei. Was er wohl in diesem Fall nicht meinte, war, dass seine Diesellokführer nun noch mehr Überstunden anhäufen sollten! Nein, er hatte anderes im Sinn:

„Um dieses Programm zu verwirklichen, ist es notwendig, daß im Bw Nossen E-Tft-Personale ausgebildet werden. Wir bitten um Zuweisung von E-Lok-Plätzen ab Sommer 1979. Zielstellung ist ein dreitägiger Lokumlauf auf E zu besetzen."

Nach Dampf und Diesel nun also die elektrische Traktion. Doch dies kam nicht ganz überraschend, lag doch seit April 1979 bereits ein Angebot zur Erweiterung des Einsatzes von Lokführern auf E-Loks von der Fachabteilung Triebfahrzeugdienst der Rbd Dresden vor. Darin heißt es u. a.:

„Auf Grund der Tfz-Personal Situation in den Bw Nossen und Reichenbach (TE Werdau) bietet sich an, in begrenztem Umfang Tfz-führer auf E-Tfz einzusetzen. Zur weiteren Einschätzung des perspektivischen Tfz-Einsatzes ist eine Altersstruktur des Tfz-Personals (…) zu übergeben."

Das Antwortschreiben nach Dresden gibt einen hervorragenden Einblick in die Altersstruktur der Lokführer und Dampflokheizer im Bw Nossen Ende der siebziger Jahre:

- bis 20 Jahre: kein Lokführer, ein Heizer;
- bis 30 Jahre: 6 Lokführer, 9 Heizer;
- bis 40 Jahre: 20 Lokführer, 11 Heizer;
- bis 50 Jahre: 22 Lokführer, 2 Heizer;
- bis 60 Jahre: 15 Lokführer, 2 Heizer;
- bis 65 Jahre: 6 Lokführer, 2 Heizer.

In Summe also 69 Lokführer und 27 Heizer, von denen sich zum Zeitpunkt der Erstellung dieser Zahlen neun Heizer in der Ausbildung zum Lokführer befanden. Perspektivisch rechnete man in Nossen mit einem jährlichen Zugang von vier Lokführern, sodass eingeschätzt wurde, dass der Bestand an Tfz-Führern im Jahr 1985 *„bei 85 - 90 Kollegen liegen wird."*

Ab September 1980 verrichteten dann erstmals Nossener Lokführer Dienste auf E-Loks. Dabei handelte es sich um Maschinen der Baureihe 242 des Bw Dresden, gefahren wurde im Dresdner S-Bahn-Verkehr.

Während die Planungen bereits in Richtung vermehrter Lokführereinsatz auf E-Loks ging, waren noch immer Dampflokomotiven in Nossen beheimatet. Zum 31. Dezember 1978 befanden sich – neben den Schmalspur-Dampfloks – elf Altbau-50 und sieben Reko-50 im Nossener Lokbestand.

Der Zustand dieser Maschinen sowie die Führung deren Betriebsbücher und Betriebsbögen wurde von einer Kommission der Verwaltung Maschinenwirtschaft der Rbd Dresden im Rahmen einer Rbd-weiten Dampflokbesichtigung kontrolliert. Im anschließenden Protokoll ist u. a. vermerkt:

△ **Bild 37** • Winterbereitschaft vorhanden: Am 6. Dezember 1981 fotografierte Frank Ebermann den Schneepflug des Bw Nossen, abgestellt im ehemaligen Schmalspurteil des Nossener Bahnhofes. AUFNAHME: FRANK EBERMANN

„(…) In den Bw Aue, Dresden Est Pirna, KMStadt-BtH, Bw Nossen und Riesa kann man noch von einer guten Behandlung der Dampflok sprechen.“

Kleine Anmerkung: Die Bahnbetriebswerke Dresden, Reichenbach (TEU Zwickau) und Glauchau kamen bei dieser Kontrollrunde nicht so gut weg …

Apropos „wegkommen“: Ab Anfang der achtziger Jahre verabschiedete sich das Bw Nossen langsam aber sicher von der Dampftraktion. Am 31. Mai 1987 bespannte 50 3603 den letzten planmäßigen Dampfzug des Bw Nossen: Ng 61347 von Döbeln nach Nossen. Nun war das Bahnbetriebswerk – zumindest was den Plandienst auf Regelspurstrecken anging – ein reines Diesel-Bw.

Die Dampflokomotiven auf der Lößnitzgrundbahn (Radebeul Ost – Radeburg), der Weißeritztalbahn (Freital-Hainsberg – Kurort Kipsdorf) und auf der Döllnitzbahn (Oschatz – Mügeln – Kemmlitz) trugen weiterhin die Heimat-Anschrift „Bw Nossen“ an ihren Führerhäusern und sollten dies noch bis zur Auflösung des Bw Nossen beibehalten.

In Nossen selbst fanden zeitweilig auch Unterhaltungsarbeiten an Schmalspurloks statt, allerdings erst, nachdem das Bw Wilsdruff aufgelöst wurde. In diesem Zusammenhang übernahm das Bw Nossen u. a. auch die Loks der Baureihe 99^{64-71}, die noch auf dem Streckenast Nossen – Obergruna-Bieberstein vor Güterzügen zum Einsatz kamen. Wobei dafür planmäßig nur eine Lok ihren Dienst leistete. Nichtsdestotrotz mussten auch diese Maschinen gewartet werden, wofür im Lokschuppen auf Stand 5 ein Schmalspur-Hochgleis eingerichtet wurde. Die Überführung vom Schmalspurbereich des Bahnhofes ins Bw geschah per Transportwagen auf dem Schienenweg.

Für das Nossener Bahnbetriebswerk war die Situation, auch noch Einsatzstellen an Schmalspurbahnen verwalten zu müssen, keine leichte Aufgabe. Der ständige Personalmangel führte dazu, dass z. B. fehlende Arbeitskräfte in den Einsatzstellen Radebeul Ost und Radeburg mit Lokführern und Heizern aus dem Nossener „Kernbestand“ ausgeglichen wurden, die dann natürlich wieder bei der Besetzung von Lokomotiven auf der „großen Eisenbahn“ fehlten. So berichtete der Leiter des Bw Nossen im Jahr 1979 an die Verwaltung Maschinenwirtschaft, dass sich seine Dienststelle schon seit der Übernahme dieser Einsatzstellen vom Bw Wilsdruff im Oktober 1972 um eine Stabilisierung der dortigen Personalsituation bemühte, eine Verbesserung allerdings mit eigenen Kräften nicht mehr erreicht werden konnte. Entsprechend bat er um Personalhilfe aus dem Bw Dresden.

Im Verlauf der achtziger Jahre entwickelte sich das Bw Nossen zu einem Geheimtipp für die Eisenbahnfreunde, gab es doch von dieser Dienststelle aus mit die letzten Dampflokeinsätze von 50-Altbau und der Baureihe 23^{10} (bzw. 35^{10}) zu erleben. Hinzu kam, dass diese Leistungen vor anspruchsvollen Zügen und auf topographisch wie

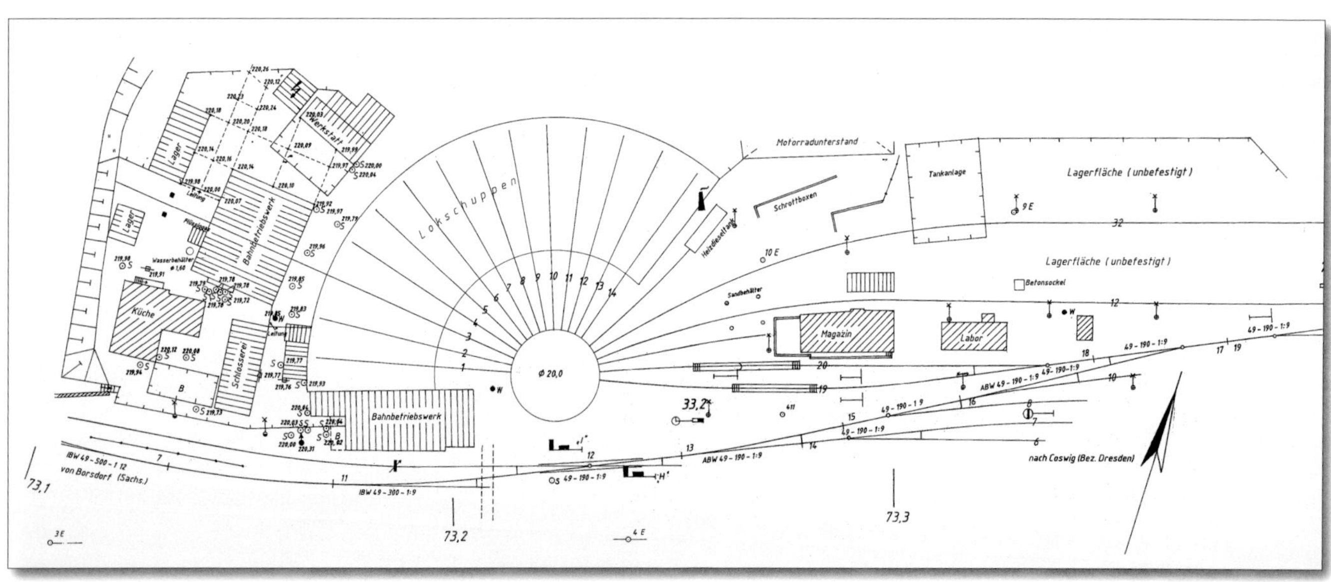

△ **Bild 38** • Der letzte Gleis- und Lageplan des Bw Nossen, angefertigt im Jahr 1991. ABBILDUNG: SAMMLUNG MARTIN STAMS

landschaftlich überaus reizvollen Strecken rund um Nossen geschah.

An den baulichen Anlagen des Nossener Bahnbetriebswerkes nagte derweil der „Zahn der Zeit". Bereits Ende der siebziger Jahre ergab eine Überprüfung z. T. erhebliche Mängel an den Gebäuden, die einer dringenden Behebung bedurften. Dazu gehörte u. a. das Dach über den Ständen 5 bis 9 und die Fenster in den Umkleide- und im Waschraum zu erneuern, die gesamte Heizungsanlage (Leitungen und Heizkörper) einer Generalreparatur zu unterziehen und dabei die Tischlerei, die Elektro- und Ventilwerkstatt überhaupt an die Dampfheizung anzuschließen, die Rauchabzüge der Stände 1 bis 3 zu befestigen und und und …

Auch wenn davon noch einige Arbeiten durchgeführt worden, war dies meist nur die bekannte „Flickschusterei". Immerhin wurden Anfang der achtziger Jahre die Schuppentore durch Rolltore ersetzt. In den Jahren 1991/1992 fanden dann umfangreiche Sanierungsarbeiten an der Fassade des Lokschuppens und der unmittelbar daran angebauten Gebäude statt.

Zu diesem Zeitpunkt gingen die vom Bw Nossen aus erbrachten Leistungen im Fahrdienst bereits rapide zurück – und damit sank auch der Bedarf an Lokomotiven. Waren es im Sommer 1990 noch insgesamt 28 Dieselloks (10 × Baureihe 106, 9 × Baureihe 110 und 9 × Baureihe 112), die hier beheimatet waren, so verringerte sich deren Anzahl bis zum Sommer 1993 auf nur noch 16 Maschinen (5 × Baureihe 201/ex 110, 11 × Baureihe 202/ex 112). Entsprechend sank auch der Bedarf an Lok- und Werkstattpersonal, sodass sich die Belegschaft des Bw Nossen sukzessive verkleinerte. Die Lage dieses Bahnbetriebshofes abseits der großen Magistralen und im Kreuzungspunkt von – für die „neue Zeit" – eher unbedeutenden Nebenstrecken sowie die fehlenden Leistungen zeichneten den weiteren Weg dieser Dienststelle vor.

△ **Bild 39** • In Nossen war seit den zwanziger Jahren ständig ein Hilfszug vorhanden, dessen Wagenmaterial selbstverständlich mehrfach wechselte. In den achtziger Jahren gab es diese Kombination aus Geräte-, Material- und Mannschaftswagen, aufgenommen am 5. Juli 1987. Aufnahme: Jörg Baumgärtel, Sammlung Jörg Leuthardt

△ **Bild 40** • Anfang der neunziger Jahre stand bei Bedarf dann dieser Hilfszug zur Verfügung. Aufnahme: Volker Lucas

△ **Bild 41** • Ab Frühjahr 1993 konnte dann keine Hilfe mehr von Nossen erwartet werden: Am 12. März 1993 wurde der Hilfszug abgefahren. Aufnahme: Marco Heyde

Am 31. Dezember 1993 war der letzte Tag des am 1. Juli 1923 gebildeten Bw Nossen. Zum 1. Januar 1994 verlor diese Dienststelle nach 70 Jahren und 6 Monaten ihre Selbstständigkeit. Sie blieb allerdings als Einsatzstelle des Betriebshofes Riesa weiter in Betrieb, sodass auch die Anlagen weiterhin genutzt wurden. Mit der Einstellung des Personenverkehrs auf der Strecke Riesa – Nossen endete jedoch am 23. Mai 1998 auch dieses Kapitel.

Für den langfristigen Erhalt des „Ensembles" Bw Nossen – und damit einen relativ sicheren Schutz vor einem Abriss der Anlage – sorgte zum einen das Institut für Denkmalpflege des Freistaates Sachsen, welches im Juli 1993 u. a. den Lokschuppen, die Drehscheibe und die angrenzenden Gebäude unter Denkmalschutz stellte. Zum anderen hatte sich bereits eine Interessengemeinschaft Dampflok Nossen e. V. gegründet, die seit 1998 den Lokschuppen für ihre Zwecke alleine nutzt und sich neben den vorhandenen Fahrzeugen auch um den Erhalt der Gebäude kümmert.

Heute sind im nunmehr ehemaligen Bw Nossen auch die Dampflokomotiven der Firma Wedler Franz Logistik GmbH & Co. KG untergestellt, so z. B. 18 201, 03 2155 und 50 3610.

◁ **Bild 42**
Das Akkuschleppfahrzeug ASF 94 fährt am 30. Dezember 1981 mit einem „Emil" auf die Drehscheibe im Bw Nossen. Im Hintergrund ist sehr gut der Teil des Lokschuppens auszumachen, der Anfang der vierziger Jahre angebaut wurde. An dessen Giebelwand steht die Heizlok 50 3581.

Aufnahme: Frank Ebermann

◁ **Bild 43**
Ohne zusätzlichen Schornsteinaufsatz zeigt sich im Jahr 1980 die 50 3138 auf dem Heizlokgleis.

Aufnahme: Rainer Schulz, Sammlung Danny Teuchert

◁ **Bild 44**
Nach dem Ende der Heizlokeinsätze sorgte eine Ölheizung für Wärme und warmes Wasser im Nossener Lokschuppen. Der dafür notwendige Heizöltank stand an „historischer Stelle", genau dort, wo auch die Heizlokomotiven ihren Platz hatten.

Aufnahme: Marco Heyde

Bild 45 ▷ Die drei Bilder auf dieser Seite sollen der Dieseltankstelle gewidmet sein, die Zeit ihres Daseins immer ein Provisorium war. Hier die Ansicht der beiden als Vorratsbehälter genutzten Kesselwagen.

Bild 46 ▷ Bei der Anlage wurden die beiden Kesselwagen – mit zusammen einem Fassungsvermögen von ca. 90.000 l Dieselkraftstoff – auf ein Betonplateau direkt hinter das „Zapfhäuschen" gestellt.

Bild 47 ▷ Nachdem die „alte Tanke" im Verlauf des Jahres 1997 aus dem Betrieb genommen wurde, sind die beiden Kesselwagen wieder aufgegleist und nach einer Prüfung der Rollfähigkeit am 10. Februar 1998 im Schlepp von 202 063 abtransportiert worden. Die neue Tankstelle in Form eines festen Dieseltanks war noch bis 2003 in Betrieb.

Aufnahmen (3): Marco Heyde

△ **Bild 48** • Im April 1977 und damit am Ende ihrer Einsatztage als Heizlok im Bw Nossen entstand diese Aufnahme der 52 5817. Sie wurde am 3. Juli 1977 z-gestellt, am 28. Oktober desselben Jahres ausgemustert und wenig später im Raw Stendal verschrottet. Aufnahme: Uwe Friedrich, Sammlung Daniela Nestler

Der Einsatz von Heizlokomotiven war bei der Deutschen Reichsbahn und in der DDR-Volkswirtschaft nichts ungewöhnliches. Beim Betrieb dieser Loks kam es auch zu Situationen, für die die Bevölkerung des Öfteren kein Verständnis hatte, selbst wenn die Schuld nicht allein bei der Deutschen Reichsbahn lag.

Am 2. November 1982 erreichte das Bahnbetriebswerk ein Schreiben vom Rat der Stadt Nossen mit der Eingabe eines Nossener Bürgers:

„Am 26.11.82 gegen 11.30 Uhr trat eine starke Rauchentwicklung am Schornstein der zu Heizzwecken aufgestellten Lokomotive im Gelände DR auf. An diesem Tage herrschte östliche Luftströmung vor. Dies hatte zur Folge, daß der Qualm in Erdbodennähe die Werktätigen des Bereiches Scherenbau des Nossener Maschinenbaus belästigte und die Verkehrssicherheit auf der F 175 [heutige Bundesstraße 175, Anmerkung der Autoren] *durch Verringerung der Sichtweite auf ca. 20 m beeinträchtigte (Fahrzeuge mussten ihre Fahrgeschwindigkeit plötzlich merklich herabsetzen). Dieser Zustand ist kein Einzelfall, sondern konnte bei entsprechender Luftströmung sowohl im Bereich Döbelner Straße (F 175) als auch auf der Fabrikstraße mehrfach täglich während der letzten Heizperiode festgestellt werden.*

Ich bitte um Prüfung dieses Sachverhaltes und Einleitung von Maßnahmen gegen den Verursacher."

△ **Bild 49** • Damit es im Schuppen einigermaßen warm wurde und auch warmes Wasser zur Verfügung stand, musste bei der Heizlok schon mal richtig aufgelegt werden. So wie hier am 9. Januar 1982. Auf der Scheibe steht 50 3540. Aufnahme: Frank Ebermann

Die Antwort aus dem Bw Nossen ließ nicht lange auf sich warten:

„Seit Mai 1980 bestehen zur Durchsetzung volkswirtschaftlich notwendiger Brennstoffsubstitutionen in der DDR Anwendungsgebote. Das hatte zur Folge, daß eine Substitution von 30 % des Ausgangsbrennstoffes durch Rohbraunsiebkohle ersetzt werden muß. Die benötigte Dampfmenge kann dadurch nur unter großer Anstrengung erbracht werden.

△ **Bild 50** • Zumindest bei der Ausfahrt aus dem Bahnhof Radebeul Ost dürfte es am 9. Juni 1972 keine Beschwerden über Rauchbelästigung gegeben haben. Der Heizer auf 99 793 sorgte mit einem durchgebrannten Feuer für eine rauch- und qualmfreie Anfahrt. AUFNAHME: RAINER HEINRICH

Die betreffenden Kollegen des Heizprovisoriums im Bw Nossen wurden belehrt, die Rauchentwicklung so gering wie möglich zu halten."

Aber der Dienststellenleiter in Nossen hatte sich nicht nur mit der Rauchbelästigung aus der Heizlok an „seinem" Lokschuppen auseinanderzusetzen, sondern auch mit den Eingaben, die aufgrund derartiger Belästigungen im täglichen Betrieb entstanden. So zum Beispiel mit jener eines Herrn aus Radebeul, der sich im April 1984 mit seiner Eingabe zunächst an den „Werten Kollegen Bahnhofsvorsteher" in Radebeul Ost wandte, von dort das Schreiben aber auf dem Tisch des Nossener Dienststellenleiters landete:

„Leider stellte ich in letzter Zeit fest, daß die Rauchentwicklung durch die Lokomotiven der Kleinbahn in einem unzumutbaren Maße gestiegen ist. Auch Züge, die nur 4 oder 5 Personenwagen führen und vom Bahnhof Radebeul-Ost kommen, sind schon von der Kreuzung Schilden-/Pestalozzistraße her von ihrer starken Rauchentwicklung zu sehen. Die Rauchschwaden hüllen das ganze Haus ein, man muß unbedingt die Fenster schließen.

Die Betriebsweise Ihrer Lokomotiven kann nicht im Sinne unseres Umweltschutzes sein. Sollte das nicht durch entsprechende Fahrweise Ihrer Lokomotiven möglich sein, würde ich Sie bitten, das Problem an die Hochschule für Verkehrswesen weiterzuleiten.

Ich würde Sie bitten, in Ihrem Bereich sich für das ordnungsgemäße Betreiben der Lokomotiven einzusetzen und uns davon in Kenntnis zu setzen, schriftlich und ohne Rauchwolken."

Auch hier ließ die Antwort nicht lange auf sich warten. Nach dem Ende des Bw Wilsdruff oblag der Betrieb u. a. auf der Strecke durch den Lößnitzgrund in der Verantwortung des Nossener Bahnbetriebswerkes. Am 16. April 1984 schrieb der damalige Dienststellenleiter Wolfgang Steiger zurück:

„Wir bedauern außerordentlich, daß Sie durch den Betrieb auf der Schmalspurbahn Radebeul-Ost – Radeburg zu einer Eingabe veranlaßt wurden.

Bei den Personalen von Dampflokomotiven werden die Probleme des Umweltschmutzes besonders häufig und ausführlich im Dienstunterricht behandelt. Alle Kollegen sind mehrfach angewiesen und belehrt worden.

Leider steht zur Feuerung der Lokomotiven gegenwärtig nur Kohle mit einem hohen Teergehalt zur Verfügung, die unmittelbar nach dem Beschicken des Feuers mehr als üblich zum Qualmen neigt. Da der betreffende Streckenabschnitt in einer Steigung liegt, ist bei den meisten Zügen von Radebeul-Ost her eine Beschickung des Feuers notwendig. Alle Lokomotiven werden regelmäßig untersucht und gewartet, so daß ein Qualmen aufgrund technischer Mängel ausgeschlossen ist.

Sollten sich derartige bedauerliche Vorfälle in Zukunft weiter fortsetzen, so bitten wir Sie, unbedingt genaue Angaben über Tag, Uhrzeit und Fahrtrichtung des Zuges zu machen, da sich nur dann festestellen läßt, ob das Qualmen auf unsachgemäße Feuerführung durch das Lokomotivpersonal zurückzuführen ist."

Es war übrigens nicht die einzige Beschwerde über Rauchbelästigungen bei der Lößnitzgrundbahn in jener Zeit ...

Bei der Betrachtung der Historie eines Bahnbetriebswerkes gehören derartige Episoden mit dazu. Denn der Leiter einer solchen Dienststelle trug nicht nur die Verantwortung über die Lokomotiven, das Personal, die Beschäftigten in der Werkstatt und den Zustand der technischen Anlagen und Hochbauten in „seinem Bw", sondern er musste sich auch um die Beantwortung von Beschwerden kümmern. In Nossen gab es allein im Jahr 1985 insgesamt 72 solcher Eingaben!

Bw: Nossen

Gültig ab: 29. September 63

Gruppenleiter: .... (Unterschrift)

Dienstplan Nr. ....

Triebfahrzeugbedarf

Rz: .... Gz: .... Rg: .... Bereitschaft (Std): ....

.... Personale und .... Triebfahrzeuge der Baureihe ....

.... Personale und .... Triebfahrzeuge der Baureihe ....

Tag 0 1 2 3 4 5 6 7 8 9 10 11 12 13 14 15 16 17 18 19 20 21 22 23 24 Tag

Plan 01 — 5 Lok BR 23

Abweichungen

Plan 02 — 5 Lok BR 38²⁻⁴

Hilfszugbereitschaft

Abweichungen

Bei 2-facher Besetzung jede zweite, bei 3-facher Besetzung jede dritte und bei 4-facher Besetzung jede vierte waagerechte Linie stark nachziehen (Verlängerung über die äußeren beiden senkrechten Begrenzungslinien hinaus)

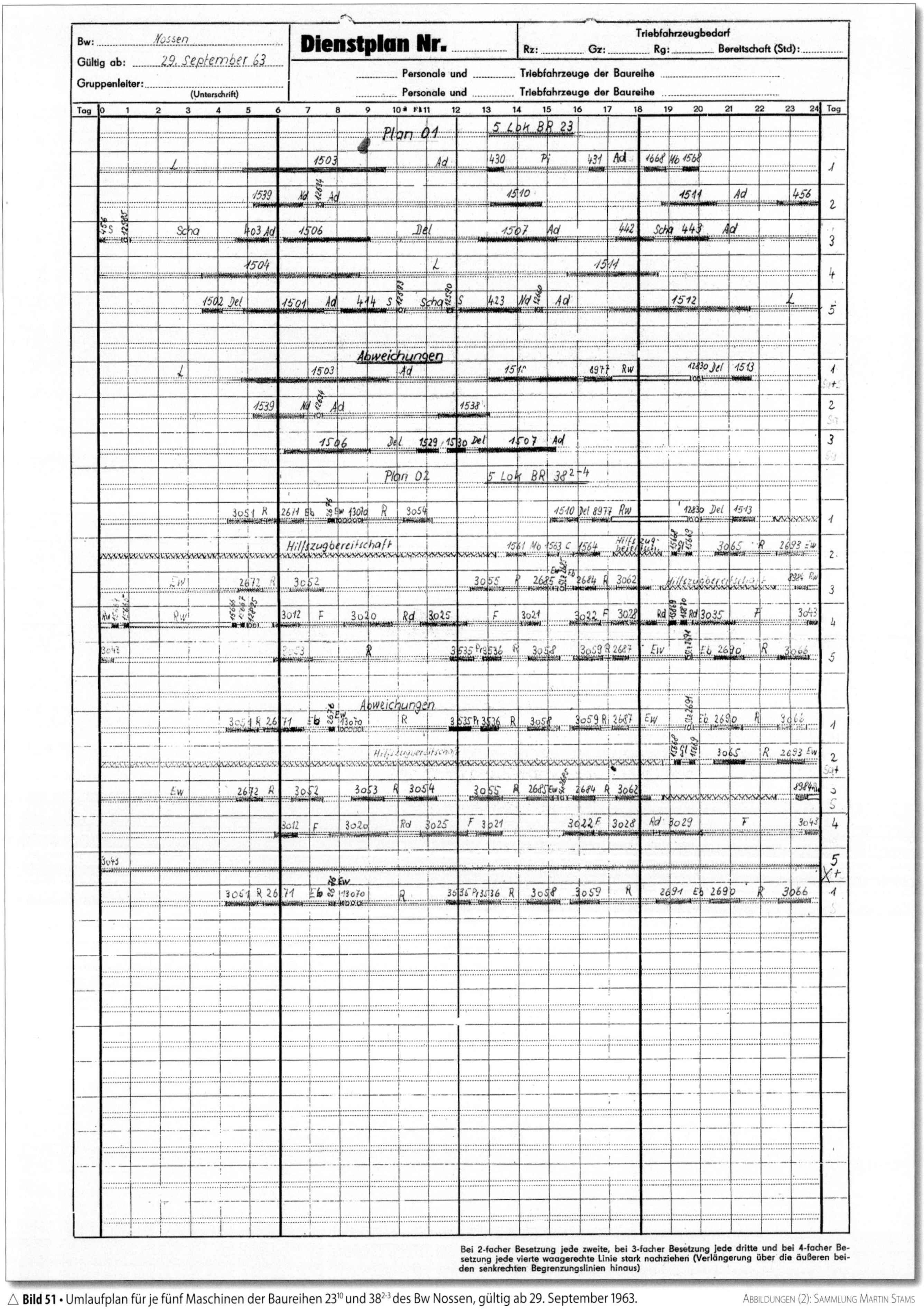

△ **Bild 51** • Umlaufplan für je fünf Maschinen der Baureihen 23^{10} und 38^{2-3} des Bw Nossen, gültig ab 29. September 1963.

ABBILDUNGEN (2): SAMMLUNG MARTIN STAMS

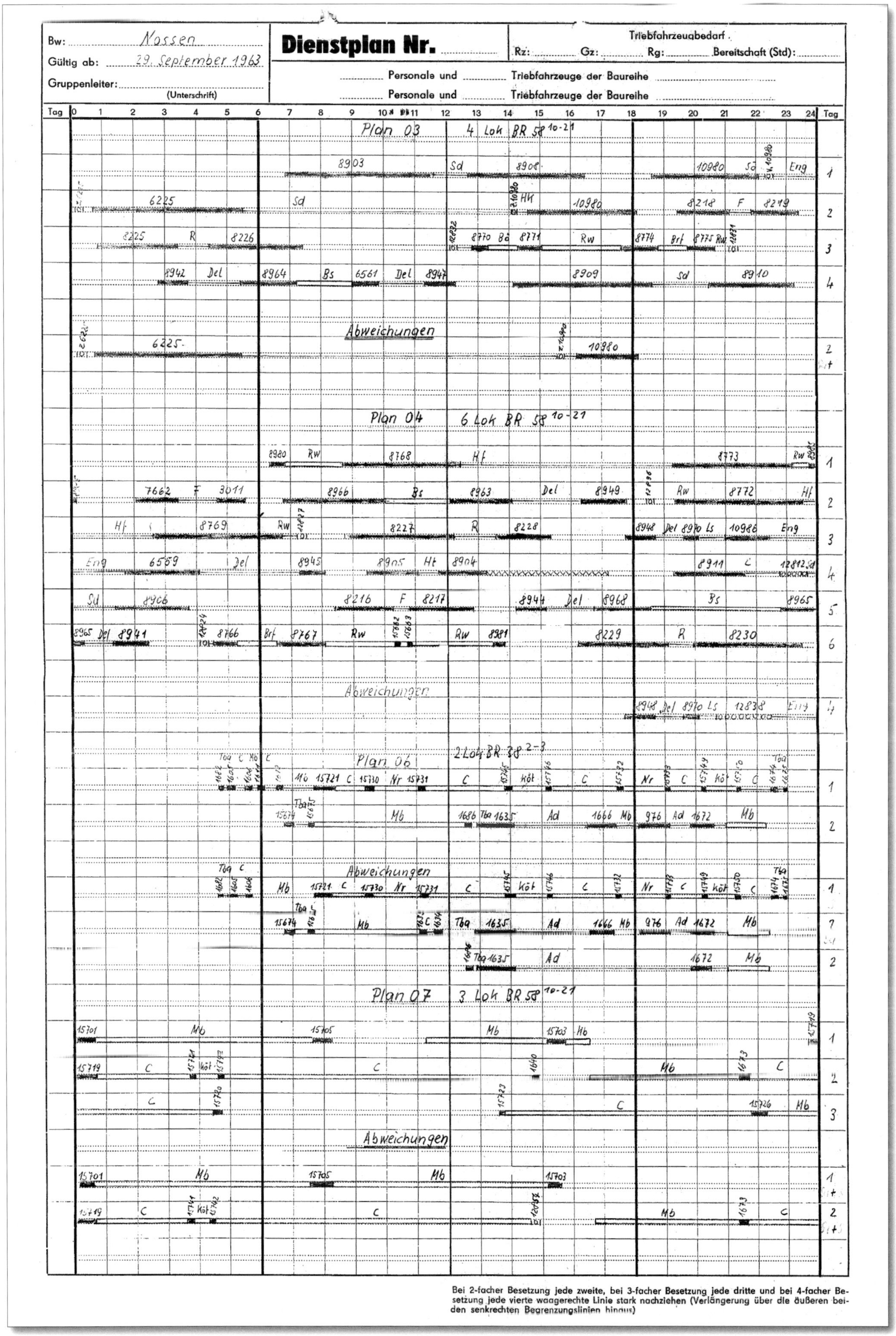

Bw: Nossen
Gültig ab: 29. September 1963
Gruppenleiter: ______ (Unterschrift)

Dienstplan Nr.

Triebfahrzeugbedarf
Rz: ______ Gz: ______ Rg: ______ Bereitschaft (Std): ______

______ Personale und ______ Triebfahrzeuge der Baureihe ______
______ Personale und ______ Triebfahrzeuge der Baureihe ______

Tag | 0 1 2 3 4 5 6 7 8 9 10 11 12 13 14 15 16 17 18 19 20 21 22 23 24 | Tag

Plan 03 — 4 Lok BR 58 10-21

1: 8903 Sd 8908 10980 Sd Eng
2: 6225 Sd HK 10980 8218 F 8219
3: 8225 R 8226 8770 Bä 8771 Rw 8774 Brf 8775 Rw
4: 8942 Del 8964 Bs 6561 Del 8947 8909 Sd 8910

Abweichungen
2: 6225 10980

Plan 04 — 6 Lok BR 58 10-21

1: 8980 Rw 8768 Hf 8773 Rw
2: 7662 F 3011 8966 Bs 8963 Del 8949 Rw 8772 Hf
3: Hf 8769 Rw 8227 R 8228 8948 Del 8970 Ls 10986 Eng
4: Eng 6569 Del 8945 8905 Ht 8904 8911 C 12812 Sd
5: Sd 8906 8216 F 8217 8944 Del 8968 Bs 8965
6: 8965 Del 8941 8766 Brf 8767 Rw Rw 8981 8229 R 8230

Abweichungen
4: 8948 Del 8970 Ls 12838 Eng

Plan 06 — 2 Lok BR 38 2-3

1: Tba C Mb C Mb 15721 C 15730 Nr 15731 C köt C Nr C köt C Tba
2: Tba 15674 Mb 1686 Tba 1635 Ad 1666 Mb 976 Ad 1672 Mb

Abweichungen
1: Tba C Mb 15721 C 15730 Nr 15731 C köt C Nr C köt C Tba
7: Tba 15674 Mb C Tba 1635 Ad 1666 Mb 976 Ad 1672 Mb
2: Tba 1635 Ad 1672 Mb

Plan 07 — 3 Lok BR 58 10-21

1: 15701 Mb 15705 Mb 15703 Hb
2: 15719 C köt C Mb C
3: C C 15726 Mb

Abweichungen
1: 15701 Mb 15705 Mb 15703
2: 15719 C köt C Mb C

Bei 2-facher Besetzung jede zweite, bei 3-facher Besetzung jede dritte und bei 4-facher Besetzung jede vierte waagerechte Linie stark nachziehen (Verlängerung über die äußeren beiden senkrechten Begrenzungslinien hinaus)

△ **Bild 52** • Umlaufplan für insgesamt 13 Loks der Baureihe 58^{10-21} und zwei Loks der Baureihe 38^{2-3} des Bw Nossen, gültig ab 29. September 1963.

Deutsche Reichsbahn

gültig ab: 26. September 19 65

zulässige Arbeitszeit 45 Std.

Dienstplan Nr. 01

für 75 Personale und 5 Lokomotiven der Bauartreihe 23 (P 35.18)

Rba.: Dresden
Bw.: Nossen
Zweigstelle:

Zugdienst · Verschiebedienst · Bereitschaftsdienst · ○○○○○ Leerfahrt · ××××× Fahrgastfahrt · – – – – – Vorbereitungs- und Abschlußdienst · V = Vorspann · Lv = Leervorspann · D = Druckdienst · [– – – –] = Vorheizen mit Zuglok · ⊙ = Rohrreinigung

Tag | 0 1 2 3 4 5 6 7 8 9 10 11 12 13 14 15 16 17 18 19 20 21 22 23 24 | Tag

Hb = Dresden-Hbf · L = Leipzig-Hbf · No = Nossen · Scha = Bad Schandau
Cb = Cossebaude · Mb = Meißen · Pi = Pirna · Sd = Dresden-Fr.
Del = Döbeln-Hbf · Mbp = Anschluß Hömicke · RK = Bad Schandau-Ost · Zb = Dresden-Alt
F = Freiberg (Sachs) · Nb = Dresden-Neu. PbF · S = Schöna

Planmäßige Arbeitszeit

im 7tägigen Durchschnitt: $\frac{99^h20' \times 7 - 27^h50'}{15}$ + 30' für Unterricht = 45 Std. 00 Min.

1 Tag	2 Dienstschicht Std.	Min.	3 Dienstpause Min.	4 Arbeitszeit Std.	Min.	5 Ruhezeit innerhalb der Heimat Std.	Min.	6 Ruhezeit außerhalb der Heimat Std.	Min.	7 Ruhe durch Ausfall oder Ablösg. Std.	Min.	8 Fahrzeit auf der Lok Std.	Min.	9 Örtliche Leistungen in Minuten, Rangierdienst Art 1	10 Art 2 u. 4	11 Art 3	12 Vorheizen Wagen waschen	13 in km Spalte 9+10+11+12	14 Bereitschaft Min.	15 Ruhe im Feuer Min.	16 in km Sp 14+15×3 km	17 Streckenkm	18 Gesamtkm Spalte 13+16+17	19 Ausbleibezeit Std.	Min.
7	13	40	70	12	30	–	–	–	–	–	–	5	30	–	30	–	30	7	–	155	8	132	147	10	15
2	–	–	–	Ruhe		40	00	–	–	–	–	–	–	–	–	–	–	–	–	–	–	–	–	–	–
3/4	16	10	210	12	40	20	15	–	–	–	–	7	30	–	45	–	–	5	–	305	15	186	206	10	40
5	4	30	–	4	30	12	35	–	–	–	–	2	00	–	25	–	40	8	–	455	23	38	69	3	25
5/6	13	20	255	9	05	–	–	–	–	–	–	6	00	–	10	–	–	1	–	350	18	170	189	7	00
6/7	–	–	–	Ruhe		33	45	–	–	–	–	–	–	–	–	–	–	–	–	–	–	–	–	–	–
7/8	14	10	80	12	50	24	00	–	–	–	–	7	30	–	55	–	40	11	–	330	17	196	224	11	25
9	9	10	–	9	10	12	30	–	–	–	–	6	00	–	–	–	–	–	–	–	–	–	–	–	–
10	13	30	155	10	55	–	–	–	–	–	–	7	00	–	20	–	–	2	–	285	14	184	200	8	20
11	–	–	–	Ruhe		32	10	–	–	–	–	–	–	–	–	–	–	–	–	–	–	–	–	–	–
12	12	40	–	12	40	15	35	–	–	60	25	6	30	–	10	–	40	6	–	450	23	149	178	10	45
13	6	10	90	4	40	15	15	–	–	38	45	2	00	–	10	–	–	1	–	170	90	38	48	2	50
14	14	40	260	10	20	–	–	–	–	–	–	6	00	–	10	–	–	1	–	355	18	170	189	7	45
15	–	–	–	Ruhe		35	55	–	–	–	–	–	–	–	–	–	–	–	–	–	–	–	–	–	–
zus.	118	00	1120	99	20	242	00	–	–	–	–	56	00	–	275	–	150	42	–	2855	145	1263	1450	72	25

Durchschnittl. planmäßige Tagesleistung einer Lok 285 km

Planausbesserung nach 35 Tagen (9975 Km)

Ruhetage im Jahre 104, davon an Sonn- und Feiertagen 17

Dienstunterricht am Dienstag v. 10.00 - 12.00

für die Personale der Tage

Bemerkungen:
(Abweichungen vom Regeldienst durch Ausfall von Zügen an Sonntagen usw.) In Spalte 7 sind die auf Sonn- und Feiertage fallenden Ruhen zu unterstreichen.

Sa + So leistet Tag 7 1503/1510 — −10h30'
Sa/So " " 4/5 3042/43/1502/07 +5h35' —
Sa " " 9 8903 Lzz 6572/6572 +1h35' —
So " " 9 1506/1507 — −4h30'
Sa " " 12 1539/38 — −4h10'
So " " 12 Ruhe — −12h40'
Sa " " 13 1506/29/30/07 +1h30' —
So " " 13 Ruhe — −4h40'
+8h40' −36h30'
Abzug 27h50'

Aufgestellt am: 21. 9. 65

Unterschrift des Dvst.

Zugestimmt: (BGL)

Genehmigt: (Rba)

122601/2 Dienstplan für 3fache Besetzung A 3h
Je 761 III/9/177 RiWi 0,5 253

△ **Bild 53** • Umlaufplan für fünf Maschinen der Baureihe 23[10] des Bw Nossen, gültig ab 26. September 1965.

Deutsche Reichsbahn

gültig ab: 26. September 19 65

zulässige Arbeitszeit 45 Std.

Anlage zum **Dienstplan Nr. 02**

für 12 Personale und 4 Lokomotiven der Bauartreihe 38²⁻³ (P35.15)

Rba.: Dresden

Bw.: Nossen

Zweigstelle:

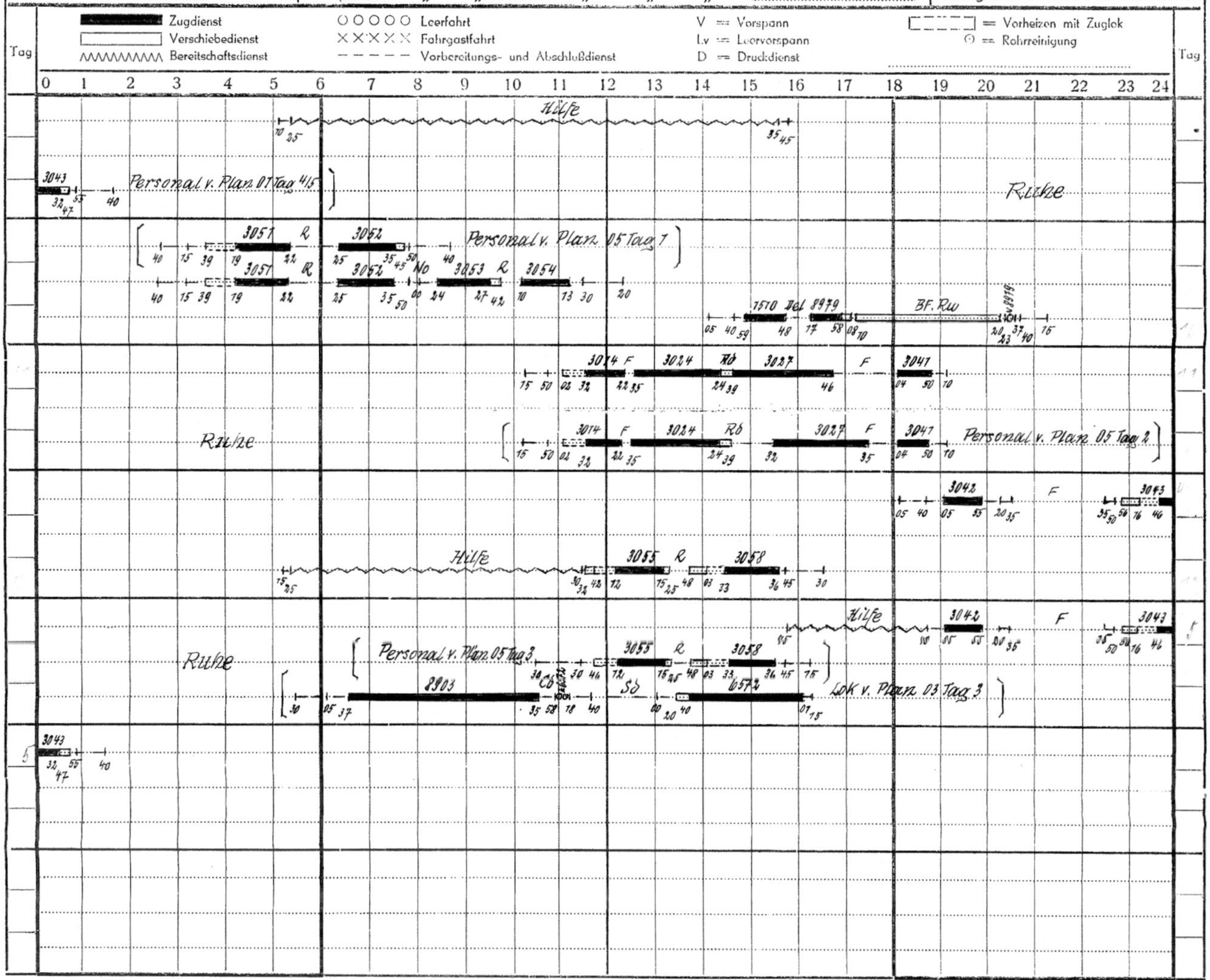

Zugdienst — Verschiebedienst — Bereitschaftsdienst — Leerfahrt — Fahrgastfahrt — Vorbereitungs- und Abschlußdienst — V = Vorspann — Lv = Leervorspann — D = Druckdienst — = Vorheizen mit Zuglok — = Rohrreinigung

Tag 0 1 2 3 4 5 6 7 8 9 10 11 12 13 14 15 16 17 18 19 20 21 22 23 24 Tag

Planmäßige Arbeitszeit

im 7tägigen Durchschnitt: .... Std. .... Min.

1 Tag	2 Dienstschicht Std.	2 Min.	3 Dienstpause Min.	4 Arbeitszeit Std.	4 Min.	5 Ruhezeit innerhalb der Heimat Std.	5 Min.	6 Ruhezeit außerhalb der Heimat Std.	6 Min.	7 Ruhe durch Ausfall oder Ablösg. Std.	7 Min.	8 Fahrzeit auf der Lok Std.	8 Min.	9 Örtliche Leistungen in Minuten: Rangierdienst Art 1	10 Art 2 u. 4	11 Art 3	12 Vorheizen Wagen waschen	13 in km Spalte 9–10+11+12	14 Bereitschaft Min.	15 Ruhe im Feuer Min.	16 in km Spalte 14+15/3 km	17 Streckenkm	18 Gesamtkm Spalte 13–16+17	19 Ausbleibezeit Std.	19 Min.
	10	35	–	10	35	50	40	–	–	–	–	–	–	–	–	–	–	–	610	270	44	–	44	10	10
5	9	45	120	7	45	25	10	–	–	–	–	2	30	–	35	–	30	8	175	150	16	48	72	6	40
	–	–	–	–	–	–	–	–	–	64	35	–	–	–	35	–	30	8	–	325	16	48	72	3	45
	–	–	–	–	–	–	–	–	–	–	–	–	–	–	10	–	40	6	–	205	10	66	82	4	35
	9	40	–	9	40	10	00	–	–	–	–	6	00		15		40	6		205	10	132	148	8	15
	–	–	–	Ruhe		54	00	–	–	–	–	–	–	–	25	–	60	10	–	365	18	66	94	4	15
	7	10	–	7	10	32	00	–	–	–	–	5	00	190	30	–	–	26	–	470	21	38	85	6	00
	8	55	–	8	55	10	20	–	–	–	–	6	00	–	30	–	30	7	–	140	7	122	136	8	20
	–	–	–	–	–	–	–	–	–	32	00	–	–	–	30	–	30	7	–	140	7	122	136	8	20
	10	45	–	10	45	12	05	–	–	–	–	6	00	–	–	–	–	–	–	–	–	–	–	–	–
	11	15	–	11	15	12	40	–	–	–	–	3	00	–	35	–	60	11	365	–	18	66	95	10	20
zus.																									

Durchschnittl. planmäßige Tagesleistung einer Lok .... km

Planausbesserung nach ....

Ruhetage im Jahre ...., davon an Sonn- und Feiertagen ....

Dienstunterricht am ....

für die Personale der Tage ....

Bemerkungen:
(Abweichungen vom Regeldienst durch Ausfall von Zügen an Sonntagen usw.) In Spalte 7 sind die auf Sonn- und Feiertage fallenden Ruhen zu unterstreichen.

Aufgestellt am: 20.9.65 — Unterschrift des Dvst.

Zugestimmt: (BGL) — Genehmigt: (Rba)

122601/2 Dienstplan für 3fache Besetzung A 3h
Je 761 III/9/177 RIWI 0,5 253

△ **Bild 54** • Umlaufplan für vier Maschinen der Baureihe 38²⁻³ des Bw Nossen, gültig ab 26. September 1965.

ABBILDUNGEN (2): SAMMLUNG MARTIN STAMS

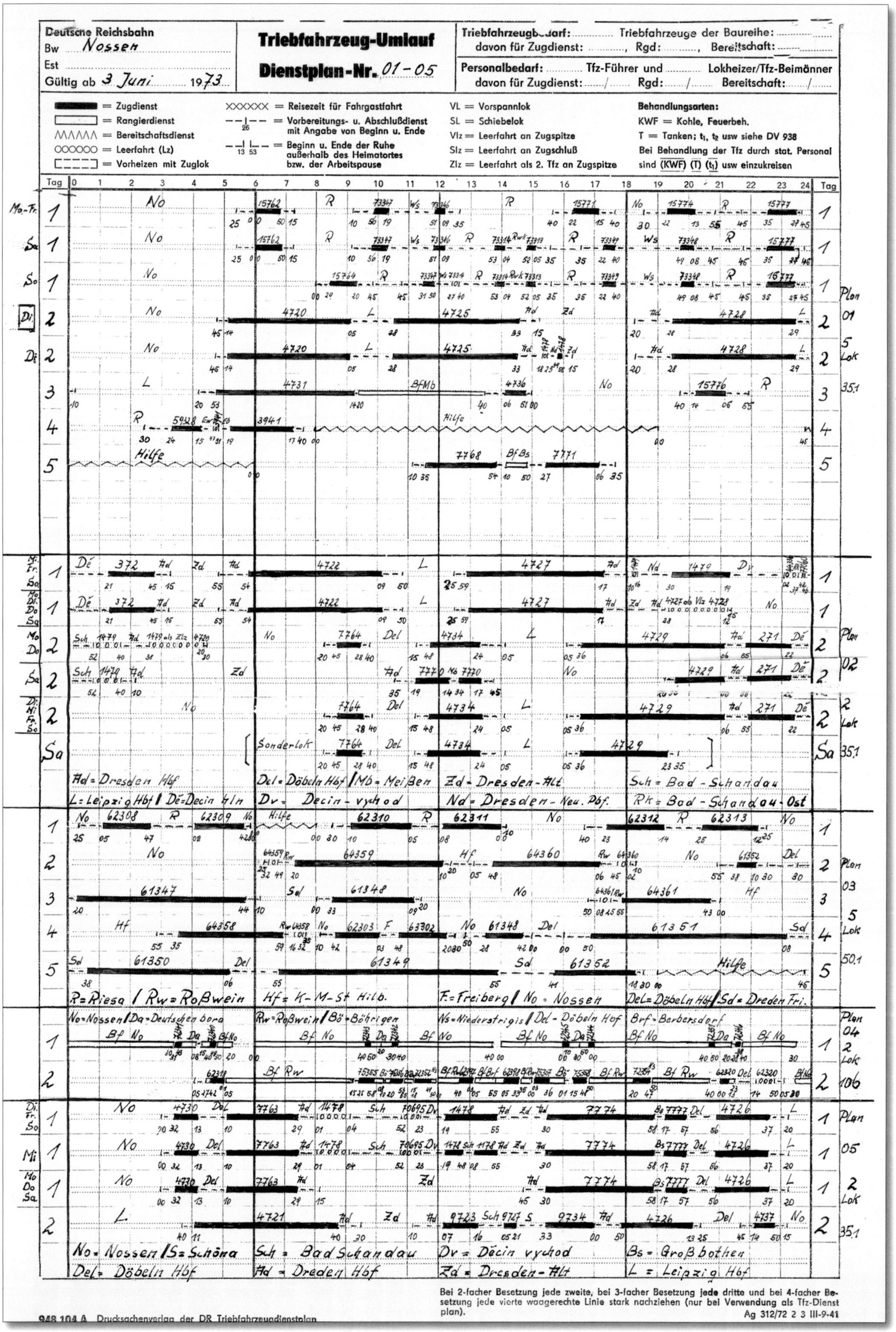

Deutsche Reichsbahn
Bw Nossen
Est
Gültig ab 3. Juni 1973

Triebfahrzeug-Umlauf

Dienstplan-Nr. 01–05

Triebfahrzeugbedarf: ... Triebfahrzeuge der Baureihe: ...
davon für Zugdienst: ..., Rgd: ..., Bereitschaft: ...

Personalbedarf: ... Tfz-Führer und ... Lokheizer/Tfz-Beimänner
davon für Zugdienst: .../... Rgd: .../... Bereitschaft: .../...

Zeichen	Bedeutung	Zeichen	Bedeutung	Abkürzung	Bedeutung
▬▬▬	Zugdienst	XXXXXX	Reisezeit für Fahrgastfahrt	VL	Vorspannlok
▭	Rangierdienst	——|—— 26	Vorbereitungs- u. Abschlußdienst mit Angabe von Beginn u. Ende	SL	Schiebelok
ΛΛΛΛΛ	Bereitschaftsdienst	——| |—— 13 53	Beginn u. Ende der Ruhe außerhalb des Heimatortes bzw. der Arbeitspause	Vlz	Leerfahrt an Zugspitze
OOOOOO	Leerfahrt (Lz)			Slz	Leerfahrt an Zugschluß
[- - - -]	Vorheizen mit Zuglok			Zlz	Leerfahrt als 2. Tfz an Zugspitze

Behandlungsarten:
KWF = Kohle, Feuerbeh.
T = Tanken; t_1, t_2 usw siehe DV 938
Bei Behandlung der Tfz durch stat. Personal sind (KWF) (T) (t_1) usw einzukreisen

Tag | 0 1 2 3 4 5 6 7 8 9 10 11 12 13 14 15 16 17 18 19 20 21 22 23 24 | Tag

Plan 01 – 5 Lok 35.1

Plan 02 – 2 Lok 35.1

Hd = Dresden Hbf / Del = Döbeln Hbf / Mb = Meißen / Zd = Dresden-Alt / Sch = Bad Schandau
L = Leipzig Hbf / Dé = Decin hln / Dv = Decin-vychod / Nd = Dresden-Neu. Pbf. / Rk = Bad Schandau-Ost

Plan 03 – 5 Lok 50.1

R = Riesa / Rw = Roßwein / Hf = K-M-St Hilb. / F = Freiberg / No = Nossen / Del = Döbeln Hbf / Sd = Dresden Fri.

Plan 04 – 2 Lok 106

No = Nossen / Da = Deutschenbora / Rw = Roßwein / Bö = Böhrigen / Ns = Niederstriegis / Del = Döbeln Hbf / Brf = Berbersdorf

Plan 05 – 2 Lok 35.1

No = Nossen / S = Schöna / Sch = Bad Schandau / Dv = Decin vychod / Bs = Großbothen
Del = Döbeln Hbf / Hd = Dresden Hbf / Zd = Dresden-Alt / L = Leipzig Hbf

Bei 2-facher Besetzung jede zweite, bei 3-facher Besetzung jede dritte und bei 4-facher Besetzung jede vierte waagerechte Linie stark nachziehen (nur bei Verwendung als Tfz-Dienstplan).

948 104 A Drucksachenverlag der DR Triebfahrzeugdienstplan
Ag 312/72 2 3 III-9-41

△ **Bild 55** • Umlaufpläne für insgesamt neun 35^{10}, fünf 50-Altbau und zwei 106, gültig ab 3. Juni 1973.

Deutsche Reichsbahn
Bw Nossen
Est Mügeln (Stre, Wdf, Lom)
Gültig ab 26.05. 1968

Triebfahrzeug-Umlauf

~~Dienstplan-Nr.~~ 03-05

Triebfahrzeugbedarf: 3 Triebfahrzeuge der Baureihe: 99[51-60]
davon für Zugdienst: ......, Rgd: ......, Bereitschaft: ......

Personalbedarf: ...... Tfz-Führer und ...... Lokheizer/Tfz-Beimänner
davon für Zugdienst: .../... Rgd: .../... Bereitschaft: .../...

= Zugdienst
= Rangierdienst
ΛΛΛΛΛ = Bereitschaftsdienst
OOOOOO = Leerfahrt (Lz)
= Vorheizen mit Zuglok

XXXXXX = Reisezeit für Fahrgastfahrt
= Vorbereitungs- u. Abschlußdienst mit Angabe von Beginn u. Ende
= Beginn u. Ende der Ruhe außerhalb des Heimatortes bzw. der Arbeitspause

VL = Vorspannlok
SL = Schiebelok
Vlz = Leerfahrt an Zugspitze
Slz = Leerfahrt an Zugschluß
Zlz = Leerfahrt als 2. Tfz an Zugspitze

Behandlungsarten:
KWF = Kohle, Feuerbeh.
T = Tanken; t_1, t_2 usw siehe DV 938
Bei Behandlung der Tfz durch stat. Personal sind (KWF) (T) (t_1) usw einzukreisen

Dienstpl. 03 Lokbf. Strehla – W / S – 1 IV, 99[51-60]

Dienstpl. 04 Lokbf. Wermsdorf – W / S – 1 IV K 99[51-60]

Dienstpl. 05 Lokbf. Lommatzsch – W (Sa) / Sa / S – 1 IV K 99[51-60]

△ **Bild 56** • Umlaufpläne für der Baureihe 99[51-60] der Einsatzstelle Mügeln des Bw Nossen, gültig ab 26. Mai 1968.

Abbildung: Sammlung Gero Istel

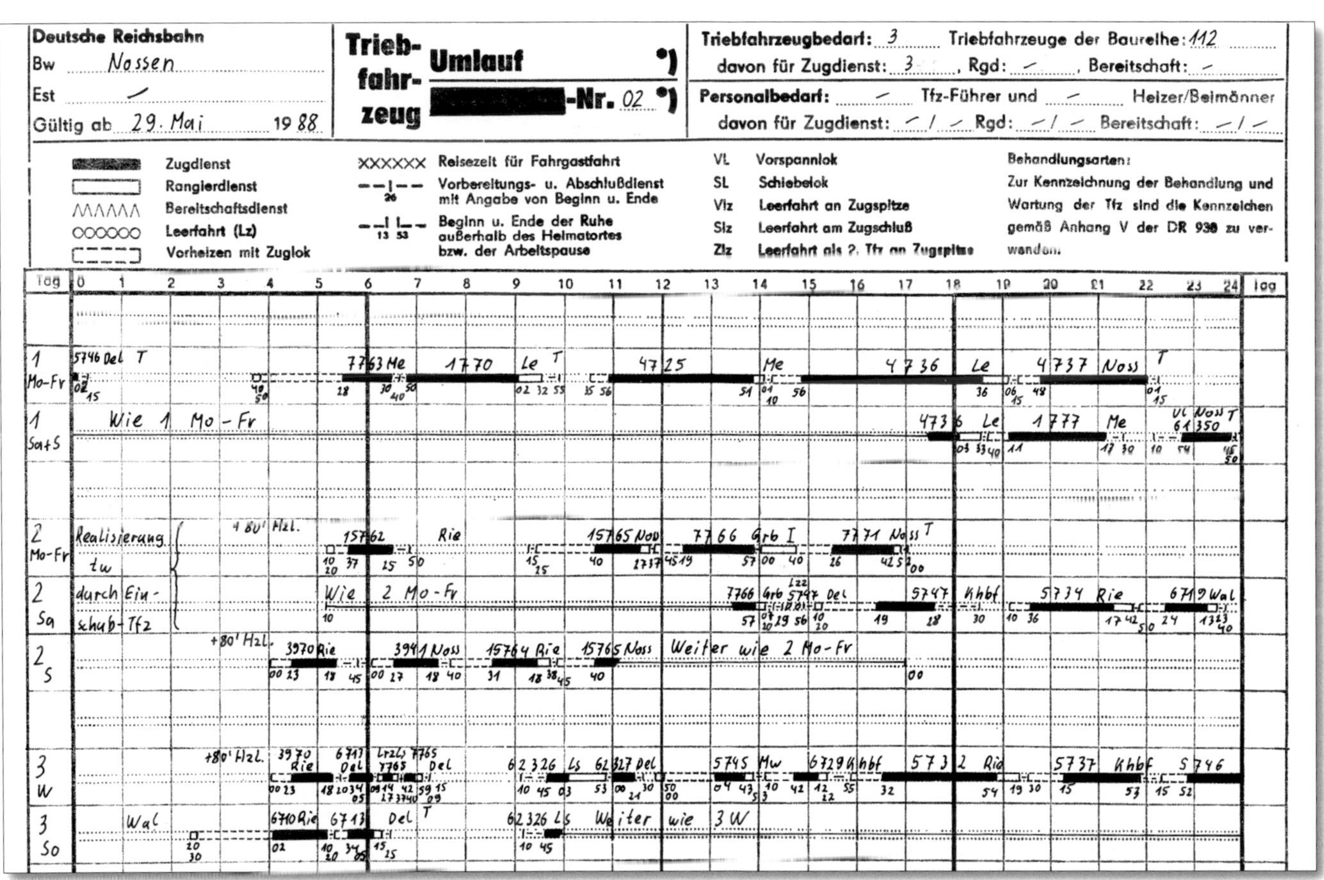

Deutsche Reichsbahn
Bw Nossen
Est –
Gültig ab 29. Mai 1988

Triebfahrzeug-Umlauf -Nr. 02 *)

Triebfahrzeugbedarf: 3 Triebfahrzeuge der Baureihe: 112
davon für Zugdienst: 3, Rgd: –, Bereitschaft: –

Personalbedarf: – Tfz-Führer und – Heizer/Beimänner
davon für Zugdienst: –/– Rgd: –/– Bereitschaft: –/–

Zugdienst
Rangierdienst
ΛΛΛΛΛ Bereitschaftsdienst
OOOOOO Leerfahrt (Lz)
Vorheizen mit Zuglok

XXXXXX Reisezeit für Fahrgastfahrt
Vorbereitungs- u. Abschlußdienst mit Angabe von Beginn u. Ende
Beginn u. Ende der Ruhe außerhalb des Heimatortes bzw. der Arbeitspause

VL Vorspannlok
SL Schiebelok
Vlz Leerfahrt an Zugspitze
Slz Leerfahrt am Zugschluß
Zlz Leerfahrt als 2. Tfz an Zugspitze

Behandlungsarten:
Zur Kennzeichnung der Behandlung und Wartung der Tfz sind die Kennzeichen gemäß Anhang V der DR 938 zu verwenden.

1 Mo-Fr; 1 Sa+S Wie 1 Mo-Fr; 2 Mo-Fr Realisierung zw durch Einschub-Tfz; 2 Sa Wie 2 Mo-Fr; 2 S Weiter wie 2 Mo-Fr; 3 W; 3 So Weiter wie 3 W

△ **Bild 57** • Umlaufpläne für die Baureihe 112 des Bw Nossen, gültig ab 29. Mai 1988.

Abbildungen (2): Sammlung Martin Stams

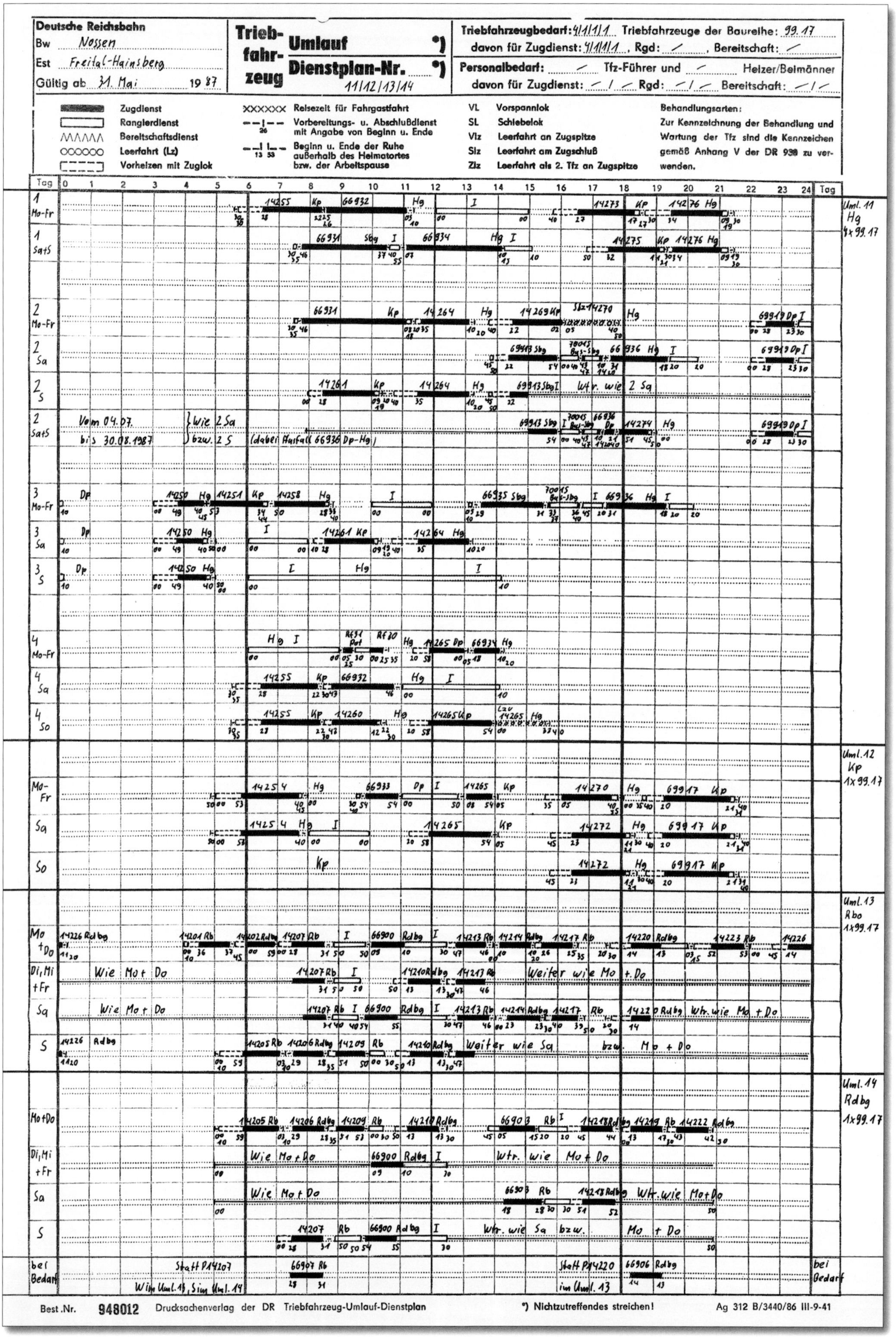

Deutsche Reichsbahn
Bw Nossen
Est Freital-Hainsberg
Gültig ab 31. Mai 1987

Triebfahrzeug Umlauf *) Dienstplan-Nr. *) 11/12/13/14

Triebfahrzeugbedarf: 4/1/1/1 Triebfahrzeuge der Baureihe: 99.17
davon für Zugdienst: 4/1/1/1, Rgd: –, Bereitschaft: –
Personalbedarf: – Tfz-Führer und – Heizer/Beimänner
davon für Zugdienst: –/– Rgd: –/– Bereitschaft: –/–

Zeichen	Bedeutung	Zeichen	Bedeutung	Abk.	Bedeutung
▬	Zugdienst	XXXXXX	Reisezeit für Fahrgastfahrt	VL	Vorspannlok
▭	Rangierdienst	– – I – – 26	Vorbereitungs- u. Abschlußdienst mit Angabe von Beginn u. Ende	SL	Schiebelok
ΛΛΛΛΛ	Bereitschaftsdienst	– – I I – – 13 53	Beginn u. Ende der Ruhe außerhalb des Heimatortes bzw. der Arbeitspause	Vlz	Leerfahrt an Zugspitze
OOOOOO	Leerfahrt (Lz)			Slz	Leerfahrt am Zugschluß
⊏ ⊐ (gestrichelt)	Vorheizen mit Zuglok			Zlz	Leerfahrt als 2. Tfz an Zugspitze

Behandlungsarten: Zur Kennzeichnung der Behandlung und Wartung der Tfz sind die Kennzeichen gemäß Anhang V der DR 938 zu verwenden.

Tag | 0 | 1 | 2 | 3 | 4 | 5 | 6 | 7 | 8 | 9 | 10 | 11 | 12 | 13 | 14 | 15 | 16 | 17 | 18 | 19 | 20 | 21 | 22 | 23 | 24 | Tag

Uml. 11 Hg 1x 99.17 — 1 Mo-Fr; 1 SatS; 2 Mo-Fr; 2 Sa; 2 S; 2 SatS (Vom 04.07. bis 30.08.1987 Wie 2 Sa bzw. 2 S (dabei Ausfall 66936 Dp-Hg)); 3 Mo-Fr; 3 Sa; 3 S; 4 Mo-Fr; 4 Sa; 4 So

Uml. 12 Kp 1x 99.17 — Mo-Fr; Sa; So

Uml. 13 Rbo 1x 99.17 — Mo+Do; Di, Mi + Fr (Wie Mo + Do); Sa (Wie Mo + Do); S (Weiter wie Sa bzw. Mo + Do)

Uml. 14 Rdbg 1x 99.17 — Mo+Do; Di, Mi + Fr (Wie Mo + Do; Wtr. wie Mo + Do); Sa (Wie Mo + Do; Wtr. wie Mo + Do); S (Wtr. wie Sa bzw. Mo + Do)

bei Bedarf: Statt P 14207 66907 Rb, Wi in Uml. 13, S in Uml. 14; Statt P 14220 66906 Rdbg im Uml. 13

Best.Nr. **948012** Drucksachenverlag der DR Triebfahrzeug-Umlauf-Dienstplan *) Nichtzutreffendes streichen! Ag 312 B/3440/86 III-9-41

△ **Bild 58 •** Umlaufplan der Nossener Einsatzstelle in Freital-Hainsberg für die Baureihe 99[17], gültig ab 31. Mai 1987.

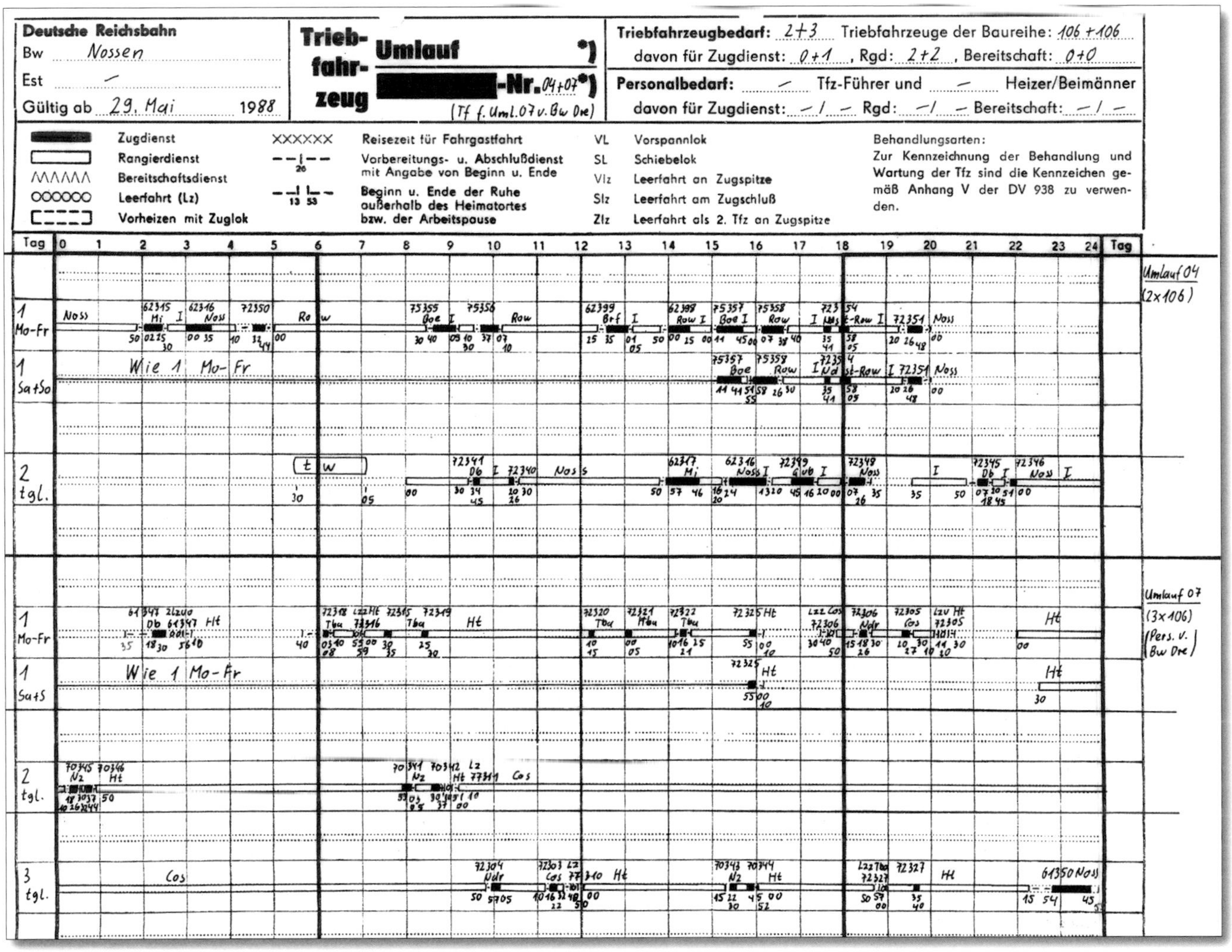

Deutsche Reichsbahn
Bw Nossen
Est –
Gültig ab 29. Mai 1988

Triebfahrzeug Umlauf *) -Nr. 04+07 *) (Tf f. Uml. 07 v. Bw Dre)

Triebfahrzeugbedarf: 2+3 Triebfahrzeuge der Baureihe: 106 + 106
davon für Zugdienst: 0+1, Rgd: 2+2, Bereitschaft: 0+0
Personalbedarf: – Tfz-Führer und – Heizer/Beimänner
davon für Zugdienst: – / – Rgd: – / – Bereitschaft: – / –

Zugdienst · Rangierdienst · Bereitschaftsdienst · Leerfahrt (Lz) · Vorheizen mit Zuglok
XXXXXX Reisezeit für Fahrgastfahrt · Vorbereitungs- u. Abschlußdienst mit Angabe von Beginn u. Ende · Beginn u. Ende der Ruhe außerhalb des Heimatortes bzw. der Arbeitspause
VL Vorspannlok · SL Schiebelok · Vlz Leerfahrt an Zugspitze · Slz Leerfahrt am Zugschluß · Zlz Leerfahrt als 2. Tfz an Zugspitze
Behandlungsarten: Zur Kennzeichnung der Behandlung und Wartung der Tfz sind die Kennzeichen gemäß Anhang V der DV 938 zu verwenden.

Tag 0 1 2 3 4 5 6 7 8 9 10 11 12 13 14 15 16 17 18 19 20 21 22 23 24 Tag

1 Mo-Fr · 1 Sa+So (Wie 1 Mo-Fr) · 2 tgl. — Umlauf 04 (2x106)
1 Mo-Fr · 1 Sa+S (Wie 1 Mo-Fr) · 2 tgl. · 3 tgl. — Umlauf 07 (3x106) (Pers. v. Bw Dre)

△ **Bild 59** • Umlaufplan für die Baureihe 106 des Bw Nossen, gültig ab 29. Mai 1988.

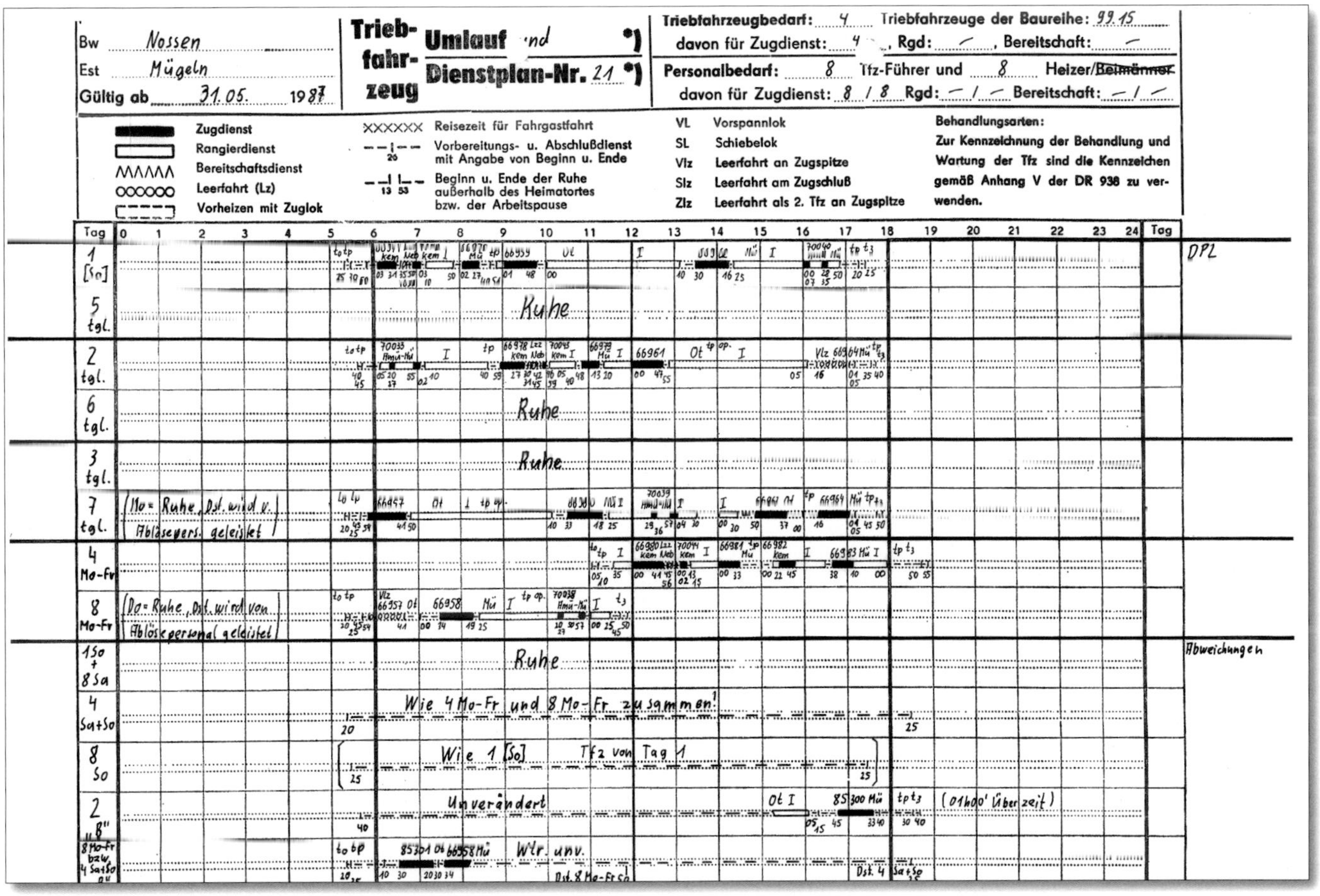

Bw Nossen
Est Mügeln
Gültig ab 31.05. 1987

Triebfahrzeug Umlauf und *) Dienstplan-Nr. 21 *)

Triebfahrzeugbedarf: 4 Triebfahrzeuge der Baureihe: 99.15
davon für Zugdienst: 4, Rgd: –, Bereitschaft: –
Personalbedarf: 8 Tfz-Führer und 8 Heizer/~~Beimänner~~
davon für Zugdienst: 8 / 8 Rgd: – / – Bereitschaft: – / –

Zugdienst · Rangierdienst · Bereitschaftsdienst · Leerfahrt (Lz) · Vorheizen mit Zuglok
XXXXXX Reisezeit für Fahrgastfahrt · Vorbereitungs- u. Abschlußdienst mit Angabe von Beginn u. Ende · Beginn u. Ende der Ruhe außerhalb des Heimatortes bzw. der Arbeitspause
VL Vorspannlok · SL Schiebelok · Vlz Leerfahrt an Zugspitze · Slz Leerfahrt am Zugschluß · Zlz Leerfahrt als 2. Tfz an Zugspitze
Behandlungsarten: Zur Kennzeichnung der Behandlung und Wartung der Tfz sind die Kennzeichen gemäß Anhang V der DR 938 zu verwenden.

Tag 0 1 2 3 4 5 6 7 8 9 10 11 12 13 14 15 16 17 18 19 20 21 22 23 24 Tag

1 [So] — DPL
5 tgl. — Ruhe
2 tgl.
6 tgl. — Ruhe
3 tgl. — Ruhe
7 tgl. — (Mo = Ruhe, Dst. wird v. Ablöseper. geleistet)
4 Mo-Fr
8 Mo-Fr — (Do = Ruhe, Dst. wird von Ablösepersonal geleistet)
1 So + 8 Sa — Ruhe — Abweichungen
4 Sa+So — Wie 4 Mo-Fr und 8 Mo-Fr zusammen!
8 So — Wie 1 [So] Tfz von Tag 1
2 „8" — Unverändert (01h00' Überzeit)
8 Mo-Fr bzw. 4 Sa+So — Wlr. unv. Dst. 8 Mo-Fr Sch

△ **Bild 60** • Umlaufplan der Einsatzstelle Mügeln des Bw Nossen für die Baureihe 99^{15}, gültig ab 31. Mai 1987.

Abbildungen (3): Sammlung Martin Stams

5 Die Lokbahnhöfe und Einsatzstellen des Bw Nossen

◁ **Bild 61**
Die Anlagen des Bw Freiberg (Sachs) am 4. Juli 1986, als 38 1182 und 50 849 dort zu Gast waren.

AUFNAHME: RAINER HEINRICH

5.1 Freiberg (Sachs)

Die ersten Anlagen zur Stationierung und Behandlung von Lokomotiven in Freiberg (Sachs) entstanden im Zusammenhang mit dem Bau der Strecke aus Richtung Tharandt und deren Weiterführung bis Chemnitz in den sechziger Jahren des 19. Jahrhunderts. Durch Inbetriebnahme der Eisenbahnverbindung nach Nossen (15. Juli 1873), deren Verlängerung bis Moldau (18. Mai 1885) und der Strecke nach Halsbrücke (13. Juli 1890) wurde Freiberg (Sachs) zum einem regional bedeutsamen Knotenpunkt.

Die vorhandenen Anlagen des ersten Bahnhofes reichten bereits Mitte der siebziger Jahre des 19. Jahrhunderts für die Bewältigung des Bahnbetriebes nicht mehr aus, so dass ab 1876 umfangreiche Erweiterungsarbeiten stattfanden, in deren Zusammenhang auch ein Halbrund-Lokschuppen mit Drehscheibe und neue Lokbehandlungsanlagen errichtet wurden. Es entstand ein Lokschuppen mit zehn Ständen, davon vier Ständen mit einer Länge von 18 m und sechs mit einer Länge von 15 m. Es gab eine 18-m-Drehscheibe, die mit 120 t belastbar war. Zu den Hochbauten gehörten ein Verwaltungsgebäude mit Büro-, Schrank-, Übernachtungs- und Aufenthaltsräumen sowie Wasch- und Badeeinrichtungen, zudem ein Gebäude mit Lager- und Unterrichtsraum.

Mitte der dreißiger Jahre war der Lokbahnhof Freiberg (Sachs) dem Bw Nossen unterstellt. Dies änderte sich zum 1. Januar 1937, als Freiberg (Sachs) in den Rang eines eigenständigen Bahnbetriebswerkes erhoben wurde. Damit gingen nicht nur alle dort stationierten Lokomotiven (Baureihen 38^{2-3}, 57^{10-35} und 91) in die Beheimatung über, sondern es fielen auch die Regelspur-Lokbahnhöfe Bienenmühle, Großhartmannsdorf und Langenau sowie die Schmalspur-Lokbahnhöfe in Sayda und in Frauenstein mit den dort vorhandenen Lokomotiven in die Verantwortung des neuen Bw Freiberg (Sachs).

Seine Selbstständigkeit behielt das Freiberger Bahnbetriebswerk immerhin 30 Jahre. Zum 31. Mai 1967 wurde es in eine Einsatzstelle des Bw Karl-Marx-Stadt umgewandelt. Dennoch hatte zu diesem Zeitpunkt auch das Bw Nossen direkt mit Freiberger Lokomotiven zu tun, denn die in Freiberg (Sachs) vorhandenen 14 Vertreterinnen der Baureihe 86 wurden von Mai 1967 bis September 1968 in Nossen noch technisch unterhalten und wechselten – zumindest buchmäßig – auch in den Bestand des Nossener Bahnbetriebswerkes.

In Freiberg (Sachs) blieben noch zahlreiche Dieselloks der Baureihe 110 für den Einsatz auf den Nebenbahnen stationiert. Die Bw-Anlagen wurden 2011 abgerissen.

△ **Bild 62** • Blick in das Bw Freiberg (Sachs) im Jahr 1965. Neben 65 1046 hatten sich auch zwei Maschinen der Baureihe 58 – 58 429 und 58 1659 – dort eingefunden. AUFNAHME: SABY, SAMMLUNG RAINER HEINRICH

5.2 Bienenmühle

Der Lokbahnhof Bienenmühle befand sich ca. bei Streckenkilometer 49,0 der Verbindung Nossen – Freiberg (Sachs) – Mulda (Sachs) – Holzhau – Moldau (heute: Moldava v Krušných horách/Tschechien). Dass an diesem Ort überhaupt eine solche Betriebsstelle eingerichtet wurde, lag an dem sich ab Bienenmühle in Richtung Erzgebirgskamm anschließenden Steigungsabschnitt, der die Vorhaltung von Schiebelokomotiven notwendig machte. Bereits bei den Vorbereitungen zum Bau der Strecke wurde darauf geachtet, in Bienenmühle ein Areal zu finden, welches genug Raum für einen Bahnhof und eine Lokstation nebst möglicher Erweiterungen bot!

Für die Unterstellung, Behandlung und Wartung dieser Loks entstand 1876 an der Ausfahrt in Richtung Moldau ein Halbrund-Lokschuppen, der in den Jahren 1887 und 1891 auf ingesamt zehn Stände á 18 m Länge erweitert wurde. Vor dem Schuppen befand sich eine 18-m-Drehscheibe, die mit Lokomotiven bis zu einer Masse von 120 t befahren werden durfte.

Der Lokbahnhof Bienenmühle mit den dort stationierten Maschinen der Baureihe 55^{16-22} unterstand bis zum 31. Dezember 1936 dem Bw Nossen, dann wechselte er am 1. Januar 1937 in die Verantwortung des selbstständigen Bw Freiberg (Sachs).

Am 7. Mai 1945 sprengten Wehrmachtssoldaten das Lichtenberger Viadukt und unterbrachen damit die Strecke, die in ihrer Gesamtlänge nie wieder befahrbar wurde. Damit war auch das Schicksal des Lokbahnhofes Bienenmühle besiegelt: Geschlossen Mitte der sechziger Jahre, wurden seine Anlagen zwischen 1968 und 1973 abgerissen.

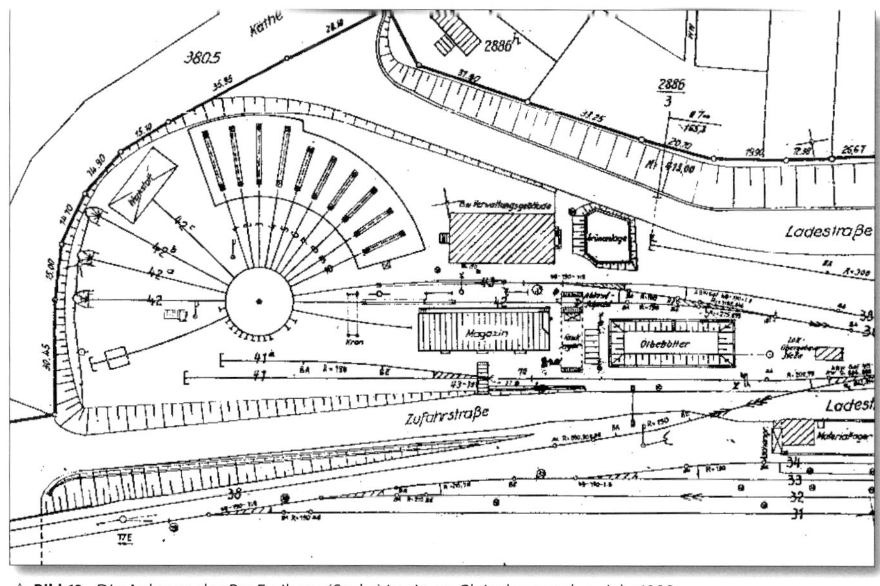

△ **Bild 63** • Die Anlagen des Bw Freiberg (Sachs) in einem Gleisplan aus dem Jahr 1988.

Abbildung: Sammlung Sebastian Werner

△ **Bild 64** • Die Einsatzstelle Freiberg (Sachs) am 9. September 1995: Im Lokschuppen stehen (v.l.n.r.): 298 122, 202 307, 202 687 und 202 796.

Aufnahme: Volker Lucas, Sammmlung A. Zika

Bild 65 ▷ Der Lokschuppen in Bienenmühle im Juni 1964. Eine Vertreterin der Baureihe 86 räuchert auf einem der Strahlengleise vor sich hin. Rechts neben dem Schuppen liegt das Gleis in Richtung Moldau, dessen Neigungsverhältnis hier offensichtlich wird.

Aufnahme: Günter Kielstein, Slg. Matthias Hengst

△ **Bild 66** • Der Lokschuppen des Lokbahnhofes Meißen im Zustand um das Jahr 1956 …
AUFNAHME: STARKE, SAMMLUNG ANDREAS LESCHNIOWSKI

△ **Bild 67** • … und im Jahr 1983. Trotz des eher maroden Zustandes des Schuppens wurde noch ein Gleis genutzt!
AUFNAHME: SAMMLUNG ANDREAS LESCHNIOWSKI

5.3 Meißen

Nachdem es bereits seit 1876 am Meißener Bahnhof eine Lokstation gab, wurde diese in den Jahren 1919/1920 erneuert und erweitert. Der Lokbahnhof Meißen bestand aus einem dreiständigen, 50 m langen und 20 m breiten Lokschuppen mit einer davor befindlichen 20-m-Drehscheibe, die für eine Last bis 140 t zugelassen war.

Zum 1. Januar 1956 wurde dieser Lokbahnhof dem Bw Nossen unterstellt. Und offenbar erhielt dieses Bahnbetriebswerk damit – zumindest was die Personalgestellung betraf – einen Problemfall, denn in den Unterlagen des Bw Nossen war folgendes Schreiben (ein sogenannter Neuerervorschlag/NV für eine Verbesserung der Betriebsabläufe bei gleichzeitiger Einsparung von „Mensch und Material"), datiert auf den 21. Dezember 1965, zu finden, was zugleich einen hervorragenden Einblick in den (personellen) Zustand der Meißner Einsatzstelle bietet:

„Der (…) Lokbahnhof Meißen ist Sorgenkind Nr. 1. Wenn es bisher trotz hohem Personalabgang und nur äußerst geringem Zugang beim Lokpersonal durch Leistungsveränderungen und Verlagerungen gelang, der Dinge Herr zu werden, zwingt jetzt die äußerst angespannte Lage bei den Betriebsarbeitern zu neuen Erwägungen.

Der Lokeinsatz beim Lokbahnhof selbst muß so niedrig wie nur irgend möglich gehalten werden. Die Ausgabe von Lokkohle muß um mindestens 50 % eingeschränkt werden und kann nur zeitlich begrenzt, also keinesfalls mehr ganztägig erfolgen. Ausgabe an fremde Loks kann auch während dieser Zeit nur in Ausnahmefällen erfolgen. Soweit Loks in der Nachtzeit zu betreuen bzw. zu behandeln sind, hat dies durch das Lokpersonal zu erfolgen, wobei im Verhältnis zu dem derzeitig bestehenden Personalaufwand kein Mehraufwand entstehen darf. Die derzeit eingesetzten 4 Lokomotiven (3fach besetzt) könnten auf 3 Lokomotiven (4fach besetzt) verringert werden, wenn geringfügige Fahrplanänderungen durchgeführt würden. (…)"

Die „geringfügigen Fahrplanänderungen" bezogen sich auf Änderungen der Verkehrszeiten von Übergabezügen, kürzere Wendezeiten und dem Einsatz von Wendelokomotiven des Bw Dresden-Altstadt für den Rangierdienst im Bahnhof Meißen. Alles in allem hätte dadurch eine Lok und das entsprechende Personal eingespart werden können. Weiter heißt es in dem Schreiben:

„Die Meißner Loks waschen alle 21 Tage aus, so daß dies im Jahre 17,5 Auswaschungen ergibt. Hierfür muß aber in jedem Falle eine Austauschlok die gleiche Anzahl Fahrten bringen. Sind also zusammen 35 Fahrten mal 44 km = 1.540 km im Jahr. (…)

Die Lokbehandlung durch örtliches Personal würde sich etwa auf die Zeit von 5.00 bis 19.00 Uhr von Mo bis Fr und von 5.00 bis 15.00 Uhr an Sa und So beschränken. Hiermit würde der akute Mangel an Arbeitskräften vorerst beseitigt sein.

Die Regelung der Kohlezufuhr sollte grundsätzlich über Bw Nossen erfolgen bzw. die Wagenbereitstellung zumindest so geschehen, daß früh bereitgestellt und tagsüber beladen werden kann.

Der sich hieraus ergebende Nutzen würde folgender sein:

Einsparung einer Lok der Gattung 38^{2-3},
Einsparung eines Brigadelokführers,
Einsparung von 2 Betriebsarbeitern,
Einsparung von 105 Einsatzstunden für Lz-Fahrten,
Einsparung von Kohle für wesentlich verkürzte Standzeiten, die wertmäßig wohl kaum genau zu erfassen ist,
Einsparung des Aufwandes für die Planausbesserungstage dieser Lok."

Ein solcher Vorschlag – erst recht wie hier vom damaligen Lokleiter des Bw Nossen, Erich Weise, persönlich erstellt – wurde selbstverständlich vom „Büro für Neuererwesen" in der Verwaltung Maschinenwirtschaft der Rbd Dresden geprüft, in diesem Fall zunächst aber abschlägig beantwortet. Die Änderungen würden in den einzelnen Dienstschichten die Arbeitszeit überschreiten. Dennoch setzte dieser Neuerervorschlag einiges in Bewegung und wurde ab März bzw. April 1966 in Teilen umgesetzt. Doch nicht alle Dienststellen machten dabei mit, was bei der Neuererbrigade im Reichsbahnamt Dresden für schlechte Stimmung sorgte. Diesbezüglich heißt es in einem Schreiben vom 5. Mai 1966:

„Es ist unverständlich, wie ein NV von solcher Wichtigkeit seit 21.12.65 von Dienstposten zu Dienstposten gereicht wird, ohne einen Erfolg zu verzeichnen. Diese Zeit mußte ja vom Bw Nossen überbrückt werden. Der Urgeber fordert an Fahrplanände-

rungen, daß der Übergang von der 15722 zu der 15723 hergestellt wird und die 15727/15726 keine Kreuzfahrt vor Coswig bilden. Beide Forderungen sind seit dem 12.4.66 in den Fahrplanunterlagen verwirklicht. Üb 15722 kommt 12.32 Uhr in Meißen an und hat einen Übergang zu Üb 15723 von 66 Min. Üb 15727 trifft in Coswig 21.45 Uhr ein, während 15726 22.10 Uhr ab Coswig fährt. Die Üb 15727 bedient nicht mehr Neusörnewitz.

Von Seiten des Fahrplanes steht der Einführung des NV nichts im Wege.“

Nun begannen die umfangreichen Nutzenermittlungen, bei denen folgende Einsparungen kalkuliert wurden:

Lokfahrdienst

Verkürzung der Einsatzzeit	57.925,50 MDN
Einsparung durch Wegfall von Aufenthaltszeit	3.648,00 MDN
Einsparung von Lokkohle	21.900,00 MDN
Einsparung an Kapazitätskosten der Lok	62.962,50 MDN
Einsparung Lz-Fahrten	2.625,00 MDN

MDN = Mark Deutscher Notenbank

Demgegenüber standen neue Kosten in Höhe von 17.709,00 MDN für den täglichen Einsatz (außer samstags) einer Lok der Baureihe 65^{10} als Rangierlok von 14 bis 16 Uhr im Bahnhof Meißen.

Nach einem Jahr „Versuchsbetrieb“ im Lokbahnhof Meißen wurde der Nutzen des Neuerervorschlags von allen Seiten bestätigt. Die eingesparte Lok der Baureihe 38^{2-3} konnte bereits zum Sommerfahrplan 1966 an die Rbd Cottbus (Bw Bautzen) abgegeben werden.

Der Lokbahnhof Meißen blieb bis zum 29. September 1968 beim Bw Nossen, dann ging er mit seinen dort noch stationierten Lokomotiven in die Verantwortung des Bw Dresden über. An diesem Umstand änderte sich auch nichts, als das Bw Nossen im Mai 1982 die drei Dieselloks der Baureihe 106 des Bw Dresden übernahm, die von der Lokeinsatzstelle Meißen aus im Einsatz waren – und es weiterhin blieben.

Die Einsatzstelle in Meißen wurde Anfang der neunziger Jahre final geschlossen, wenngleich die dortigen Anlagen sich allerdings bereits Mitte der achtziger Jahre in einem beklagenswerten Zustand befanden. Der Lokschuppen diente wohl zu diesem Zeitpunkt u. a. noch der Bahnmeisterei als Abstellmöglichkeit, allerdings waren schon nicht mehr alle drei Gleise nutzbar. Heute ist vom Meißner Lokbahnhof nichts mehr erhalten.

Reichsbahndirektion Dresden
Hauptbuchhaltung und Statistik
Hb I-3

Dresden, am 4.10.1967
1233

Verw M -BfN-

Betr: NV 1214 - 0.34.17/25/66
Lok und Personaleinsatz beim Lokbf Meißen

Nachdem die Bestätigung der Verw M über den veränderten Lok- und Personaleinsatz beim Lokbf Meißen vorliegt, wird folgender Nutzen im 1. Benutzungsjahr bestätigt:

Die Einzelberechnungen der Einsparungsbeträge sind aus der Nutzenberechnung v. 21.6.66 zu ersehen.

Einsatzstunden	57 926,- MDN
Arbzeit außerhalb der Einsatzzt	3 648,- "
Energiekosten bei Verkürzung der Wendezeiten	21 900,- "
Kapazitätskosten 1 Lok	62 963,- "
Wegfall von Lz-Fahrten	2 625,- "
Lohneinsparungen für örtl. Pers.	2 685,- "
Einsparungen:	151 747,- MDN
Mehraufwand:	
Einsatzzeit beim Bw Dresden	./. 9 884,- "
Lokkapazitätskosten	./. 7 825,- "
Gesamtnutzen der Maßnahme:	134 038,- MDN

Dieser Betrag ist der Vergütungsberechnung zugrunde zu legen.

Neudack
(Neudack)
Reichsbahn-Oberamtmann
Ltr. d. Wirtschaftskontrolle

△ **Bild 68** • Am Ende waren doch alle zufrieden! Der vom Lokleiter des Bw Nossen für den Lokbahnhof Meißen erstellte Neuerervorschlag zur Einsparung einer Lok und deren Personal zahlte sich auch finanziell für die Deutsche Reichsbahn aus.

Bild 69 ▷
Auch wenn der Lokbahnhof Meißen nach dem Wechsel zum Bw Dresden offiziell nicht noch einmal dem Bw Nossen unterstellt wurde, kamen dort Nossener Loks zum Einsatz. Hier das Deckblatt des Übergabebuches der 106 494, die als Maschine der Dienstplangemeinschaft 22 in Meißen eingesetzt wurde.

ABBILDUNGEN (2): SAMMLUNG MARTIN STAMS

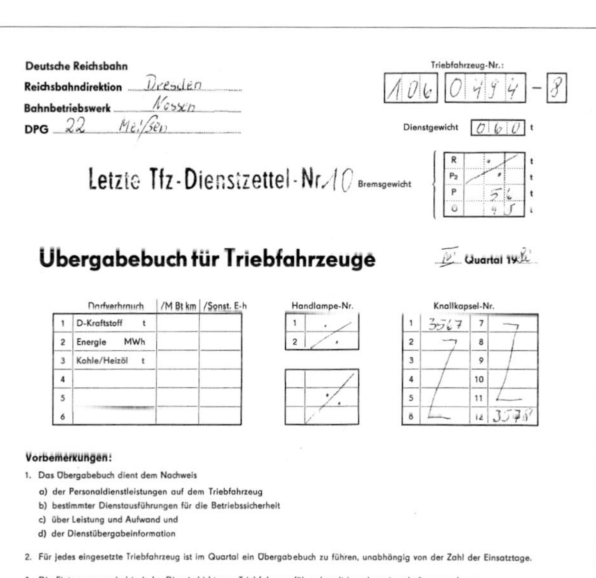

Deutsche Reichsbahn
Reichsbahndirektion Dresden
Bahnbetriebswerk Nossen
DPG 22 Meißen

Triebfahrzeug-Nr.: 106 0494 - 8
Dienstgewicht 060 t

Letzte Tfz-Dienstzettel-Nr. 10

Bremsgewicht: R t, P_2 t, P 56 t, G 45 t

Übergabebuch für Triebfahrzeuge

IV. Quartal 19..

	Dorfverbrauch	/M Bt km	/Sonst. E-h
1	D-Kraftstoff t		
2	Energie MWh		
3	Kohle/Heizöl t		
4			
5			
6			

Handlampe-Nr.

1	
2	

Knallkapsel-Nr.

1	3567	7	
2		8	
3		9	
4		10	
5		11	
6		12	3578

Vorbemerkungen:

1. Das Übergabebuch dient dem Nachweis
   a) der Personaldienstleistungen auf dem Triebfahrzeug
   b) bestimmter Dienstausführungen für die Betriebssicherheit
   c) über Leistung und Aufwand und
   d) der Dienstübergabeinformation
2. Für jedes eingesetzte Triebfahrzeug ist im Quartal ein Übergabebuch zu führen, unabhängig von der Zahl der Einsatztage.
3. Die Eintragungen sind in jeder Dienstschicht vom Triebfahrzeugführer leserlich und gewissenhaft vorzunehmen.
   Die Spalten 9, 14 bis 18 sind frei. Sie können für weitere Aufschreibungen verwendet werden; z. B. Spalte 9 für die Überwachung der km-Laufleistung nach Ölwechsel. Spalten 14 bis 18 für baureihenbezogene spezielle Kontrollen – wie Tatzlager, Achslager, Ehz-Störüberwachung, Getriebeöl, Verdichter, Regler, Ölbadfilter.
   Spalte 12: Mit der Durchführung der Einsatzfähigkeitsprüfung – gemäß § 10 der DV 938 und der DV 938 Th 1 u. 2 – bestätigt der Triebfahrzeugführer die technische Kontrolle des Triebfahrzeuges für den betriebssicheren und störfreien Einsatz. Darin eingeschlossen sind u. a. die Vollzähligkeit der Knallkapseln, Handlampen und Feuerlöscher, die Prüfung auf ordnungsgemäße Wirksamkeit der Sifa, Indusi, Druckluft- und Handbremse, Sandstreuer und Signaleinrichtungen sowie Stromabnehmer.
   Spalte 13: Bei DM-Ölstand ist einzutragen: Bei oberer Marke = max, unter oberer Marke in cm.
   Spalte 35: Die Eintragungen sind sachlich und in Kurzform vorzunehmen. Reicht ausnahmsweise die Zeile nicht aus, ist die Spalte 38 zur Fortsetzung der Übergabeinformation zu benutzen. In Spalte 35 ist dann zu vermerken: s. a. Sp. 38. (Seite 22 und 23)
   Die durchgeführte Wartungsstufe Tw_1 oder Tw_2 ist vom Triebfahrzeugwart zu bestätigen.
4. Das übernehmende Triebfahrzeugpersonal hat sich zu Dienstbeginn über die Eintragungen der Vorleistung zu informieren.
5. Auf Seite 20 des Übergabebuches sind die von der Rechenstation ausgegebenen Zwischenberichte über das Triebfahrzeug einzukleben. Der jeweils dritte Zwischenbericht des Monats ist mit der LVZ - Tfz zu vergleichen.
6. Die Eintragungen auf der Titelseite sind vom Heimatbahnbetriebswerk des Triebfahrzeuges vorzunehmen.
7. Das Übergabebuch ist auf Verlangen technischer Aufsichtskräfte beim Betreten des Triebfahrzeuges vorzulegen.
8. Nach Quartalsablauf ist das Übergabebuch in der Triebfahrzeugdienstleitung abzugeben.

5.4 Langenau (Sachs)

Dieser Lokbahnhof befand sich an der Station Langenau, dem Endpunkt einer Stichstrecke, die in Brand-Erbisdorf von der Bahnlinie Freiberg (Sachs) – Berthelsdorf – Großhartmannsdorf abzweigte. Jene Verbindung wurde am 13. Juli 1890 eröffnet.

Die Anlage zur Abstellung und Behandlung von Lokomotiven in Langenau – ab Oktober 1922 offizielle Bahnbezeichnung Langenau (Sa.) – bestand aus einem einständigen Lokschuppen mit Wasserkran. Auch der Lokbahnhof Langenau gehörte zu den Lokstationen, die bis Ende 1936 unter der Regie des Bw Nossen standen und zum 1. Januar 1937 zum Bw Freiberg (Sachs) wechselten. Zu diesem Zeitpunkt waren dort Maschinen der Baureihe 91^3 (pr. T 9^3) stationiert.

Bereits im Juni 1943 wurde der Lokbahnhof Langenau aufgelöst; das „betriebsmaschinentechnische Personal" wechselte zum Bw Freiberg (Sachs).

5.5 Großhartmannsdorf

Am Ende der knapp 12 km langen Bahnlinie von Berthelsdorf befand sich der Bahnhof Großhartmannsdorf. Die Strecke wurde am 13. Juli 1890 eröffnet. Die Lokstation in Großhartmannsdorf bestand aus einem immerhin zweiständigen Rechteckschuppen nebst Wasserkran. Zu den ersten dort stationierten Lokomotiven gehörten Maschinen der Gattung sächs. VII T, die bei der Deutschen Reichsbahn-Gesellschaft noch als Baureihe 98^{70} eingereiht wurde.

Bis zum 31. Dezember 1936 war der Lokbahnhof dem Bw Nossen unterstellt, dann wechselte er am 1. Januar 1937 zum Bw Freiberg (Sachs). Zu diesem Zeitpunkt befand sich eine Maschine der Baureihe der Baureihe 91^3 zur Stationierung in Großhartmannsdorf. Zum 15. Juni 1943 wurde auch dieser Lokbahnhof aufgelöst und das dort tätige Betriebspersonal dem Bw Freiberg (Sachs) zugeteilt.

5.6 Lommatzsch

Lommatzsch befindet sich bahntechnisch zum einen an der Regelspurstrecke Riesa – Nossen, zum anderen war die Ortschaft als Endpunkt der Schmalspurstrecken aus Döbeln und Meißen der „Verbindungsbahnhof" zwischen dem Mügelner und dem Wilsdruffer Schmalspurnetz.

Im Jahr 1909 wurde im Zusammenhang mit dem Bau der Schmalspurbahn aus Richtung Wilsdruff in Lommatzsch eine Lokomotivstation errichtet. Der Anschluss an die Strecke Wilsdruff – Meißen – Löthain war am 1. Dezember jenes Jahres fertiggestellt, woraufhin die Weiterführung in Richtung Döbeln in Angriff genommen wurde. Deren Eröffnung fand am 27. November 1911 statt.

Die Anlage des Lokbahnhofes Lommatzsch bestand aus einem zweiständigen Rechteckschuppen mit Wasserkran. Bekohlt wurde per Hand, es gab zudem noch Kanalgleise vor dem Lokschuppen, die zur Nachschau der Lokomotiven von unten genutzt wurden.

Der Lokbahnhof unterstand in den dreißiger und in den vierziger Jahren dem Bw Nossen. Im „*Verzeichnis der Maschinenämter, Bahnbetriebswerke, Bahnbetriebswagenwerke, Lokomotivbahnhöfe, Bahnhofsschlossereien und Hilfszüge*" vom April 1939 wird in Lommatzsch auch eine Bahnhofsschlosserei sowie das Vorhandensein eines zweiachsigen „Ortsgerätewagens" angegeben.

Zum 1. April 1951 wurde der Lokbahnhof Mügeln – bisher in Verantwortung des Bw Döbeln – zu einem eigenständigen Bahnbetriebswerk erhoben und diesem u. a. auch der Lokbahnhof Lommatzsch unterstellt, der sich somit vom Bw Nossen trennte.

Allerdings dauerte diese Trennung nicht besonders lange. Bereits zum 1. November 1967 gelangte der Lokbahnhof Lommatzsch erneut in die Obhut des Bw Nossen, als das Bw Mügeln in seiner Selbstständigkeit aufgelöst und als Triebfahrzeugeinsatzstelle dem Nossener Bahnbetriebswerk angegliedert wurde.

Das Ende des Lokbahnhofes in Lommatzsch kam im Jahr 1972, nachdem auf den Streckenästen aus Richtung Wilsdruff und Döbeln bereits ab 1966 abschnittsweise der Verkehr eingestellt wurde. Bis zum 28. Oktober 1972 fanden noch Tonerdetransporte von Löthain nach Lommatzsch statt.

Als auch diese eingestellt wurden, ist daraufhin am 31. Oktober 1972 der Lokbahnhof Lommatzsch geschlossen worden.

◁ **Bild 70**
Der Lokbahnhof Lommatzsch im Jahr 1972 – dem letzten Jahr seines Bestehens. Die IV K 99 555 ist zum Restaurieren eingetroffen. Das Kohlenangebot reicht von Braunkohle-Halbbriketts über „Kies" bis hin zu „guter Steinkohle".

Aufnahme: Wolfgang Scholz, Sammlung Matthias Hengst

5.7 Radebeul Ost und Radeburg

Die 16,5 km lange und vor den Toren der Stadt Dresden liegende Schmalspurbahnstrecke Radebeul Ost – Radeburg wurde am 16. September 1884 eröffnet. Sie sollte vornehmlich dem Güter- und Warentransport dienen, allerdings sorgte auch der Ausflugsverkehr zum Schloss Moritzburg, zu den Dippelsdorfer Teichen und in den Lößnitzgrund für hohe Fahrgastzahlen.

Sowohl in Radebeul Ost als auch in Radeburg entstanden mit dem Bau der Strecke auch Anlagen für die Unterstellung und Behandlung der Dampflokomotiven. Es wurden an beiden Bahnhöfen Rechteckschuppen – in Radebeul Ost zwei- und in Radeburg dreiständig – mit Wasserstationen errichtet, in Radebeul Ost gab es zudem eine Bekohlungsanlage. Ende der dreißiger Jahre waren sowohl in Radebeul Ost als auch in Radeburg zweiachsige „Ortsgerätewagen“ vorhanden.

Nach dem Rückgang des Güterverkehrs ist in Radebeul Ost die nicht mehr benötigte Umladehalle zur Lokwerkstatt umgebaut und als solche ab 1952 genutzt worden. Im Jahr 1972 wurde die alte Bekohlungsanlage vom Lokbahnhof Freital-Potschappel nach Radebeul Ost umgesetzt.

Die Lokbahnhöfe Radebeul Ost und Radeburg gelangten zum 1. Oktober 1972 in die Verantwortung des Bw Nossen, nachdem das Bw Wilsdruff – dem sie seit dem 1. Januar 1951 unterstellt waren – von einem selbstständigen Bw zu einer Aufarbeitungsstelle degradiert wurde. Bis Ende 1950 befanden sich die beiden Lokbahnhöfe in der Obhut des Bw Dresden-Altstadt.

Die auf der „Lößnitzgrundbahn“ planmäßig eingesetzten Neubaulokomotiven der Baureihe 99^{77-79} trugen nun die Anschrift „Rbd Dresden“, „Bw Nossen“ an ihren Führerständen. Dies blieb so bis zur Umwandlung des Bw Nossen in eine Einsatzstelle des Betriebshofes Riesa zum 1. Januar 1994, dann wechselten die Lokbahnhöfe und die dort stationierten Loks ebenfalls zum Bh Riesa. Heute befinden sich die Anlagen und Fahrzeuge im Eigentum der Sächsischen Dampfeisenbahngesellschaft mbH.

△ **Bild 71** • Lokbahnhof Lommatzsch am 29. August 1969: 99 542 steht auf dem „Hochgleis“ vor dem Lokschuppen und wird für die nächste Leistung vorbereitet. Aufnahme: Max R. Delie, Sammlung Jörg Leuthardt

△ **Bild 72** • Ansicht des Lokschuppens in Radebeul Ost am 17. August 1975. Im Schuppen stehen 99 539 und 99 781. Aufnahme: Rainer Heinrich

Bild 73 
Der Lokbahnhof Radeburg am Endpunkt der „Lößnitzgrundbahn“ am 20. Februar 2021. An jenem Tag stand 99 761 im Einsatz zwischen Radebeul Ost und Radeburg. Bevor es wieder zurück nach Radebeul Ost geht, werden der Wasservorrat der Lok ergänzt und eine Nachschau am Fahr- und Triebwerk durchgeführt. Aufnahme: Lennart Fehr

△ **Bild 74** • Im Juni 1979 fotografierte Rainer Heinrich die Lokeinsatzstelle Freital-Hainsberg. Im Vordergrund steht 99 761, die auf den nächsten Einsatz wartet, während sich gerade eine andere Maschine mit ihrem Personenzug in Richtung Kurort Kipsdorf aufmacht.

5.8 Hainsberg, Freital-Potschappel und Kurort Kipsdorf

Nachdem am 1. November 1882 das erste Teilstück Hainsberg – Schmiedeberg eröffnet wurde, ist der Betrieb auf der 26,3 km langen Gesamtstrecke bis Kipsdorf am 3. September 1883 aufgenommen worden. Mit dem Bau der Strecke enstand in Hainsberg eine Lokstation, deren Anlagen mehrfach erweitert wurden. Am Ende bestand der Hainsberger Lokbahnhof aus einem dreiständigen Rechteckschuppen mit Werkstattanbau und Achssenke, Wasserkran, Ausschlackkanal und Bekohlungsanlage. Letztere wurde 1952/53 erneuert und dabei ein Kohlenkran – Marke DR-Eigenbau – errichtet. Dessen Basis bildete ein gekürzter und senkrecht aufgestellter Kesselwagen, der an seinem oberen Ende mit Trägern und einem Speichenrad inklusive Achse eines zerteilten Radsatzes verschlossen war. Die senkrecht stehende Achse fungierte nun als Drehpunkt für den darauf angebrachten Kran.

◁ **Bild 75**
Am 13. Oktober 1984 steht 99 783 vor dem Kipsdorfer Lokschuppen.

Aufnahmen (2): Rainer Heinrich

Etwas einfacher war der Lokbahnhof Kipsdorf gehalten, der nach einer Erweiterung in den Jahren 1926 bis 1928 aus einem zweiständigen Schuppen (für vier Lokomotiven!) mit Wasserkran und einem Kohlenbansen mit einer Kohlenladerampe bestand. Letzterer wurde im Zusammenhang mit der Übernahme der Lokbahnhöfe durch das Bw Wilsdruff zum 1. Januar 1951 bereits als „Notbekohlungslager“ bezeichnet und schließlich 1969 abgerissen.

Der Lokbahnhof Freital-Potschappel am Ausgangspunkt der Strecke nach Wilsdruff (1899 verlängert bis Nossen) bestand aus einem vierständigen Lokschuppen mit Anlagen zur Bekohlung und zur Wasserversorgung.

Alle drei Lokbahnhöfe waren spätestens Mitte der dreißiger Jahre unter Verwaltung des Bw Nossen und blieben es bis Mai 1946. Dann wechselten sie zum Bw Dresden-Altstadt.

Im Zusammenhang mit der Auflösung des Bw Wilsdruff gelangten die Lokbahnhöfe Freital-Hainsberg sowie Kipsdorf zum 1. Oktober 1972 zum Bw Nossen, gleichsam die dort stationierten Lokomotiven der Baureihen $99^{73\text{-}76}$ (Einheitsloks) $99^{77\text{-}79}$ (Neubaumaschinen). Der Lokschuppen in Kipsdorf – ab 1945 Kurort Kipsdorf – wurde allerdings nur noch sporadisch genutzt. Dabei sei erwähnt, dass sich in einem Anbau am Ende des Kipsdorfer Lokschuppens sogar drei Ferienzimmer des Bw Wilsdruff befanden!

Mit dem Ende der Selbstständigkeit des Bw Nossen und dessen Degradierung zur Einsatzstelle des Bh Riesa zum 1. Januar 1994 wechselten auch die Anlagen und Lokomotiven aus dem Lokbahnhof Freital-Hainsberg zum Bh Riesa. Heute befinden sich die Anlagen in Freital-Hainsberg und Kipsdorf im Eigentum der Sächsischen Dampfeisenbahngesellschaft mbH.

5.9 Mügeln, Oschatz, Wermsdorf

In der beschaulichen Kleinstadt Mügeln befand sich einst der größte Schmalspurbahnhof Europas. Dazu gehörte selbstverständlich auch ein entsprechender Lokbahnhof, der allerdings im Verhältnis zu den Ausmaßen der weiteren Anlagen eher bescheiden ausfiel.

Zum Zeitpunkt der Eröffnung des ersten Streckenabschnitts Großbauchlitz – Mügeln im Oktober 1884 gab es in Mügeln einen zweigleisigen Rechteckschuppen, in dem Platz für vier Lokomotiven war. Ein Wasserkran sowie ein Kohlenschuppen er-

△ **Bild 76** • Der Lokschuppen des Lokbahnhofes bzw. der Einsatzstelle Mügeln des Bw Nossen am 19. September 1993. Die an jenem Tag dort im Einsatz stehenden IV K tragen die damals für sie gültigen Loknummern, welche die Maschinen mit vorangestellter „0“ als Dampfloks identifizieren: 099 709-8 (links) und 099 707-2 (rechts). Die Bundesbahn ließ grüßen … Die „wahren“ Nummern lauteten: 99 584 (links) und 99 574 (rechts).

Aufnahme: Volker Lucas, Sammlung A. Zika

△ **Bild 77** • In Oschatz befand sich dieser zweiständige Lokschuppen, hier aufgenommen am 2. August 1973, als dort 99 555 und 99 562 vor Ort waren.

Aufnahme: Rainer Heinrich

△ **Bild 78** • Blick in den Lokschuppen in Wermsdorf am 31. August 1964: Darin abgestellt ist 99 566.

Aufnahme: Günter Meyer, Sammlung Manfred Meyer

◁ **Bild 79**
99 555 am 11. August 1969 vor dem Lokschuppen in Mügeln. Der Stand ganz links ist jener, der 1932 nachträglich angebaut wurde.

gänzten die Anlage. Mit der Erweiterung des Bahnhofes Mügeln in den Jahren 1916 bis 1918 ist dieser Lokschuppen abgerissen und durch einen weiter östlich gelegenen dreiständigen Neubau ersetzt worden. In diesem Rechteckschuppen fanden neun Lokomotiven Platz. Dieses Heizhaus wurde 1932 um ein viertes Gleis und eine Kesselschmiede erweitert.

Der Lokbahnhof Mügeln war von 1923 bis 1932 dem Bw Nossen unterstellt, wechselte dann zum Bw Döbeln. Nach dem Zweiten Weltkrieg wurde Mügeln zum 1. April 1951 in ein selbstständiges Bahnbetriebswerk mit eigenen Einsatzstellen (Lommatzsch, Oschatz und Wermsdorf) umgewandelt und behielt diesen Status bis zum 31. Oktober 1967, dann kam der Lokbahnhof erneut in den Verantwortungsbereich des Bw Nossen. Er blieb eine Nossener Einsatzstelle bis zur Auflösung des Bw Nossen und gelangte dann zum Bh Riesa.

Mit der Übernahme des Lokbahnhofes Mügeln zum 1. November 1967 gelangten auch dessen Einsatzstellen in Oschatz und Wermsdorf in die Verantwortung des Bw Nossen. In beiden Lokbahnhöfen waren die Anlagen sehr übersichtlich. In Oschatz gab es einen zweiständigen Lokschuppen mit einem kleinen Werkstattanbau sowie einen Kohlenschuppen. Derweil gab es am Heizhaus in Wermsdorf an der Strecke Mügeln – Neichen keine Möglichkeit zum Bekohlen der Loks. Der Lokbahnhof bestand aus einem zweiständigen Rechteckschuppen, der im Jahr 1905 verlängert wurde, sodass fortan vier Maschinen darin abgestellt werden konnten. Für die Wasserversorgung war ein Brunnen gebohrt worden, über den zwei Zisternen per Handpumpe gefüllt wurden. Um die Maschinen auch von unten kontrollieren zu können, gab es vor dem Schuppen ein Kanalgleis.

In Wermsdorf waren zeitweise bis zu drei Lokomotiven stationiert, die mit ih-

◁ **Bild 80**
Blickrichtung einmal anders: Aus dem Mügelner Lokschuppen heraus entstand am 6. Mai 1979 diese Aufnahme auf die vor dem Heizhaus stehenden 99 568, 99 584 und 99 566.

Aufnahmen (2): Rainer Heinrich

ren Leistungen bis Neichen, Oschatz und Strehla kamen.

Während der Lokbahnhof Oschatz am 31. Mai 1970 geschlossen wurde, kam das Ende in Wermsdorf mit der Einstellung des Zugbetriebes im Abschnitt Mügeln – Wermsdorf am 30. September 1972.

5.10 Frauenstein und Klingenberg-Colmnitz

Auch die Lokbahnhöfe in Frauenstein und Klingenberg-Colmnitz unterstanden zeitweilig dem Bw Nossen. Nachweislich ist dies für den Zeitraum Mitte der dreißiger Jahre bis Mai 1946, dann wechselten sie zum Bw Dresden-Altstadt. In Klingenberg-Colmnitz gab es einen zweiständigen Lokschuppen für die Abstellung von zwei Lokomotiven, einen Wasserkran sowie einen Kohlenschuppen. Auch in Frauenstein war ein zweiständiger Lokschuppen und ein Wasserkran vorhanden, allerdings keine Möglichkeit zur Bekohlung der dort stationierten Maschinen.

5.11 Mohorn und Wilsdruff

Mohorn, an der Strecken (Freital-Potschappel –) Wilsdruff – Nossen gelegen, besaß einen Lokbahnhof, der aus einem zweiständigen Lokschuppen mit Wasserkran und einer „Notbekohlungsrampe" für Korbbekohlung bestand. Dieser Lokbahnhof war dem Bw Nossen seit den dreißiger Jahren bis Mai 1946 unterstellt. Dies gilt auch für den Lokbahnhof Wilsdruff. Dessen Anlagen bestanden zunächst aus einem zwei-, dann dreiständigen Lokschuppen mit Werkstattanbau. Wasserkran, Kanalgleisen und Auswaschanlage. Während der Selbstständigkeit der Dienststelle – vom 11. November 1950 bis zum 30. September 1972 – wurde der Schuppen um eine Lokwerkstatt mit Verwaltungsräumen erweitert. Zudem erhielt das Bw Wilsdruff ein Sozialgebäude.

Nach der Auflösung des Bw Wilsdruff und der Degradierung dieser Dienststelle zu einer Aufarbeitungswerkstatt (Awst), übernahm das Bw Nossen zwar die Wilsdruffer Einsatzstellen, die dort stationierten Lokomotiven und die Betriebsführung auf den Strecken Freital-Hainsberg – Kurort Kipsdorf sowie Radebeul Ost – Radeburg, nicht aber die Awst Wilsdruff selbst.

△ **Bild 81** • Der Blick aus dem Lokschuppen in Wermsdorf am 27. August 1967 auf die dortigen Lokbehandlungsanlagen. Vor dem Schuppen sind der Wasserkran und das Kanalgleis zu sehen.

Aufnahme: Günter Meyer, Sammlung Manfred Meyer

△ **Bild 82** • Vorderansicht des Lokbahnhofes Wermsdorf (bei Oschatz) nach der Betriebseinstellung im Jahr 1972.

Aufnahme: Franz Glossen, Sammlung Manfred Meyer

5.12 Meißen Jaspisstraße

In Meißen gab es neben dem regelspurigen Lokbahnhof auch noch den Schmalspur-Lokbahnhof Meißen Jaspisstraße. Dieser befand sich an der gleichnamigen Station im Verlauf der Bahnstrecke Wilsdruff – Meißen-Triebischtal und bestand aus einem zweiständigen Schuppen, in dem vier Lokomotiven Platz fanden, einem Kohlenschuppen und einem Wasserkran. Auch diese Lokstation war mindestens seit den dreißiger Jahren dem Bw Nossen unterstellt, wechselte im Mai 1946 zum Bw Dresden-Altstadt, wurde 1966 geschlossen und 1972 abgerissen.

5.13 Sayda

Die am 30. Juni 1897 eröffnete, knapp 15,5 km lange Schmalspurstrecke Mulda (Sachs) – Sayda hatte ihren betrieblichen Mittelpunkt in Sayda, wo es neben dem Bahnhof mit einem Wirtschaftsgebäude sowie einem Güterschuppen auch einen zweiständigen Lokschuppen nebst Lokbehandlungsanlagen gab. Dieser Lokbahnhof unterstand Mitte der dreißiger Jahre dem Bw Nossen, wurde dann aber zum 1. Januar 1937 dem Bw Freiberg (Sachs) zugewiesen. Die Saydaer Loks (zwei sächs. IV K) blieben jedoch bis Februar 1946 im Nossener Bestand.

6 Entwicklung des Lokomotivbestandes

△ **Bild 83** • Mitte der zwanziger Jahre steht eine Güterzuglok der Baureihe 56^5 (sächs. IX V) im Bahnhof Roßwein. Die Maschine hat noch die alte sächsische Betriebsnummer 756. Diese Lok war bis Ende der zwanziger Jahre im Bw Nossen beheimatet. AUFNAHME: PATSCHKE, SAMMLUNG MATTHIAS HENGST

6.1 Die Jahre 1923 bis 1945

Mit der Gründung der Deutschen Reichseisenbahnen am 1. April 1920 wurden auch die Strukturen im Betriebsmaschinendienst verändert. Die aus der Länderbahnzeit bestehenden Heizhausverwaltungen wurden in Bahnbetriebswerke umgewandelt. Am 1. Juli 1923 wurde das Bahnbetriebswerk Nossen als eigenständige Dienststelle gegründet. In den Jahren von 1923 bis 1930 waren in Nossen überwiegend Personenzuglokomotiven der Baureihen 36^{9-10} (sächs. VII V2) und Güterzuglokomotiven der Baureihe 56^{5-6} (sächs. IX HV) beheimatet. Zwischen 1931 und 1933 trafen von den Bahnbetriebswerken Adorf (Vogtl), Bautzen, Buchholz (Sachs), Dresden-Altstadt, Leipzig Bayerischer Bahnhof, Riesa, Schwarzenberg und Werdau (Sachs) Maschinen der Baureihe 38^{2-3} (sächs. XII H2) in Nossen ein. Im Volksmund wurden diese Loks wegen ihrer Zuverlässigkeit auch als „Rollwagen" bezeichnet.

Im Güterzugdienst setzte das Bw Nossen ab 1926/27 auch die preußischen Güterzuglokomotiven der Baureihen 55^{16-22} und 57^{10-35} ein, welche die betagten Maschinen der Baureihe 56^{5-6} ablösten. Für die Bespannung von Reisezügen auf der Strecke Dresden – Nossen – Döbeln – Leipzig bekam Nossen ab 1929 Personenzuglokomotiven der Baureihe 38^{10-40} (preuß. P8) von den Bahnbetriebswerken Breslau Hbf, Kandrzin (Oberschlesien), Leipzig Hbf Süd, Riesa und Trier Hbf zugewiesen.

Dem Nossener Bahnbetriebswerk unterstanden auch einige Lokbahnhöfe – sowohl für Regel- als auch für Schmalspurlokomotiven. Im Jahr 1934 waren dies für Regelspurloks die Lokbahnhöfe Bienenmühle, Freiberg (Sachs), Langenau sowie Großhartmannsdorf und für Schmalspurlokomotiven Hainsberg (Sachs), Freital-Potschappel, Klingenberg-Colmnitz, Frauenstein, Kipsdorf, Mohorn, Meißen Jaspisstraße, Sayda, Lommatzsch und Wilsdruff.

Am 1. November 1936 waren die im Bestand des Bw Nossen befindlichen Regelspurlokomotiven wie folgt verteilt:

Baureihe	Anzahl	Bw/Lkbf
38^{2-3}	7	Nossen
38^{2-3}	6	Freiberg (Sachs)
38^{10-40}	3	Nossen
55^{16-22}	7	Bienenmühle
57^{10-35}	14	Nossen
57^{10-35}	1	Freiberg (Sachs)
58^{10-40}	3	Nossen
91^3	4	Freiberg (Sachs)
91^3	1	Langenau
91^3	1	Großhartmannsdorf
94^{5-17}	1	Hainsberg (Sachs)*

** In Hainsberg gab es offiziell keinen regelspurigen Lokbahnhof im eigentlichen Sinne.*

Zum 1. Januar 1937 wurde der Lokbahnhof Freiberg (Sachs) in den Status eines eigenständigen Bahnbetriebswerkes gehoben. In diesem Zusammenhang gelangten auch die Lokbahnhöfe Bienenmühle, Langenau, Großhartmannsdorf und Sayda in den Zuständigkeitsbereich dieses Bw. Alle bis zum 31. Dezember 1936 in diesen Lokbahnhöfen beheimateten Lokomotiven wurden entsprechend vom Bw Freiberg (Sachs) übernommen. Nur die im Schmalspurlokbahnhof Sayda stationierten zwei

Vertreterinnen der Baureihe 99^{51-60} unterstanden weiterhin dem Bw Nossen.

Nach der „Abtretung“ des nunmehrigen Bw Freiberg (Sachs) und der aufgeführten Lokbahnhöfe waren zum 31. Mai 1937 noch folgende Baureihen in den angegebenen Stückzahlen in Nossen und seinen verbliebenen Lokbahnhöfen beheimatet:

Bw Nossen:
7 × Baureihe 38^{2-3}
3 × Baureihe 38^{10-40}
14 × Baureihe 57^{10-35}
2 × Baureihe 58^{10-40}

26 × Baureihe 99^{51-60}:
Lkbf Mügeln, Oschatz, Radeburg, Strehla, Sayda und Wermsdorf

31 × Baureihe 99^{64-71}:
Lkbf Wilsdruff, Freital-Potschappel, Mohorn, Klingenberg-Colmnitz, Frauenstein, Meißen Jaspisstraße, Lommatzsch

10 × Baureihe 99^{73-76}:
Lkbf Hainsberg (Sachs)

△ **Bild 84** • Die „Rollwagen" der Baureihe 38^{2-3} trafen Anfang der dreißiger Jahre erstmals zur Beheimatung im Bw Nossen ein und blieben hier fast vier Jahrzehnte heimisch. Im Jahr 1963 steht die Nossener 38 323 im Bahnhof Priestewitz an der Strecke Leipzig – Riesa – Dresden. AUFNAHME: REINER SCHEFFLER, SAMMLUNG MANFRED MEYER

Die Unterhaltung der Schmalspurloks fand in den Lokbahnhöfen Mügeln, Radeburg, Hainsberg (Sachs), Wilsdruff, Lommatzsch und Nossen statt, wo sich jeweils eine kleine Werkstatt in der Nähe der dortigen Schmalspurbahnhöfe befand. Mit 93 Maschinen war im Bw Nossen schon eine beachtliche Anzahl an Lokomotiven stationiert.

Die Zugförderungsaufgaben des Bw Nossen lagen schwerpunktmäßig in der Bespannung von Personen- und Nahgüterzügen auf den Strecken Meißen – Nossen – Döbeln, Nossen – Riesa und Nossen – Freiberg (Sachs). Es wurden aber auch durchgehende Reisezüge von Dresden über Nossen bis Leipzig gefahren, befördert von Maschinen der Baureihe 38^{10-40}. Im Güterzugdienst gab es einen Ringlauf von Nossen über Döbeln zum Rangierbahnhof Chemnitz-Hilbersdorf, zurück nach Nossen ging es über Hainichen und Roßwein.

Zwischen März 1938 und August 1941 wurden alle Lokomotiven der Baureihe 57^{10-34} aus Nossen abgezogen und durch werksneue Maschinen der Baureihe 50 ersetzt. Bereits im Frühjahr 1942 wurden diese Loks an die Reichsbahndirektionen Breslau, Oppeln und Stettin weitergegeben. Zwischen Dezember 1941 und September 1942 musste das Bw Nossen auch alle 38^{10-40} zum „Osteinsatz“ abgeben, deren Leistungen wurden zunächst von der Baureihe 38^{2-3} („Rollwagen“) übernommen. Als Ersatz für die 38^{10-40} trafen im Juni und Juli 1942 sechs werksneue Lokomotiven der Baureihe 86 in Nossen ein. Diese Maschinen kamen auf den Strecken Nossen – Riesa und Nossen – Freiberg

Bild 85 ▷ Am 4. August 1963 ist 38 205 des Bw Nossen mit dem Personenzug P 3027 (Hermsdorf-Rehefeld – Freiberg/Sachs) in den Bahnhof Nassau eingefahren.

AUFNAHME: GÜNTER MEYER, SAMMLUNG MANFRED MEYER

△ **Bild 86** • Anfang Mai gab es in der DDR zwei wichtige Termine: Der 1. Mai als „Kampftag der internationalen Arbeiterklasse" und der 8. Mai als „Tag der Befreiung vom Hitler-Faschismus". Der Fahnenschmuck an den Lokomotiven war an solchen Tagen obligatorisch. So auch bei 38 205, die hier am 3. Mai 1964 in ihrem Heimat-Bw Nossen von der Drehscheibe fährt.

△ **Bild 87** • Am selben Tag steht die ebenfalls mit Fahnen geschmückte 38 222 mit einem für diese Zeit typischen Personenzug nach Freiberg (Sachs) im Nossener Bahnhof.

AUFNAHMEN (2): HANS MÜLLER, ARCHIV JÖRG SAUTER

△ **Bild 88** • Bleiben wir noch für eine Aufnahme am 3. Mai 1964 in Nossen und schauen hier auf 38 351, die sich an jenem Tag auf der Drehscheibe des dortigen Bahnbetriebswerks präsentiert. Die Lok kam erstmals Ende Juni 1962 für ein paar Tage aus Pockau-Lengefeld nach Nossen. Ihre zweite Beheimatung währte von Mai 1963 bis Februar 1966, und nach einem kurzen Gastspiel in Freiberg (Sachs) wechselte sie im November 1966 nach Erfurt. AUFNAHME: HANS MÜLLER, ARCHIV JÖRG SAUTER

zum Einsatz. Doch auch deren Beheimatung war nicht von langer Dauer: Im Herbst 1943 wurden alle Nossener 86er nach Dresden-Friedrichstadt umbeheimatet. Zeitgleich erhielt das Bw Nossen in der Zeit von Oktober 1943 bis Juni 1944 insgesamt zehn fabrikneue 52, die mit der Indienststellung alle von dieser Dienststelle zu fahrenden Güterzugleistungen übernahmen.

Am 6. Mai 1945 gegen 16:00 Uhr wurde die Stadt Nossen von der aus Richtung Lommatzsch anrückenden Roten Armee besetzt. Kurz vor deren Einmarsch sprengte die Deutsche Wehrmacht sowohl die Eisenbahnbrucke als auch die Straßenbrücke über die Freiberger Mulde unterhalb des Nossener Schlosses. Das Bahnbetriebswerk und die Bahnanlagen überstanden den Krieg derweil unbeschadet.

Nach dem Ende des Zweiten Weltkrieges waren am 25. Juli 1945 im Bw Nossen folgende Lokomotiven beheimatet:

Baureihe 38^{2-3}

38 219 224 225 229 242 292
299 307
38 204 (vermisst)
38 221 249 (zur Ausbesserung im Raw Komotau)

Baureihe 38^{10-40}

38 3136 3496

Baureihe 52

52 2819 3270 4542 4544 6127 6144
6300 6666 6669 6676 6912 7009
7338
52 5487 6665 6668 (alle drei vermisst)

Baureihe 55

55 2887 (preußische G 8^1, ex PKP 2)

Baureihe 56

56 3793 (PKP-Reihe Tr20)
56 4000 (PKP-Reihe Tr21)

Baureihe 99^{51-60}

99 516 534 542 551 552 553
556 557 562 563 564 567
574 575 576 577 581
(alle in Mügeln)

△ **Bild 89** • Im Sommer 1964 steht 38 316 im Lokschuppen des heimatlichen Bw Nossen und wartet auf ihren nächsten Einsatz. Auch 86 137 befand sich an jenem Tag als Gastlok in Nossen. AUFNAHME: GÜNTER MEYER, SAMMLUNG MANFRED MEYER

△ **Bild 90** • Ab Herbst 1960 befanden sich auch Vertreterinnen der Baureihe 23^{10} im Bestand des Bw Nossen. Im Mai 1966 entstand dort diese Aufnahme der 23 1109. Die Lok war fast ihr ganzes Lokomotivleben in Nossen beheimatet.
AUFNAHME: PATSCHKE, SAMMLUNG MATTHIAS HENGST

99 561 (in Wermsdorf)
99 539 (in Strehla)
99 584 (in Oschatz)
99 608 (in Lommatzsch)
99 585 586 (alle in Sayda)

Baureihe 99^{64-71}

99 641 645 655 674 676 677 687 688 710 714 (alle in Wilsdruff)
99 642 644 646 653 (alle in Lommatzsch)
99 648 654 (alle in Klingenberg-Colmnitz)
99 652 (in Nossen)
99 673 684 705 (alle in Mohorn)
99 678 706 708 715 (alle in Freital-Potschappel)
99 686 703 (alle in Frauenstein)
99 689 (in Meißen Jaspisstraße)
99 692 693 695 696 697 699 (alle in Radeburg)

Baureihe 99^{73-79}

99 731 734 738 739 740 741 747 (alle in Hainsberg/Sachs)

Die Lokbahnhöfe Mügeln und Wermsdorf unterstanden zu diesem Zeitpunkt dem Bw Döbeln; Oschatz und Strehla dem Bw Riesa; Sayda dem Bw Freiberg (Sachs) und Radeburg war eine Außenstelle des Bw Pirna. Für die in diesen Lokbahnhöfen

◁ **Bild 91**
Im März 1966 lassen sich die Planpersonale von 38 225 in Nossen am Hilfszug vor ihrer Lok fotografieren.

AUFNAHME: PETER SABY, SAMMLUNG MATTHIAS HENGST

△ **Bild 92 •** In ihren Umlaufplänen bespannten die Nossener 23^{10} u. a. auch internationale Schnellzüge durch das Elbtal von Dresden bis Bad Schandau. Diese Aufnahme zeigt 23 1112 am 30. Mai 1965 mit dem D 50 („Metropol") nach Budapest vor klassischer Kulisse im Elbsandsteingebirge bei Rathen. Zum Aufnahmezeitpunkt war die Lok noch beim Bw Dresden-Altstadt beheimatet. Sie wechselte im September 1968 nach Nossen. AUFNAHME: PATSCHKE, SAMMLUNG MATTHIAS HENGST

eingesetzten Maschinen war allerdings das Bw Nossen verantwortlich.

Der Lokbahnhof Hainsberg (Sachs) wechselte mit seinen Lokomotiven zum 1. Juli 1945 aus der Zuständigkeit des Bw Nossen zum Bw Dresden-Altstadt, ab dem 1. September 1945 gehörten die Maschinen sowie das Personal des Lokbahnhofes Radeburg zum Bw Dresden-Friedrichstadt.

6.2 Die Jahre 1946 bis 1975

Im Frühjahr 1946 änderte die Reichsbahndirektion Dresden die Organisationsstruktur im Betriebsmaschinendienst. Das Bahnbetriebswerk Dresden-Altstadt übernahm zum 6. Mai 1946 vom Bw Nossen die Lokbahnhöfe Wilsdruff, Mohorn, Freital-Potschappel und Meißen Jaspisstraße mit den dazugehörigen Lokomotiven. Gleichzeitig wechselten die Lokbahnhöfe Frauenstein und Klingenberg-Colmnitz mit ihren Loks zum Bw Freiberg (Sachs). Die vom Lokbahnhof Sayda aus eingesetzten Maschinen 99 585 und 99 586 waren bereits im Februar 1946 vom Bw Freiberg (Sachs) übernommen worden. Zwischen März 1946 und März 1948

D 1178 Mi (10,1) (Varna—) **Bad Schandau—Dresden Hbf**
Erscheint nicht im öffentlichen Fahrplanstoff

Hg max 100 km/h | **Last 750 t** | **Mbr 91**
Tfz 35.1

			1178					
1	2	3	4	5	4	5	4	5
22,8		**Bad Schandau**	**1248**	**1308**				
26,8		Königstein (Sächs Schweiz) Güterverkehr ..	—	**13**				
27,7		Königstein (Sächs Schweiz)	—	**14**				
30,5		Bk Strand §	—	**(17)**				
33,9		Kurort Rathen (Kr Pirna)	—	**20**				
37,0		Bk Stadt Wehlen (Sachs) Hp ..	—	**24**				
40,6		Bk Obervogelges (Kreis Pirna) Hp	—	**28**				
42,8		Bk Posta	—	**31**				
45,4	100	**Pirna**	**1335**	**37**				
46,6		Pirna Stw W 3	—	**39**				
48,7		Bk Sedlitz	—	**42**				
51,2		**Heidenau**	—	**44**				
		53,90 VA ▽ 95 km/h						
54,2		Dresden-Niedersedlitz ...	—	**46**				
57,6		Dresden-Reick	—	**49**				
60,1		Bk Dresden-Strehlen Hp .	—	**52**				
		61,20 E ⌒						
62,5	60	**Dresden Hbf**	**1355**	—				

△ **Bild 93 •** Auszug aus dem Buchfahrplan Sommer 1973 mit der Seite des D 1178, der zu diesem Zeitpunkt von Bad Schandau bis Dresden von 35^{10} des Bw Nossen befördert wurde. ABBILDUNG: SAMMLUNG ANDREAS STANGE

◁ **Bild 94**
Im Juni 1966 steht 65 1062 vom Bw Freiberg (Sachs) auf der Drehscheibe im Bw Nossen. Die Lok war vom 27. September 1965 bis zum 2. Februar 1967 in Freiberg (Sachs) beheimatet. Mit was für einer Leistung sie nach Nossen kam, ist nicht bekannt..

AUFNAHME: PETER SABY, SAMMLUNG MATTHIAS HENGST

gab das Bw Nossen alle Maschinen der Baureihe 38^{10-40} und 52 an andere Bahnbetriebswerke ab. Im Juli 1946 übernahm Nossen vom Bw Chemnitz Hbf den Lokbahnhof Hainichen mit den vier dort beheimateten Maschinen der Baureihe 75^{5}. Als Ersatz für die abgegebenen 52 wurden dem Nossener Bw zwischen dem 2. Januar und dem 26. Juli 1948 zehn Maschinen der Baureihe 56^{1} von den Bahnbetriebswerken Berlin-Rummelsburg und Riesa zugeteilt. Bereits im Herbst 1948 fiel der Lokbahnhof Hainichen mit 75 523, 75 538, 75 578 und 75 580 wieder in die Verantwortung des Bw Chemnitz Hbf.

Zum Stichtag 1. Juli 1950 waren im Bw Nossen nur noch sieben Maschinen der Baureihe 38^{2-3} und elf der Baureihe 56^{1} beheimatet. Ab 1954 kamen von dieser Dienststelle wieder Lokomotiven der Baureihe 58 zum Einsatz, und mit der Übernahme des zum Bw Dresden-Friedrichstadt gehörenden Lokbahnhofes Meißen zum 1. Januar 1956 gelangten mit 38 3171 und 38 3341 auch wieder zwei 38^{10-40} in den hiesigen Fahrzeugbestand. Durch den Zugang weiterer 38^{10-40} von den Bahnbetriebswerken Döbeln, Freiberg (Sachs) und Greiz zwischen August und November 1956 stieg der Bestand an Lokomotiven dieser Baureihe bis zum Jahreswechsel 1957/58 auf sechs Maschinen an. Die Maschinen kamen im Personenzugdienst auf der Strecke Dresden – Nossen – Döbeln – Leipzig zum Einsatz.

Zwischen Juli 1950 und Juli 1958 verdoppelte sich der Bestand im Bw Nossen von 20 auf 40 Maschinen. Am 1. Juli 1958 waren folgende Baureihen in Nossen beheimatet:

11 × Baureihe 38^{2-3}
6 × Baureihe 38^{10-40}
11 × Baureihe 56^{1}
12 × Baureihe 58

▽ **Bild 95** • Mit dem P 1512 (Dresden – Döbeln – Leipzig) am Haken rollt 38 222 des Bw Nossen am 19. Juli 1967 in den Bahnhof Radebeul Ost ein und passiert dabei das dortige Heizhaus, vor dem 99 696 der „Lößnitzgrundbahn" für ihren nächsten Einsatz vorbereitet wird. Die Schmalspurlok war von 1939 bis 1945 offiziell im Bw Nossen beheimatet und wird es nach dieser Aufnahme noch einmal für zwei Monate Anfang 1973 sein.

AUFNAHME: HANS MÜLLER, ARCHIV JÖRG SAUTER

△ **Bild 96** • Die G 12 war in allen Ausführungen – ob preußisch, sächsisch oder badisch – ab den dreißiger Jahren in Nossen beheimatet. Die hier im Februar 1969 aufgenommene 58 1522 stand für das Bw Nossen von August 1967 bis August 1969 in Diensten. Die Lok hat mit ihrem Güterzug den Bahnhof Großbothen verlassen und ist in Richtung Döbeln unterwegs.
AUFNAHME: PATSCHKE, SAMMLUNG MATTHIAS HENGST

Von den Güterzuglokomotiven der Baureihe 58 kamen zu diesem Zeitpunkt sieben Maschinen planmäßig zum Einsatz. Sie bespannten Güterzüge auf den Strecken Dresden – Nossen – Döbeln – Großbothen – Engelsdorf (bei Leipzig), Nossen – Roßwein – Hainichen – Karl-Marx-Stadt-Hilbersdorf und Nossen – Riesa. Auch auf dem so genannten Güterring zwischen Dresden und Leipzig bespannten sie Durchgangsgüterzüge.

Infolge der Reparationsleistungen nach dem Zweiten Weltkrieg war das zweite Streckengleis auf den Linien Leipzig – Riesa – Dresden und Dresden – Döbeln – Leipzig zurückgebaut worden. Deshalb wurden von Anfang der fünfziger Jahre bis 1970 die Güterzüge von Dresden nach Leipzig über Nossen – Döbeln und die Rückleistungen über Riesa nach Dresden gefahren.

Ein Höhepunkt in der Geschichte des Bw Nossen war ab 1960/61 die Beheimatung der Neubau-Personenzuglokomotiven der Baureihe 23^{10}, die in Form von 23 1046, 23 1057, 23 1106, 23 1109, 23 1111 und 23 1113 Einzug hielt. Gegenüber den bisher eingesetzten Loks der Baureihen 38^{2-3} und 38^{10-40} stellten sie einen gewaltigen Fortschritt dar, waren in ihnen doch die (damals) modernsten Erkenntnisse im Dampflokbau berücksichtigt. Die Neubau-Dampflokomotiven übernahmen sofort die Leistungen der 38^{10-40}. Die dadurch freigesetzten pr. P8 gab das Bw Nossen zwischen November 1960 und August 1963 allesamt an andere Bahnbetriebswerke ab.

Derweil erhöhte sich der Bestand an Vertreterinnen der Baureihe 58 bis zum Juli 1963 in Nossen auf 19 Maschinen. Diese Lokomotiven verdrängten die Baureihe 56^{1} in deren Umläufen, bespannten Nahgüterzugleistungen und sie leisteten Rangierdienste in den Bahnhöfen Nossen und Meißen. Zwischen September 1961 und April 1965 gab das Bw Nossen seinen 56^{1}-Bestand an die Bahnbetriebswerke Gera, Karl-Marx-Stadt-Hilbersdorf, Reichenbach (Vogtl) und Werdau ab.

Im Bw Nossen waren am 1. Juli 1965 folgende Baureihen beheimatet:

5 × Baureihe 23^{10}
11 × Baureihe 38^{2-3}
1 × Baureihe 38^{10-40}
18 × Baureihe 58

Während die Lokomotiven der Baureihe 23^{10} auf der Strecke Dresden – Meißen – Nossen – Döbeln – Leipzig im Reisezugdienst zum Einsatz kamen, bespannten

▽ **Bild 97** • Die Nossener 38 291, aufgenommen im Juni 1969 im Bahnhof Roßwein.
AUFNAHME: RUDI LEHMANN, SAMMLUNG MATTHIAS HENGST

△ **Bild 98** • Für 38 282 war das Bw Nossen von Oktober 1963 bis Apri 1968 das Heimat-Bahnbetriebswerk. Während dieser Zeit gehörte auch die Bespannung von Personenzügen auf der Relation Dresden – Meißen zu den Planleistungen. Am 19. Juli 1967 verlässt sie mit dem P 1666 den Bahnhof Radebeul Ost.

Aufnahme: Hans Müller, Archiv Jörg Sauter

die 38^{2-3} Personenzüge nach Freiberg (Sachs), Hermsdorf-Rehefeld, Elsterwerda, Riesa, Meißen und Dresden. Die einzig noch verbliebene 38^{10-40} diente als Auswaschreserve für die Baureihe 23^{10}. Für diesen Einsatz war sie extra mit einem preußischen Langlauftender (2'2'T 31.5 pr) gekuppelt worden. Am 27. September 1968 gab man die Lok allerdings nach Dresden ab.

Von den 18 Maschinen der Baureihe 58 wurden im Sommer 1965 täglich elf Loks für den Strecken- und zwei für den Rangierdienst benötigt. Zum Einsatz kamen sie auf den Strecken Dresden-Friedrichstadt – Meißen – Nossen – Großbothen – Engelsdorf, Engelsdorf – Riesa – Dresden-Friedrichstadt, Nossen – Riesa, Nossen – Freiberg (Sachs) und Nossen – Roßwein – Bersdorf – Karl-Marx-Stadt-Hilbersdorf.

Ab dem Winterfahrplan 1966/67 kam es zu gravierenden Veränderungen beim Einsatz der Nossener 38^{2-3}. Die Leistungen nach Freiberg (Sachs) und Hermsdorf-Rehefeld sowie einige Personenzugpaare zwischen Nossen und Riesa wurden von Lokomotiven der Baureihe 86, ab Frühjahr 1967 von Dieselloks der Baureihe V 100 vom Bw Freiberg (Sachs) übernommen. Waren im Sommer 1966 noch neun Loks der Baureihe 38^{2-3} in Nossen beheimatet, so verringerte sich deren Bestand bis zum Juli 1968 auf fünf Maschinen. Im Jahr 1967 wurde das Bw Freiberg (Sachs) aufgelöst und in eine Einsatzstelle des Bw Karl-Marx-Stadt Hbf umgewandelt. Die in Freiberg (Sachs) beheimateten 86er wurden von Mai 1967 bis September 1968 im Bw Nossen unterhalten.

Zum 1. November 1967 erfolgte die Umwandlung des bis zu diesem Zeitpunkt eigenständigen Schmalspur-Bw Mügeln samt seiner Einsatzstellen in eine Triebfahrzeugeinsatzstelle des Bw Nossen. Nach fast 21 Jahren waren nun wieder Schmalspurlokomotiven der Baureihe 99^{51-60} in Nossen beheimatet.

△ **Bild 99** • 58 1606 des Bw Nossen fährt im März 1969 mit einem Güterzug durch Meißen Buschbad in Richtung Nossen. Es war die letzte Einsatzzeit der Lok, denn sie wurde im Juli desselben Jahres z-gestellt.

Aufnahme: Sowitzki, Sammlung Matthias Hengst

Bild 100 ▷
Auch 58 201 gehörte – wenn auch nur kurz – zum Lokbestand des Bw Nossen. Sie stand von Ende August bis Mitte Oktober des Jahres 1967 in Diensten dieses Bahnbetriebswerkes.

Aufnahme: Hans Müller, Archiv Jörg Sauter

Bild 101 ▷
Am 14. Juni 1970 fährt 35 1106 auf die Drehscheibe in ihrem Heimat-Bw Nossen. An jenem Tag war Nossen das Ziel einer DMV-Sonderfahrt, entsprechend befanden sich auch zahlreich „Zivilisten" im Bw-Gelände.

Aufnahme: Illgner, Sammlung Matthias Hengst

Bild 102 ▷
Abgestellt im Bereich des Bw Nossen steht hier 38 291, aufgenommen im Juni 1970. Die Lok befand sich bereits seit Oktober 1969 im z-Park und wurde wenige Wochen nach der Aufnahme dieses Bildes verschrottet. Die Aufschrift „Martin braucht Schrott" weist auf das in der DDR allgegenwärtige Thema der Rohstoffrückgewinnung hin. Mit Martin war in diesem Fall ein Siemens-Martin-Ofen gemeint.

Aufnahme: Herbert Böhme, Sammlung Matthias Hengst

△ **Bild 103** • Schnappschuss am 14. Juni 1970 von der Straßenbrücke über die westliche Bahnhofsausfahrt in Nossen, die auch einen Blick auf den hinteren Bereich des Bahnbetriebswerkes erlaubt. Dort war 50 3111 abgestellt, die im Dezember 1969 das Bw Nossen in Richtung Dresden verlassen hatte …

Folgende Baureihen fanden sich in der angegebenen Stückzahl im Juli 1968 im Bestand des Bw Nossen:

6 × Baureihe 23^{10}
5 × Baureihe 38^{2-3}
1 × Baureihe 38^{10-40}
17 × Baureihe 58
5 × Baureihe 86
14 × Baureihe 99^{51-60}

Am 29. September 1968 übernahm das Bahnbetriebswerk Dresden vom Bw Nossen den Lokbahnhof Meißen. Die meisten eingesetzten Loks der Baureihen 38^{2-3} und 58 wurden nun durch Dresdner Diesellokomotiven der Baureihen V 60 und V 100 ersetzt. Mit Beginn des Winterfahrplans 1968/69 kamen letztmalig zwei Nossener 38^{2-3} zum Einsatz. Am 31. Mai 1969 endete dann der planmäßige Einsatz dieser Baureihe beim Bw Nossen.

Im Winterfahrplan 1969/70 setzte das Bw Nossen nur noch vier Maschinen der Baureihe 58 im Streckendienst und eine im Rangierdienst im Bahnhof Nossen ein. Die Leistungen dieser Loks übernahmen ab Mai 1970 Maschinen der Baureihe 50. Zwischen dem November 1969 und dem Juni 1970 trafen neun 50er als Ersatz für die Baureihe 58 in Nossen ein. Ab dem Sommerfahrplan 1970 setzte das hiesige Bahnbetriebswerk sechs Loks der Baureihe 50 planmäßig ein – fünf im Streckenund eine im Rangierdienst.

Zwischen März 1969 und August 1970 trafen weitere sieben Vertreterinnen der Baureihe 23^{10} (ab 1970: Baureihe 35^{10}) in Nossen ein. Am 1. September 1970 gehörten bereits 13 Maschinen dieser Baureihe zum Nossener Lokbestand. Auf Anweisung der Verwaltung der Maschinenwirtschaft der Rbd Dresden wurden zum Zweck der zentralen Unterhaltung ab dem 27. September 1970 drei 35^{10} von Döbeln – Lokeinsatzstelle des Bw Riesa – nach Nossen umgesetzt. Sie wurden aber weiterhin von Döbelner Personal besetzt und leisteten ihre Dienste vor Reisezügen auf der Strecke Riesa – Döbeln – Karl-Marx-Stadt.

Am 1. Juli 1971 waren im Bw Nossen insgesamt 39 Dampflokomotiven beheimatet:

15 × Baureihe 35^{10}
1 × Baureihe 38^{2-3}
11 × Baureihe 50-Altbau
12 × Baureihe 99^{51-60}

Die letzte in Nossen beheimatete 38^{2-3} war 38 308. Am 28. September 1971 wurde sie in den z-Park überstellt und zum 29. Dezember 1972 ausgemustert. Damit war die über 40 Jahre lange Beheimatung von Lokomotiven dieser Baureihe im Bw Nossen beendet.

Zum 1. Oktober 1972 übergab das Bw Wilsdruff die Zuständigkeit für die Lokbahnhöfe Radebeul Ost, Radeburg, Freital-Hainsberg und Kipsdorf an das Bw Nossen. Dadurch wechselten „auf einen Schlag“ 20 Schmalspurlokomotiven der Baureihen 99^{64-71}, 99^{73-76} und 99^{77-79} in den Nossener Fahrzeugbestand.

Es handelte es sich um folgende Maschinen:

◁ **Bild 104**
50 1120 des Bw Reichenbach (Vogtl) weilte am 8. August 1971 zur L0-Ausbesserung im Bw Nossen. Da zu diesem Zeitpunkt die Drehscheibe außer Betrieb war, mussten die Arbeiten im Freien durchgeführt werden.

AUFNAHMEN (2): FRANK EBERMANN

Baureihe 99^{64-71}
99 653 654 687 694 714 715

Baureihe 99^{73-76}
99 734 740 745 747 761

Baureihe 99^{77-79}
99 772 775 776 783 784 786 789 793 794

Die 750-mm-Schmalspurloks der Baureihe 99^{64-71} kamen auf der 6,3 km langen Strecke Nossen – Obergruna-Bieberstein vor Güterzügen zum Einsatz. Benötigt wurde dafür nur eine Lok. In Nossen wurden für diese Einsätze extra ein Rollwagengleis gebaut und die Lokomotivbehandlungsanlagen instandgesetzt. Am 31. Dezember 1973 ist diese Verbindung stillgelegt worden, die letzte Einsatzlok war 99 687.

Auf Strecke Radebeul-Ost – Radeburg (Länge: 16,5 km) leisteten planmäßig nur Neubaulokomotiven der Baureihe 99^{77-79} ihre Dienste. Auf der zweitältesten sächsischen Schmalspurbahn – der 26,3 km langen Strecke von Freital-Hainsberg nach Kurort Kipsdorf – teilten sich die Einheitsloks der Baureihe 99^{73-76} und die Neubaumaschinen der Baureihe 99^{77-79} die Leistungen. Auf dem 17,1 km langen Reststück des Mügelner Schmalspurnetzes von Oschatz über Mügeln nach Kemmlitz kamen fünf Loks der Baureihe 99^{51-60} zum Einsatz.

Ab 1973 entwickelte sich das Bw Nossen zum Auslauf-Bw für die Baureihe 35^{10}. Am 1. Juli 1974 waren 19 Maschinen dieser Baureihe in Nossen beheimatet. Zum Einsatz kamen sie auf den Strecken Dresden – Nossen – Döbeln – Leipzig, Nossen – Riesa – Elsterwerda, Dresden – Bad Schandau, Dresden – Arnsdorf und im Schnellzugdienst zwischen Dresden und Děčín.

Von den Güterzuglokomotiven der Baureihe 50 kamen zu diesem Zeitpunkt täglich fünf Maschinen auf den Strecken Dresden-Friedrichstadt – Nossen – Döbeln – Großbothen, Nossen – Freiberg (Sachs), Nossen – Riesa und Nossen – Roßwein – Berbersdorf – Karl Marx-Stadt-Hilbersdorf zum Einsatz.

Der Lokbestand im Bw Nossen zum 1. Juli 1974:

19 × Baureihe 35^{10}
8 × Baureihe 50-Altbau
9 × Baureihe 99^{51-60}
2 × Baureihe 99^{64-71}
3 × Baureihe 99^{73-76}
12 × Baureihe 99^{77-79}

Ab dem Sommerfahrplan 1975 entfielen für die Maschinen der Baureihe 35^{10} die

△ **Bild 105** • Obwohl der Lokbahnhof Freital-Hainsberg mit all seinen Fahrzeugen zum Oktober 1972 in die Obhut des Bw Nossen überging, trug 99 745 (ab 1970: 99 1745) am 17. April 1973 noch immer „Bw Wilsdruff" als Heimat-Bw-Anschrift am Führerhaus.

△ **Bild 106** • Radebeul Ost am 19. März 1973: Vor dem dortigen Heizhaus steht 99 775, ihre Front aus dem Haus steckt 99 784. Beide Maschinen gehörten zu diesem Zeitpunkt buchmäßig zum Bw Nossen.

△ **Bild 107** • Am 25. April 1973 ist 99 794 mit einem Personenzug auf der Fahrt von Radebeul Ost nach Radeburg, hier aufgenommen noch im Stadtgebiet von Radebeul.

Aufnahmen (3): Rainer Heinrich

◁ **Bild 108**
Am 11. Juni 1972 ist 35 1111 im Bahnhof Nossen „Lz" unterwegs und wird am Personenbahnhof ihre nächste Leistung bespannen. Auch diese 23^{10} bzw. 35^{10} war die längste Zeit ihres Lokomotivlebens im Bw Nossen beheimatet.

◁ **Bild 109**
Die Nossener 35 1061 hat am 5. August 1972 den P 1511 von Leipzig nach Dresden gebracht und verlässt nun den Dresdner Hauptbahnhof in Richtung Bw Dresden (Betriebsteil Zwickauer Straße) zum Restaurieren.

◁ **Bild 110**
Am 17. August 1973 ist 35 1109 mit dem P 4727 (Leipzig – Dresden) in den Bahnhof Dresden-Neustadt eingefahren und wartet auf die Weiterfahrt zum Dresdner Hauptbahnhof. Auf dem Nachbargleis steht 118 367 vom Bw Dresden.

Aufnahmen (3):
Frank Ebermann

Bild 111 ▷
Als Wendelok kam 35 1036 des Bw Nossen am 2. Mai 1975 ins Bw Dresden-Altstadt und präsentiert sich nach dem Restaurieren auf der dortigen Drehscheibe.

Schnellzugleistungen nach Děčín und die Personenzüge nach Leipzig. Als Ersatz für die weggefallenen Leistungen nach Leipzig übernahm das Bw Nossen einen Plantag der Döbelner 35er und fuhr mit eigenem Personal Personenzüge zwischen Riesa und Karl-Marx-Stadt.

Der Personenverkehr auf der Schmalspurbahn Oschatz – Mügeln wurde im Jahr 1975 eingestellt. Am 27. September 1975 bespannte 99 566 mit dem P 14378 den letzten Zug auf diesem Streckenabschnitt.

6.3 Die Jahre 1976 bis 1993

Der Traktionswechsel von Dampf- auf Diesel- und Elektrolokomotiven hielt ab Mitte der sechziger Jahre bereits in vielen Bahnbetriebswerken Einzug, aber in dem etwas abgelegenen Bw Nossen dominierten zu diesem Zeitpunkt noch immer die Dampflokomotiven. Die Ablösung dieser Traktionsart begann in kleinen Schritten: Ab dem Winterfahrplan 1971/72 besetzten Nossener Personale zwei Diesellokomotiven der Baureihe 106 des Bw Riesa und übernahmen den Rangierdienst in den Bahnhöfen Nossen und Roßwein. Mit Beginn des Sommerfahrplans 1975 leistete Personal des Bw Nossen auf drei Maschinen der Baureihe 110 des Bw Dresden seine Dienste und bespannte mit den Loks Reisezüge auf der Strecke Dresden – Nossen – Döbeln – Leipzig, die bis dahin von Nossener 35^{10} befördert wurden.

△ **Bild 112** • Arnsdorf (b Dresden) am 18. Dezember 1975: Die Nossener 35 1111 hatte an jenem Tag den Umlauf mit der Beförderung der Züge P 4802 (Dresden – Lübbenau)/P 4803 (Kamenz – Dresden) bis bzw. ab Arnsdorf im Plan.

Aufnahmen (2): Joachim Volkhardt

◁ **Bild 113**
Ausfahrt des P 7774 (Dresden – Leisnig) aus dem Dresdner Hauptbahnhof. Am 12. Februar 1976 stand dieser Zug für 35 1113 des Bw Nossen im Plan. Die bei vielen Eisenbahnern unbeliebte EDV-Nummer hatte sich kurzeitig durch das Fehlen der Selbstkontrollziffer (bei 35 1113 wäre es die „6") erledigt.

Nach dem Umbau der Werkstatt im Bw Nossen wurde dort ab Sommer 1976 die technische Unterhaltung von Dieselloks übernommen. Zwischen dem 3. Juni und dem 25. November 1976 trafen sechs Maschinen der Baureihe 106 und 13 Exemplare der Baureihe 110 in Nossen ein. Von den 110 benötigte das Nossener Bahnbetriebswerk täglich acht Maschinen für den Plandienst. Sie kamen im Reisezugdienst auf den Strecken Dresden – Nossen – Leipzig, Dresden – Arnsdorf – Bischofswerda, Nossen – Riesa, Nossen – Freiberg (Sachs), Riesa – Elsterwerda-Biehla, Leipzig – Rochlitz und Riesa – Karl-Marx-Stadt zum Einsatz. Der Planbedarf an der Baureihe 35^{10} reduzierte sich daraufhin ab dem 26. September 1976 auf nur noch eine Lok. Am 21. Mai 1977 endete mit 35 1106 der planmäßige Einsatz der 35^{10} beim Bw Nossen.

Von den Güterzuglokomotiven der Baureihe 50 kamen derweil täglich noch fünf Vertreterinnen zum Einsatz. Zwischen dem 31. Mai und dem 19. Oktober 1978 trafen zudem sieben Reko-Loks der Baureihe 50^{35-37} zur Beheimatung im Bahnbetriebswerk Nossen ein, die sogleich die Leistungen der 50-Altbau übernahmen.

Am 31. Dezember 1978 waren folgende Baureihen in Nossen beheimatet:

11 × Baureihe 50-Altbau
7 × Baureihe 50^{35-37}
10 × Baureihe 99^{51-60}
1 × Baureihe 99^{64-71}
3 × Baureihe 99^{73-76}
12 × Baureihe 99^{77-79}
5 × Baureihe 106
16 × Baureihe 110

Durch den Einsatz der Reko-50 wurden bis zum 16. August 1979 sieben 50-Altbau in den z-Park überstellt. Am 31. Dezember 1979 waren mit 50 1002 und 50 3138 noch zwei Altbaumaschinen in Nossen stationiert. Ab dem Sommerfahrplan 1979 benötigte das Bw Nossen nur noch zwei Maschinen 50^{35-37} für die Absicherung der zu bespannenden Leistungen.

Vom 28. September 1980 an besetzte Nossener Personal eine Elektrolokomotive der Baureihe 242 des Bw Dresden und war mit ihr im S-Bahn-Dienst auf den Strecken von Meißen-Triebischtal nach Schöna und Tharandt im Einsatz.

Aufgrund der politischen Umbruchstimmung sowie Streiks in der Volksrepublik Polen in den Jahren 1980/81 blieben die Kohlelieferungen aus den Oberschlesischen Revieren aus. Dadurch mussten

△ **Bild 114** • Am 7. Mai 1976 ist 35 1047 (Bw Nossen) mit dem P 4802 (Dresden – Lübbenau) auf dem Weg nach Arnsdorf (b Dresden). Die Aufnahme entstand zwischen Langebrück und Radeberg. Aufnahmen (2): Frank Ebermann

mangels Brennstoff in der Reichsbahndirektion Dresden alle normalspurigen Dampfloks abgestellt werden. In diesem Zusammenhang kam im Februar 1981 auch im Bw Nossen das vorläufige „Dampf-Aus“. Als Ersatz für die abgestellten Dampfloks trafen im selben Monat fünf Dieselloks der Baureihe 110 in Nossen ein, die sofort die Leistungen der Dampftraktion übernahmen. So waren ab dem 23. Februar 1981 vier 110 in Doppeltraktion in den Umlaufplänen der zwei 50 und fünf 50^{35-37} gefahrenen Güterzugleistungen im Einsatz. Der Bestand an Diesellokomotiven dieser Baureihe stieg bis zum 31. Mai 1981 auf 20 Maschinen an.

△ **Bild 115** • Auch nachdem sich die Nossener 35^{10} vor den Zügen P 4802/4803 verabschiedet hatten, blieb dieses Zugpaar weiterhin eine Leistung des Bw Nossen. Hier ist es 110 167, die am 25. Februar 1978 mit dem P 4802 (Dresden – Lübbenau) am Block Heller vor Dresden-Klotzsche unterwegs ist. Aufnahme: Frank Ebermann

Nach der Kohlenkrise folgte die Ölkrise: Zur Einsparung von Dieselkraftstoff veranlasste die Rbd Dresden im Dezember 1981 erneut den Einsatz von Dampflokomotiven. Hiervon war auch das Bw Nossen betroffen. Ab dem 1. Dezember 1981 lösten zwei Dampfloks der Baureihe 50^{35-37} wiederum die 110 im Güterzugdienst ab. Im März 1982 kam eine dritte Dampflok zum Einsatz.

Im Mai 1982 übernahm das Bw Nossen drei Diesellokomotiven der Baureihe 106 von der zum Bw Dresden gehörenden Lokeinsatzstelle Meißen. Trotz der zunehmenden Verdieselung hielt sich „König Dampf“ in Nossen: Mit Beginn des Winterfahrplans 1982/83 bespannte die heimliche „Nossener Traditionslok“ 35 1113 jeweils freitags und sonntags den P 15768 von Nossen nach Riesa und übernahm dort den E 944 (Dresden – Magdeburg), den sie bis Dessau bespannte. Rückleistung war der E 947 (Magdeburg – Dresden), den sie wieder bis Riesa brachte. Die Rückleistung nach Nossen geschah als Leervorspann vor dem P 15777. An den übrigen Tagen stand sie als Reservelok zur Verfügung.

Am 16. Februar 1985 war 35 1113 letztmalig vor diesen Zügen im Einsatz. Danach wurde sie nur noch vor Sonderzügen eingesetzt.

△ **Bild 116** • Da steht sie, die „großohrige“ 50 1002 des Bw Nossen, am 14. Juli 1978 mit einem Güterzug im Bahnhof Hainichen an der Strecke Roßwein – Niederwiesa. Diese Lok wurde im Januar 1980 in den z-Park gestellt, kam jedoch noch einmal bis Ende 1985 von Nossen aus zum Einsatz. Aufnahme: Joachim Volkhardt

◁ **Bild 117**
93 230 vom Verkehrsmuseum Dresden weilte im Jahr 1978 zur äußerlichen Aufarbeitung im Bw Nossen. Am 14. Oktober 1978 steht sie – offensichtlich noch unangetastet – vor der dortigen Drehscheibe. Im Hintergrund räuchert 50 3668 vor sich hin.

△ **Bild 118** • Der Katastrophen-Winter 1978/79 hat gerade begonnen: 50 1002 am 2. Januar 1979 in ihrem Heimat-Bw Nossen, dahinter sogt die Heizlok 50 3138 für einen frostfreien Schuppen und warmes Wasser.

Am 1. Juli 1985 waren folgende Lokomotiven im Bw Nossen beheimatet:

1 × Baureihe 35^{10}
1 × Baureihe 50-Altbau
6 × Baureihe $50^{35\text{-}37}$
10 × Baureihe $99^{51\text{-}60}$
1 × Baureihe $99^{64\text{-}71}$
4 × Baureihe $99^{73\text{-}76}$
13 × Baureihe $99^{77\text{-}79}$
10 × Baureihe 106
13 × Baureihe 110
4 × Baureihe 112

Zwischen Februar und Dezember 1985 trafen fünf Dieselloks der Baureihe 112 zur Beheimatung im Bw Nossen ein. Sie kamen

◁ **Bild 119**
In vermutlich allen Bahnbetriebswerken vorhanden und für den Verschub der „kalten" Loks unverzichtbar, wurden die „Arbeitstiere" jedoch von den meisten Eisenbahnfreunden kaum wahrgenommen. Am 24. März 1979 steht die Kleindiesellokomotive 100 863 des Bw Riesa auf der Drehscheibe im Bw Nossen.

Aufnahmen (3): Frank Ebermann

Bild 120 ▷
Trotz aller Dieseltraktion um sie herum: Noch hat „König Dampf" einige planmäßige Leistungen zu absolvieren! Am 2. April 1982 stehen 50 1002 (mit P 15768 nach Riesa) und rechts 110 151 (mit P 7766 nach Großbothen) abfahrbereit im Bahnhof Nossen. Links sind 110 165 sowie eine weitere 110 vor einem Kesselwagenzug zu sehen.

im Reisezugdienst nach Leipzig, Meißen, Rochlitz und Großbothen zum Einsatz.

Am 31. Mai 1987 endete offiziell der planmäßige Einsatz von Regelspurdampflokomotiven im Bw Nossen. 50 3603 beförderte an diesem Tag den letzten Zug: den Nahgüterzug 61347 von Döbeln nach Nossen.

In der Zeit von November 1989 bis Januar 1990 wurden im Raw Stendal bei weiteren Maschinen der Baureihe 110 neue 1.200-PS-Motoren eingebaut und diese anschließend in die Baureihe 112 eingereiht. Infolgedessen erhöhte sich der Bestand an Loks der Baureihe 112 bis zum Sommer 1990 in Nossen auf neun Maschinen. Der Lokbestand im Bw Nossen zum 1. Juli 1990:

3 × Baureihe 50^{35-37}
2 × Baureihe 52^{80}
12 × Baureihe 99^{51-60}
1 × Baureihe 99^{64-71}
3 × Baureihe 99^{73-76}
12 × Baureihe 99^{77-79}
10 × Baureihe 106
9 × Baureihe 110
8 × Baureihe 112

Zum 1. Januar 1992 wurden bei der Deutschen Reichsbahn sämtliche Fahrzeuge auf das gemeinsame Nummernverzeichnis mit der Bundesbahn umgestellt. Die Baureihe 110 bekam dabei die neue Baureihennummer 201 und die 112 wurde in 202 umgezeichnet. Derweil reduzierte sich der Fahrzeugbestand in jener Zeit relativ schnell. In erster Linie betraf es Maschinen, die entweder aus „Altersgründen" keine weiteren Hauptuntersuchungen erhielten, oder für die es keine Leistungen mehr zu fahren gab. So wurden im Januar

Bild 121 ▷
Am 27. Dezember 1982 fährt 110 162 des Bw Nossen mit einem Personenzug aus Leipzig durch Meißen-Buschbad. Im Vordergrund ist die Brücke der Schmalspurbahn Wilsdruff – Meißen-Triebischtal zu sehen, auf der 1966 der Verkehr eingestellt wurde.

Aufnahmen (2): Frank Ebermann

△ **Bild 122** • Die „Starleistung" des Bw Nossen war in den achtziger Jahren die Bespannung des Zugpaares E 944/947 (Dresden – Magdeburg – Dresden) im Abschnitt Riesa – Dessau – Riesa. Am 31. Oktober 1983 hat 35 1113 den Bahnhof Lutherstadt Wittenberg verlassen und ist vor historischer Kulisse auf der Fahrt in Richtung Dessau.
AUFNAHME: JOACHIM VOLKHARDT

1992 vier Nossener 201 in den z-Park überstellt.

Am 1. Juli 1993 waren noch folgende Lokomotiven im Bw Nossen beheimatet:

7 × Baureihe 99^{51-60}
1 × Baureihe 99^{64-71}
6 × Baureihe 99^{73-76}
12 × Baureihe 99^{77-79}
4 × Baureihe 201
11 × Baureihe 202

Am 17. Dezember 1993 übernahm die private Döllnitzbahn GmbH die Strecke Oschatz – Mügeln – Kemmlitz mit der Lokeinsatzstelle Mügeln. Damit gingen auch die buchmäßig in Nossen beheimateten Schmalspur-Dampfloks der Baureihe 99^{51-60} auf diese Gesellschaft über.

Mit Gründung der DB AG zum 1. Januar 1994 wurde das Bw Nossen mit seinen Lokbahnhöfen Radebeul Ost, Radeburg, Freital-Hainsberg und Kipsdorf dem Betriebshof Riesa als Einsatzstelle unterstellt und hörte damit als eigenständige Dienststelle auf zu existieren.

Die betrieblichen Anlagen, wie z. B. die Tankstelle, wurden derweil noch weiter genutzt.

▽ **Bild 123** • Während vom Bw Nossen aus noch planmäßige Leistungen mit Dampf bespannt wurden, fanden im selben Bahnbetriebswerk auch Zerlegungen von Dampflokomotiven statt. Die Aufnahme vom 30. Juli 1978 zeigt 52 1092, die im Februar 1978 in Dresden ausgemustert und in Nossen verschrottet wurde.
AUFNAHME: PETER KRISTANDT, SAMMLUNG JÖRG LEUTHARDT

Bild 124 ▷ Der Bahnhof Meißen am 10. Februar 1985: An einem ihrer letzten Einsatztage vor Planzügen entstand diese Aufnahme der 35 1113.

Aufnahme: Frank Ebermann

Bild 125 ▷ Am 24. Mai 1989 hat 110 147 (Bw Nossen) mit dem P 4727 (Leipzig – Meißen) den Bahnhof Borsdorf verlassen. Nächster Halt ist Beucha.

Aufnahme: Michael Benndorf

Bild 126 ▷ Der Lokbahnhof Radeburg des Bw Nossen am 18. Juli 1990. Vor dem Heizhaus stehen 99 791 und 99 793.

Aufnahme: Rainer Heinrich

7 Der Betriebsmaschinendienst des Bw Nossen

7.1 Die Baureihe 23^{10} (ab 1970: 35^{10})

△ **Bild 127** • Spätestens als 35 1113 ab dem Winterfahrplan 1982/83 noch einmal vor Planzügen zum Einsatz kam und mit diesen bis Dessau und Köthen gelangte, wurde das Bw Nossen zu einem „Geheimtipp" für die Freunde der Baureihe 35^{10} – auch wenn es dann eigentlich schon zu spät war … Am 19. Februar 1984 steht 35 1113 abfahrbereit mit dem P 15768 nach Riesa im Bahnhof Nossen. Auf dem Nebengleis kocht 50 3565 Dampf für die Fahrt mit dem P 7766 nach Großbothen. AUFNAHME: JOACHIM VOLKHARDT

Das Bw Nossen hat für die Geschichte der Baureihe 23^{10} eine besondere Bedeutung. Im Herbst 1960 erhielt dieses Bahnbetriebswerk vier 23^{10} zugewiesen: 23 1046 und 1057 aus Halberstadt sowie 23 1106 und 1109 aus Riesa. 23 1109 rollte bereits nach rund zwei Wochen nach Zwickau weiter, wo sie dringender benötigt wurde, kehrte aber im Verlauf des Jahres 1961 wieder zurück. Neben zehn Loks der Baureihe 38^{2-3} beheimatete Nossen zu dieser Zeit auch sechs preuß. P 8 (Baureihe 38^{10}). Die 23^{10} übernahmen vorrangig die Dienste der preußischen Lokomotiven, die man aus diesem Grund alsbald an andere Bahnbetriebswerke abgab. Die Nossener Loks fuhren wie seit jeher vor allem auf der Relation Dresden – Nossen – Döbeln – Leipzig. Im Plan standen daneben auch Leistungen von Dresden nach Meißen und zurück.

Im Sommer 1961 gab es für die vier 23^{10} drei Plantage, im folgenden Winterfahrplan dann bereits vier. Das war noch nicht einmal unrealistisch. Mehrere Jahre lang beheimatete das Bw Nossen mindestens eine P 8 als Auswaschreserve für die 23^{10}. Hier sind besonders 38 1301 und 38 3545 zu nennen. Letztere war extra dafür mit einem preußischen Langlauftender (2'2'T31,5 pr) gekuppelt worden.

Die Leistungen der 23^{10} blieben 1961 gegenüber dem Vorjahr fast unverändert, lediglich eine Personenzugleistung nach Bad Schandau kam dazu. Ende 1961 wuchs der Bestand durch den Zugang von 23 1111 und 23 1113 auf sechs Loks an. Kurzfristig musste Nossen für die Absicherung des Weihnachtsverkehrs allerdings beide Loks noch einmal nach Dresden abgeben.

Die Zahl der Laufplantage erhöhte sich auf fünf, was sich bis 1968 nicht mehr änderte. Mehrfach musste das Bw Nossen Maschinen als Lokhilfen nach Riesa und Dresden-Altstadt abgeben. Einzelne kurzfristige Abgänge wurden sofort ausgeglichen: So kam für 23 1113, die im Januar 1963 ein paar Tage anderwärtige Verpflichtungen übernehmen musste, die 38 1286 nach Nossen. Erhebliche Probleme entstanden im April 1965, als einem Planbedarf von fünf 23^{10} nur vier verfügbare Loks dieser Baureihe gegenüberstanden. Der Grund lag darin, dass innerhalb kurzer Zeit alle sechs 23^{10} zur L3-Untersuchung fällig waren und 23 1046 sowie 23 1113 bereits im Raw waren. Als Ersatz erhielt Nossen aus Dresden kurzfristig 23 1092 und 23 1108. Nach Fertigstellung ihrer L3 musste 23 1046 übrigens noch kurz beim Bw Riesa aushelfen, bevor sie wieder nach Nossen kam.

Am 11. Januar 1968 traf als siebente Maschine der Baureihe 23^{10} die 23 1056 aus Dresden zur Beheimatung in Nossen ein. Zum Einsatz kamen zwischen Mai 1963 und Mai 1969 weiterhin planmäßig fünf Lokomotiven. Im Plan 01 beförderten sie Personenzüge nach Dresden, Döbeln, Leipzig, Meißen, Meißen-Triebischtal und Pirna. Im Sommerfahrplan 1968 und im Winterfahrplan 1968/69 bespannten Nossener 23^{10} den Eilzug E 341 (Leipzig – Döbeln – Dresden), eine weitere Leistung war die Beförderung des Güterzuges Lg 10998 von Radebeul Ost nach Engelsdorf Ost bei Leipzig, die von 1967 bis Mai 1969 gefahren wurde.

Bild 128 ▷
Die Haupteinsatzstrecke der Nossener 23^{10} war die Verbindung von Dresden über durch das Muldetal nach Leipzig. Eines der klassischen Motive auf dieser Strecke war (und ist) die Signalbrücke in Roßwein, die hier im Jahr 1965 von 23 1057 des Bw Nossen mit dem P 1510 durchfahren wird.

Vom April 1968 liegen von den Nossener 23^{10} die Laufleistungen vor:

Lok	Plan	Einsatzstunden	Laufleistung
23 1046	01	477	9.626 km
23 1056	01	476	9.439 km
23 1057	01	467	9.326 km
23 1106	01	467	9.355 km
23 1109	01	481	9.510 km

Sowohl 23 1111 als auch 23 1113 waren zu diesem Zeitpunkt abgestellt und warteten auf ihre Überführung ins Raw Cottbus, wo sie eine Hauptuntersuchung L4 bekamen. Einer besonderen Erwähnung wert ist 23 1111, die sich ihrer auffälligen Nummer wegen in ihrem Heimat-Bw immer einer besonders hingebungsvollen Pflege erfreute. Strahlendes Rot am Triebwerk, ölglänzendes Schwarz am Kessel und weiße Zierlinien am Umlauf gehörten zu ihrem normalen Erscheinungsbild. Ihr Bw-interner Spitzname „Sachsenstolz" deutet schon etwas von der Beliebtheit dieser Maschine und der Baureihe 23^{10} im Allgemeinen an.

Nach dem Ausscheiden der Baureihe 38^{2-3} musste in Nossen der dort befindliche Hilfszug im Wechsel mit der Baureihe 50 und der Baureihe 23^{10} bespannt werden.

Zunächst nicht von der 23^{10} befahren werden durfte die Strecke Nossen – Riesa, da der dortige Oberbau nicht für die Achslast der Loks ausreichend war. Erst nach der Oberbauerneuerung und der Erhöhung der zulässigen Achslast auf 18 t bespannten diese Maschinen ab Ende 1968 auch auf dieser Verbindung einzelne Leistungen.

Zum 1. Oktober 1968 übernahm Nossen vorübergehend die Unterhaltung und Beheimatung des kompletten Dresdner 23^{10}-

Bild 129 ▷
Noch einmal der P 1510 (Dresden – Leipzig) im Jahr 1965 bei der Ausfahrt aus Roßwein, dieses Mal befördert von 23 1111. Interessant sind die unmittelbar hinter der Lok im Zugverband gereihten alten Länderbahn-Pack- und Postwagen

Aufnahmen (2): Patzschke, Slg. Matthias Hengst

◁ **Bild 130**
Der P 1510 (Dresden – Döbeln – Leipzig) war eine feste Leistung in den Umlaufplänen der Baureihe 23^{10} des Bw Nossen. Entsprechend verwundert es nicht, dass 23 1109 am 11. Juli 1968 diesen Zug am Haken hat, als sie in der Mittelhalle des Dresdner Hauptbahnhofes aufgenommen wurde.

AUFNAHME: GÜNTER MEYER, SAMMLUNG MANFRED MEYER

Bestandes, da im Bw Dresden etliche Arbeitskräfte durch den Umbau des Bw Dresden-Friedrichstadt zum Groß-Bw für Diesellokomotiven gebunden waren. In den Nossener Bestand gelangten dadurch: 23 1018, 23 1036, 23 1037, 23 1043, 23 1044, 23 1045, 23 1047, 23 1105, 23 1107 und 23 1112. Eingesetzt wurden diese Loks aber weiterhin durch das Bw Dresden, und sie traten auch nur bei den planmäßigen Unterhaltungsarbeiten und Reparaturen im Bw Nossen in Erscheinung. Die Wartung der Dresdner 23^{10} in Nossen endete im Dezember 1969. Allerdings kamen nicht alle Maschinen dieser Baureihe auch zum Bw Dresden zurück. Lediglich 23 1018, 23 1105, 23 1107 und 23 1112 fanden ihren Weg wieder in das Groß-Bw, während 23 1044, 23 1045 und 23 1047 in den Bestand des Bw Riesa wechselten und 23 1036, 23 1037 und 23 1043 gleich in Nossen blieben. Vom Bw Neubrandenburg war bereits am 29. März 1969 die 23 1030 zur Beheimatung in Nossen eingetroffen.

Ab dem Sommerfahrplan 1969 setzte das Bw Nossen sieben 23^{10} im Plandienst ein, während eine Lok für Sonderaufgaben bereitstand. Nun übernahmen Nossener 23^{10} vom Bw Dresden auch Schnellzugleistungen auf der Strecke Dresden – Bad Schandau. Ab dem 1. Juli 1969 wurden die Züge D 56 (Pannonia-Express), D 356 (Berlin – Prag) und D 153 „Saxonia" (Budapest – Leipzig) von 23^{10} des Bw Nossen bespannt. Die Lokumläufe sahen im Sommerfahrplan 1969 wie folgt aus:

▽ **Bild 131** • Am 31. August 1968 ist die Nossener 23 1057 mit dem P 1510 aus Dresden kommend in den Bahnhof Nossen eingefahren. Der Zug besteht aus drei Postwagen, einer zweiteiligen Doppelstockeinheit und drei Reko-Personenwagen. 23 1057 wird gleich abspannen und in ihr Heimat-Bw einrücken, während eine 58^{10-40} des Bw Nossen den Zug übernehmen und bis Döbeln bringen wird.
AUFNAHME: DIETER WÜNSCHMANN, SAMMLUNG ANDREAS LESCHNIOWSKI

△ **Bild 132** • Im März 1969 fährt 23 1046 des Bw Nossen wiederum mit dem P 1510 durch Meißen-Buschbad in Richtung Nossen. Offenbar diente dieser Zug stets auch zur Beförderung größerer Mengen Postsendungen, wie die mitgeführten Post- und Packwagen zeigen. Aufnahme: Sowitzki, Sammlung Matthias Hengst

▽ **Bild 133** • 23 1082 gehörte ab dem 25. März 1969 zum Bestand des Bw Nossen. Am 28. August 1969 hat sie einen Personenzug von Nossen nach Dresden bespannt und wartet nun im Bw Dresden-Altstadt auf den nächsten Einsatz. Aufnahme: Max R. Delie, Sammlung Jörg Leuthardt

330 Dresden – Döbeln – Leipzig und zurück

Alle Züge 2. Klasse

km	Rbd Dresden / Zug Nr		1502	68326	1570	1504	3534	1506	1508	1532	1538	E 305	1510	1564	1512	1514	1672	1568
				oG			oG			✕ oG	oG			Sa oG				
0,0	Dresden Hbf ✕	ab	…	…	…	3.09	6.16	6.28	…	…	Sa 11.23	…	13.18	…	17.21	19.24	20.05	…
2,2	Dresden Mitte (Gv 301)		…	…	…	3.13	6.20		…	…	11.27	…	13.22	…	17.25		20.09	…
[illegible]	Dresden-Neustadt ✕	an	…	…	…	3.17	6.23		…	…	11.31	…	13.25	…	17.30	19.30	20.12	…
		ab	…	…	…	3.20	6.33	❶	…	…	11.36	12.06	13.27	✕15.43	17.32	19.33	20.24	…
10,4	Radebeul Ost 306		…	…	…	3.32	6.51		…	…	11.58		13.41	16.01	17.45		20.36	…
14,0	Radebeul West ✕ 300. (Gv 305)		…	…	…	3.40	6.58	↓	…	…	d12.22		13.48	16.09	17.52		20.44	…
17,9	Coswig (Bz Dresd) ✕ 220. 230. 302		…	…	…	3.49	7.06	7.12	…	…	12.29	←12.20	13.57	16.19	18.01	19.48	20.53	…
26,8	Meißen ✕	an	…	…	…	4.02	an	7.25	…	…	12.41	an	14.09	✕16.32	18.13	20.02	21.05	…
		ab	…	…	…	4.13	…	7.35	…	…	12.44	…	14.13	■16.35	18.17	20.12	21.06	▣21.27
28,6	Meißen Triebischtal		…	…	…	4.17	…	7.39	…	…	12.48	…	14.17	16.39	18.21		21.09	21.30
35,6	Miltitz-Roitzschen		…	…	…	4.32	…	7.53	…	…	13.03	…	14.32	16.54	18.36		an	21.45
44,5	Deutschenbora ✕		…	…	…	4.46	…	8.06	…	…	13.16	…	14.45	17.07	18.49		…	21.57
48,6	Nossen ✕ 308. 321. 413	an	…	…	…	4.55	…	8.15	…	…	Sa 13.24	…	14.54	17.15	18.57	20.48	…	▣22.06
		ab	2.54	…	…	5.19	…	8.22	…	11.36	…	…	15.05	17.24	19.33	20.49	…	…
52,7	Gleisberg-Marbach		3.03	…	…	5.28	…	8.31	…	11.45	…	…	15.15	17.33	19.42		…	…
56,9	Roßwein ✕ 417	an	3.12	…	…	5.37	…	8.40	…	11.54	…	…	15.24	17.42	19.51	21.07	…	…
		ab	3.13	…	…	5.40	…	8.41	…	11.57	…	…	15.39	17.43	19.52	21.08	…	…
60,7	Niederstriegis		3.21	…	…	5.48	…	8.49	…	12.05	…	…	15.47	17.51	20.00		…	…
65,2	Döbeln Ost ✕		3.28	…	…	5.56	…	8.57	…	12.13	…	…	15.54	17.59	20.08		…	…
67,6	Döbeln Hbf ✕ 323. 400	an	3.34	…	…	6.02	…	9.03	…	12.19	…	…	16.00	18.05	20.14	21.27	…	…
		ab	3.45	…	…	6.30	…	9.07	10.53	12.35	…	…	16.22	18.13	20.25	21.29	…	…
72,7	Westewitz-Hochweitzschen		3.55	…	…	6.43	…		11.03	12.45	…	…	16.32	18.26	20.35		…	…
75,8	Klosterbuch		4.03	…	…	7.01	…		11.11	12.53		…	16.40	18.45	20.43		…	…
80,6	Leisnig ✕		4.13	■6.35	…	7.10	…	9.32	11.21	13.09	1582	…	16.50	■18.53	20.57	22.00	…	…
87,7	Tanndorf ✕		4.32	6.53	…	7.29	…		11.46	13.28	…	…	17.09	an	21.16		…	…
95,8	Großbothen ✕ 432	an	4.55	■7.17	…	7.52	…		12.09	13.51	…	…	17.32	…	21.39		…	…
	Rbd Halle	ab	5.02	…	7.21	8.06	…		12.19	…	13.59	…	17.36	…	21.40		…	…
102,8	Grimma ob Bf ✕ (Gesamtverkehr 501)		5.14	…	7.33	8.17	…	10.23	12.31	…	14.11	…	17.50	…	21.51	22.50	…	…
118,5	Beucha 502		5.52	…	7.59	8.41	…		12.56	…	14.35	…	18.20	…	22.15		…	…
122,0	Borsdorf (Sachs) ✕ 320		5.59	…	8.05	8.47	…	10.48	13.02	…	14.41	…	18.26	…	22.21	23.16	…	…
133,6	Leipzig Hbf ✕	an	6.16	…	8.22	9.05	…	11.04	13.19	…	14.58	…	18.43	…	22.38	23.31	…	…

km	Rbd Halle / Zug Nr		1539	1501	1503	1505		1507	1509		1511	1535	E 308	1513	1537	1515		
				✝ oG								oG						
0,0	Leipzig Hbf ✕	ab	…	…	3.50	4.50	…	6.35	10.13	…	12.54	…	…	16.32	…	19.15	…	…
11,5	Borsdorf (Sachs) ✕ 320 (Gesamtverkehr 501)		…	…	4.05	5.08	…	6.53	10.33	…	13.12	…	…	16.52	…	19.32	…	…
15,0	Beucha 502		…	…	4.10	5.14	…	6.59	10.44	…	13.18	…	…	16.58	…	19.38	…	…
30,7	Grimma ob Bf ✕		…	…	4.41	5.40	…	c7.34	11.10	…	13.42	…	…	17.24	…	20.02	…	…
37,7	Großbothen ✕ 432	an	…	…	4.52	5.50	…	7.45	11.21	…	13.53	…	…	17.34	…	20.12	…	…
	Rbd Dresden	ab	…	…	4.58	5.51	…	7.54	11.22	…	14.06	…	…	17.35	…	20.13	…	…
45,9	Tanndorf ✕		…	…	5.21	6.14	…	8.17	11.45	…	14.29	…	…	17.57	…	20.36	…	…
53,0	Leisnig ✕		…	…	5.40	6.34	…	8.36	12.05	…	14.48	…	…	18.17	■19.21	20.56	…	…
57,8	Klosterbuch		…	…	5.49	6.42	…	8.45	12.13	…	14.57	…	…	18.25	19.29	21.05	…	…
60,9	Westewitz-Hochweitzschen		…	…	5.58	6.51	…	8.53	12.22	…	15.05	…	…	18.34	19.38	21.13	…	…
66,0	Döbeln Hbf ✕ 323. 400	an	…	…	6.08	7.01	…	9.03	12.32	…	15.15	…	…	18.44	■19.48	21.23	…	…
		ab	…	5.10	6.18	7.14	…	…	12.46	…	15.17	■16.05	…	18.48	…	21.43	…	…
68,4	Döbeln Ost ✕		…	5.16		7.20	…	…	12.52	…		16.12	…	18.54	…		…	…
72,9	Niederstriegis		…	5.24	6.31	7.28	…	…	13.00	…		16.19	…	19.02	…	21.56	…	…
76,7	Roßwein ✕ 417	an	…	5.31	6.38	7.35	…	…	13.07	…	15.36	16.27	…	19.09	…	22.02	…	…
		ab	…	5.33	6.39	7.43	…	…	13.09	…	15.37	16.27	…	19.10	…	22.03	…	…
80,9	Gleisberg-Marbach		…	5.49	6.49	7.53	…	…	13.18	…	15.46	16.37	…	19.19	…	22.12	…	…
85,0	Nossen ✕ 308. 321. 413	an	…	5.58	6.58	8.02	…	…	13.27	…	15.55	■16.46	…	19.28	…	22.21	…	…
		ab	✕4.57	6.04	6.59	8.20	…	…	13.29	…	15.56	…	…	19.32	…	…	…	…
89,1	Deutschenbora ✕		5.05	6.12		8.28	…	…	13.37	…		…	…	19.40	…	…	…	…
98,0	Miltitz-Roitzschen		5.17	6.25		8.47	…	…	13.49	…		…	…	19.52	…	…	…	…
105,0	Meißen Triebischtal		5.32	6.40		9.01	…	…	14.03	…		…	…	20.07	…	…	…	…
106,8	Meißen ✕	an	5.35	6.43	7.32	9.04	…	…	14.06	…	16.29	…	…	20.10	…	…	…	…
		ab	5.38	6.44	7.34	9.10	…	…	14.11	…	16.34	…	…	20.22				
115,7	Coswig (Bz Dresd) ✕ 220. 230. 302 (Gv 305)		5.55	6.58	7.48	9.24	…	…	14.25	…	16.56	…	20.46←	b20.52				
119,6	Radebeul West ✕ 300.		6.03	7.04	7.56	a9.41	…	…	14.31	…	17.03	…		20.59				
123,2	Radebeul Ost 306		6.11	7.15	8.01	9.48	…	…	14.36	…	17.11	…		21.07				
129,7	Dresden-Neustadt ✕	an	6.23	7.26	8.13	10.00	…	…	14.46	…	17.23	…	20.58	21.18				
		ab	6.29	7.28	8.16	10.02	…	…	14.56	…	17.24	…	21.00	21.24				
131,4	Dresden Mitte (Gv 301)	an	6.33	7.31	8.19	10.05	…	…	14.59	…	17.27	…		21.27				
133,6	Dresden Hbf ✕	an	✕6.38	7.36	8.24	10.10	…	…	15.06	…	17.31	…	21.07	21.32				

a an 9.31
b an 20.35
c an 7.19
d an 12.05
❶ über Dresden-Friedrichstadt

△ **Bild 134** • Kursbuchseite der Strecke 330 (Leipzig – Döbeln – Dresden) aus dem vom 1. Juni bis zum 27. September 1969 gültigen Sommerfahrplan 1969. Auf dieser Verbindung waren die Nossener 23^{10} „Zuhause" und bespannten zahlreiche Personenzüge über die Gesamtstrecke sowie auf Teilabschnitten. Die ausgedehnten Fahrzeiten – bis zu fünf Stunden für knapp 134 km – spiegeln den Zustand dieser Strecke durch das Muldetal in jenem Jahr wider. ABBILDUNG: SAMMLUNG DIETMAR SCHLEGEL

Plan 1: 5 × Baureihe 23^{10}

Tag 1

P 1504	Dresden – Leipzig
P 1511	Leipzig – Dresden
TDg 48306	DD-Friedrichstadt – Engelsd. Ost

Tag 2

Lz	Engelsdorf Ost – Leipzig
P 1505	Leipzig – Dresden
D 56	Dresden – Bad Schandau
Lz	Bad Schandau – Schöna
P 435	Schöna – Dresden
P 1668	Dresden – Meißen
P 1568	Meißen – Nossen

Tag 3

P 1502	Nossen – Döbeln
P 1501	Döbeln – Dresden
P 1618	Dresden – Meißen
P 1617	Meißen – Dresden
D 356	Dresden – Bad Schandau
D 153	Bad Schandau – Dresden
P 1512	Dresden – Nossen

Tag 4

SLz 1505	Nossen – Dresden
P 426	Dresden – Bad Schandau
ZLz D 157	Bad Schandau – Dresden
P 1664	Dresden – Meißen-Triebischtal
P 1667	Meißen-Triebischtal – Dresden
P 1672	Dresden – Meißen
P 1673	Meißen – Dresden

Tag 5

P 1678	Dresden – Meißen
Lr	Meißen – Meißen-Triebischtal
P 1605	Meißen-Triebischtal – Dresden
P 1506	Dresden – Leipzig
P 1513	Leipzig – Dresden

Plan 2: 3 × Baureihe 23^{10}

Tag 1

P 1539	Nossen – Dresden
P 1616	Dresden – Meißen-Triebischtal
P 1615	Meißen-Triebischtal – Dresden
P 1564	Dresden – Leisnig
P 1537	Leisnig – Döbeln
P 1515	Döbeln – Nossen

Tag 2

Hilfszugbereitschaft in Nossen

Tag 3

Hilfszugbereitschaft in Nossen

P 1532	Nossen – Großbothen
SLz 1511	Großbothen – Döbeln
P 1535	Döbeln – Nossen

Die monatlichen Laufleistungen der Nossener 23^{10} lagen im Sommerfahrplan 1969 zwischen 4.488 und (immerhin) 10.321 Kilometer.

Vom Juni 1969 liegen die folgenden Laufleistungen vor:

Lok	Plan	Einsatzstunden	Laufleistung
23 1030	02	383	4.718 km
23 1036	02	459	6.685 km
23 1037	01	213	4.488 km
23 1043	01	254	4.677 km
23 1046	01	20	269 km
23 1056	02	404	4.740 km
23 1057	01	497	10.321 km
23 1106	01	480	9.827 km
23 1109	01	488	9.859 km
23 1111	01	465	8.905 km
23 1113	01	294	5.775 km

Vom Bw Stendal traf am 16. Oktober 1969 die 23 1010 in Nossen ein, vom Bw Dresden folgte zum 27. August 1970 noch 23 1061, wodurch sich der Nossener 23^{10}-Bestand auf 13 Maschinen erhöhte. Im Winterfahrplan 1969/70 kamen davon neun Lokomotiven zum Einsatz: im Plan 1 sechs Maschinen und im Plan 2 drei. Neben Personenzügen nach Dresden, Leipzig, Bad Schandau, Döbeln, Schöna, Meißen und Großbothen wurden auf der Elbtalstrecke Dresden – Bad Schandau auch weiterhin Schnellzüge von Nossener 23^{10} bespannt.

Zum 1. Juli 1970 trat bei der Deutschen Reichsbahn offiziell das EDV-Nummernsystem in Kraft. Da die „2" als Grundziffer den elektrischen Triebfahrzeugen vorbehalten war, wich man für die Baureihe 23^{10} auf die neue Baureihennummer 35^{10} aus. Zum Stichtag 1. Juli 1970 waren im Bw Nossen folgende nunmehrigen 35^{10} beheimatet:

35 1010 1030 1036 1037 1043 1046
1056 1057 1106 1109 1111 1113

Im Sommerfahrplan 1970 bespannten Nossener 35^{10} im Plan 02 die Personenzüge P 997 (Dresden – Elsterwerda) und P 990 (Berlin-Schöneweide – Dresden) – letzteren im Abschnitt von Elsterwerda bis Dresden. Eine weitere Leistung für die Loks waren die Nahgüterzüge 61351 (Nossen – Dresden-Friedrichstadt) und 61350 (Dresden-Friedrichstadt – Nossen).

Am 18. Dezember 1970 wurde der elektrische Zugbetrieb zwischen Coswig (Bz Dresden) und Meißen-Triebischtal aufgenommen. Dadurch entfielen die Einsätze der 35^{10} vor Nahverkehrszügen zwischen Dresden und Meißen-Triebischtal. Diese übernahmen nun Elektrolokomotiven der Baureihe 242. Als Ersatz bespannten ab Sommerfahrplan 1971 die Nossen 35^{10} Personenzüge auf der Strecke Nossen – Riesa.

Auf Anweisung der Verwaltung der Maschinenwirtschaft der Rbd Dresden wurden zum Zweck der zentralen Unterhaltung ab dem Winterfahrplan 1970/71 zum 27. September 1970 die 35 1045 und 35 1105

△ **Bild 135** • 35 1047 (Bw Nossen) ist am 22. April 1975 mit dem P 4727 (Leipzig – Dresden) in den Bahnhof Dresden-Neustadt eingefahren und wartet auf die Weiterfahrt in Richtung Dresden Hauptbahnhof. Auf dem Nebengleis steht 110 381 des Bw Kamenz mit dem P 4865 (Straßgräbchen-Bernsdorf – Dresden Hbf). Aufnahme: Frank Ebermann

buchmäßig von Döbeln nach Nossen umgesetzt. Die Maschinen waren zuvor in der zum Bw Riesa gehörenden Lokeinsatzstelle Döbeln beheimatet. Am 4. Januar 1971 folgte noch 35 1059. Die Loks wurden aber weiterhin vom Personal der Lokeinsatzstelle Döbeln besetzt und kamen vor Reisezügen auf der Strecke Riesa – Döbeln – Karl-Marx-Stadt zum Einsatz.

Das Bw Nossen gab derweil zwischen dem 20. November 1970 und dem 12. Mai 1971 die 35 1043 (am 20.11.1970) nach Güsten, 35 1010 (am 8.3.1971) nach Dresden und die alte Nossener Stammlok 35 1057 (am 12.5.1971) zum Bw Berlin-Ostbahnhof ab. Als Ersatz trafen 35 1082 (am 27.3.1971) vom Bw Dresden und 35 1018 (am 26.5.1971) vom Bw Riesa in Nossen ein.

Am 31. Mai 1971 waren 15 Vertreterinnen der Baureihe 35^{10} im Bw Nossen beheimatet, von denen täglich zwölf (in Nos-

△ **Bild 136** • 23 1010 war vom 16. Oktober 1969 bis zum März 1971 sowie von Mai 1974 bis Dezember 1976 in Nossen beheimatet. Die Aufnahme zeigt die Lok am 4. April 1970 im Bw Dresden-Altstadt. Aufnahme: Günter Scheibe, Sammlung Jörg Leuthardt

◁ **Bild 137**
35 1082 vom Bw Nossen ist am 8. Mai 1971 mit einem Personenzug von Dresden Hbf nach Nossen in den Haltepunkt Dresden-Trachau eingefahren.

Aufnahme: Frank Ebermann

◁ **Bild 138**
Neubaulok vor Altbauwagen: Im Juli 1971 verlässt die Nossener 35 1056 mit einem Personenzug nach Nossen den Dresdner Hauptbahnhof. Der Zug besteht aus sächsischen Abteilwagen, die zu diesem Zeitpunkt nur noch selten zum Einsatz kamen.

Aufnahme: Günter Scheibe, Sammlung Jörg Leuthardt

◁ **Bild 139**
Am 7. August 1972 hat 35 1061 (Bw Nossen) mit dem P 1512 (Dresden – Nossen – Leipzig) den Haltepunkt Dresden-Trachau erreicht. Die illustre Kombination des Wagenparks ist beachtenswert: Reko-Packwagen, fünf sächsische Abteilwagen und am Ende ist noch eine Doppelstockeinheit zu erkennen.

Aufnahme: Frank Ebermann

△ **Bild 140** • Kurzer Zeitsprung zurück ins Jahr 1970: Für 35 1056 stand am 14. Juli jenes Jahres Hilfszugbereitschaft im Heimat-Bw Nossen auf dem Plan. An der Rauchkammertür ist das Emblem der Gesellschaft für Deutsch-Sowjetische Freundschaft (DSF) angebracht. Ob das Lokpersonal vielleicht im Wettbewerb um die Ehrenplakette „Kollektiv der Deutsch-Sowjetischen Freundschaft" stand? AUFNAHME: WOLFGANG ZIEMERT, SAMMLUNG JÖRG LEUTHARDT

sen neun, in Döbeln drei) Maschinen für den Plandienst benötigt wurden.

Vom 23. Mai 1971 bis zum 27. Mai 1972 bespannte das Bw Nossen keine Schnellzüge mehr nach Bad Schandau, dafür übernahmen die 35^{10} Personenzugleistungen nach Riesa und ein weiteres Zugpaar nach Elsterwerda.

Der Umlauf im Plan 02 sah wie folgt aus (Üg = Übergabegüterzug):

P 3053	Nossen – Riesa
Üg 73347	Riesa – Weißig
Üg 73346	Weißig – Riesa
P 2687	Riesa – Elsterwerda
P 990	Elsterwerda – Dresden
Dg 72997	DD-Friedrichstadt – Starbach
Lz	Starbach – Nossen
N 61350	Nossen – Döbeln
N 61349	Döbeln – Nossen
Hilfszugbereitschaft in Nossen	
P 1502	Nossen – Döbeln
P 1501	Döbeln – Dresden
P 997	Dresden – Elsterwerda
P 2689	Elsterwerda – Elsterw.-Biehla
P 2686	Elsterw.-Biehla – Elsterwerda
Dg 56276	Elsterwerda – Röderau
Lz	Röderau – Riesa
P 3066	Riesa – Nossen

Die Leistungen von Dresden nach Elsterwerda übernahmen ab dem Sommerfahrplan 1972 die 35^{10} des Bw Elsterwerda. Im Güterzugdienst kamen die Nossener 35^{10} bis Mai 1972 zum Einsatz vor den Zügen …

… 61348 (Nossen – Döbeln),
… 61351 (Döbeln – DD-Friedrichstadt),
… 61350 (DD-Friedrichstadt – Döbeln),
… 61349 (Döbeln – Dresden).

Weitere Leistungen waren die Güterzüge G 72397/G 72390 mit Material für den Bau der Autobahn 14 (Dresden – Leipzig) nach Starbach bei Nossen, wo sich ein Umschlagplatz für Baustoffe befand. Im selben Sommerfahrplan standen die 35^{10} an den Wochenenden im grenzüberschreitenden Verkehr mit den Personenzügen P 428/P431 nach Děčín. Im Schnellzugdienst bespannten sie freitags den DR-Ferienzug „Tourex" (Dresden – Varna) zwischen Dresden und Bad Schandau und mittwochs den Gegenzug D 959 von Bad Schandau nach Dresden. In den Fahrplanabschnitten Sommer 1973 und Winter 1973/74 stand für die Nossener 35^{10} die Beförderung der Schnellzüge D 271 (Meridian), D 372 (Balt-Orient-Express) sowie D 379 (Istropolitan) im Abschnitt Dresden – Děčín in den Umlaufplänen.

In den folgenden Jahren entwickelte sich das Bw Nossen mehr und mehr zum Auslauf-Bw für die Baureihe 35^{10}. Am 28. September 1973 traf 35 1058 aus dem Bw Neubrandenburg zur Beheimatung in Nossen ein, am 16. November 1973 folgten aus Elsterwerda 35 1040 und 35 1050. Zum Stichtag 31. Dezember 1973 war die stolze Anzahl von 18 Maschinen der Baureihe 35^{10} im Bw Nossen beheimatet.

Die langjährige Nossener Planlokomotive 35 1109 musste wegen Rahmenschadens am 15. Mai 1974 abgestellt werden, als Ersatz trafen im Mai 1974 gleich zwei 35^{10} aus dem Bw Dresden in Nossen ein: 35 1010 und 35 1047. Vom Mai 1974 liegen die folgenden Laufleistungen vor:

Lok	Plan	Einsatzstunden	Laufleistung
35 1010	Döbeln	241	3.709 km
35 1018	07	647	5.580 km
35 1021	01	459	4.970 km
35 1036	01	489	5.587 km
35 1037	Dispo	32	305 km
35 1040	02	626	8.699 km
35 1045	Döbeln	266	3.727 km
35 1046	01	469	6.471 km
35 1047	Dispo	105	1.490 km
35 1050	02	400	5.690 km
35 1056	01	435	5.148 km
35 1059	Dispo	67	1.128 km
35 1082	Döbeln	414	5.753 km
35 1105	Döbeln	447	6.397 km
35 1106	05	524	9.536 km
35 1109	02	291	3.950 km
35 1111	05	483	9.193 km
35 1113	Dispo	23	446 km

◁ **Bild 141**
Mit dem P 1509 aus Leipzig rollt 35 1030 am 13. August 1972 in den Dresdner Hauptbahnhof ein. Der Zug benötigte für die 133,6 km lange Strecke über Großbothen, Döbeln und Nossen mit insgesamt 20 Zwischenhalten planmäßig vier Stunden und sieben Minuten!

Zum Einsatz kamen bis zum 28. September 1974 vom Bw Nossen aus noch neun 35^{10} und in der zum Bw Riesa gehörenden Lokeinsatzstelle Döbeln drei Lokomotiven dieser Baureihe aus dem Bestand des Bw Nossen.

35 1061 weilte vom 29. März bis zum 26. August 1974 zu einer L5-Zwischenuntersuchung im Raw Stendal und 35 1030 war im Bw Nossen „kalt“ abgestellt. Am 19. Juni 1974 wurde sie ins Raw Meiningen überführt, wo sie eine Hauptuntersuchung erhielt.

Im Sommerfahrplan 1974 kamen letztmalig neun 35^{10} vom Bw Nossen aus in folgenden Plänen zum Einsatz:

- Plan 01: 4 Loks
- Plan 02: 2 Loks
- Plan 05: 2 Loks
- Plan 07: eine Lok

Im Schnellzugdienst auf der Relation durch das Elbtal Dresden – Děčín – Dresden bespannten sie im Plan 02:

- D 1275 („Metropol“),
- D 1278 („Warnow“),
- D 271 („Meridian“),
- D 372/373 („Balt-Orient-Express“),
- D 378 („Istropolitan“).

Dazu kamen im Plan 07 die Autoreisezüge D 1479 (Dresden-Neustadt – Budapest), D 1478 (Budapest – Dresden-Neustadt), freitags der D 1179 „Tourex“ zwischen Dresden und Bad Schandau sowie mittwochs dessen Gegenzug D 1178 von Děčín nach Dresden. Auf der 40 km langen Strecke Dresden – Bad Schandau mussten die Personale der Nossener 35^{10} die 650 t schweren Züge auf eine Plangeschwindigkeit von 100 km/h bringen, was eine beachtliche Leistung war. Die Zugpaare D 1478/1479 und D 1178/1179 wurden mit 80 km/h gefahren.

Im Winterfahrplan 1974/75 kamen nur noch sieben 35^{10} von Nossen aus zum Einsatz: im Plan 01 fünf Loks und im Plan 2 noch zwei. Ihr Haupteinsatzgebiet waren

◁ **Bild 142**
Nossener Loks bespannten in ihren Umlaufplänen selbstverständlich nicht nur Züge, die ihren Laufweg durch Nossen hatten. 35 1045 steht am 9. August 1973 mit dem P 5731 (Riesa – Karl-Marx-Stadt) abfahrbereit im Bahnhof Döbeln.

Aufnahmen (2): Frank Ebermann

nach wie vor die Strecken Dresden – Nossen – Leipzig, Nossen – Riesa und Dresden – Bad Schandau (P 9723/9732), auf denen sie neben Eil- und Personenzügen auch Nahgüterzüge beförderten. Im grenzüberschreitenden Verkehr zwischen Dresden und Děčín bespannten sie die Zugpaare D 379/1270 und D 271/372. Dies waren zugleich die letzten Leistungen von Lokomotiven der Baureihe 35^{10} vor hochwertigen Schnellzügen bei der Deutschen Reichsbahn. In der zum Bw Riesa gehörenden Lokeinsatzstelle Döbeln kamen bis Mai 1975 drei Nossener 35^{10} zum Einsatz, deren Lokumlauf wie folgt aussah:

Plan 01: 3 × Baureihe 35^{10}

△ **Bild 143** • 35 1109 des Bw Nossen wird am 6. April 1974 auf der Drehscheibe vor Schuppen I im Bw Dresden-Altstadt für die nächste Leistung gedreht. Aufnahme: Frank Ebermann

Tag 1

P 5741	Döbeln – Karl-Marx-Stadt
P 6724	Karl-Marx-Stadt – Riesa
P 5731	Riesa – Karl-Marx-Stadt
P 5734	Karl-Marx-Stadt – Riesa

Tag 2

P 5721	Riesa – Karl-Marx-Stadt
P 6724	Karl-Marx-Stadt – Mittweida
Üg 76384	Mittweida – Erlau (Sachs)
Üg 76383	Erlau (Sachs) – Mittweida
Lz	Mittweida – Döbeln
P5747	Döbeln – Karl-Marx-Stadt
P6736	Karl-Marx-Stadt – Riesa

Tag 3

Üg 73345	Riesa – Weißig
Üg 73344	Weißig – Riesa
P 6713	Riesa – Döbeln
P 5745	Döbeln – Mittweida
P 6729	Mittweida – Karl-Marx-Stadt
P 5732	Karl-Marx-Stadt – Riesa
P 6719	Riesa – Waldheim
Lz	Waldheim – Döbeln

Planlokomotiven in Döbeln waren im Winterfahrplan 1974/75 die 35 1010, 35 1059 und 35 1105. Die Zuführung der Lokomotiven nach Nossen zum Auswaschen oder zur Reparatur erfolgte über Riesa.

Im Januar 1975 wurde 35 1082 und im Februar 35 1056, 35 1059 sowie 35 1105 in den z-Park überstellt. Als Ersatz traf am 20. Januar 1975 die 35 1107 aus Karl-Marx-Stadt in Nossen ein.

△ **Bild 144** • Das Bw Nossen kann sich durchaus damit rühmen, dass seine Lokomotiven planmäßig auch internationale Schnellzüge bespannt haben! Hier ist es 35 1018, die am 13. September 1974 mit dem D 1179 „Tourex" den Dresdner Hauptbahnhof in Richtung Bad Schandau verlässt. Aufnahme: Rudi Lehmann, Sammlung Andreas Stange

△ **Bild 145** • Am 28. August 1969 war 23 1030 als Wendelok zum Gast im Bw Dresden-Altstadt. Mit dem im Halter des dritten Spitzenlichts eingesteckten Flügelrad hatte sie ein ganz besonderes Alleinstellungsmerkmal an jenem Tag …
Aufnahme: Max R. Delie, Sammlung Jörg Leuthardt

Nachdem ab dem Sommerfahrplan 1975 Personal des Bw Nossen vier Diesellokomotiven der Baureihe 110 vom Bw Dresden besetzte, reduzierte sich der Bedarf an 35^{10} in Nossen auf nur noch vier Maschinen. Zugleich fielen die Schnellzugleistungen auf der Relation Dresden – Bad Schandau – Děčín sowie die Bespannung der Personenzüge P 4720, 4721, 4722, 4725, 4726 und 4727 nach Leipzig sowie P 9723 und 9732 nach Bad Schandau aus den Plänen.

Der ab dem 1. Juni 1975 gültige Umlaufplan 02 für insgesamt vier Maschinen der Baureihe 35^{10} des Bw Nossen sah wie folgt aus:

Tag 1	
P 15762	Nossen – Riesa
Üg 73347	Riesa – Weißig
Üg 73346	Weißig – Riesa
P 15771	Riesa – Nossen
P 15774	Nossen – Riesa
P 6719	Riesa – Waldheim
Lz	Waldheim – Döbeln

△ **Bild 146** • Blick in das Bw Nossen im August 1974: 35 1021 steht in ihrer Heimat-Dienststelle in Erwartung der nächsten Leistung. Hinter ihr „räuchert" eine andere Dampflokomotive das Bahnbetriebswerk ein …
Aufnahme: Rudi Lehmann, Sammlung Joachim Volkhardt

△ **Bild 147** • 35 1046 rollt im August 1974 auf die Drehscheibe im Bw Riesa. Diese Lok war von 1960 bis 1976 mehrfach in Nossen beheimatet, wechselte allerdings in diesem Zeitraum auch sechsmal das Heimat-Bw, bis sie schließlich am 18. Juni 1976 zum Bw Karl-Marx-Stadt versetzt wurde und von dort nicht wieder nach Nossen zurückkam. Übrigens: Die Anlage des Lokschuppens in Riesa war durchaus selten, denn es war ein fast geschlossener Ringlokschuppen mit 33 (!) Ständen und einer mittig gelegenen Drehscheibe. Links am Bildrand ist die zweigleisige Durchfahrt für die Ein- bzw. Ausfahrt der Loks vom bzw. zum Riesaer Bahnhof zu erkennen.

Aufnahme: Wolfgang Ziemert, Sammlung Jörg Leuthardt

▽ **Bild 148** • 35 1050 wurde am 16. November 1973 vom Bw Elsterwerda nach Nossen umbeheimatet. Am 30. April 1975 fährt sie mit einem Personenzug aus Richtung Dresden-Neustadt kommend in den Bahnhof Dresden-Mitte ein. Knapp drei Monate später wird diese Lok in den z-Park gestellt. Aufnahme: Frank Ebermann

◁ **Bild 149**
Einfahrt des P 7774 (Dresden-Neustadt – Leisnig) am 24. Mai 1975 in den Bahnhof Miltitz-Roitzschen. An jenem Tag oblag die Beförderung dieses Zuges der Nossener 35 1046.

Aufnahme: W. Scholz, Sammlung Matthias Hengst

◁ **Bild 150**
35 1018 steht am Abend des 1. Dezember 1975 mit dem P 15774 nach Riesa abfahrbereit im Bahnhof Nossen.

Aufnahme: Frank Ebermann

◁ **Bild 151**
Einst die „Paradelok" des Bw Nossen, wurde 35 1111 im Januar 1976 an den VEB Fleischverarbeitung Meißen, Betriebsteil Weinböhla, verkauft, wo die Maschine als Heizlok diente. Die Aufnahme zeigt die dortige Situation am 26. April 1976.

Aufnahme: Sammlung Manfred Knappe

△ **Bild 152** • Am 18. Mai 1976 erwartet der Lokführer der 35 1107 des Bw Nossen im Bahnhof Waldheim den Abfahrauftrag der Aufsicht. Wenig später wird der Personenzug in Richtung Döbeln ausfahren. Aufnahme: Rainer Scheffler, Sammlung Matthias Hengst

Tag 2

P 7763	Döbeln – Dresden
P 4802	Dresden – Arnsdorf
P 4803	Arnsdorf – Dresden
Lrz	Dresden Hbf – DD-Neustadt
P 7774	Dresden-Neustadt – Leisnig
P 7777	Leisnig – Döbeln

Tag 3

P 5741	Döbeln – Karl-Marx-Stadt
P 5724	Karl-Marx-Stadt – Riesa
P 5731	Riesa – Karl-Marx-Stadt
P 5734	Karl-Marx-Stadt – Riesa
P 15777	Riesa – Nossen

Tag 4

Von 0 Uhr bis 11 Uhr Hilfszugbereitschaft

P 7768	Nossen – Großbothen
P 7771	Großbothen – Nossen

Von 17 Uhr bis 0 Uhr Hilfszugbereitschaft

Als Ersatz für die weggefallenen Leistungen nach Leipzig übernahm das Bw Nossen einen Plantag der Döbelner 35^{10} und fuhr mit eigenem Personal Personenzüge zwischen Riesa und Karl-Marx-Stadt. Eine weitere neue Leistung war ab dem 1. Juni 1975 die Bespannung der Personenzuge P 4802 (Dresden – Lübbenau) und P 4803 (Kamenz – Dresden) zwischen Dresden und Arnsdorf.

Der Planbedarf an 35^{10} lag zwischen dem 1. Juni 1975 und dem 29. Mai 1976 bei sechs Maschinen, davon kamen im Plan 02 in Nossen vier und in Döbeln zwei Loks zum Einsatz. Die 35 1037 und 35 1106 wurden am 19. Januar 1975 nach Karl-Marx-Stadt abgegeben und als sogenannte MfV-Reserve (Ministerium für Verkehrswesen) im Betriebsteil Hilbersdorf abgestellt. Im selben Jahr sind 35 1030 (im Juli) sowie 35 1061 (im Juli) abgestellt und am 24. Oktober 1975 ausgemustert worden. Zum 1. Oktober 1975 waren insgesamt noch 13 Vertreterinnen der Baureihe 35^{10} in Nossen beheimatet. Im Einzelnen:

35 1010 1018 1021 1026 1030 1036
1040 1045 1046 1047 1107 1111
1113

Das langjährige Nossener „Paradepferd" 35 1111 wurde am 12. Januar 1976 an den VEB Fleischverarbeitung Meißen verkauft und in dessen Betriebsteil in Weinböhla als Dampferzeuger eingesetzt. 35 1040 war ab Februar 1976 abgestellt, ihre Ausmusterung ist auf den 9. März 1976 datiert. Im Mai 1976 standen im Plan 02 des Bw Nossen noch 35 1018, 35 1030, 35 1046 und 35 1047 planmäßig im Dienst, während 35 1113 als Dispolok diente.

In der Riesaer Lokeinsatzstelle Döbeln waren derweil die Nossener 35 1045 und 35 1107 im Einsatz.

Ab dem Sommerfahrplan 1976 besetzten Nossener Personale eine fünfte Diesellok der Baureihe 110 des Bw Dresden. Dadurch gingen die Personenzüge P 7763 (Döbeln – Dresden), P 7774 (Dresden-Neustadt – Leisnig), P 4802/4803 (Dresden – Arnsdorf – Dresden) auf diese Baureihe über. Entsprechend kamen keine Nossener 35^{10} mehr planmäßig nach Dresden.

Das Bw Nossen setzte ab dem 30. Mai 1976 bei einem Bestand von elf 35^{10} noch drei Loks dieser Baureihe im Plan 03 ein. Sie bespannten wie die Jahre zuvor Züge nach Döbeln, Riesa, Karl-Marx-Stadt, Weißig und Großbothen. Die „Döbelner" 35^{10} kamen zwischen Riesa und Karl-Marx-Stadt vor den Personenzügen P 5721, 5732, 5736, 5745, 5747, 6713, 6719 und 6769 zum Einsatz. Eine weitere Leistung war die Bespannung des P 7765 (Leisnig – Nossen) und des P 7764 (Nossen – Döbeln).

Im Juni 1976 wurden 35 1046 und 35 1113 nach Karl-Marx-Stadt abgegeben und dort als MfV-Reserve im Betriebsteil Hilbersdorf konserviert abgestellt. Als Ersatz kamen am 19. Juni 1976 die 35 1037 und 35 1106 wieder zur Beheimatung nach Nossen.

△ **Bild 153** • Am 29. Mai 1976 endeten die planmäßigen Einsätze der Nossener 35^{10} in der Relation Dresden – Arnsdorf (KBS 303). 35 1046 steht an jenem Tag mit dem P 4802 (Dresden Hbf – Lübbenau) im Dresdner Hauptbahnhof.

35 1030 war im Juli 1976 letztmalig im Einsatz und kam bei 24 Einsatztagen auf eine Laufleistung von 4.274 km. Am 28. Juli 1976 wurde sie abgestellt und am 1. November 1976 an den Kreisbetrieb für Landtechnik nach Oschatz verkauft.

Die Döbelner Planlok 35 1045 wurde am 14. August 1976 abgestellt und zwei Wochen später, am 31. August 1976, in den z-Park überstellt. Als Ersatz kam in Döbeln 35 1037 zum Einsatz.

Vom September 1976 liegen von den letzten im Sommerfahrplan 1976 eingesetzten Nossener 35^{10} die Laufleistungen vor:

Lok	Plan	Einsatzstunden	Laufleistung
35 1018	03	352	4.122 km
35 1036	03	90	1.359 km
35 1037	Döbeln	327	5.066 km
35 1047	03	357	4.011 km
35 1106	03	481	4.866 km
35 1107	Döbeln	327	5.154 km

Nach dem Umbau der Werkstatt in Nossen begann dort im September 1976 die technische Unterhaltung von Diesellokomotiven der Baureihe 110. Zwischen dem 25. September und dem 25. November 1976 trafen insgesamt 13 Maschinen dieser Baureihe zur Beheimatung im Nossener Bahnbetriebswerk ein, sodass sich der Planbedarf an der Baureihe 35^{10} mit Beginn des Winterfahrplans 1976/77 ab dem 26. September 1976 auf nur noch eine Lokomotive reduzierte.

Währenddessen lösten in der Lokeinsatzstelle Döbeln des Bw Riesa ab dem 26. September 1976 zwei Diesellokomotiven der Baureihe 118^{0} des Bw Karl-Marx-Stadt, besetzt mit Döbelner Personal, die dortige 35^{10} in ihrem Umlaufplan ab.

Der Nossener Lokumlauf für die einzige noch im Plandienst stehende 35^{10} sah im Winter 1976/77 wie folgt aus:

◁ **Bild 154**
Nachdem 35 1046 den P 4802 bis Arnsdorf befördert hat, wartet sie dort auf die Rückleistung, den P 4803 aus Senftenberg, den die Lok bis zu dessen Zielbahnhof Dresden Hbf bringen wird (29. Mai 1976).

Aufnahmen (2): Frank Ebermann

△ **Bild 155** • Riesa ab 14:27 Uhr – Karl-Marx-Stadt an 16:20 Uhr, das sind die zeitlichen Parameter des P 5731, den 35 1030 am 26. Juni 1976 am Haken hat. Die Aufnahme zeigt Lok und Zug im Bahnhof Riesa, in dessen unmittelbarer Nachbarschaft sich das Stahlwerk – links am Bildrand zu erkennen – befand. AUFNAHME: FRANK EBERMANN

Plan 03: 1 × Baureihe 35^{10}

Von 0 Uhr bis 8:30 Uhr Hilfszugbereitschaft

N 62303	Nossen – Großvoigtsberg
Lz	Großvoigtsberg – Nossen
P 7766	Nossen – Großbothen
P 7741	Großbothen – Nossen

Von 18 Uhr bis 0 Uhr Hilfszugbereitschaft

Zum Einsatz kam die Lok aber meistens im Plan 2a, in dem sie als Ersatz für eine Diesellok der Baureihe 110 Personenzüge nach Riesa bespannte. Planlokomotive war 35 1106, deren monatlichen Laufleistungen zwischen Oktober 1976 und Mai 1977 von 4.008 km bis 6.545 km reichten.

Der Planeinsatz der Baureihe 35^{10} endete (vorerst) am 21. Mai 1977. An diesem Tag oblagen der 35 1106 die letzten Beförderungsaufgaben vor folgenden Zugen:

P 15762	Nossen – Riesa
Üg 73347	Riesa – Weißig
Üg 73346	Weißig – Riesa
P 15769	Riesa – Nossen
P 16715	Nossen – Freiberg
N 62304	Freiberg – Nossen

Die Lok kam allerdings auch nach dem offiziellen Ende des Planeinsatzes bei Ausfall einer Diesellok auf der Strecke Nossen – Riesa noch zum Einsatz.

Zwischen März 1977 und Dezember 1978 wurden alle im Nossener Bahnbetriebswerk noch vorhandenen 35^{10} an Betriebe der DDR-Volkswirtschaft verkauft – oder von der DR ausgemustert.

Lok	verkauft am	an
35 1010	05.12.1978	VEB Nahrungs- und Genussmittel Döbeln, BT Schweta
35 1018	01.06 1977	LPG „Ernst Thälmann“, Laasdorf
35 1021	04.07.1977	VEB Oberlausitzer Textilbetrieb Zittau
35 1026	01.05.1977	VEB Oberlausitzer Feinpapierfabrik Bad Muskau
35 1036	01.06.1977	LPG „Ernst Thälmann“ Laasdorf
35 1037	19.08.1977	ausgemustert
35 1106	05.12.1978	VEB Nahrungs- und Genussmittel Döbeln, BT Schweta
35 1107	24.03.1977	ausgemustert

Seit dem 30. September 1980 bereicherte die z-stehende (zukünftige) Traditionslok 35 1113 wieder den Fahrzeugbestand. Sie erhielt erst ein Jahr später eine Hauptuntersuchung und kam am 23. Dezember 1981 wieder nach Nossen.

Obwohl allenthalben aufgrund gestiegener Rohölpreise und der Kürzung der Erdöllieferungen durch die UdSSR der Dampfbetrieb bei der Reichsbahn wiederauflebte, blieb diese Lok vorerst konserviert abgestellt. Erst mit dem Beginn des Winterfahrplans 1982/83 kam sie noch einmal zu Planeinsätzen, nachdem sie bereits seit dem 9. September 1982 einige Male Planzüge befördert hatte. Bis Mai 1983 sowie ab September 1983 kam 35 1113 dabei jeweils freitags und sonntags vor dem Zugpaar E 944/947 (Dresden – Magdeburg – Dresden) auf der Teilstrecke Riesa – Dessau – Riesa zum Einsatz. Auf der Fahrt zu dieser Leistung wurde 35 1113 als Zuglok hinter einer Reko-50 an den P 15768 (Nossen – Lommatzsch – Riesa) bespannt; die Rückführung nach Nossen geschah hingegen als Leervorspann vor dem P 15777.

Vom 16. Dezember 1983 bis zum 6. Januar 1984 war 35 1113 sogar täglich im Einsatz und fuhr jeweils montags bis donnerstags sowie samstags folgenden Umlauf:

P 3940	Nossen – Elsterwerda-Biehla
P 6483	Elsterwerda-Biehla – Elsterwerda
P 6484	Elsterwerda – Elsterwerda-Biehla
P 6485	Elsterwerda Biehla – Elsterwerda
P 9937	Elsterwerda –Riesa
P 15769	Riesa – Nossen
P 15772	Nossen –Riesa
P 15773	Riesa – Nossen
P 15774	Nossen – Riesa
P 15777	Riesa – Nossen

Freitags und sonntags hingegen fuhr sie den Dessauer Umlauf. Letztmalig war sie vor diesem Zugpaar am 16. Februar 1985 zu sehen.

Danach stand 35 1113 nur noch vor gelegentlichen Sonderzügen im Einsatz. Am 18. März 1988 erhielt sie zum vorerst letzten Mal im Raw Meiningen eine L6.

Planzüge beförderte sie danach erst wieder im Oktober 1991, als sie der Verein Sächsischer Eisenbahnfreunde bei einer Plandampfveranstaltung zwischen Dresden und Görlitz einsetzte. Die Kesselfrist

◁ **Bild 156**
35 1047 gehörte zu den Vertreterinnen der Baureihe 35^{10} des Bw Nossen, die zeitweise in der Lokeinsatzstelle Döbeln des Bw Riesa stationiert waren und von dort aus mit Döbelner Personal zum Einsatz kamen. Am 11. August 1976 verlässt sie mit dem P 5745 (Döbeln – Mittweida) den Bahnhof Döbeln. Der erste planmäßige Halt des Zuges wird im nur 3,5 km entfernten Limmritz (Sachs) sein.

Aufnahme: Frank Ebermann

▽ **Bild 157** • Der Bahnhof Nossen am 24. April 1983. Mit einem Personenzug nach Riesa wartet 35 1113 auf die Abfahrt. Am selben Bahnsteig gegenüber steht 110 298 mit dem Personenzug nach Großbothen.

Aufnahme: Joachim Volkhardt

der Lok lief am 17. März 1992 ab – eine Aufarbeitung wurde seitens des Eigentümers der Lok, der DB AG (DB Museum) stets abgelehnt. Auch private Initiativen zur Wiederinbetriebnahme der 35 1113 scheiterten. Die Maschine war seitdem in Nossen, zwischenzeitlich auch in Leipzig-Plagwitz, abgestellt.

Daran änderte sich auch nichts, als sie am 1. Januar 1994 wegen der Auflösung des Bw Nossen in den Bestand des Bh Riesa überging.

Der Bestand an Maschinen der Baureihe $23^{10}/35^{10}$ im Bw Nossen jeweils zum 1. Juli in den aufgeführten Jahren:

1961
23 1046 1057 1106 1109

1962
23 1046 1057 1106 1109 1111 1113

1963
23 1046 1057 1106 1109 1111 1113

1964
23 1046 1057 1106 1109 1111 1113

1965
23 1057 1106 1109 1111 1113

1966
23 1046 1057 1106 1109 1111 1113

1967
23 1046 1057 1106 1109 1111 1113

1968
23 1046 1057 1106 1109 1111 1113

1969
23 1018 1030 1036 1037 1043 1044
1046 1057 1061 1082 1105 1106
1109 1111 1113

1970
35 1010 1030 1036 1037 1043 1046
1056 1057 1106 1109 1111 1113

1971
35 1018 1030 1036 1037 1045 1046
1056 1059 1061 1082 1105 1106
1109 1111 1113

1972
35 1018 1021 1030 1036 1037 1045
1046 1056 1059 1061 1082 1105
1106 1109 1111 1113

1973
35 1018 1021 1030 1036 1037 1045
1046 1056 1059 1061 1082 1105
1106 1109 1111 1113

1974
35 1010 1018 1021 1030 1036 1037
1040 1045 1046 1050 1056 1059
1061 1082 1105 1106 1109 1111
1113

1975
35 1010 1018 1021 1026 1030 1036
1040 1045 1046 1047 1050 1061
1107 1111 1113

1976
35 1010 1018 1021 1030 1036 1037
1045 1047 1106

1977
35 1106

1982 bis 1993
35 1113

▽ **Bild 158** • Am Ende der Einsatzgeschichte der Baureihe $23^{10}/35^{10}$ im Bw Nossen blieb nur noch 35 1113 als „Einzelkämpferin" im Betriebsdienst erhalten. Immerhin stand diese Lok von September 1982 bis zum Februar 1985 noch regelmäßig vor Planzügen im Einsatz. Diese Aufnahme entstand am 13. November 1983 nahe der Ortschaft Ziegenhain und zeigt 35 1113 mit dem P 15768 (Nossen – Riesa), den sie ausnahmsweise alleine befördert. Aufnahme: Joachim Volkhardt

Loknr.	Zugang vom Bw	beheimatet von – bis	Abgabe zum Bw
23 1010	Stendal	16.10.1969 – 08.03.1971	Dresden
	Dresden	12.05.1974 – 14.12.1976	z-Park (abg. 11/76)
23 1014	Dresden	26.03.1969 – 27.05.1969	Riesa
23 1018	Dresden	01 06.1969 – 18.12.1969	Dresden
	Riesa	26.05.1971 – 14.05.1977	verk. an LPG Laasdorf
23 1021	Gera	08.06.1972 – 01.05.1977	z-Park (abg. 01/76)
23 1026	Karl-Marx-Stadt	20.01.1975 – 02.05.1977	verk. Bad Muskau
23 1030	Neubrandenburg	29.03.1969 – 15.10.1976	z-Park (abg. 07/76)
23 1036	Dresden	01.06.1969 – 16.07.1970	Dresden
	Riesa	05.01.1971 – 12.04.1972	Dresden
	Dresden	29.05.1972 – 14.05.1977	verk. an LPG Laasdorf
23 1037	Dresden	01.06.1969 – 09.03.1972	Karl-Marx-Stadt
	Karl-Marx-Stadt	22 03.1972 – 19.01.1975	Karl-Marx-Stadt
	Karl-Marx-Stadt	19.06.1976 – 19.02.1977	z-Park (abg. 01/77)
23 1040	Elsterwerda	16.11.1973 – 09.03.1976	z-Park (abg. 02/76)
23 1043	Dresden	01.10.1968 – 20.11.1970	Güsten
23 1044	Dresden-Altstadt	01.10.1968 – 27.08.1969	Riesa
23 1045	Dresden	01.10.1968 – 09.05.1969	Riesa
	Riesa	27.09.1970 – 31.08.1976	z-Park
23 1046	Halberstadt	02.11.1960 – 01.03.1963	Dresden-Altstadt
	Dresden-Altstadt	13.03.1963 – 26.11.1963	Dresden-Altstadt
	Dresden-Altstadt	05.01.1964 – 12.05.1964	Riesa
	Riesa	20.05.1964 – 18.05.1965	Riesa
	Riesa	10.07.1965 – 02.07.1967	Dresden-Altstadt
	Dresden-Altstadt	09.08.1967 – 25.02.1969	Karl-Marx-Stadt
	Karl-Marx-Stadt	12.03.1969 – 18.06.1976	Karl-Marx-Stadt
23 1047	Dresden-Altstadt	11.08.1966 – 15.12.1966	Dresden-Altstadt
	Dresden	01.10.1968 – 15.05.1969	Riesa
	Dresden	16.05.1974 – 06.06.1977	z-Park (abg. 05/77)
23 1050	Elsterwerda	16.11.1973 – 28.07.1975	z-Park

Loknr.	Zugang vom Bw	beheimatet von – bis	Abgabe zum Bw
23 1056	Dresden-Altstadt	01.11.1967 – 14.12.1967	Dresden-Altstadt
	Dresden-Altstadt	11.01.1968 – 24.02.1975	z-Park (abg. 01/75)
23 1057	Halberstadt	30.10.1960 – 12.05.1971	Berlin-Ostbahnhof
23 1058	Neubrandenburg	28.09.1973 – 03.04.1974	z-Park (abg. 02/74)
23 1059	Riesa	04.01.1971 – 15.09.1971	Riesa
	Riesa	01.11.1971 – 12.12.1971	Riesa
	Nossen	06.01.1972 – 23.02.1975	z-Park (abg. 11/74)
23 1061	Dresden	26.03.1969 – 18.12.1969	Dresden
	Dresden	27.08.1970 – 28.07.1975	z-Park
23 1082	Dresden	25.03.1969 – 18.12.1969	Dresden
	Dresden	27.03.1971 – 07.01.1975	z-Park (abg. 12/74)
23 1092	Dresden-Altstadt	21.04.1965 – 20.05.1965	Cottbus
23 1105	Dresden-Altstadt	01.10.1968 – 18.12.1969	Dresden
	Riesa	27.09.1970 – 24.02.1975	z-Park (abg. 09/74)
23 1106	Riesa	06.11.1960 – 19.01.1975	Karl-Marx-Stadt
	Karl-Marx-Stadt	19.06.1976 – 25.10.1977	z-Park (abg. 05/77)
23 1107	Dresden-Altstadt	01.10.1968 – 18.12.1969	Dresden
	Karl-Marx-Stadt	20.01.1975 – 14.12.1976	z-Park
23 1108	Dresden-Altstadt	18 04.1965 – 19.04.1965	Dresden-Altstadt
23 1109	Riesa	11.11.1960 – 23.11.1960	Zwickau
	Zwickau	08.03.1961 – 29.03.1961	Zwickau
	Zwickau	25.05.1961 – 22.05.1974	z-Park
23 1111	Riesa	18.09.1961 – 19.12.1961	Dresden-Altstadt
	Dresden-Altstadt	06.01.1962 – 12.01.1976	verk. nach Weinböhla
23 1112	Dresden-Altstadt	21.09.1968 – 18.12.1969	Dresden
23 1113	Riesa	14.12.1961 – 18.12.1961	Dresden-Altstadt
	Dresden-Altstadt	04.01.1962 – 10.01.1962	Dresden-Altstadt
	Dresden-Altstadt	16.01.1962 – 10.01.1963	Dresden-Altstadt
	Dresden-Altstadt	16.01.1963 – 17.06.1976	Karl-Marx-Stadt
	Karl-Marx-Stadt	.08.1978 – 08.09.1978	z-Park (abg. 1977)
	z-Park	23.12.1981 – 31.12.1993	Riesa

△ **Bild 159 •** Das Schicksal so mancher Dampflokomotive nach dem Ende ihrer aktiven Dienstzeit ereilte auch 35 1030: die Weiterverwendung als Heizlok bzw. Dampfspender. Am 1. November 1976 wurde diese 35^{10} an den Kreisbetrieb für Landtechnik nach Oschatz verkauft. Die Aufnahme zeigt die „Entladung" der Lok vom Straßentieflader an ihrem neuen Standort in Oschatz. Für die Lkw-Freunde: Bei der Zugmaschine handelt es sich um einen Tatra 141. AUFNAHME: WOLFGANG ALBRECHT, SAMMLUNG DIETMAR SCHLEGEL

Die Letzte im Plandienst – 35 1106 geht aus dem Betrieb

Nach Ableisten meines Grundwehrdienstes in der Nationalen Volksarmee wurde ich Ende April 1977 in meine Heimatstadt Dresden entlassen. Als Eisenbahnfreund mit dem Hobby Fotografie hatte ich mir vorgenommen, erst ab Juni 1977 wieder arbeiten zu gehen.

Es gab in Sachen Eisenbahn viel nachzuholen, um den letzten Dampflokbetrieb zu dokumentieren. Einiges, wie z. B. das Einsatzende der Baureihe 58-Altbau und der Baureihe 86 Ende des Jahres 1976 in Aue zu erleben, war mir durch die Armeezeit verwehrt worden. Ich nutzte den Monat Mai 1977 reichlich dazu aus und besuchte die Dampflokhochburgen im Raum Saalfeld, Berlin und Stralsund.

Beinahe völlig unbemerkt hätte ich das Einsatzende der Baureihe 35^{10} beim Bw Nossen und damit überhaupt das Ende dieser Baureihe verpasst. Nur durch den Hinweis eines befreundeten Lokführers konnte das verhindert werden. Er informierte mich, dass zum Fahrplanwechsel am 21./22. Mai 1977 die letzte im Plandienst stehende Nossener 35^{10}, 35 1106, am 22. Mai 1977 außer Dienst gehen und abgestellt werden soll. Das Bw Nossen war in den letzten Jahren Auslauf-Bw dieser Neubauloks gewesen. Da ich keine Umlaufpläne besaß, fuhr ich aufs Geradewohl am Samstag, den 21. Mai 1977 mit dem Zug von Dresden Hbf nach Nossen. Nach Ankunft im Bahnhof und beim Blick in das gegenüberliegende Bw-Gelände war keine 35^{10} zu sehen. So begab ich mich über die nahegelegene Straßenbrücke zum Bw-Gelände, nahm allen Mut zusammen und klopfte an der „guten Stube" des diensthabenden Lokleiters an. Immer mit dem Gedanken im Hinterkopf, dass er mich gleich wieder rausschmeißen würde, so wie es mir in anderen Bahnbetriebswerken oft ergangen war.

Aber diesmal war alles gut: Ein sehr freundlich gesinnter Lokleiter gab mir umfassend Auskunft über die letzten Zugleistungen der 35 1106 bis zu ihrer Abstellung am nächsten Morgen. Nach unserem Gespräch waren nur wenige Minuten Zeit, um auf die Straßenbrücke zu gehen und die Einfahrt des mit dieser Lok bespannten P 15769 aus Riesa (Nossen an 15:16 Uhr) zu fotografieren. Leider spielte das Wetter an diesem Tag überhaupt nicht mit. Es war regnerisch und kalt. Nach dem der Zug am Bahnsteig zum Halten gekommen war, wurde die Lok abgekuppelt und begab sich sofort ins Bw. 35 1106 wurde dort gedreht und noch einmal restauriert, bevor sie ihre letzte Leistung nach Freiberg (Sachs) mit dem P 16715 (Nossen ab 19:40 Uhr) übernahm. Zurück ging es ab Freiberg (Sachs) mit dem P 16716 (ab 23:40 Uhr). Der Nossener Lokleiter gestattete mir, die Arbeiten an der Lok im Bw ausführlich dokumentieren zu können. Die Abfahrt nach Freiberg (Sachs) wartete ich nicht mehr ab. Das Wetter wurde immer schlechter und der UT-18-Film hätte hier nur noch Schwarz-Weiß-Fotos im Stand zugelassen. So fuhr ich mit Umstieg in Meißen nach Dresden Hbf zurück.

Dass auf Grund der beginnenden Ölkrise in der DDR ab September 1982 wieder eine 35^{10}, die Museumslok 35 1113, vom Bw Nossen aus für fast zwei Jahre in den Plandienst zurückkehren würde, konnte zu diesem Zeitpunkt keiner ahnen.

Hans-Dieter Rändler

△ **Bild 160** • Nachdem 35 1106 am 21. Mai 1977 den P 15769 aus Riesa gebracht hatte, wurde die Lok im Bw Nossen restauriert. Die Reinigung der Rauchkammer gehörte dazu.

Bild 161 ▷ Vor der letzten Leistung wurden bei 35 1106 noch einmal die Kohlevorräte ergänzt.

Aufnahme (2): Hans-Dieter Rändler

◁ **Bild 162**
Leipzig Hauptbahnhof am 24. September 1972: Die Nossener 35 1056 hat einen Personenzug in die Messestadt gebracht, dessen Wagenpark bereits abgezogen wurde. Nun rückt die Lok zum Restaurieren und Drehen ins Bw Leipzig Hbf West ein.

◁ **Bild 163**
Alle drei Traktionsarten kamen im Dresdner Hauptbahnhof zusammen. Am 15. April 1976 waren dies u. a. die 35 1030 des Bw Nossen sowie Vertreterinnen der Baureihen 110, 118 und 242.

◁ **Bild 164**
Erneut war es 35 1030, die dem Fotografen „vor die Linse" kam. Am 13. Juni 1976 verlässt sie mit einem Personenzug den Bahnhof Roßwein in Richtung Döbeln. Bereits einen Monat später, am 28. Juli 1976, wird die Lok abgestellt. Nebenbei bemerkt: Der im Vordergrund zu sehende Kilometerstein mit der Angabe 0,2 gehört zur Strecke Roßwein – Hainichen – Niederwiesa.

Aufnahmen (3): Joachim Volkhardt

△ **Bild 165** • Obwohl am Tag dieser Aufnahme – am 31. Mai 1970 – nicht im Bestand des Bw Nossen sondern des Bw Riesa befindlich, soll 35 1105, die an jenem Tag mit einem Personenzug im Dresdner Hauptbahnhof steht, dennoch gezeigt werden. Sie war zuvor vom 1. Oktober 1968 bis zum 18. Dezember 1969, und anschließend ab 27. September 1970 bis zum 24. Februar 1975 in Nossen beheimatet. AUFNAHME: GÜNTER KIELSTEIN, SAMMLUNG MATTHIAS HENGST

▽ **Bild 166** • Der berühmte „Keilbahnhof" Döbeln am 17. Juli 1976. Am Wasserkran auf der Nossener Seite (rechts) ergänzt 35 1047 ihren Wasservorrat, während auf der Riesaer Seite (links) 35 1045 mit ihrem Personenzug auf Ausfahrt wartet. AUFNAHME: HANS MÜLLER, ARCHIV JÖRG SAUTER

△ **Bild 167** • Knapp 1,5 km nach Verlassen des Nossener Bahnhofes überquert die Strecke nach Riesa bei Kilometer 31,79 die Freiberger Mulde. Am 19. Februar 1984 ist 35 1113 mit einem Personenzug auf der Fahrt in die Stadt an der Elbe.

△ **Bild 168** • Mit mächtiger „Wolke" verlässt 35 1113 am selben Tag den Bahnhof Lommatzsch.

Aufnahmen (2): Joachim Volkhardt

Bild 169 ▷
35 1106 verlässt am 17. Mai 1977 mit dem P 15769 (Riesa – Nossen) den Haltepunkt Starbach.

Bild 170 ▷
Das Bw Dresden-Altstadt gehörte zu den Wende-Bahnbetriebswerken, die von den Nossener 23^{10} täglich angefahren wurden. Hier ist es im September 1969 die 23 1111, die auf der Drehscheibe unterhalb der – wie passend – „Nossener Brücke" steht.

Aufnahmen (2): Sammlung Jörg Leuthardt

Bild 171 ▷
Am (vermeintlich) letzten Einsatztag der Nossener 35^{10}, am 21. Mai 1977, erreicht 35 1106 mit dem P 15769 aus Riesa kommend den Bahnhof Nossen. Am Abend jenes Tages wurde noch eine Leistung nach Freiberg (Sachs) u. z. bespannt, dann stand für fünfeinhalb Jahre keine 35^{10} mehr im offiziellen Plandienst. Am rechten Bildrand ist noch das Einfahrtsignal der Riesaer Strecke zu erkennen. Es steht links vom Gleis.

Aufnahme: Hans-Dieter Rändler

◁ **Bild 172**
Ein äußerste Rarität ist diese Aufnahme: Um das Jahr 1923 ist eine sächsische VIII V 2 (spätere DRG-Baureihe 36^{9-10}) aus Richtung Nossen kommend mit einem langen Güterzug in den Bahnhof Roßwein eingefahren. Ob Vertreterinnen dieser Baureihe auch in Nossen beheimatet waren, ist leider nicht gesichert bekannt.

AUFNAHME: SAMMLUNG MATTHIAS HENGST

7.2 Die Baureihe 38^{2-3}

Die Beheimatung der Baureihe 38^{2-3} (sächs. XII H2) im Bw Nossen begann Ende der zwanziger Jahre und endete mit der Abstellung von 38 308 im September 1971. Lokomotiven dieser Baureihe wurden von 1910 bis 1927 von der Sächsischen Maschinenfabrik AG vorm. Richard Hartmann in Chemnitz gebaut, besaßen durch ihre Zuverlässigkeit einen ausgezeichneten Ruf und wurden über Sachsen hinaus als „Rollwagen“ bekannt. In den Standorteseiten der Betriebsbücher der Loks dieser Baureihe ist bei 38 219 erstmalig mit dem Datum 25. August 1931 der Vermerk „Bw Nossen“ eingetragen.

Zwischen August 1932 und Oktober 1934 trafen folgende 38^{2-3} zur Beheimatung in Nossen ein:

- 38 204 (vom Bw Bautzen),
- 38 220 (vom Bw Dresden-Altstadt),
- 38 221 (unbekannt),
- 38 224 und 38 225 (beide vom Bw Leipzig Bayer. Bahnhof),
- 38 226 (vom Bw Schwarzenberg),
- 38 229 (vom Bw Chemnitz Hbf),
- 38 242 (vom Bw Werdau),
- 38 251 (vom Bw Dresden-Altstadt),
- 38 252 (vom Bw Riesa),
- 38 255 (vom Bw Buchholz/Sachs),
- 38 299 (vom Bw Dresden-Altstadt).

Am 1. Dezember 1934 waren 13 Maschinen der Baureihe 38^{2-3} im Bw Nossen beheimatet. Davon waren sechs in dem zum Bw Nossen gehörenden Lokbahnhof Freiberg (Sachs) stationiert.

38 255 wurde am 15. Mai 1935 zum Bw Adorf (Vogtl) abgegeben. Als Ersatz traf 38 228 in Nossen ein. Zuvor war diese Maschine im Sommer 1935 noch im Bw Glauchau beheimatet, wann sie genau nach Nossen umgesetzt wurde, ist nicht bekannt. Am 1. November 1936 war 38 228 im Lokbahnhof Freiberg (Sachs) stationiert. An diesem Tag waren die Nossener 38^{2-3} wie folgt verteilt:

Bw Nossen
38 219 221 224 225 229 251 299

Lokbahnhof Freiberg (Sachs)
38 204 220 226 228 242 252

Die Nossener Maschinen bespannten Reisezüge auf den Strecken Nossen – Freiberg (Sachs), Nossen – Riesa und Nossen – Dresden. Die Loks des Lokbahnhofes Freiberg (Sachs) wurden vor Personenzügen nach Nossen, Moldau und Dresden eingesetzt.

Von einigen Lokomotiven liegen vom Oktober 1936 die Laufleistungen vor:

Lok	Einsatztage	Laufkilometer
38 204	23	2.529 km
38 219	14	1.062 km
38 220	20	2.691 km
38 224	14	4.046 km
38 225	26	4.221 km
38 226	17	2.110 km
38 242	29	4.022 km
38 251	26	3.971 km
38 252	22	3.000 km
38 299	18	2.884 km

Am 1. Januar 1937 wurde der Lokbahnhof Freiberg (Sachs) in ein eigenständiges Bahnbetriebswerk umgewandelt. Die Maschinen 38 204, 38 220, 38 226, 38 228, 38 242 und 38 252 wechselten daraufhin vom Bw Nossen zum nunmehrigen Bw Freiberg (Sachs). Im Mai 1937 waren noch sieben 38^{2-3} in Nossen beheimatet:

38 219 221 224 225 229 251 299

Am 6. Juni 1940 kam 38 242 vom Bw Freiberg (Sachs) zurück nach Nossen.

Im Winterfahrplan 1941/42 kamen im Nossener Dienstplan 03 sieben 38^{2-3} zum Einsatz. Sie bespannten Personenzüge nach Riesa, Lommatzsch, Döbeln, Freiberg und Nahgüterzüge nach Zellwald sowie zwischen Döbeln und Döbeln-Ost. Im Dienstplan 04 leistete eine Lok dieser Baureihe Rangierdienst im Bahnhof Nossen.

Nach dem Überfall der Wehrmacht auf die Sowjetunion am 22. Mai 1941 begann die Überweisung beinah ungezählter Lokomotiven der Deutschen Reichsbahn an die besetzten Gebiete im Osten. Das Bw Nossen musste dafür alle Maschinen der Baureihe 38^{10-40} abgeben. Als Ersatz trafen zwischen Februar 1941 und März 1942 die 38 249 (von Dresden-Alt), 38 267 (von Aussig/Elbe) und 38 292 (von Bodenbach) in Nossen ein. Die Loks übernahmen ab 1942 im Dienstplan 01 die Leistungen der 38^{10-40} im Reisezugdienst auf der Strecke Dresden – Nossen – Döbeln – Leipzig.

Zwischen dem 20. Februar und dem 14. November 1942 wurden 38 220 nach Freiberg (Sachs) und 38 251 nach Aussig (Elbe) abgegeben, so dass am 1. Januar 1943 noch zehn 38^{2-3} im Bw Nossen beheimatet waren. Im Jahr 1944 trafen 38 204 (am 17. April) vom Bw Bautzen und 38 307 (am 05.03.) vom Bw Aussig (Elbe) in Nos-

△ **Bild 173** • Nicht ganz ohne Stolz präsentieren sich diese Herren im Jahr 1928 vor der 38 204, aufgenommen im Bw Nossen. AUFNAHME: SAMMLUNG ANDREAS RASEMANN

sen ein. Nach Ende des Zweiten Weltkriegs wurde 25. Juli 1945 folgender Bestand an 38^{2-3} im Bw Nossen gezählt:

38 219 224 225 229 292 299 307

Die Nossener 38 204 wurde als vermisst gemeldet, während 38 221 und 38 249 zur Ausbesserung im Raw Komotau (heute: Chomutov/Tschechien) weilten. In den Jahren 1946/47 waren noch elf „Rollwagen" in Nossen beheimatet, zwischen 1948 und 1953 waren es im Durchschnitt nur acht bis neun Maschinen dieser Baureihe. Ab 1955 stieg der Bestand wieder bis auf elf Loks an.

Zum Stichtag 1. Juli 1957 waren folgende 38^{2-3} in Nossen beheimatet:

38 216 219 222 242 255 260 314 316 322 323

Ab 1956 kamen wieder Vertreterinnen der Baureihe 38^{10-40} zur Beheimatung nach Nossen. Ab 1957 übernahmen sie die Reisezugleistungen der 38^{2-3} auf der Strecke Dresden – Nossen – Döbeln – Leipzig.

Allerdings: Durch die Beheimatung von Neubau-Personenzugloks der Baurei-

Bild 174 ▷ 38 226 war vom 19. November 1932 bis zum 31. Dezember 1936 in Nossen beheimatet. Ab 1. Januar 1937 gehörte sie zum neu gegründeten Bw Freiberg (Sachs). Die Aufnahme zeigt die Lok – ausgestattet mit einer Behelfsrauchkammertür – im Jahr 1952 mit einem Personenzug abfahrbereit im Bahnhof Nossen.

AUFNAHME:, SAMMLUNG MARKO ROST

◁ **Bild 175**
Nossen, 30. Juli 1959: 38 260 – sie hat ebenfalls eine Behelfsrauchkammertür erhalten – steht mit einem Personenzug nach Riesa abfahrbereit am Bahnsteig. Der Heizer beobachtet das Treiben am Zug …

Aufnahme: Günter Kielstein, Sammlung Matthias Hengst

◁ **Bild 176**
Die Beförderung von Personenzügen über die „Zellwaldbahn" nach Freiberg (Sachs) gehörte zu den Planleistungen der Nossener „Rollwagen". Im Mai 1964 verlässt 38 351 mit dem P 3014 den Bahnhof Nossen. Nächster Halt: Zellwald.

Aufnahme: Frank Ebermann

◁ **Bild 177**
Am 2. September 1965 steht 38 225 auf der Drehscheibe in ihrem Heimat-Bw Nossen.

Aufnahme: Max R. Delie, Sammlung Jörg Leuthardt

△ **Bild 178** • 38 351 war im Jahr 1965 Planlok in dem zum Bw Nossen gehörenden Lokbahnhof Meißen. Am 2. September 1965 fährt sie in Meißen auf die Drehscheibe, um anschließend einen Personenzug nach Dresden zu bespannen. Rechts „am Rand" sind nicht mehr benötigte Loks abgestellt, zu erkennen ist 56 128.

Aufnahme: Max R. Delie, Sammlung Jörg Leuthardt

he 23^{10} ab 1960/61 gab das Nossener Bahnbetriebswerk zwischen November 1960 und August 1963 alle 38^{10-40} wieder an andere Bahnbetriebswerke ab. Die im Lokbahnhof Meißen stationieren 38^{10-40} wurden dabei durch Loks der Baureihe 38^{2-3} ersetzt.

Zum Einsatz kamen täglich sieben 38^{2-3}: fünf in Nossen (Plan 02) und zwei im Lokbahnhof Meißen (Plan 06).

Das Einsatzgebiet der Nossener Maschinen waren die Strecken Nossen – Riesa, Riesa – Elsterwerda, Nossen – Freiberg (Sachs) und Freiberg (Sachs) – Hermsdorf-Rehefeld.

Der Lokumlauf sah im Sommerfahrplan 1964 (gültig ab 31. Mai 1964) folgendermaßen aus:

Plan 02: 5 × Baureihe 38^{2-3}

<u>Tag 1</u>

P 3051	Nossen – Riesa
P 2671	Riesa – Gröditz
P 2674	Gröditz – Riesa
P 3054	Riesa – Nossen
P 1510	Nossen – Döbeln
N 8979	Döbeln – Roßwein
Verschiebedienst in Roßwein	
Lz	Roßwein – Döbeln
P 1513	Döbeln – Nossen

<u>Tag 2</u>

Von 22 Uhr bis 13 Uhr Hilfszugbereitschaft	
P 1561	Nossen – Meißen
P 1563	Meißen – Coswig
P 1564	Coswig – Nossen
P 3065	Nossen – Riesa
P 2693	Riesa – Elsterwerda

<u>Tag 3</u>

P 2672	Elsterwerda – Riesa
P 3052	Riesa – Nossen
P 3055	Nossen – Riesa
P 2685	Riesa – Gröditz
P 2684	Gröditz – Riesa
P 3062	Riesa - Nossen
Von 18:30 bis 22:00 Uhr Hilfszugbereitschaft	
N 8984	Nossen – Roßwein

<u>Tag 4</u>

Verschiebedienst in Roßwein	
Lz	Roßwein – Nossen
P 3012	Nossen – Freiberg (Sachs)
P 3013	Freiberg (Sachs) – Nossen
P 3014	Nossen – Freiberg (Sachs)
P 3024	Freiberg – Hermsdorf-Rehefeld
P 3027	Hermsdorf-Rehefeld – Freiberg
P 3041	Freiberg (Sachs) – Nossen
P 3042	Nossen – Freiberg (Sachs)
P 3043	Freiberg (Sachs) – Nossen

<u>Tag 5</u>

P 3053	Nossen – Riesa
P 3533	Riesa – Priestewitz
P 3536	Priestewitz – Riesa
P 3058	Riesa – Nossen
P 3059	Nossen – Riesa
P 2687	Riesa – Gröditz
P 2686	Gröditz – Riesa
P 2691	Riesa – Wülknitz
P 2690	Wülknitz – Riesa
P 3066	Riesa – Nossen

Plan 06, Lkbf Meißen: 2 × 38^{2-3}

<u>Tag 1</u>

P 1682	Meißen – Meißen-Triebischtal
P 1605	Meißen-Triebischtal – Coswig
P 1606	Coswig – Meißen
P 1611	Meißen – Coswig
P 1612	Coswig – Meißen
Üg 15721	Meißen – Coswig
Üg 15730	Coswig – Niederau
Üg 15731	Niederau – Coswig
Üg 15745	Coswig – Radebeul West
Üg 15746	Radebeul West – Coswig
Üg 15732	Coswig – Niederau
Üg 15733	Niederau – Coswig
Üg 15749	Coswig – Radebeul West
Üg 15750	Radebeul West – Coswig
P 1674	Coswig – Meißen-Triebischtal
P 1675	Meißen-Triebischtal – Meißen

◁ **Bild 179**
Im Umlaufplan der 38 205 stand im September 1965 auch die Bespannung eines Güterzuges. Die Aufnahme zeigt die spätere Traditionslokomotive der Deutschen Reichsbahn auf dem Nossener Güterbahnhof.

Aufnahme: Max R. Delie, Sammlung Jörg Leuthardt

Tag 2

Üg 15674	Meißen – Meißen-Triebischtal
Üg 15675	Meißen-Triebischtal – Meißen
Rangierdienst im Bahnhof Meißen	
P 1636	Meißen – Meißen-Triebischtal
P 1635	Meiß.-Triebischtal – Dresden Hbf
P 1666	Dresden Hbf – Meißen
P 976	Meißen – Dresden Hbf
P 1672	Dresden Hbf – Meiß.-Triebischtal
P 1673	Meißen-Triebischtal – Coswig
P 1674	Coswig – Meißen-Triebischtal
P 1675	Meißen-Triebischtal – Meißen

Vom Juli und September 1964 liegen von einigen 38^{2-3} die Laufleistungen vor:

Juli 1964

Lok	Einsatztage	Laufkilometer
38 205	10	1.604 km
38 222	30	7.107 km
38 307	25	5.387 km
38 316	29	6.415 km
38 323	30	7.083 km

September 1964

Lok	Einsatztage	Laufkilometer
38 205	21	4.571 km
38 222	28	6.444 km
38 225	15	3.328 km
38 260	28	5.508 km
38 323	28	6.773 km

Mit 7.107 km und 7.083 km erreichten die bis zu 54 Jahre alten 38^{2-3} noch relativ hohe Laufleistungen. Die „alten Sachsen“ waren

◁ **Bild 180**
Die Planpersonale der Nossener 38 316 haben sich „in Schale geworfen“ und im März 1966 für den Fotografen vor ihrer Lok Aufstellung genommen.

Aufnahme: Peter Saby, Sammlung Matthias Hengst

△ **Bild 181** • Als 38 225 (Bw Nossen) mit dem P 3027 (Hermsdorf-Rehefeld – Freiberg/Sach) am 6. Mai 1966 den Bahnhof Mulda erreicht hat, verkehrte von der Rückseite des dortigen Empfangsgebäudes noch die Schmalspurbahn nach Sayda. Noch! Denn am 17. Juli wurde der Betrieb auf dieser knapp 15,5 km langen Strecke eingestellt.

Aufnahme: Günter Meyer, Sammlung Manfred Meyer

eben nicht kleinzukriegen. Ab dem Sommerfahrplan 1965 kamen im Plan 02 des Bw Nossen nur noch vier Vertreterinnen dieser Baureihe zum Einsatz. Im September 1964 wurde 38 322 nach Brandenburg (Havel) und am 27. Juni 1966 die 38 255 nach Bautzen abgegeben.

Mit Beginn des Winterfahrplans 1966/67 am 25. September 1966 kam es zu gravierenden Veränderungen beim Einsatz der 38^{2-3} im Bw Nossen. Im Plan 02 kamen nur noch zwei Maschinen zum Einsatz, denn die Leistungen nach Freiberg (Sachs) und Hermsdorf-Rehefeld sowie einige Personenzugpaare zwischen Nossen und Riesa wurden von Lokomotiven der Baureihe 86 und ab 1967 von Dieselloks der Baureihe V 100 des Bw Freiberg (Sachs) übernommen. Dies führte dazu, dass ab April 1966 bis April 1967 die 38 260, 38 299, 38 307, 38 316 und 38 351 in den z-Park überstellt wurden.

Im Lokbahnhof Meißen kam ab dem 27. September 1966 nur noch eine 38^{2-3} zum Einsatz, die Übergabegüterzüge nach Coswig, Niederau und Radebeul West entfielen.

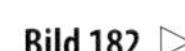

Bild 182 ▷
Im November 1966 hat die Nossener 38 222 mit dem P 3054 (Riesa – Nossen) den Bahnhof Riesa verlassen und strebt mit Volldampf dem ersten Verkehrshalt in Nickritz entgegen. An der Rauchkammertür ist das Emblem der Gesellschaft für Deutsch-Sowjetische Freundschaft angebracht.

Aufnahme: Jürgen Jentzsch

△ **Bild 183** • Im Jahr 1967 wurde bei 38 223 in ihrem Heimat-Bw Nossen der Wasservorrat ergänzt, sodass die Lok zumindest diesbezüglich für die nächste Leistung vorbereitet ist. Das Nossener Bahnbetriebswerk war die letzte Heimstätte für diesen „Rollwagen". Im August 1966 aus Karl-Marx-Stadt-Hilbersdorf hierher umbeheimatet, ist sie im September 1968 in den z-Park gestellt und im Oktober desselben Jahres bereits ausgemustert worden. AUFNAHME: SAMMLUNG ANDREAS LESCHNIOWSKI

△ **Bild 184** • Im April 1967 kam 38 282 des Bw Nossen vom Lokbahnhof Meißen aus zum Einsatz. Zu den von dort aus zu fahrenden Leistungen gehörten u. a. auch Personenzüge Meißen – Dresden – Meißen. Mit einem dieser Züge ist sie hier in den Bahnhof Dresden Mitte eingefahren. AUFNAHME: GEORG OTTE, SAMMLUNG MATTHIAS HENGST

△ **Bild 185** • 38 291 kam am 9. Oktober 1968 vom Bw Karl-Marx-Stadt zur Beheimatung nach Nossen. Hier verlässt sie im August 1969 mit einem Güterzug nach Nossen den Bahnhof Lommatzsch. Beachtenswert ist das gesamte Gleisumfeld, so u. a. die beiden Läutewerke auf dem Überweg. Am rechten Bildrand ist im Hintergrund noch die evangelische Stadtkirche St. Wenzel zu erkennen. AUFNAHME: HEINZ FINZEL, SAMMLUNG MATTHIAS HENGST

Im Juli 1967 wurde 38 332 und im November 1967 auch 38 225 abgestellt – beide Loks wurden im Januar 1968 ausgemustert. Als Ersatz traf am 19. August 1967 die 38 333 aus Zwickau in Nossen ein.

Der Lokumlauf vom Winterfahrplan 1967/68 (gültig ab 24. September 1967) sah wie folgt aus:

Plan 02: 2 × 38^{2-3}

Tag 1

P 3053	Nossen -Riesa
P 3054	Riesa – Nossen

Von 12 Uhr bis 17 Uhr Hilfszugbereitschaft

P 3065	Nossen – Riesa
P 3066	Riesa – Nossen

Tag 2

Von 5 Uhr bis 12 Uhr Hilfszugbereitschaft

Üg 81563	Nossen – Meißen-Triebischtal
Slz	Meiß.-Triebischtal – DD-Neustadt
P 1564	Dresden-Neustadt – Nossen

Plan 06, Lkbf Meißen: 1 × 38^{2-3}

Tag 1

Üg 81609	Meißen – Meißen-Triebischtal
P 1605	Meiß.-Triebischtal – DD-Neustadt
P 1614	Dresden Hbf – Meißen
Vlz	Meißen – Meißen-Triebischtal
P 1635	Meiß.-Triebischtal – Dresden Hbf
P 1666	Dresden Hbf – Meißen
P 976	Meißen – Dresden Hbf
P 1690	Dresden Hbf – Meißen

Vom April 1968 liegen von den 38^{2-3} die Laufleistungen vor:

Lok	Plan	Einsatzstunden	Laufleistung
38 222	02	508	5.267 km
38 223	02	511	5.623 km
38 323	06	449	5.858 km
38 333	02	178	1.944 km

Am 11. April 1968 wurde 38 282 abgestellt, am 19. Juni desselben Jahres folgte 38 222, die 24 Jahre lang im Bw Nossen beheimatet war. Ebenfalls 1968, am 4. September 1968, ist auch die spätere Museumslok 38 205 „auf den Rand" gestellt worden. Als Ersatz für die abgestellten Maschinen gab das Bw Karl-Marx-Stadt zwischen Juni und Dezember 1968 die 38 234, 38 291, 38 308 und 38 310 nach Nossen ab.

Zum Fahrplanwechsel am 29. September 1968 übernahm das Bw Dresden den Lokbahnhof Meißen. Letzte Meißener Planlok war – im Plan 06 – 38 333, ihre Leistungen gingen auf Dresdner V 100 über. Mit Beginn des Winterfahrplanes 1968/69 kamen letztmalig im Nossener Dienstplan 02 zwei 38^{2-3} zum Einsatz. Am 31. Mai 1969 endete der planmäßige Einsatz dieser Baureihe im Bw Nossen.

Zum Stichtag 1. Juni 1969 waren dort noch als betriebsfähige 38^{2-3} vorhanden:

38 234 291 308

Sie bespannten bei Ausfall einer 58er im Plan 04 die Personenzüge P 3065, 3066, 3053 und den Nahgüterzug N 62312 zwischen Nossen und Riesa. Eine weitere Aufgabe war der Einsatz im Arbeitszugdienst.

Am 22. Oktober 1969 wurde 38 291 in den z-Park überstellt, während 38 234 am 3. Februar 1970 zum Bw Riesa wechselte.

Die letzte in Nossen beheimatete Lok war somit 38 308. Sie bespannte am 14. Juni 1970 zusammen mit 75 515 einen Sonderzug für Eisenbahnfreunde von Dresden über Nossen und Freiberg (Sachs) zurück nach Dresden. Anschließend fand sie als Heizlok Verwendung. Anlässlich des MOROP-Kongresses vom 16. bis zum 20. August 1971 in Dresden kam 38 308 am 20. August 1971 noch einmal mit einem Sonderzug von Dresden nach Königstein zum Einsatz.

Am 28. September 1971 wurde diese Lokomotive als letzter „Nossener Rollwagen" in den z-Park überstellt und am 29. Dezember 1972 ausgemustert. Damit war die über 40 Jahre lange Beheimatung der Baureihe 38^{2-3} im Bw Nossen beendet.

Jeweils zum Stichtag 1. Juli waren folgende 38^{2-3} in Nossen beheimatet:

1944

38 204	219	221	224	225	229
242	249	267	292	299	307

△ **Bild 186** • Vom 19. August 1967 bis zu ihrer Ausmusterung am 22. Oktober 1968 war 38 333 im Bw Nossen beheimatet und kam vom Lokbahnhof Meißen aus zum Einsatz. Im Juni 1968 fährt sie mit dem P 1666 (Dresden – Meißen) in den Haltepunkt Dresden-Trachau ein. Aufnahme: Frank Ebermann

1945
38 219 224 225 229 249 292
299 307

1946 & 1947
38 219 222 224 225 229 242
267 292 299 307 316

1948
38 219 220 222 225 229 242
267 292 299 314 316

1949
38 219 220 222 225 242 314
316

1950
38 219 220 222 242 267 314
316

1951
38 219 220 222 242 260 267
314 316

1952
38 219 220 222 242 260 267
314 316 321 323

1953
38 209 219 222 242 260 267
314 316 323

1954
38 209 219 222 242 260 267
314 316 323

1955
38 209 210 219 222 242 260
267 314 316 323

1956
38 209 210 216 219 222 242
255 260 267 307 314 316
323

1957
38 216 219 222 242 255 260
307 314 316 323

1958
38 216 222 242 255 260 307
312 314 316 322 323

1959
38 222 255 260 267 307 312
314 316 322 323

1960
38 222 255 260 299 307 312
314 316 322 323

1961
38 222 225 255 260 299 307
314 316 322 323

1962
38 205 222 223 225 255 260
299 307 314 316 322 323
351

1963
38 205 222 223 225 255 260
299 307 314 322 323 332
351

1964
38 205 222 223 225 255 260
282 299 307 322 323 351

1965
38 205 222 223 225 255 260
282 299 307 316 323 351

1966
38 205 222 223 225 260 282
307 316 323 351

1967
38 205 222 223 225 282 323

1968
38 205 223 234 310 333

1969
38 234 291 308

1970 & 1971
38 308

◁ **Bild 187**
Ausfahrt der 38 234 mit einem Güterzug aus Lommatzsch in Richtung Nossen (29. August 1969).

Aufnahme: Max R. Delie, Sammlung Jörg Leuthardt

Bild 188 ▷
Am 14. Juni 1970 steht 38 291 „kalt" auf dem Gelände des Bw Nossen. Sie befand sich bereits seit dem 22. Oktober 1969 im z-Park.

Bild 189 ▷
Anlässlich des MOROP-Kongresses in Dresden fand am 20. August 1971 mit 38 308 eine Sonderfahrt von Dresden nach Königstein (Sächs. Schweiz) statt. Für diesen Einsatz wurde die Lok im Bw Nossen noch einmal „richtig aufpoliert". Frank Ebermann fotografierte sie dabei am 15. August 1971 im Nossener Bahnbetriebswerk.

Bild 190 ▷
Dieselbe Lok nur acht Monate später! Am 8. April 1972 steht 38 308 abgestellt im Bereich des Schmalspurbahnhofs in Nossen.

Aufnahmen (3): Frank Ebermann

Loknr.	Zugang vom Bw	beheimatet von – bis	Abgabe zum Bw
38 204	Bautzen	07.08.1932 – 31.12.1936	Freiberg (Sachs)
	Bautzen	17.04.1944 – 16.04.1945	Pirna (Lkbf Meißen)
38 205	Pirna	21.06.1962 – 04.09.1968	z-Park
38 209	Döbeln	07.05.1950 – 25.05.1950	Rochlitz (Sachs)
	Rochlitz (Sachs)	28.05.1950 – 31.05.1950	Döbeln
	Döbeln	10.09.1950 – 02.12.1950	Döbeln
	Döbeln	28.02.1952 – 06.07.1953	Riesa
	Riesa	26.08.1953 – 20.03.1954	Rochlitz (Sachs)
	Rochlitz (Sachs)	18.04.1954 – 28.08.1956	Zittau
38 210	z-Park	01.08.1953 – 19.10.1956	Zittau
	Zittau	06.11.1960 – 24.01.1961	Annaberg-Buchholz
38 216	Dresden-Friedrichst.	04.01.1956 – 16.12.1958	Freiberg (Sachs)
38 219	Adorf (Vogtl)	25.08.1931 – 12.09.1935	z-Park
	z-Park	01.10.1935 – 21.07.1953	Riesa
	Riesa	22.10.1953 – 03.09.1957	Freiberg (Sachs)
	Freiberg (Sachs)	03.11.1957 – 23.11.1957	Freiberg (Sachs)
38 220	Dresden-Altstadt	23.07.1933 – 31.12.1936	Freiberg (Sachs)
	Freiberg (Sachs)	15.05.1940 – 14.11.1942	Freiberg (Sachs)
	Kamenz (Sachs)	26.06.1948 – 19.08.1951	Döbeln
	Döbeln	20.10.1952 – 28.05.1953	Bautzen
38 221	?	. .1933 – .10.1944	?
38 222	Freiberg (Sachs)	04.10.1944 – 20.10.1944	Döbeln
	Döbeln	19.01.1946 – 19.06.1968	z-Park, + 08/1968
38 223	K.-M.-Stadt-Hilbersd.	19.08.1966 – 25.09.1968	z-Park, + 10/1968
38 224	Leipzig. Bayr. Bf	16.10.1934 – 17.02.1948	Döbeln
38 225	Leipzig Bayr Bf	12.10.1934 – 15.04.1945	z-Park
	z-Park	15.08.1945 – 06.01.1950	Riesa
	Dresden-Altstadt	12.01.1961 – 15.11.1967	z-Park, + 01/1968
38 226	Schwarzenberg	19.11.1932 – 31.12.1936	Freiberg (Sachs)
38 228	Glauchau	vor 11.1936 – 31.12.1936	Freiberg (Sachs)
38 229	Chemnitz Hbf	17.09.1932 – 31.07.1935	z-Park
	z-Park	01.10.1935 – 03.09.1948	Chemnitz-Hilbersd.(z)
38 232	Döbeln	01.07.1940 – 04.05.1941	Döbeln
38 234	K.-M.-Stadt-Hilbersd.	01.06.1968 – 03.02.1970	Riesa
38 236	?	.10.1925 – .10.1925	[nur Stichtag erfasst!]
38 242	Werdau (Sachs)	07.01.1933 – 31.12.1936	Freiberg (Sachs)
	Freiberg (Sachs)	06.06.1940 – 29.07.1958	Freiberg (Sachs)
38 249	Dresden-Altstadt	07.02.1941 – .07.1945	? (ČSD)

Loknr.	Zugang vom Bw	beheimatet von – bis	Abgabe zum Bw
38 251	Dresden-Altstadt	08.06.1933 – 06.08.1934	z-Park
	z-Park	26.08.1934 – 04.04.1935	z-Park
	z-Park	19.06.1935 – .04.1940	Riesa
	Riesa	26.07.1940 – 20.02.1942	Aussig (Elbe)
38 252	Riesa	18.11.1933 – 31.12.1936	Freiberg (Sachs)
38 255	Buchholz (Sa)	17.01.1933 – 15.05.1935	Adorf (Vogtl)
	Dresden-Friedrichst.	17.04.1956 – 27.06.1966	Bautzen
38 260	z-Park	17.09.1950 – 11.04.1967	z-Park, + 05/1967
38 267	Aussig (Elbe)	31.03.1942 – 15.04.1945	z-Park
	z-Park	29.08.1945 – 30.06.1949	z-Park
	z-Park	01.06.1950 – 10.04.1957	Pirna
	Pirna	04.09.1958 – 30.04.1960	Werdau (Sachs)
38 281	Döbeln	29.04.1950 – 11.06.1950	Döbeln
38 282	Karl-Marx-Stadt Hbf	30.10.1963 – 11.04.1968	z-Park, + 07/1968
38 286	K.-M-Stadt-Hilbersd.	23.08.1966 – 06.10.1966	Riesa
38 291	K.-M.-Stadt-Hilbersd.	09.10.1968 – 22.10.1969	z-Park, + 07/1970
38 292	Bodenbach	31.03.1942 – 22.01.1948	Döbeln
	Döbeln	09.07.1949 – 15.10.1949	Döbeln
38 299	Dresden-Altstadt	18.08.1934 – 10.05.1949	Döbeln
	Zittau	22.11.1959 – 12.04.1966	z-Park, + 04/1966
38 307	Aussig (Elbe)	05.03.1944 – 22.04.1949	z-Park
	Dresden-Friedrichst.	04.01.1956 – 26.11.1966	z-Park, + 01/1968
38 308	K.-M.-Stadt-Hilbersd.	13.12.1968 – 28.09.1971	z-Park, + 12/1972
38 310	K.-M.-Stadt-Hilbersd.	25.06.1968 – 13.12.1968	z-Park, + 02/1969
38 312	z-Park	22.11.1957 – 30.06.1961	Freiberg (Sachs)
38 314	Döbeln	11.06.1949 – 26.04.1964	z-Park, + 05/1964
38 316	Rochlitz (Sachs)	16.05.1946 – 31.12.1962	z-Park
	z-Park	20.08.1963 – 23.11.1966	z-Park, + 05/1968
38 318	Chemnitz Hbf	26.07.1939 – 28.07.1942	Bodenbach
38 321	Döbeln	10.01.1952 – 26.03.1953	Werdau (Sachs)
38 322	z-Park	12.08.1956 – 24.09.1964	Brandenburg (Havel)
38 323	Döbeln	01.06.1952 – 06.06.1968	z-Park, +22.08.1968
38 332	Karl-Marx-Stadt Hbf	05.08.1962 – 29.02.1964	Freiberg (Sachs)
	Dresden-Friedrichst.	22.08.1966 – 12.07.1967	z-Park, +02.01.1968
38 333	Zwickau (Sachs)	19.08.1967 – 11.09.1968	z-Park, +22.10.1968
38 351	Pockau-Lengefeld	27.06.1962 – 02.07.1962	Dresden-Friedrichst.
	Dresden-Friedrichst.	06.05.1963 – 22.02.1966	Freiberg (Sachs)
	Freiberg (Sachs)	27.02.1966 – 01.11.1966	Erfurt P

△ **Bild 191** • Ob der Fotograf zu aufgeregt oder ob es ein gewollter „Mitzieher“ war, oder vielleicht doch der Fotoapparat sein eigenes Kunstwerk aus dieser Aufnahme machen wollte … egal! An einem sonnigen Wintertag Mitte der sechziger Jahre entstand dieses „dynamische“ Bild der Nossener 38 316. Die Lok wurde bereits im November 1966 in den z-Park überstellt.

Aufnahme: Sammlung Jörg Leuthardt

△ **Bild 192** • Ein „Plausch" unter Kollegen oder Absprache der nächsten Betriebsabläufe? Im Juli 1966 ist das Lokpersonal der 38 205 im Gespräch mit dem Rangierer auf dem Nossener Güterbahnhof. Aufnahme: Rolf Kluge, Sammlung Jörg Leuthardt

▽ **Bild 193** • Da rückt sie ein, auf Stand 6 in ihren heimatlichen Lokschuppen im Bw Nossen: 38 222. Die Aufnahme entstand am 2. September 1965, zu diesem Zeitpunkt war die Lok bereits 19 Jahre am Stück in Nossen beheimatet. Sie wird bis zu ihrer z-Stellung im Juni 1968 auch keinen Wechsel in ein anderes Bw mehr erleben. Damit ist 38 222 der „Rollwagen" mit der längsten zusammenhängenden Beheimatung im Bw Nossen. Aufnahme: Max R. Delie, Sammlung Jörg Leuthardt

△ **Bild 194** • Betriebsaufnahmen von Nossener P 8 sind rar. Hier ist es 38 3545, die im Juni 1968 mit dem P 1512 (Dresden – Nossen – Leipzig) in den Haltepunkt Dresden-Pieschen einfährt. Die Lok kam an jenem Tag nur aufgrund des Ausfalls der eigentlichen Planlok – einer Maschine der Baureihe 23^{10} – vor diesem Zug zum Einsatz.
AUFNAHME: FRANK EBERMANN

7.3 Die Baureihe 38^{10-40}

Die erste Beheimatung einer Personenzuglok der Baureihe 38^{10-40} (preuß. P 8) im Bw Nossen war ab 24. August 1929 die 38 3687, der noch im Jahr 21930 die 38 2512 und 38 2606 folgten. Am 1. Juli 1934 waren dort 38 2512, 38 2606, 38 3160 und 38 3687 beheimatet. Zum Einsatz kamen sie auf der Strecke Dresden – Nossen – Döbeln – Leipzig. Im Winterfahrplan 1934/35 verkehrten auf dieser Verbindung sieben durchgehende Reisezugpaare, die von Maschinen der Baureihen 17^{7} (sächsische XII HV) vom Bw Dresden und 38^{10-40} der Bahnbetriebswerke Dresden, Leipzig Hbf Süd und Nossen bespannt wurden.

Zwischen November 1936 und Dezember 1941 waren 38 1930, 38 2606 und 38 3687 in Nossen beheimatet. In dem ab 1. Oktober 1941 gültigen Winterfahrplan 1941/42 beförderten die Nossener 38^{10-40} im Dienstplan 01 folgende Personenzüge:

<u>Tag 1</u>
P 1501 Döbeln – Dresden
P 1508 Dresden – Leipzig
P 1513 Leipzig – Döbeln

<u>Tag 2</u>
N 8966 Döbeln – Leisnig
P 1521 Leisnig – Nossen
P 1560 Nossen – Leipzig

<u>Tag 3</u>
P 1503 Leipzig – Dresden
P 1510 Dresden – Leipzig
P 1577 Leipzig – Dresden

<u>Tag 4</u>
P 1504 Dresden – Leipzig
P 1509 Leipzig – Dresden
P 1514 Dresden – Döbeln

In diesem Umlaufplan kam wahrscheinlich noch eine weitere 38^{10-40} oder eine 38^{2-3} (sächsische XII H2) mit zum Einsatz. Ab dem Frühsommer 1941 begann die Überweisung zahlreicher Reichsbahnlokomotiven in die von der Wehrmacht besetzten Gebiete im Osten.

Das Bw Nossen musste in diesem Zusammenhang 38 1930 (September 1942), 38 2606 (am 27. Dezember 1941) und 38 3687 (am 14. Juni 1942) zum „Osteinsatz“ abgeben. Als Ersatz setzte das Bw Nossen ab 1942 Vertreterinnen der Baureihe 38^{2-3} im Dienstplan 01 ein. Am 22. Februar 1945 erschien mit 38 3496 wieder eine 38^{10-40} zur Beheimatung in Nossen. Im März 1945 folgte 38 3136. Im Januar 1946 musste Nossen 38 3496 an das Bw Döbeln abgeben, als Ersatz traf von dort im März 1946 die 38 2745 ein.

Am 23. März 1948 gab das Bw Nossen die 38 3136 nach Greiz ab, die noch einzig verbliebene 38 2745 wurde am 8. Juni 1949 in den z-Park überstellt. Bis zum 31. Dezember 1955 waren keine 38^{10-40} in Nossen beheimatet. Erst mit der Übernahme des Lokbahnhofes Meißen vom Bw Dresden-Friedrichstadt zum 1. Januar 1956 gelangten mit den dort stationierten 38 3171 und 38 3341 wieder preußische P 8 in den Lokbestand des Bw Nossen. Am 17. August 1956 trafen vom Bw Greiz zudem noch 38 1580 und 38 1939 im hiesigen Bahnbetriebswerk ein, im November 1956 folgte aus Bad Schandau die 38 1611.

Nachdem am 17. August 1956 auch noch 38 1939 aus Greiz nach Nossen umbeheimatet wurde, lag zum Jahreswechsel 1957/58 der P 8-Bestand bei sechs Maschinen. Drei 38^{10-40} setzte das Bw Nossen planmäßig im Dienstplan 01 vor Personenzügen auf der Strecke Dresden – Nossen – Döbeln – Leipzig ein. Da aber nur vier Loks in Nossen und zwei im Lokbahnhof Meißen zur Verfügung standen, kam öfters eine 38^{2-3} mit zum Einsatz. Die im Lokbahnhof Meißen stationierten 38^{10-40} bespannten Reisezüge zwischen Meißen und Dresden.

Im Sommerfahrplan 1958 kamen fünf 38^{10-40} in folgenden Dienstplänen des Bw Nossen zum Einsatz:

Plan 01 (Bw Nossen): 3 × 38^{10-40}
38 1611, 38 1939 und 38 3658

Plan 07 (Lkbf Meißen): 2 × 38^{10-40}
38 1580 und 38 3171

Mit Beginn des Winterfahrplans 1958/59 wurde im Lokbahnhof Meißen der Einsatz der 38^{10-40} auf nur noch eine Maschine reduziert, woraufhin 38 3341 am 15. September 1958 von Nossen in das Bw Dresden-Altstadt umbeheimatet wurde.

Von drei Lokomotiven liegen vom Oktober 1958 die Laufleistungen vor, wobei 38 3171 vom Lokbahnhof Meißen aus zum Einsatz kam:

Lok	Einsatztage	Laufkilometer
38 1611	4	971 km
38 1939	28	7.099 km
38 3171	29	6.520 km

Im Dezember 1958 waren nur fünf Vertreterinnen der Baureihe 38^{10-40} im Bw Nossen beheimatet. Bei Ausfall einer dieser Loks musste im Dienstplan 01 eine 38^{2-3} mit zum Einsatz kommen. Nachdem im Frühjahr 1959 die 38 1301 aus Glauchau (Sachs) und 38 1341 aus Zwickau zur Beheimatung in Nossen eintrafen, lag der Nossener P 8-Bestand mit Beginn des Sommerfahrplanes 1959 bei nunmehr sieben Maschinen.

Das Ende der 38^{10-40} im Bw Nossen kam mit der Zuweisung von Vertreterinnen der Neubau-Dampflokbaureihe 23^{10}, von denen zwischen Oktober 1960 und Dezember 1961 sechs Loks in Nossen eintrafen und sofort die Leistungen der P 8 im Dienstplan 01 übernahmen. Durch den Einsatz der Neubauloks gab Nossen ab November 1960 die nun nicht mehr benötigten 38^{10-40} an folgende Bahnbetriebswerke ab bzw. stellte eine Lokomotive dieser Baureihe in den z-Park:

Lok	Datum	Abgabe an
38 1301	06.08.1963	z-Park
38 1341	29.11.1960	Bw Gera
38 1580	26.01.1963	Bw Dresden-Altstadt
38 1611	06.06.1961	Bw K.-M.-Stadt Hbf
38 1939	11.01.1960	Bw Gera
38 3171	18.12.1961	Bw Riesa
38 3658	06.11.1960	Bw Zittau

Vom Februar 1963 bis zum 27. September 1968 – ausgeschlossen Juni bis Oktober 1964 – beheimatete Nossen als letzte 38^{10-40} die 38 3545, welche als Auswaschreserve für die Baureihe 23^{10} diente. Für den Einsatz dieser P 8 im Umlaufplan 01, in welchem die 23^{10} eingesetzt wurden, war die Lok extra mit einem preußischen „Langlaufftender“ (2'2'T31.5 pr) gekuppelt worden.

Bestand der Baureihe 38^{10-40} im Bw Nossen, jeweils am 1. Juli der angegeben Jahre.

1945
38 3136 3496

1946 & 1947
38 2745 3136

1956
38 3171 3341

1957
38 1611 1580 1939 3171 3341

1958
38 1611 1580 1939 3171 3341 3658

1959
38 1611 1301 1341 1580 1939 3171 3658

1960
38 1611 1301 1341 1580 3171 3658

1961
38 1301 1580 3171

1962
38 1053 1301 1580

1963
38 1301 3545

1964 bis 1968
38 3545

Loknr.	Zugang vom Bw	beheimatet von – bis	Abgabe zum Bw
38 1053	Greiz	11.05.1962 – 05.08.1962	Döbeln
38 1272	Pirna	27.12.1966 – 31.05.1967	Dresden
38 1286	Riesa	12.01.1963 – 17.01.1963	Riesa
38 1301	Glauchau (Sachs)	28.05.1959 – 06.08.1963	z-Park, + 08/1965
38 1341	Zwickau	30.04.1959 – 29.11.1960	Gera
38 1388	Dresden-Altstadt	27.01.1964 – 14.02.1964	Dresden-Altstadt
38 1417	Glauchau (Sachs)	15.09.1960 – 07.11.1960	Glauchau (Sachs)
38 1519	Riesa	11.06.1932 – 20.09.1932	Riesa
38 1580	Greiz	17.08.1956 – 26.01.1963	Dresden-Altstadt
38 1611	Bad Schandau	30.11.1956 – 06.06.1961	K.-M.-Stadt Hbf
38 1930	?	vor 11.1936 – .09.1942	? (Osteinsatz)
38 1939	Greiz	17.08.1956 – 11.01.1960	Gera
38 2512	Trier Hbf	02.03.1930 – 07.09.1934	Dresden-Altstadt
38 2606	Breslau Hbf	13.11.1930 – 27.12.1941	? (Osteinsatz)
38 2664	Riesa	29.03.1961 – 06.04.1961	Riesa
38 2745	Döbeln	.03.1946 – 08.06.1949	z-Park, + 12/1951
38 3136	?	01.03.1945 – 23.03.1948	Greiz
38 3160	Leipzig Hbf Süd	12.10.1932 – 16.08.1934	Dresden-Altstadt
38 3171	Dresden-Friedrichstadt	04.01.1956 – 18.12.1961	Riesa
38 3221	Riesa	25.10.1964 – 29.10.1964	Riesa
38 3341	Dresden-Friedrichstadt	04.01.1956 – 15.09.1958	Dresden-Altstadt
38 3387	Pirna	07.09.1960 – 31.12.1960	Guben
38 3496	?	22.02.1945 – .01.1946	Döbeln
	Döbeln	.04.1946 – 30.06.1948	Riesa
38 3545	Dresden-Altstadt	21.02.1963 – 31.05.1964	Pirna
	Pirna	29.10.1964 – 27.09.1968	Dresden
38 3658	Döbeln	11.11.1957 – 06.11.1960	Zittau
38 3687	Kandrzln O/S	24.08.1929 – 14.06.1942	? (Osteinsatz)

7.4 Die Baureihe 44

Im Herbst 1988 trafen die Maschinen 44 351 und 44 1593 (buchmäßig) in Nossen ein. 44 351 war unmittelbar zuvor im Raw Meiningen zur „nicht fahrfähigen Heizlokomotive“ umgebaut worden und kam direkt vom Werk. Am 31. Mai 1991 rollten sie in das nunmehrige Chemnitz zurück.

Bild 195 ▷
Sowohl 44 1593 als auch 44 351 dienten in Wülknitz als Heizloks, waren aber buchmäßig offiziell im Bw Nossen beheimatet.

Aufnahme: Ludewig, Sammlung Andreas Stange

△ **Bild 196** • Ausgestattet mit „großen Ohren" entwickelte sich 50 1002 zur „Starlok" des Bw Nossen und zum Liebling der Eisenbahnfotografen. Am 29. Mai 1982 präsentiert sich die Maschine auf der Drehscheibe ihres Heimat-Bahnbetriebswerkes. Aufnahme: Joachim Volkhardt

7.5 Die Baureihe 50

Im August 1941 trafen von der Berliner Maschinenbau-AG (BMAG), vormals Louis Schwartzkopff Berlin, die werksneuen 50 1824, 50 1825, 50 1826, 50 1827, 50 1828 und 50 1829 zur Beheimatung im Bw Nossen ein. Diese Loks ersetzten die preußische G 10 (Baureihe 57^{10-35}) im Güterzugdienst rund um Nossen. Im Winterfahrplan 1941/42 bespannten sie im Dienstplan 02 Güterzüge auf den Strecken …

… Nossen – Roßwein – Hainichen – Chemnitz-Hilbersdorf,
… Nossen – Riesa,
… Nossen – Meißen – Coswig (Bez Dresden),
… Nossen – Döbeln – Großbothen,
… Freiberg (Sachs) – Nossen
… Döbeln – Chemnitz-Hilbersdorf.

Interessant an diesem Plan ist, dass die Baureihe 50 in einer Art Ringverkehr von Nossen über Döbeln nach Chemnitz -Hilbersdorf und zurück nach Nossen über Hainichen fuhren, wie z.B. mit den folgenden Zügen:

P 1520 Nossen ab 5:25 Uhr – Döbeln an 5:56 Uhr
N 9226 Döbeln ab 7:30 Uhr – Chemnitz -Hilbersdorf an 11:25 Uhr
N 8775 Chemnitz-Hilbersdorf ab 15:40 Uhr – Roßwein an 18:35 Uhr
N 8957 Roßwein ab 19:10 Uhr – Nossen an 19:30 Uhr

◁ **Bild 197**
Ein völlig anderes Erscheinungsbild einer Altbau-50 bot 50 3027, die hier am 14. Juni 1970 im Bw Nossen auf dem Kanal steht.

Aufnahme: Wolfgang Ziemert, Sammlung Jörg Leuthardt

△ **Bild 198** • Vor einen Ganzzug aus Zementsilowagen hat sich am 19. April 1975 die 50 1504 gesetzt und wartet nun im Nossener Güterbahnhof auf die Abfahrtszeit. Obwohl die Maschine zumindest äußerlich nicht den Anschein macht, wird sie noch bis Oktober 1977 im Dienst sein. Aufnahme: W. Scholz, Sammlung Matthias Hengst

Die (erste) Einsatzzeit der 50er in Nossen war jedoch nur von relativ kurzer Dauer, denn bereits im Frühjahr 1942 wurden die Maschinen an die Reichsbahndirektionen Breslau, Oppeln und Stettin abgegeben.

Erst ab Herbst 1953 stehen wieder Vertreterinnen dieser Baureihe in den Bestandslisten des Bw Nossen. Zwischen dem 1. September und dem 27. November jenes Jahres kamen 50 154, 50 459 und 50 1407 (alle vom Bw Gera), 50 828 (vom Bw Magdeburg-Rothensee) sowie 50 1598 (vom Bw Stendal) in das hiesige Bahnbetriebswerk. Neben diesen fünf Maschinen der Baureihe 50 waren zum 1. Januar 1954 noch sieben 56^{1} im Bw Nossen beheimatet. Als sechste „Fuffziger" traf am 28. Februar 1954 noch 50 120 aus Gera ein. Allerdings währte die Einsatzzeit dieser Baureihe erneut nur kurz und war nach gut einem Jahr wieder beendet! Zwischen dem 3. September und dem 13. November 1954 verließen alle 50er wieder das Bw Nossen: 50 120, 50 154, 50 459 und 50 828 kamen nach Werdau (Sachs), 50 1407 und 50 1598 nach Dresden-Friedrichstadt. Als Ersatz erhielt Nossen fünf Maschinen der Baureihe 58 (preuß. G 12) zugeteilt.

Nun dauerte es 14 Jahre, bis erneut Vertreterinnen der Baureihe 50 zur Beheima-

▽ **Bild 199** • 50 2378 – die hier am 11. August 1976 mit dem Nahgüterzug Ng 61349 (Döbeln – Dresden-Friedrichstadt) in Nossen einfährt, wurde erst fünf Tage zuvor, am 6. August 1976, vom Bw Karl-Marx-Stadt zum Bw Nossen umbeheimatet. Aufnahme: Frank Ebermann

△ **Bild 200** • Frontansicht der Nossener 50 1504, aufgenommen am 13. Juni 1976 im Bahnhof Roßwein.

AUFNAHME: HANS-DIETER RÄNDLER

tung nach Nossen kamen. Von Oktober 1968 bis Dezember 1969 wurden einige 50er des Bw Dresden in den Unterhaltungsbestand des Bw Nossen übernommen. Dabei handelte es sich im Einzelnen um: 50 694, 50 1909, 50 2378, 50 3111, 50 3113 und 50 3145. Die Loks kamen aber weiterhin von Dresden aus zum Einsatz. Grund der Umbeheimatung nach Nossen war die Umstellung der Werkstatt im Betriebsteil des Bw Dresden in der Hamburger Straße (BTH-Friedrichstadt) von der Dampf- hin zur Dieseltraktion. Durch diesen Umbau fehlten der dortigen Abteilung Triebfahrzeuge-Unterhaltung (TU) die Instandhaltungskapazitäten.

Ab dem Spätherbst 1969 erhielt das Nossener Bahnbetriebswerk dann auch wieder „eigene" 50er. Als erste traf am 19. November 1969 die 50 3093 aus dem Bw Aue ein, ihr folgten 50 1992 des Bw Adorf (Vogtl) am 27. Dezember 1969 und 50 1002 vom Bw Zwickau am 20. Februar 1970. Letztere weilte vom 9. September bis zum 19. Oktober 1969 zu einer L0-Ausbesserung (außerplanmäßige Schadgruppe) im Raw Stendal. Im Betriebsbuch auf der Seite „Standorte und Leistungen" ist vermerkt worden, dass sie am 20. Oktober 1969 nach Nossen überstellt wurde, was aber nicht stimmt. Im Betriebsbogen der Lok ist eingetragen, dass sie vom 1. Dezember 1967 bis zum 19. Februar 1970 im Bw Zwickau beheimatet war und erst am 20. Februar 1970 nach Nossen umgesetzt wurde.

Alle drei Lokomotiven der Baureihe 50 kamen sofort im Dienstplan 04 zum Einsatz und lösten die bis dahin dort eingesetzten Maschinen der Baureihe 58 ab. Zwischen dem 30. Mai und dem 25. Juni 1970 kamen weitere fünf 50er nach Nossen, die wie folgt eintrafen:

Lok	Zugang am	vom Bw
50 1308	25.06.1970	Karl-Marx-Stadt
50 1333	30.05.1970	Werdau (Sachs)
50 2146	01.06.1970	Dresden
50 3027	11.06.1970	Dresden
50 3138	01.06.1970	Glauchau

Ab dem Sommerfahrplan 1970 setzte das Bw Nossen sechs 50er im Dienstplan 03 ein, davon kamen fünf im Streckendienst und eine im Rangierdienst zum Einsatz. Bespannt wurden folgende Nahgüterzüge:

- N 61347 und 61348 (Döbeln – Dresden-Friedrichstadt – Döbeln),
- N 61349 und 61352 (Nossen – Dresden-Friedrichstadt – Nossen),
- N 62320 und 61351 (Nossen – Döbeln – Nossen),
- N 62322, 62328, 53611 und 53613 (Döbeln – Großbothen – Döbeln),
- N 62304 und 63301 (Nossen – Freiberg/Sachs – Nossen),
- N 62311, 62312, 62313 und 62314 (Nossen – Riesa – Nossen).

Dazu kamen noch diverse Übergabezüge nach Böhrigen, Berbersdorf, Deutschenbora und Großvoigtsberg sowie Rangierleistungen in Nossen und Roßwein. Auch die Personenzüge P 3053 (Nossen – Riesa), P 3065 (Nossen – Riesa) und P 3066 (Riesa – Nossen) wurden mit der Baureihe 50 des Bw Nossen bespannt. Mit Beginn des Winterfahrplans 1971/72 besetzten Nossener Personale zwei Diesellokomotiven der Baureihe 106 vom Bw Riesa und übernahmen von der Baureihe 50 den Rangierdienst in Nossen und Roßwein.

Die Personenzugleistungen nach bzw. von Riesa wurden ab dem 26. September 1971 von Neubauloks der Baureihe 35^{10} übernommen. Als Ersatz bespannten die 50er zwei Nahgüterzugpaare zwischen Roßwein und Karl-Marx-Stadt-Hilbersdorf sowie ein weiteres zwischen Döbeln und Dresden-Friedrichstadt.

Für den Plandienst benötigte das Bw Nossen ab 1971 täglich fünf Lokomotiven der Baureihe 50. Sie kamen alle im Plan 03 zum Einsatz, daran änderte sich bis 1978 nichts. Vielmehr erhöhte sich der Bestand an 50ern: Vom Bw Dresden trafen zwischen dem 14. Januar und dem 12. März 1971 noch 50 237, 50 1284 und 50 1504 in Nossen ein. Damit verfügte dieses Bahnbetriebswerk ab dem 13. März 1971 über elf Vertreterinnen dieser Baureihe.

50 237 wurde am 12. September 1972 nach Karl-Marx-Stadt abgegeben, an-

Bild 201 ▷
50 2407 steht am 21. Mai 1977 mit einem Güterzug im Bahnhof Nossen. Am Ende des Zuges hängt noch eine Diesellok der Baureihe 106 (ex V 60). Mit zurückgeschnittener Schürze, Giesl-Flachejektor und Scheibenrädern als Vorläufer sah diese Altbau-50 schon etwas … „speziell" aus. Sie war von August 1976 bis November 1979 im Bw Nossen beheimatet.

Aufnahme: Hans-Dieter Rändler

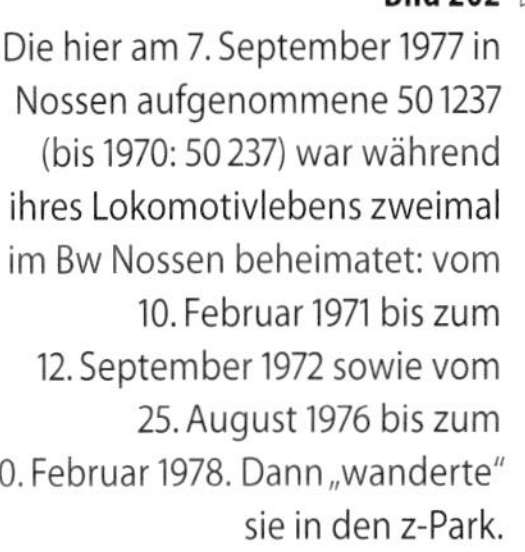

Bild 202 ▷
Die hier am 7. September 1977 in Nossen aufgenommene 50 1237 (bis 1970: 50 237) war während ihres Lokomotivlebens zweimal im Bw Nossen beheimatet: vom 10. Februar 1971 bis zum 12. September 1972 sowie vom 25. August 1976 bis zum 10. Februar 1978. Dann „wanderte" sie in den z-Park.

Aufnahme: Gunter von Hartwig

Bild 203 ▷
Vom 19. Mai 1978 bis zum 25. Oktober 1979 gehörte 50 3014 zum Nossener Lokbestand. Am 28. August 1978 wartet sie im hiesigen Bahnbetriebswerk auf den nächsten Einsatz.

Aufnahme: Rainer Heinrich

△ **Bild 204** • Am 13. Juni 1976 hat die Nossener 50 2146 mit einem Güterzug den Bahnhof Hainichen verlassen und passiert hier den im Stadtgebiet liegenden Schrankenposten. Der Schrankenwärter hat pflichtbewusst seine Hütte verlassen und „nimmt den Zug ab".

schließend befanden sich bis zum 10. November 1973 durchschnittlich zehn 50er im Bestand des Bw Nossen. Durch die Abgabe von 50 1284 und 50 1308 an jenem Tag nach Karl-Marx-Stadt verringerte sich die Anzahl auf acht Maschinen.

Es wurden weiterhin täglich fünf Lokomotiven der Baureihe 50 von Nossen aus eingesetzt. Bei Ausfall einer 50er musste in deren Umlauf (Plan 03: 5 × Baureihe 50) eine 35[10] aushelfen. Der Plan sah im Winter 1974/75 wie folgt aus:

Tag 1	
N 61347	Döbeln – DD-Friedrichstadt
N 61348	DD-Friedrichstadt – Nossen
von 11 Uhr bis 17 Uhr Hilfszugbereitschaft	
N 62312	Nossen – Riesa
N 62313	Riesa – Nossen
Tag 2	
N 62308	Nossen – Riesa
N 62309	Riesa – Nossen
Lz	Nossen – Roßwein
N 64394	Roßwein – K-M-Stadt-Hilbersd.
N 64360	K-M-Stadt-Hilbersd. – Roßwein
Lz	Roßwein – Nossen
P 15776	Nossen – Riesa
Tag 3	
N 60322	Riesa – Elsterwerda
Lz	Elsterwerda – Elsterw.-Biehla
P 3941	Elsterwerda-Biehla – Nossen
N 62303	Nossen – Freiberg
N 63302	Freiberg – Nossen
N 61348	Nossen – Döbeln
N 61351	Döbeln – DD-Friedrichstadt

◁ **Bild 205**
Mit Volldampf beschleunigt 50 1992 am 30. August 1976 ihren Güterzug aus dem Bahnhof Nossen heraus. Die Lok war von Dezember 1969 bis November 1979 im Nossener Bahnbetriebswerk beheimatet.

Aufnahmen (2): Joachim Volkhardt

△ **Bild 206** • Im Schutz einer 35^{10} geht der Blick im Mai 1977 in Richtung Bw Nossen, wo an jenem Tag offenbar „Tag der offenen Schuppentore" ist. Für ihren nächsten Einsatz steht 50 3138 bereit. AUFNAHME: JOACHIM VOLKHARDT

Tag 4

N 61350	DD-Friedrichstadt – Döbeln
N 61349	Döbeln – Nossen
N 62310	Nossen – Riesa
N 62311	Riesa – Nossen
Lz	Nossen – Roßwein
N 64361	Roßwein – K-M-Stadt-Hilbersd.

Tag 5

N 64358	K-M-Stadt-Hilbersd. – Roßwein
Lz	Roßwein – Nossen
N 61349	Nossen – DD-Friedrichstadt
N 61352	DD-Friedrichstadt – Döbeln

Von vier Nossener 50ern liegen die monatlichen Laufleistungen vom Oktober 1974 vor:

Lok	Einsatztage	Laufleistung
50 1002	30	6.542 km
50 1333	31	6.914 km
50 3093	30	6.561 km
50 3138	30	6.662 km

Interessant ist, dass die 50er ab dem Winterfahrplan 1974/75 die Züge P 15776 (Nossen – Riesa), N 60322 (Riesa – Elsterwerda) und P 3941 (Elsterwerda-Biehla – Nossen) von der Baureihe 35^{10} übernahmen und dadurch auch wieder Reisezüge in ihren Umläufen bespannten.

In den Jahren 1975/76 hatte sich das Bw Nossen zum „Auslauf-Bw" für die Lokomotiven der Baureihe 50 in der Reichsbahndirektion Dresden entwickelt. Aus diesem Grund trafen zwischen dem 23. Mai 1975 und dem 25. August 1976 weitere 50er ein:

Lok	Zugang am	vom Bw
50 1237	25.08.1976	Karl-Marx-Stadt
50 1284	01.08.1975	Karl-Marx-Stadt
50 1851	19.06.1975	Dresden
50 2347	19.06.1975	Dresden
50 2349	23.05.1975	Karl-Marx-Stadt
50 2378	06.08.1976	Karl-Marx-Stadt
50 2407	25.08.1976	Karl-Marx-Stadt
50 2948	19.07.1975	Dresden
50 3113	28.08.1975	Dresden

50 1284 wurde am 15. April 1976 in den z-Park überstellt. Am 2. Juni 1978 traf als (vorerst) letzte 50-Altbau die 50 1388 vom Bw Reichenbach (Vogtl) zur Beheimatung in Nossen an.

Zum Stichtag 31. Dezember 1976 waren folgende 50er im Bw Nossen beheimatet (fett = mit Giesl-Flachejektor):

50	1237	1002	1333	**1504**	**1851**
	1992	2146	2347	**2349**	**2378**
	2407	2641	2948	**3027**	3093
	3113	3138			

Ab Sommer 1977 begann der Stern der Baureihe 50 im Bw Nossen langsam zu sinken: Zwischen dem 4. Juli und dem 25. Oktober 1977 wurden 50 1333, 50 1504, 50 1851, 50 2347 sowie 50 2641 in den z-Park überstellt und 50 3093 zum Bw Karl-Marx-Stadt abgegeben. Als Ersatz trafen am 1. November 1977 die 50 1945 vom Bw Dresden und am 17. Dezember 1977 noch 50 1005 vom Bw Karl-Marx-Stadt ein, sodass zum 31. Dezember 1977 noch elf 50er in Nossen beheimatet waren. Im Mai 1978 erhöhten kurzzeitig noch 50 1432, 50 2416 und 50 3014 des Bw Reichenbach (Vogtl) den Nossener Lokbestand. Als ab 1978 die Anzahl der betriebsfähigen 50er immer mehr abnahm, wurden die Lücken durch Maschinen der Baureihe 50^{35-37} aus der Rbd Magdeburg geschlossen.

Mit 50 3668 traf am 31. Mai 1978 die erste Reko-50 in Nossen ein, der zwischen Juni und Oktober 1978 noch sechs weitere Maschinen dieser Baureihe folgten. In dem ab 1. Oktober gültigen Dienstplan 03 übernahmen die 50^{35-37} nun einheitlich die Leistungen der Altbau-50. Die nun nicht mehr benötigten Loks 50 1005, 50 1432, 50 1945, 50 2416, 50 2948, 50 3027 und 50 3113 wurden daraufhin zwischen dem 2. Juni 1978 und dem 16. August 1979 in den Schadpark überstellt. Ab März 1979 wur-

◁ **Bild 207**
Noch mit kleinen Windleitblechen kommt hier 50 1002 am 25. Januar 1978 in Chemnitz-Hilbersdorf des Weges.

Aufnahme: Joachim Volkhardt

den wieder einige 50-Altbau angeheizt und kamen zusammen mit den Reko-50 zum Einsatz.

Von zwei 50-Altbau liegen die Laufleistungen vom Mai 1979 vor:

Lok	Einsatztage	Laufleistung
50 1002	27	5.769 km
50 1388	11	1.226 km
50 3014	30	6.650 km

Einige gesonderte Worte seien an dieser Stelle der 50 1002 gewidmet: Von allen Nossenern 50-Altbau muss man wohl diese Lok extra erwähnen. Vom 3. März bis zum 18. April 1978 weilte sie zur Aufarbeitung im Raw „Helmut Scholz" in Meiningen. Auf Initiative von Nossener Eisenbahnern wurde sie während dieser Hauptuntersuchung mit großen Wagner-Windleitblechen ausgerüstet. Hiermit und durch ihren stets mustergültigen Pflegezustand fiel die Lokomotive immer besonders auf.

Die Maschinen 50 1992 und 50 2146 wurden am 14. November 1979 nach Karl-Marx-Stadt umbeheimatet und fanden dort als Heizloks Verwendung. Am 25. Oktober 1979 gab das Bw Nossen 50 3014 nach Dresden und am 6. November 1979 die 50 2407 nach Glauchau (Sachs) ab. Zum Jahresende 1979 waren damit nur

▽ **Bild 208** • Am 29. Juli 1978 verlässt 50 1432 des Bw Nossen mit einem langen Güterzug den Bahnhof Lommatzsch. Die Lok ist noch mit einem Giesl-Ejektor ausgerüstet.

Aufnahme: W. Scholz, Sammlung Matthias Hengst

△ **Bild 209** • Aus dem Bahnhof Nossen in Richtung Meißen heraus, mussten die Lokomotiven insbesondere vor Güterzügen durchaus ihre Leistungsfähigkeit unter Beweis stellen, ging es doch alsbald in die Steigung hinauf nach Deutschenbora. Hier nimmt die Nossener 50 2416 am 14. Oktober 1978 mit dem nicht allzu schweren Ng 61349 (Nossen – Dresden-Friedrichstadt) Schwung.
Aufnahme: Frank Ebermann

noch 50 1002 und 50 3138 in Nossen beheimatet, die als Heizloks eingesetzt wurden.

Die in der Einsatzstelle Döbeln des Bw Riesa als Heizlok verwendete 50 1298 kam am 1. Januar 1980 zum Bw Nossen, wo sie nach der Überstellung der 50 3138 in den z-Park (30.05.1981) deren Dienste als „Wärmespender" übernahm. Zwischen dem 20. September und dem 29. Oktober 1982 kam 50 1298 noch einmal zur Aufarbeitung (Schadgruppe L5) in das Raw Meiningen. Ab November 1982 wurde sie auch wieder im Zugdienst eingeteilt und erreichte dabei z. B. im Mai 1983 an 29 Einsatztagen eine Laufleistung von 6.327 km.

△ **Bild 210** • „Posten 70" befand sich knapp zwei Kilometer nach der Ausfahrt aus dem Bahnhof Nossen in Richtung Meißen, genau bei Strecken-km 75,596. Das liebevoll gepflegte Postenhäuschen wurde am 14. Juli 1978 kurzzeitig durch die mit ihrem Güterzug vorbeifahrende 50 3014 „erschüttert". Rechts am Bildrand ist die Schrankenwärterin zu sehen, die für die Sicherung des Überwegs „Am Steinberg" zuständig war. Hinter dem Zug ist noch schwach das Nossener Schloss zu erkennen.
Aufnahme: Joachim Volkhardt

△ **Bild 211** • 50 1005 wurde am 17. Dezember 1977 vom Bw Karl-Marx-Stadt nach Nossen umbeheimatet. Am 24. März 1979 steht sie auf der Drehscheibe im Bw Nossen.
Aufnahme: Frank Ebermann

Von Juni bis Oktober 1983 stand sie wieder als Heizlok in Nossen im Einsatz. Aufgrund des stark verbrauchten Kessels wurde 50 1298 am 14. Juni 1984 ausgemustert und dann ziemlich schnell – bis zum 16. November 1984 – in Zwickau zerlegt und dem Wertstoffkreislauf zugeführt. Als letzte Nossener 50-Altbau ist 50 1002 am 15. November 1985 abgestellt und damit das Kapitel dieser Loks im Bw Nossen für immer beendet worden. Jeweils zum Stichtag 1. Juli befanden sich folgende 50-Altbau im Bestand des Bw Nossen:

1954
50 120 154 828 1407 1598 2146 2652 2995

1970
50 1002 1308 1333 1992 2146 3027 3093 3109 3138

1971 & 1972
50 1002 1237 1284 1308 1333 1504 1992 2146 3027 3093 3138

1973
50 1002 1284 1308 1333 1504 1992 2146 3027 3093 3138

1974 & 1975
50 1002 1333 1504 1992 2146 3027 3093 3138

1976
50 1002 1333 1504 1851 1992 2146 2347 2349 2641 2948 3027 3093 3113 3138

1977
50 1002 1237 1333 1504 1992 2146 2347 2349 2641 2948 3027 3093 3113 3138

1978
50 1002 1005 1432 1945 1992 2146 2407 2416 2948 3014 3138

1979
50 1002 1388 1432 1992 2146 2407 3014 3138

1980
50 1002 1298 3138

1981 bis 1983
50 1002 1298

1984 & 1985
50 1002

● N 62303 (70,1) Nossen—Freiberg (Sachs)

Hg max 50 km/h
Tfz 50.1
bei Bedarf: + Sl 110 No—Großv

Last H { 580 t bis Gs (mit Sl 840 t) / 900 t ab Gs } Mbr 35

			62303					
1	2	3	4	5	4	5	4	5
0,0		**Nossen**	—	**916**				
10,2	50	Großvoigtsberg §	**943**	**58**				
13,7	40 a)	Anschl Großschirma Hp	—	—				
18,3		Kleinwaltersdorf Hp	—	—				
24,0	40	**Freiberg (Sachs)**	**1026**	—				

a) 40 km/h von Nossen bis Großvoigtsberg, wenn 62303 mit Sl verkehrt

◁ **Bild 212**
Auszug aus einem Buchfahrplan Sommer 1979 mit einer Leistung der Nossener Altbau-50.

Abbildung: Sammlung Sebastian Werner

Loknr.	Zugang vom Bw	beheimatet von – bis	Abgabe zum Bw
50 120	Gera	28.02.1954 – 13.11.1954	Werdau (Sachs)
50 154	Gera	14.09.1953 – 08.11.1954	Werdau (Sachs)
50 387	Pirna	04.09.1952 – 09.09.1952	Pirna
(50 1387)	Karl-Marx-Stadt	06.09.1977 – 24.10.1977	z-Park, + 11/1977
50 459	Gera	27.11.1953 – 04.11.1954	Werdau (Sachs)
50 694	Dresden	01.10.1968 – 18.12.1969	Dresden
(50 1694)	Dresden	09.10.1970 – 14.05.1971	Riesa
50 828	Magd.-Rothensee	01.09.1953 – 29.10.1954	Werdau (Sachs)
50 1002	Zwickau (Sachs)	20.02.1970 – 31.01.1980	z-Park
	z-Park	16.08.1980 – 30.12.1985	z-Park, + 05/1991
50 1005	Karl-Marx-Stadt	17.12.1977 – 26.03.1979	z-Park, + 07/1979
50 1237	Dresden	10.02.1971 – 12.09.1972	Karl-Marx-Stadt
	Karl-Marx-Stadt	25.08.1976 – 10.02.1978	z-Park, + 04/1978
50 1284	Dresden	14.01.1971 – 10.11.1973	Karl-Marx-Stadt
	Karl-Marx-Stadt	01.08.1975 – 15.04.1976	z-Park, + 05/1976
50 1298	Riesa	01.01.1980 – 14.02.1984	z-Park, + 06/1984
50 1308	Karl-Marx-Stadt	25.06.1970 – 10.11.1973	Karl-Marx-Stadt
50 1333	Werdau (Sachs)	30.05.1970 – 03.07.1977	z-Park, + 08/1977
50 1388	Reichenbach (Vogtl)	02.06.1978 – 03.11.1979	z-Park
50 1407	Gera	14.09.1953 – 25.09.1954	Dresden-Friedrichst.
50 1432	Reichenbach (Vogtl)	22.05.1978 – 09.08.1979	z-Park, + 10/1979
50 1504	Dresden	12.03.1971 – 24.10.1977	z-Park, + 11/1977
50 1598	Stendal	03.09.1953 – 30.09.1954	Dresden-Friedrichst.
50 1824	[Neuanlieferung]	.08.1941 – .08.1941	[nur Stichtag erfasst!]
50 1825	[Neuanlieferung]	.08.1941 – .08.1941	[nur Stichtag erfasst!]
50 1826	[Neuanlieferung]	05.08.1941 – 09.03.1942	Dzieditz (Polen)
50 1827	[Neuanlieferung]	.08.1941 – .08.1941	[nur Stichtag erfasst!]
50 1828	[Neuanlieferung]	08.08.1941 – 01.04.1942	Stargard (Pom)
50 1829	[Neuanlieferung]	10.08.1941 – .03.1942	Sommerfeld

Loknr.	Zugang vom Bw	beheimatet von – bis	Abgabe zum Bw
50 1851	Dresden	19.06.1975 – 19.02.1977	z-Park, + 03/1977
50 1909	Dresden	01.10.1968 – 18.12.1969	Dresden
50 1945	Dresden-Altstadt	01.11.1977 – 15.04.1979	z-Park, + 05/1979
50 1992	Adorf (Vogtl)	27.12.1969 – 14.11.1979	Karl-Marx-Stadt
50 2146	Gera	03.03.1954 – 02.11.1954	Görlitz
	Dresden	01.06.1970 – 14.11.1979	Karl-Marx-Stadt
50 2347	Pirna	12.01.1968 – 18.02.1968	Zwickau (Sachs)
	Dresden	19.06.1975 – 25.10.1977	z-Park, + 11/1977
50 2349	Karl-Marx-Stadt	23.05.1975 – 06.06.1977	z-Park, + 08/1977
50 2378	Dresden	01.10.1968 – 13.12.1968	Dresden
	Karl-Marx-Stadt	06.08.1976 – 06.06.1977	z-Park, + 08/1977
50 2407	Karl-Marx-Stadt	25.08.1976 – 06.11.1979	Glauchau (Sachs)
50 2416	Reichenbach (Vogtl)	06.05.1978 – 07.02.1979	z-Park, + 04/1979
50 2641	Dresden	19.06.1975 – 25.09.1977	z-Park, + 11/1977
50 2652	Gera	27.01.1954 – 14.08.1954	Werdau (Sachs)
50 2740	Karl-Marx-Stadt	17.01.1987 – 19.10.1988	+
50 2948	Dresden	19.07.1975 – 24.07.1978	z-Park, + 11/1978
50 2995	Hoyerswerda	28.08.1953 – 23.10.1954	Werdau (Sachs)
50 3014	Reichenbach (Vogtl)	19.05.1978 – 25.10.1979	Dresden
50 3027	Dresden	11.06.1970 – 01.06.1978	z-Park, + 10/1978
50 3093	Aue (Sachs)	19.11.1969 – 14.10.1977	Karl-Marx-Stadt
50 3108	Karl-Marx-Stadt	26.08.1977 – 24.09.1977	z-Park, + 11/1977
50 3109	Adorf (Vogtl)	26.06.1970 – 21.08.1970	Karl-Marx-Stadt
50 3111	Dresden	01.10.1968 – 16.12.1969	Dresden
50 3113	Dresden	01.10.1968 – 16.12.1969	Dresden
	Dresden	28.08.1975 – 07.06.1978	z-Park, + 10/1978
50 3138	Glauchau (Sachs)	01.06.1970 – 31.05.1981	z-Park, + 1/1981
50 3145	Dresden	01.10.1968 – 18.11.1968	Karl-Marx-Stadt

△ **Bild 213** • Wie bereits erwähnt, wurde 50 1002 aufgrund ihrer großen Wagner-Windleitbleche zum Liebling der Eisenbahnfotografen. Die Einsätze der Lok sind entsprechend gut „dokumentiert". Am 24. Juni 1984 ist 50 1002 mit einem kurzen Güterzug – aber dafür mit viel Dampf und Qualm – unterwegs nach Nossen, hier aufgenommen bei der Durchfahrt in Gleisberg-Marbach. AUFNAHME: RAINER HEINRICH

◁ **Bild 214**
50 1002 weilte im Juni 1976 zur Ausbesserung im Raw Stendal. Am 18. Juni 1976 steht sie nach einer Probefahrt im Bw Stendal.

AUFNAHME: SIEGFRIED BROGSITTER, SAMMLUNG DIETMAR SCHLEGEL

Wie 50 1002 zu ihren Wagner-Blechen kam

Über dieses Thema gibt es viele unwahre Geschichten. Als ich mich 1977 vom Bw Hilbersdorf zum Bw Nossen versetzen ließ, habe ich im Herbst jenes Jahres eine Planstelle auf 50 1002 bekommen. Die Lok war in einem guten Zustand – technisch wie auch äußerlich.

Die Lokführerkollegen Rainer Rietz und Günter Williger – beide schon planmäßig auf der „1002" unterwegs – und ich hatten uns vorgenommen, diese Altbau-50 mit Wagner-Windleitblechen auszurüsten. Dafür holten wir uns die notwendigen Genehmigungen der Nossener Bw-Leitung und der Rbd Dresden ein. Uns wurden die Windleitbleche der 01 066 des Bw Dresden zugesprochen. Daraus wurde aber aus „technischen Gründen" nichts, vielmehr bekamen wir die „großen Ohren" der 01 207.

Diese Windleitbleche haben wir drei Kollegen an der 50 1002 im Bw Nossen selbst angepasst und angebaut. Ich hatte das Glück, anschließend auf dieser Lok bis zu ihrer z-Stellung fahren zu dürfen. Danach hatte ich mit dem Kollegen Olaf Wanka noch 50 2740 und 50 3576 als „heimliche Traditionsloks" aufgearbeitet. Beide Loks wurden etwas später in die Bundesrepublik verkauft.

Ich habe meine Versetzung nach Nossen nie bereut, denn hier gab es ganz fleißige Kollegen, die ihre Loks immer in einem sauberen Zustand hielten. Aber auch die Werkstatt mit den Lokschlossern, ohne die ein ordentlicher Dampfbetrieb nicht möglich gewesen wäre, waren feine Kollegen! Es war eine schöne Zeit im Bw Nossen.

Hans-Jürgen Smok, Lokführer a. D.

◁ **Bild 215**
Im Frühjahr 1978 erhielt 50 1002 die großen Windleitbleche der 01 207, die der „Fuffziger" ausgesprochen gut standen. Am 6. Juni 1979 präsentiert sich die Lok im Heimat-Bw Nossen.

AUFNAHME: GUNTER VON HARTWIG

△ **Bild 216** • Die planmäßige Zuführung der 35 1113 zur ihrer Eilzugleistung ab Riesa geschah zur Vermeidung einer Lz-Fahrt mit dem P 15768 (Nossen – Riesa). Am 21. April 1983 diente 50 1298 der 35^{10} als Vorspannlok. Hier verlässt der Zug den Bahnhof Lommatzsch. AUFNAHME: JOACHIM VOLKHARDT

Bild 217 ▷
Mit einem Güterzug in Richtung Döbeln steht 50 1298 – man beachte das dritte Spitzenlicht – im Jahr 1982 in Nossen am Bahnsteig 3. Die Lok blieb noch bis Februar 1984 im Betriebsbestand des Bw Nossen. Gekonnt wurde bei dieser Aufnahme auch der Charme des Bahnsteigs in Szene gesetzt.

AUFNAHME: GUNTER VON HARTWIG

△ **Bild 218** • Diese Doppelseite möge bitte als eine kleine „Hommage" an die 50 1002 angesehen werden. Alle vier Aufnahmen entstanden am 5. Oktober 1985, einem sonnigen Herbsttag. Hier steht die im Jahr 1940 in den Schichau-Werken in Elbing gebaute Maschine im Heimat-Bw Nossen.

▽ **Bild 219** • Mit einem beachtlich langen Nahgüterzug am Haken verlässt 50 1002 am selben Tag den Bahnhof Miltitz-Roitzschen. Nun heißt es stark sein für den folgenden Steigungsabschnitt bis Deutschenbora.

△ **Bild 220** • An diesem Motiv der Strecke Meißen – Nossen entstanden unzählige Aufnahmen von „gegen den Berg kämpfenden" Dampflokomotiven: Blockstelle Rothschönberg. Bei Strecken-km 80,88 gelegen, waren es beim Passieren dieser Stelle noch knapp drei Kilometer bis zum Brechpunkt.

▽ **Bild 221** • „Frei und durch!" – Das Einfahrtsignal von Deutschenbora ist erreicht, der Bahnhof wird laut Signalisierung ohne Halt durchfahren. Aufnahmen (4): Udo Steinwasser

△ **Bild 222** • Zu den im Bw Nossen beheimateten Reko-50 gehörte vom 1. Oktober 1978 bis zum 26. Juni 1981 auch 50 3658. Kurz nach ihrer Umbeheimatung aus dem Bw Güsten nach Nossen entstand am 14. Oktober 1978 diese Aufnahme der Lok in ihrem neuen Heimat-Bw. Aufnahme: Frank Ebermann

7.6 Die Baureihe 50^{35-37}

Mit dem Rückgang der Anzahl betriebsfähiger Altbau-50er in Nossen wurden die entstandenen Lücken durch Maschinen der Baureihe 50^{35-37} aus der Rbd Magdeburg geschlossen. Am 31. Mai 1978 traf mit 50 3668 die erste Reko-50 zur Beheimatung im Bw Nossen ein. Ihr folgten zwischen Juni und Oktober desselben Jahres noch 50 3539 und 50 3658 (beide vom Bw Güsten), 50 3554 (Bw Magdeburg), 50 3658 (Bw Güsten), 50 3657 (Bw Oebisfelde) sowie 50 3673 (Bw Halberstadt). Damit verfügte das Bw Nossen ab dem 19. Oktober 1978 über sieben Lokomotiven dieser Baureihe.

In dem ab 1. Oktober 1978 gültigen Dienstplan Nr. 03. übernahmen Reko-50 sämtliche Leistungen der 50-Altbau. Dabei waren 50 3539, 50 3581, 50 3668, 50 3657 und 50 3673 die Planlokomotiven und bespannten in diesem Umlauf folgende Nahgüterzüge:

- N 61343, 61347, 61349, 61350, 61351 und 61352 (Döbeln – Dresden-Friedrichstadt – Döbeln),
- N 62308, 62309, 62310, 62311, 62312 und 62313 (Nossen – Riesa – Nossen),
- N 62302 und 62303 (Nossen – Freiberg/Sachs – Nossen).

Eine weitere Aufgabe der Nossener Reko- und Altbau-50 war die Bespannung der Nahgüterzüge N 64358, 64359, 64360 und 64361 auf der Strecke Roßwein – Hainichen – Karl-Marx-Stadt-Hilbersdorf sowie des N 60322 von Riesa nach Elsterwerda. Dazu kamen noch Übergabezüge nach Großvoigtsberg. Auch die Personenzüge P 7766/7771 (Nossen – Großbothen – Nossen), P 7768/7779 (Döbeln – Großbothen – Döbeln), P 15776 (Nossen – Riesa) und P 3941 (Elsterwerda-Biehla – Nossen) wurden von diesen Loks befördert. Damit hatten die 50^{35-37} ein umfangreiches Einsatzgebiet, sodass die monatlichen Laufleistungen zwischen 3.992 und 7.258 km lagen. Von einigen Lokomotiven liegen die Laufleistungen vom Januar 1979 vor:

Lok	Einsatztage	Laufleistung	Ø pro Tag
50 3539	28	6.486 km	232 km
50 3554	22	5.075 km	231 km
50 3581	22	4.709 km	214 km
50 3657	29	6.666 km	230 km
50 3668	27	6.387 km	237 km
50 3673	23	5.536 km	241 km

Die 50 3554 und 50 3658 waren mit einem Giesl-Flachejektor ausgerüstet und bei den Lokpersonalen in Nossen nicht beliebt. Als Reservelokomotiven standen sie allerdings fast täglich im Einsatz. Grundsätzlich sei angemerkt, dass sich die Nossener Dampflokomotiven stets in einem sehr guten Pflegezustand befanden. Besonders aufmerksamer Pflege erfreute sich 50 3581, die u. a. mit weißen Rändern am Lokschild und an den Windleitblechen versehen war.

Ab dem Sommerfahrplan 1979 benötigte das Bw Nossen nur noch zwei 50^{35-37} für den planmäßigen Einsatz. Die Nahgüterzüge nach Dresden-Friedrichstadt wurden vom 27. Mai 1979 an von Diesellokomotiven der Baureihe 120 des Bahnbetriebswerks Dresden gefahren und das Bw Nossen bespannte das Nahgüterzugpaar nach Meißen mit einer Diesellok der Baureihe 110. Die Leistungen auf der Strecke Karl-Marx-Stadt-Hilbersdorf - Hainichen – Roßwein gingen in die Zuständigkeit des Bw Karl-Marx-Stadt über. Die Reisezüge P 7766/7771 (Nossen – Großbothen – Nossen), P 15776 (Nossen – Riesa) und P 3941 (Elsterwerda-Biehla – Nossen) übernahmen ebenfalls 110 des Bw Nossen.

Am 1. Mai 1979 waren folgende Lokomotiven der Baureihe 50^{35-37} im Bw Nossen beheimatet:

50 3539 3554 3581 3657 3658 3668 3673

Zwischen Juni 1980 und Juni 1981 wurden vier 50^{35-37} aus Nossen abgezogen und folgenden Bahnbetriebswerken zugeordnet:

Lok	Abgabe am	zum Bw
50 3554	07.08.1980	Wismar
50 3657	10.03.1981	Dresden
50 3658	26.06.1981	Reichenbach (Vogtl)
50 3668	01.06.1980	Wittenberge

△ **Bild 223** • Im Norden der Republik begann gerade der Katastrophenwinter, als 50 3554 am 2. Januar 1979 mit dem Nahgüterzug 61349 (Nossen – Dresden-Friedrichstadt) aus dem Bahnhof Miltitz-Roitzschen ausfährt. Das Ausfahrtsignal hatte wohl bereits seinen „Dienst versagt". AUFNAHME: FRANK EBERMANN

Im Sommer 1981 waren von der Baureihe 50$^{35-37}$ noch 50 3539, 50 3581 und 50 3673 in Nossen beheimatet. Dieser Bestand wurde zwischen dem 30. Oktober 1981 und dem 19. November 1981 durch den Zugang von 50 3529, 50 3536, 50 3540 und 50 3551 vom Bw Stendal aufgestockt.

Nach einer zwischenzeitlichen Einstellung des (regelspurigen) Dampfbetriebes aufgrund ausbleibender Kohlelieferungen aus Polen sorgte die angeordnete Einsparung von Dieselkraftstoff ab dem 1. Dezember 1981 wieder für den planmäßigen Einsatz von zwei 50$^{35-37}$.

Wie in den Jahren 1979/80 im Plan 04 bespannten sie Nahgüterzüge nach Döbeln, Riesa, Großbothen und Großvoigtsberg. Dazu kamen noch die Reisezüge P 7766/7771 (Nossen – Großbothen – Nossen), P 6480 (Elsterwerda – Elsterwerda-Biehla) und P 3941 (Elsterwerda – Elsterwerda-Biehla – Nossen). In diesem Umlaufplan wurde als dritte Lok 50 1002 eingesetzt.

Mit dem Fahrplanwechsel am 23. Mai 1982 wurde das Personenzugpaar P 7766/7771 wieder mit der Baureihe 110 bespannt. Dafür erhielt die Baureihe 50^{35} als neue Leistungen den P 4733 (Leipzig – Meißen), den sie im Abschnitt zwischen Nossen und Meißen beförderte, sowie das Zugpaar P 7774/7777 (Döbeln – Leisnig – Döbeln). Hierbei brachte die Lokomotive, die den P 4733 nach Meißen fuhr, als Rückleistung den Nahgüterzug N 61348 von Meißen nach Nossen.

Bild 224 ▷ Der Nahgüterzug 61349 nach Dresden-Friedrichstadt war eine Planleistung der Nossener 50$^{35-37}$. Im Mai 1979 verlässt 50 3657 mit diesem Zug, in dem an jenem Tag auch eine Schmalspurdampflokomotive auf einem entsprechenden Transportwagen mitgeführt wird, den Bahnhof Nossen.

AUFNAHME: WOLFGANG NITZSCHE

△ **Bild 225** • Am 31. Mai 1980 ist 50 3581 des Bw Nossen mit einem Güterzug unterwegs nach Riesa und wird bei Prausitz vom Fotografen „erwischt". Wie im Text erwähnt, erhielt diese Lok eine besondere farbliche Behandlung: weiße Pufferringe, ein weiß umrandetes Lokschild an der Rauchkammer, weiße „Speichen" am Rauchkammerzentralverschluss und selbst die Kanten der Windleitbleche wurden mit weißer Farbe versehen. Der restliche äußere Zustand der Lok war demgegenüber ... „mäßig".

Aufnahme: Hans-Dieter Rändler

△ **Bild 226** • Dieselbe Lok am 7. Oktober 1980. Mit dem Nahgüterzug 62310 nach Riesa verlässt sie den Bahnhof Nossen und passiert dabei das heimatliche Bahnbetriebswerk, in welchem gerade 38 205 am Wasserkran steht.

Aufanhem: Rainer Heinrich

△ **Bild 227** • Wohl mehr zufällig stand 50 3581 bei dieser Aufnahme in der „klassischen" Fotoposition mit Stangen unten. Hauptsache war, es passt hinten mit dem Wasserkran! An einem sonnigen Herbsttag des Jahres 1980 wurde bei der Lok der Wasservorrat ergänzt. AUFNAHME: RAINER SCHULZ, SAMMLUNG DANNY TEUCHERT

Im Winterfahrplan 1982/83 – gültig ab 26. September 1982 – gab es im Plan 04 für die Baureihe 50 keine Veränderungen bei den zu fahrenden Leistungen. Den Dienst teilten sich die Altbauloks 50 1002, 50 1298 und die Reko-Loks 50 3529, 50 3536 und 50 3657, während 50 3539 und 50 3540 betriebsfähig kalt abgestellt waren. 50 3581 diente durchgängig als Heizlok im Bw Nossen, 50 3551 übernahm eine solche Arbeit ab 26. Oktober 1982 in Döbeln. Der Wechsel von 50 3673 nach Dresden am 1. Juni 1982 war die einzige Lokumsetzung des Bw Nossen in jenem Jahr.

Infolge des Dampflokeinsatzes wurden in dieser Zeit im Bw Nossen drei Diesellokomotiven der Baureihe 110 vorübergehend abgestellt und somit die Vorgabe der Kraftstoffeinsparung erfüllt.

Für den Winterfahrplan 1982/83 stellte das Bahnbetriebswerk Nossen folgende Dienstpläne auf:

Plan 1:	3 × Baureihe 110
Plan 2:	2 × Baureihe 110 und 1 × Baureihe 242
Plan 3:	3 × Baureihe 110
Plan 4:	3 × Baureihe 50
Plan 5:	2 × Baureihe 106
Plan 6:	1 × Baureihe 35[10] (freitags und sonntags)

In den Monaten Juni, Juli und August 1983 wurde der Dampflokeinsatz auf durchschnittlich zwei Maschinen täglich reduziert. Neben zwei Nahgüterzugpaaren nach Riesa (N 6209/62310, 62308/62311), den Nahgüterzügen N 613348 (Meißen – Nossen – Döbeln) und N 62311 (Döbeln – Nossen) fuhren auf der Kursbuchstrecke 330 (Leipzig – Nossen – Dresden) die Personenzüge 4733, 7768, 7773, 7774 sowie 7777 regelmäßig mit 50-Altbau oder 50-Reko. Aufgrund erhöhter Waldbrandgefahr wurden in der Zeit vom 11. bis zum 20. Juli 1983 vom Bw Nossen keine Dampflokomotiven eingesetzt. Ab 1. September 1983 kamen dann wieder planmäßig drei Maschinen zum Einsatz. Am 18. Oktober 1983 erhielt das Bw Nossen 50 3565 als Neuzugang vom Bw Dresden, doch sie kehrte bereits nach einem Jahr – im Oktober 1984 – nach „Elbflorenz" zurück.

Vom 6. Januar 1984 bis zum 31. März 1985 erhöhte sich die Zahl der planmäßig eingesetzten Dampflokomotiven auf vier Maschinen. Eine davon bespannte ausschließlich die folgenden Personenzüge:

- ► P 3940 (Nossen – Elsterwerda-Biehla),
- ► P 6483 (Elsterwerda-Biehla – Elsterwerda),
- ► P 6484 (Elsterwerda – Elsterwerda-Biehla),
- ► P 6485 (Elsterwerda-Biehla – Elsterwerda),
- ► P 9937 (Elsterwerda – Riesa),
- ► P 15769 (Riesa – Nossen),
- ► P 15772 (Nossen – Riesa),
- ► P 15773 (Riesa – Nossen),
- ► P 15776 (Nossen – Riesa),
- ► P 15777 (Riesa Nossen).

Im Tausch wurde 50 3603 aus Dresden am 19. Oktober 1984 nach Nossen umbeheimatet. Damit beheimatete das Bw Nossen zum 31. Dezember 1984 insgesamt zehn Dampfloks, darunter acht Reko-50:

50 3529 3536 3539 3540 3551 3581 3603 3657

Die anderen beiden „Dampfer" waren 35 1113 und 50 1002.

Bis zum 1. Juni 1985 gehörte die Bespannung der Züge P 15768 (Nossen – Riesa), dann Schlusslok (Slzz) am P 3946 (Riesa – Elsterwerda) bis Gröditz, P 9943 (Gröditz – Riesa) und zurück nach Nossen mit dem P 15774 zu den Planleistungen der Nossener 50er.

Ab dem 1. April 1985 wurde der Dampflokeinsatz in Nossen auf drei Maschinen pro Tag, ab 2. Juni 1985 auf nur noch zwei Lokomotiven reduziert. Zum Einsatz kamen die 50er weiterhin vor den Nahgüterzügen nach Riesa und Döbeln, von Riesa aus wurde zudem mit einer Übergabe zum Chemiewerk Nünchritz auch der Bahnhof Weißig angefahren. Mit dem Personenzug P 4733 ging es von Nossen nach Meißen und mit dem Nahguterzug N 61348 wieder nach Nossen zurück. Im Umlaufplan standen auch die Personenzugpaare P 7774/7777 und 7768/7773.

Im Mai 1985 gab das Bw Nossen die 50 3551 und 50 3657 nach Glauchau (Sachs) ab. Mit der Abstellung von 50 1002 fuhren die Reko-50 nun alleine in den Dampfumläufen. Mit 50 3563 (vom Bw Glauchau), 50 3636 (Bw Dresden) sowie 50 3646, 50 3647 und 50 3689 (alle vom Bw Karl-Marx-Stadt) stehen 1986 noch einmal fünf Neuzugänge an 50[35-37] in Nossen zu Buche.

Allerdings: 50 3646 blieb nur bis November 1986 und kehrte dann wieder nach Karl-Marx-Stadt zurück.

△ **Bild 228** • Am 20. August 1982 passiert die Nossener 50 3540 mit dem Nahgüterzug 61348 (Meißen – Nossen) die aufgelassene und „durchgeschaltete" Blockstelle Rothschönberg zwischen Miltitz-Roitzschen und Deutschenbora. AUFNAHME: RAINER HEINRICH

Das Jahr 1986 veränderte den Nossener Dampflokbestand noch einmal, denn nun erschien mit der 52^{80} eine bis dato nie in Nossen beheimatete Baureihe „auf dem Hof". Diese Loks kamen aber nicht zu Einsätzen im Streckendienst, sondern dienten lediglich als Heizloks.

Ab dem 12. Dezember 1986 setzte das Bw Nossen täglich nur noch eine 50^{35-37} im Zugdienst ein, nachdem 50 3689 am Vortag letztmalig die Züge P 4733 (Nossen – Meißen) und N 61348 (Meißen – Nossen) bespannte.

Der Lokumlauf 1986/87 sah wie folgt aus:

<u>Täglich</u>

N 61350	Nossen – Döbeln
N 62322	Döbeln – Großbothen
N 62323	Großbothen – Döbeln
N 61345	Döbeln – Nossen

<u>Montag bis Freitag</u>

N 62310	Nossen – Riesa
P 15771	Riesa – Nossen
P 15774	Nossen – Riesa
N 62311	Riesa – Nossen

<u>Samstag und Sonntag</u>

N 61348	Nossen – Döbeln
N 62328	Döbeln – Großbothen
N 62329	Großbothen – Döbeln
N 61347	Döbeln – Nossen

◁ **Bild 229**
Die geschmückte 50 3603 ist am 30. Mai 1987 mit dem Ng 61328 aus Döbeln in Großbothen angekommen. An diesem Tag endete mit dem Einsatz dieser Lok der planmäßige Dienst von Regelspurdampfloks im Bw Nossen.

AUFNAHME: HANS-JÜRGEN SMOK

Am 31. Mai 1987 endete der planmäßige Einsatz der Dampftraktion im Bahnbetriebswerk Nossen. An jenem Tag übernahm 50 3603 mit dem Nahgüterzug N 61347 von Döbeln nach Nossen die letzte Dampfleistung. Die Lok war im Mai 1987 an 28 Tagen im Einsatz und erreichte eine Laufleistung von 7.434 km.

In Nossen waren zwischen 1978 und 1991 insgesamt 19 Vertreterinnen der Baureihe 50^{35-37} beheimatet. Sie wurden durch Diesellokomotiven der Baureihe 110 und 112 ersetzt.

Jeweils zum Stichtag 1. Juli befanden sich in den Nossener Bestandslisten folgende Reko-50:

1978
50 3668 3673

1979
50 3539 3554 3581 3657 3658 3668 3673

1980
50 3539 3554 3581 3657 3658 3673

1981
50 3539 3581 3657 3673

1982 & 1983
50 3529 3536 3539 3540 3551 3581 3657

1984
50 3529 3536 3539 3540 3551 3581 3657 3565

Loknr.	Zugang vom Bw	beheimatet von – bis	Abgabe zum Bw
50 3529	Stendal	30.10.1981 – 20.09.1985	Glauchau (Sachs)
50 3536	Stendal	28.11.1981 – 27.10.1987	z-Park
50 3539	Güsten	29.09.1978 – 15.02.1984	Reichenbach (Vogtl)
	Reichenbach (Vogtl)	03.05.1984 – 20.11.1991	z-Park
50 3540	Stendal	19.11.1981 – 20.10.1987	z-Park
50 3551	Stendal	30.10.1981 – 29.05.1985	Glauchau (Sachs)
50 3554	Magdeburg	18.10.1978 – 07.08.1980	Wismar
50 3563	Glauchau (Sachs)	04.11.1986 – 21.12.1986	Reichenbach (Vogtl)
50 3565	Dresden	18.10.1983 – 02.03.1984	Karl-Marx-Stadt
	Karl-Marx-Stadt	12.03.1984 – 22.10.1984	Dresden
50 3576	Glauchau (Sachs)	14.10.1988 – 30.09.1991	verkauft
50 3581	Salzwedel	27.09.1978 – 10.05.1990	Karl-Marx-Stadt
50 3603	Dresden	19.10.1984 – 30.09.1991	Dresden
50 3636	Dresden	13.03.1986 – 08.05.1988	Dresden
50 3646	Karl-Marx-Stadt	30.10.1986 – .11.1986	Karl-Marx-Stadt
50 3647	Karl-Marx-Stadt	04.01.1986 – 28.12.1986	z-Park
50 3657	Oebisfelde	01.10.1978 – 10.03.1981	Dresden
	Dresden	24.03.1981 – 29.07.1982	Glauchau (Sachs)
	Glauchau (Sachs)	06.08.1982 – 22.05.1985	Glauchau (Sachs)
50 3658	Güsten	01.10.1978 – 26.06.1981	Reichenbach (Vogtl)
50 3668	Magdeburg	31.05.1978 – 01.06.1980	Wittenberge
50 3673	Halberstadt	24.06.1978 – 12.03.1982	Karl-Marx-Stadt
	Karl-Marx-Stadt	05.05.1982 – 01.06.1982	Dresden
50 3689	Karl-Marx-Stadt	21.11.1986 – 20.01.1987	Reichenbach (Vogtl)

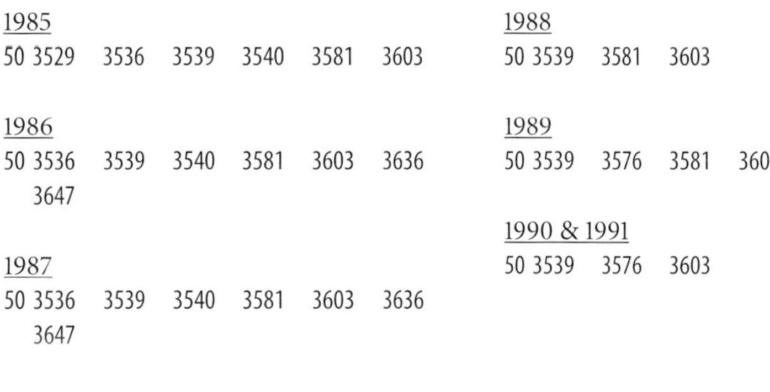

1985
50 3529 3536 3539 3540 3581 3603

1986
50 3536 3539 3540 3581 3603 3636 3647

1987
50 3536 3539 3540 3581 3603 3636 3647

1988
50 3539 3581 3603

1989
50 3539 3576 3581 3603

1990 & 1991
50 3539 3576 3603

△ **Bild 230** • In Nossen gab es den glücklichen Umstand, dass die Freunde der Eisenbahnfotografie direkt vom Bahnsteig aus einen Blick in das Bahnbetriebswerk hatten und es entsprechend auch immer etwas zu sehen gab! Wie hier 50 3540 am 4. Oktober 1980. Aufnahme: U. Schmidtke, Sammlung Gunter von Hartwig

△ **Bild 231** • 50 3539 wurde nach dem Ende des planmäßigen Dampflokeinsatzes im Bw Nossen noch als Heizlok verwendet, hier aufgenommen im Jahr 1988. Interessant ist der sehr hohe Schornsteinaufsatz, der das Lokschuppendach weit überragt. AUFNAHME: REINER HEINRICH

△ **Bild 232** • Nicht mehr benötigte Dampflokomotiven wurden in Nossen entweder auf dem Gelände des hiesigen Bahnbetriebswerkes oder im Bereich des ehemaligen Schmalspurbahnhofes abgestellt. Dort befanden sich im Herbst 1980 die 50 3658 sowie 58 1042. Die Reko-50 wird im Juni 1981 noch die Beheimatung wechseln und dem Bw Reichenbach (Vogtl) überstellt, während sie heute als Blickfang auf einem Golfplatz in Biblis-Wattenheim dient. Wer hätte das im Jahr 1980 gedacht?

▽ **Bild 233** • Auch 50 3673 stand im Herbst 1980 in Nossen „am Rand". Sie blieb – bis auf ein zweimonatiges Gastspiel von März bis Mai 1982 in Karl-Marx-Stadt – noch bis Juni 1982 im Nossener Bestand und wechselte dann nach Dresden. Die Lok ist übrigens erhalten geblieben und befindet sich – Stand August 2023 – in Italien.

Aufnahmen (2): Rainer Schulz, Sammlung Danny Teuchert

△ **Bild 234** • Direkt aus der „Lokschmiede" Henschel & Sohn in Kassel wurde 52 6666 am 28. Oktober 1943 an das Bw Nossen geliefert. Unmittelbar nach der Ankunft in ihrem ersten Beheimatungs-Bw entstand diese Aufnahme der Lok, die bis heute erhalten geblieben ist und in Berlin-Schöneweide vom Verein Dampflokfreunde Berlin e. V. gepflegt wird.

AUFNAHME: WERNER HUBERT, SAMMLUNG ANDREAS LESCHNIOWSKI

7.7 Die Baureihe 52

Zwischen dem 20. Oktober und dem 21. November 1943 trafen direkt von der Firma Henschel & Sohn aus Kassel die fabrikneuen 52 6665, 52 6666, 52 6667, 52 6668, 52 6669, 52 6670, 52 6675 und 52 6676 zur Beheimatung im Bw Nossen ein. Zum Einsatz kamen die Loks vor Güterzügen auf den Strecken Nossen – Roßwein – Hainichen – Chemnitz-Hilbersdorf, Nossen – Riesa, Nossen – Freiberg (Sachs), Nossen – Meißen – Coswig (bei Dresden), Nossen – Döbeln – Großbothen und Döbeln – Chemnitz-Hilbersdorf. Von vier Nossener 52er liegen die Laufleistungen vom Dezember 1943 vor:

Lok	Einsatztage	Laufleistung
52 6665	30	5.789 km
52 6668	5	1.712 km
52 6670	24	3.909 km
52 6675	30	4.742 km

Im Jahr 1944 kamen die werksneuen 52 1575 von der Maschinenfabrik Esslingen (am 31.03.1944) und 52 3270 (am 12.06.1944) von der Lokomotivfabrik Arnold Jung in Jungenthal (Kirchen/Sieg) dazu, sodass zum 1. Juli 1944 zehn Maschinen der Baureihe 52 im Bw Nossen beheimatet waren. Diesen Bestand erhöhte noch 52 6300, die am 13. August 1944 vom Bw Dresden-Altstadt nach Nossen umbeheimatet wurde. Im Spätherbst 1944 gab das Bw Nossen die 52 6670 an das Bw Oppeln (RBD Oppeln) nach Oberschlesien und 52 1575 in die RBD Stuttgart zum Bw Rottweil ab. Kurz vor dem Ende des Zweiten Weltkriegs traf noch 52 6912 vom Bw Liegnitz (RBD Breslau) in Nossen ein. Am 25. Juli 1945 waren somit zehn Maschinen der Baureihe 52 im hiesigen Bahnbetriebswerk vorhanden. Dieser Bestand war nicht von langer Dauer, denn in der Zeit vom 23. September bis zum 8. Dezember 1945 wurden folgende Lokomotiven abgegeben:

- an das Bw Berlin-Karlshorst: 52 6667,
- an das Bw Chemnitz-Hilbersdorf: 52 3270, 52 6162 und 52 7338,
- an das Bw Riesa: 52 6669 und 52 6676.

Somit waren am 24. Februar 1946 noch 52 2819, 52 6666, 52 6912, 52 6127 und 52 7009 in Nossen beheimatet. Doch auch diesen Maschinen blieb nicht mehr viel Zeit in diesem Bw. Zwischen dem 31. März und dem 30. Oktober wurden vier der fünf 52er umbeheimatet:

- 52 6666 zum Bw Chemnitz-Hilbersdorf,
- 52 6912 zum Bw Leipzig-Wahren,
- 52 7009 zum Bw Dresden-Friedrichstadt
- 52 2819 zum Bw Zwickau.

Als letzte Vertreterin ihrer Baureihe 52 verließ 52 6127 im September 1947 das Nossener Bahnbetriebswerk – die Lok fand im Bw Senftenberg eine neue Beheimatung. Zwar kam am 25. Juli 1974 mit

Loknr.	Zugang vom Bw	beheimatet von – bis	Abgabe zum Bw
52 1575	[Neuanlieferung]	31.03.1944 – 19.12.1944	Rottweil
52 1646	Riesa	28.05.1970 – 31.05.1970	KMS-Hilbersdorf
52 2819	?	.07.1945 – .04.1946	Kolonne 14 (Zwickau)
52 3270	[Neuanlieferung]	12.06.1944 – 19.10.1945	Chemnitz-Hilbersd.
52 4542	?	01.12.1944 – 08.12.1945	Kolonne 12 (Hilbersd.)
52 5817	Dresden	25.07.1974 – 02.07.1977	z-Park, +28.10.1977
52 6127	?	.10.1945 – .09.1947	Senftenberg (z-Park)
52 6144	? (Osteinsatz)	. .1944 – .01.1945	?
52 6162	Schwerin (Meckl)	01.10.1945 – 08.10.1945	Kolonne 12 (Hilbersd.)
52 6206	Dresden	10.09.1969 – 12.09.1969	Riesa
52 6300	Dresden-Altstadt	13.08.1944 – 31.03.1945	Chemnitz-Hilbersdorf
	Chemnitz-Hilbersdf	12.09.1945 – 04.02.1946	Chemnitz-Hilbersdorf
52 6665	[Neuanlieferung]	28.10.1943 – 17.04.1945	?
52 6666	[Neuanlieferung]	28.10.1943 – 10.05.1946	Chemnitz-Hilbersdorf
52 6667	[Neuanlieferung]	.10.1943 – . .1945	Kolonne 2 (Karlshorst)
52 6668	[Neuanlieferung]	30.10.1943 – 17.04.1945	?
52 6669	[Neuanlieferung]	20.10.1943 – 23.09.1945	Riesa
52 6670	[Neuanlieferung]	05.11.1943 – 24.11.1944	Oppeln
52 6675	[Neuanlieferung]	21.11.1943 – 05.03.1945	Bln-Lichtenberg
52 6676	[Neuanlieferung]	09.11.1943 – 23.09.1945	Riesa
52 6912	Liegnitz	07.03.1945 – 31.03.1946	Leipzig-Wahren
52 7009	?	.07.1945 – 30.10.1946	Dresden-Friedrichstadt
52 7338	?	.01.1945 – 08.12.1945	Kolonne 12 (Hilbersd.)

Bild 235 ▷ Am 17. September 1988 stehen 52 8043 und 52 8176 im Bw Nossen. Sie kamen als Wärmespender in der Lokeinsatzstelle Freiberg (Sachs) zum Einsatz.

Aufnahme: Rainer Heinrich

52 5817 aus Dresden nach 29 Jahren wieder eine 52-Altbau nach Nossen, sie wurde aber nur als Heizlok für den Lokschuppen eingesetzt und am 2. Juli 1977 in den z-Park überstellt.

Der Bestand an Loks der Baureihe 52 jeweils zum 1. Juli des angegebenen Jahres:

1944
52 1575 3270 6665 6666 6667 6668 6669 6670 6675 6676

1945
52 2819 3270 4542 6666 6669 6676 6912 7009 7338

1946
52 6127 7009

1947
52 6127

1975 bis 1977
52 5817

7.8 Die Baureihe 52^{80}

Das Bw Nossen führte zwischen Januar 1986 und November 1991 insgesamt vier Loks der Baureihe 52^{80} in seinen Bestandslisten. Aus Karl-Marx-Stadt trafen im Januar 1986 die 52 8127 und 52 8176 in Nossen ein, am 9. Dezember 1986 folgte noch 52 8043 aus Kamenz. Im Juni 1988 wurden 52 8043 und 52 8176 im Raw Meiningen zu provisorischen mobilen Heizanlagen (pmH) umgebaut und kamen anschließend als „Wärmespender" in der Nossener Lokeinsatzstelle Freiberg (Sachs) zum Einsatz. Aus Bautzen kommend traf am 11. September 1988 die 52 8149 – ebenfalls nur noch eine pmH – in Nossen ein. Sie sollte als Reserve für die beiden in Freiberg (Sachs) eingesetzten Maschinen dienen, was aber nie geschah. Am 10. Mai 1990 gab man sie nach Karl-Marx-Stadt ab.

Loknr.	Zugang vom Bw	beheimatet von – bis	Abgabe zum Bw
52 8043	Kamenz	09.12.1986 – 20.11.1991	z-Park
52 8127	Karl-Marx-Stadt	04.01.1986 – 10.05.1987	z-Park
52 8149	Bautzen	11.09.1988 – 10.05.1990	Karl-Marx-Stadt
52 8176	Karl-Marx-Stadt	06.01.1986 – 20.11.1991	z-Park

Der Bestand an 52^{80} im Bw Nossen jeweils zum Stichtag 1. Juli:

1986
52 8127 8176

1987 & 1988
52 8043 8176

1989
52 8043 8149 8176

1990 & 1991
52 8043 8176

△ **Bild 236** • So stellte sich die Situation für die Heizlokomotiven in der Nossener Lokeinsatzstelle Freiberg (Sachs) dar: Am 6. Juli 1986 ist 52 8127 an das dortige System angebunden und sorgt für warmes Wasser.

Aufnahme: Volker Lukas, Sammlung A. Zika

◁ **Bild 237**
Im Jahr 1929 steht 55 1728 abfahrbereit mit einem Personenzug nach Riesa im Bahnhof Nossen.

AUFNAHME: SAMMLUNG MANFRED MEYER

7.9 Die Baureihe 55[16-22]

Die ersten Beheimatungen von Güterzuglokomotiven der Baureihe 55 (preußische G 8) in Nossen sind mit 55 2117 im Jahr 1926 und 55 1618 im Jahr 1927 in den Unterlagen vermerkt. Zum Stichtag 1. November 1936 befanden sich folgende Maschinen dieser Baureihe im Nossener Bestand:

55 1607 1760 1782 1899 1907 2116 2117

Stationiert waren diese Loks im Lokbahnhof Bienenmühle, wo sie Personen- und Güterzüge auf der Strecke Freiberg (Sachs) – Bienenmühle – Moldau bespannten. Der Bahnhof Moldau (heute: Moldava/Tschechien) war bis 1945 Grenzbahnhof zwischen Sachsen und Böhmen. Die Strecke Freiberg (Sachs) – Moldau war wegen des hohen Zugverkehrs zwischen Freiberg (Sachs) und Lichtenberg (Erzgeb) bis 1945 zweigleisig ausgebaut. Zwischen 1936 und 1940 bespannten Maschinen der Baureihe 55 (gemäß Güterkursbuch und Buchfahrplänen der Deutschen Reichsbahn-Gesellschaft bzw. der Deutschen Reichsbahn) folgende Züge bzw. waren „Lz" unterwegs:

N 8247	Bienenmühle – Freiberg (Sachs)
N 8238	Freiberg (Sachs) – Bienenmühle
N 8241	Moldau – Freiberg (Sachs)
Gmp 8248	Freiberg (Sachs) – Bienenmühle
N 8252	Bienenmühle – Moldau
N 8253	Moldau – Bienenmühle
N 8240	Bienenmühle – Moldau
N 8257	Moldau – Bienenmühle
Lg 10094	Bienenmühle – Moldau
Lg 10096	Bienenmühle – Moldau
Lg 10100	Bienenmühle – Moldau
Lg 10102	Bienenmühle – Moldau
Lz 14183	Moldau – Bienenmühle
Lz 14193	Moldau – Bienenmühle
Lz 14201	Moldau – Bienenmühle
Lz 14209	Moldau – Bienenmühle

Die Leerwagenzüge verkehrten täglich von Chemnitz-Hilbersdorf (Lg 10098/

◁ **Bild 238**
Im September 1936 wartet 55 1907 im Bahnhof Holzhau auf die Weiterfahrt zum Grenzbahnhof Moldau. Diese Lok war bis zum 31. Dezember 1936 in Nossen beheimatet und im Lokbahnhof Bienenmühle stationiert. Von hier aus bespannte sie Güterzüge nach Freiberg (Sachs) und nach Moldau.

AUFNAHME: SAMMLUNG MATTHIAS HENGST

10102), Flöha (Lg 10094/10100) und Freiberg (Lg 10096) für den Kohleverkehr über Bienenmühle – Moldau nach Brüx (heute: Most/Tschechien) ins Nordböhmische Becken.

Am 1. Januar 1937 erhielt der Lokbahnhof Freiberg (Sachs) den Status eines eigenständigen Bahnbetriebswerkes. In diesem Zusammenhang wechselte der Lokbahnhof Bienenmühle mit seinen Maschinen der Baureihe 55 aus der Verantwortung des Bw Nossen zum nunmehrigen Bw Freiberg (Sachs).

Durch die Abgabe von Lokomotiven der Baureihe 38^{2-3} von Freiberg (Sachs) nach Kamenz, Riesa und Nossen zwischen 1940 und 1941 übernahmen die 55er ab dem Sommerfahrplan 1940 auch alle Reisezugleistungen zwischen Freiberg (Sachs) und Moldau. Sie wurden darin ab August 1941 von der Baureihe 86 wieder abgelöst.

7.10 Die Baureihe $55^{25\text{-}56}$

Nur kurz und auch nur mit einer Lok dieser Baureihe währte die Einsatzzeit der Baureihe $55^{25\text{-}56}$ im Bw Nossen. Am 15. September 1946 traf 55 3743 aus Döbeln in Nossen ein. Sie wurde nach knapp acht Monaten am 7. Mai 1947 nach Dresden-Friedrichstadt abgegeben. Auf eine separate tabellarische Übersicht über die Beheimatung dieser Einzelgängerin soll ausnahmsweise verzichtet werden …

Loknr.	Zugang vom Bw	beheimatet von – bis	Abgabe zum Bw
55 1607	Pirna	27.01.1934 – 31.12.1937	Freiberg (Sachs)
55 1618	Dresden-Friedrichstadt	01.08.1927 – 04.12.1929	Pirna
55 1760	-	. .1936 – 31.12.1936	Freiberg (Sachs)
55 1782	-	. .1936 – 31.12.1936	Freiberg (Sachs)
55 1899	-	. .1936 – 31.12.1936	Freiberg (Sachs)
55 1907	-	. .1936 – 31.12.1936	Freiberg (Sachs)
55 2116	-	. .1936 – 31.12.1936	Freiberg (Sachs)
55 2117	Wesel	21.10.1926 – 31.12.1936	Freiberg (Sachs)
55 2887	Bautzen	.07.1945 – .10.1946	Freiberg (Sachs)
55 3743	Döbeln	15.09.1946 – 07.05.1947	Dresden-Friedrichstadt

7.11 Die Baureihe 56^1

Im Zusammenhang mit der 1947 durchgeführten Gattungsbereinigung bekam die Rbd Dresden in jenem Jahr auch 58 Lokomotiven der Baureihe 56^1 (preußische G 8^3) aus den Reichsbahndirektionen Berlin (47 Loks), Cottbus (4 Loks), Greifswald (3 Loks), Magdeburg (eine Lok) und Schwerin (3 Loks) zugewiesen. Dem Bahnbetriebswerk Riesa wurden davon 22 Maschinen zugeteilt, von denen es ab Januar 1948 die 56 112, 56 129, 56 131, 56 161, 56 162, 56 172, 56 173, 56 175 und 56 183 nach Nossen abgab. Die letzte dieser 56^1 aus Riesa traf am 26. Juli 1948 in Nossen ein.

Vom Bw Berlin-Rummelsburg wurde am 23. Juni 1948 noch 56 128 zur Beheimatung nach Nossen überführt, so dass zum 1. Juli 1948 neun 56^1 im dortigen Bahnbetriebswerk beheimatet waren. Zum Einsatz kamen sie im Güterzugdienst auf den Strecken Nossen – Meißen – Dresden-Friedrichstadt, Nossen – Riesa, Nossen – Döbeln – Großbothen – Engelsdorf, Nossen – Freiberg (Sachs) und Nossen – Roßwein – Hainichen – Karl-Marx-Stadt-Hilbersdorf.

Zwischen dem 1. August 1948 und dem 27. März 1949 trafen 56 107 und 56 122 vom Bw Döbeln sowie 56 135 und 56 143 vom Bw Riesa in Nossen ein, während 56 129 am 12. September 1948 und 56 183 am 6. Januar 1949 nach Riesa abgegeben wurden.

Von 1949 bis 1952 waren immer zwölf bis 13 Vertreterinnen der Baureihe 56^1 im Bw Nossen beheimatet. Erst durch die Beheimatung von Maschinen der Baureihe 58 in Nossen und der Übernahme der bisherigen 56^1-Leistungen durch diese Loks ging der Bestand an preußischen G 8^3 im hiesigen Bahnbetriebswerk zurück. Zwischen dem 31. Dezember 1952 und dem 24. März 1953 verließen folgende 56^1 das Bw Nossen:

- 56 112, 56 131 und 56 163 zum Bw Riesa,
- 56 143 zum Bw Bad Schandau,
- 56 153 zum Bw Dresden-Friedrichstadt.

▽ **Bild 239** • Zum Bestand des Bw Nossen gehörte auch die hier am 21. November 1960 im Bahnhof Coswig (Bez. Dresden) aufgenommene 56 128. Sie kam vom Lokbahnhof Meißen aus zum Einsatz. Aufnahme: Günter Kielstein, Sammlung Matthias Hengst

△ **Bild 240** • „Rbd Dresden", „Bw. Nossen" – so steht es am Führerhaus der 56 157 angeschrieben. Auch diese Maschine, hier aufgenommen im Jahr 1956, war Planlok im Lokbahnhof Meißen.

Aufnahme: Starke, Sammlung Andreas Leschniowski

Zum 1. Januar 1956 übernahm das Bw Nossen vom Bw Dresden-Friedrichstadt den Lokbahnhof Meißen. Dadurch wechselten auch die dort stationierten 56 157, 56 164 und 56 173 in den Nossener Lokbestand. Im Sommerfahrplan 1958 kamen von Nossen aus neun 56^1 in folgenden Dienstplänen zum Einsatz:

Plan 05, 5 × Baureihe 56^1
56 112, 56 114, 56 116, 56 130, 56 159

Plan 06 (Rangierplan), 1 × Baureihe 56^1
56 128

Plan 08 (Lkbf Meißen), 3 × Baureihe 56^1
56 157, 56 164, 56 173

Die Meißener 56^1 kamen im Rangierdienst in den Bahnhöfen Meißen und Coswig (Bez Dresden) zum Einsatz. Weitere Leistungen der Meißener Loks waren Übergabezüge von Meißen nach Meißen-Triebischtal, Coswig (Bez Dresden), Niederau, Radebeul-Naundorf, Radebeul-West und Neusörnewitz.

Im Winterfahrplan 1958/59 kamen planmäßig 56 131, 56 137, 56 164 und 56 173 zum Einsatz. Mit Beginn des Sommerfahrplans 1959 wurden in Nossen bereits nur noch drei 56^1 planmäßig benötigt. Dies waren 56 157, 56 164 und 56 173. Von einigen Nossener 56^1 liegen die Laufleistungen vom Juli 1959 vor.

Lok	Einsatztage	Laufleistung
56 112	2	289 km
56 114	25	5.181 km
56 116	30	6.074 km
56 130	29	6.096 km
56 137	4	672 km
56 159	30	6.009 km
56 162	12	1.998 km
56 173	30	4.826 km

Durch den Einsatz der Baureihe 58 wurden immer weniger 56^1 für den Plandienst benötigt, sodass diese Loks zunächst „arbeitslos" an den Rand gestellt und dann an andere Bahnbetriebswerke abgegeben wurden. Das Bw Nossen verließen:

- zum Bw Gera:
  56 116 (am 04.09.1961),
  56 130 (am 14.08.62),
  56 137 (am 14.12.62),
- zum Bw Karl-Marx-Stadt-Hilbersdorf:
  56 131 (am 03.07.61),
- zum Bw Reichenbach (Vogtl):
  56 164 (am 30.09.61),
- zum Bw Werdau:
  56 106 (am 11.05.62).

56 122 kam am 30. Januar 1963 und 56 128 im April 1963 in den z-Park. Vom 23. November 1964 bis zum 19. April 1965 weilte noch einmal eine 56^1 – 56 138 vom Bw Werdau – in Nossen. Sie wurde im Anschluss nach Reichenbach (Vogtl) umbeheimatet.

Der Bestand der Baureihe 56^1 des Bw Nossen, jeweils zum 1. Juli:

1948
56 112 128 131 161 172 173
175 183

1949
56 107 112 122 128 131 135
143 162 172 173 175

1950
56 112 128 129 131 143 159
161 162 172 173 175

1951
56 107 113 126 128 131 139
143 159 163 172 175

1952
56 107 112 113 128 130 139
143 153 159 163 172

1953
56 107 113 128 130 139 159
172

1954
56 112 119 128 130 139 159
172

1955
56 112 116 119 130 137 159

1956
56 112 114 116 119 128 130
137 157 159 164 173

1957
56 106 112 114 116 128 130
137 139 157 159 162 164
173

1958
56 112 114 116 128 130 137
157 159 162 164 173

1959
56 112 114 116 128 130 131
137 157 159 162 164 173

1960
56 116 122 126 128 130 131
137 159 162 164 173

1961
56 106 116 128 130 131 137
164

1962
56 128 130 137

1965
56 138

Loknr.	Zugang vom Bw	beheimatet von – bis	Abgabe zum Bw
56 106	Dresden-Friedrichst.	28.06.1957 – .03.1958	KMS-Hilbersdorf
	Freiberg (Sachs)	11.01.1961 – 11.05.1962	Werdau (Sachs)
56 107	Döbeln	07.12.1948 – 11.05.1950	Riesa
	Riesa	10.03.1951 – 31.03.1954	Riesa
56 112	Riesa	19.02.1948 – 23.09.1950	Riesa
	Riesa	06.01.1951 – 31.12.1952	Riesa
	Riesa	01.05.1954 – 03.09.1959	Dresden-Friedrichst.
56 113	Freiberg (Sachs)	02.03.1951 – 02.09.1953	Riesa
	Freiberg (Sachs)	30.11.1956 – 04.01.1957	Freiberg (Sachs)
56 114	Dresden-Friedrichst.	15.08.1954 – 03.10.1962	Gera
56 116	Görlitz	27.08.1954 – 04.09.1961	Gera
56 119	Riesa	11.12.1953 – 06.10.1955	Dresden-Friedrichst.
56 122	Döbeln	27.03.1949 – 22.08.1950	Chemnitz-Hilbersdf
	K.-M.-Stadt-Hilbersd.	30.06.1960 – 30.01.1963	z-Park
56 126	Döbeln	03.08.1950 – .06.1952	Dresden-Friedrichst.
	Riesa	26.01.1960 – 28.06.1961	z-Park, verk. 07/1962
56 128	Bln-Rummelsburg	23.06.1948 – 23.04.1955	Riesa
	Bad Schandau	05.06.1956 – 24.04.1963	z-Park, +14.07.1967
56 129	Riesa	03.01.1948 – 12.09.1948	Riesa
	Riesa	17.05.1950 – 16.05.1951	Chemnitz-Hilbersd.
56 130	Schwarzenberg	17.11.1951 – 14.08.1962	Gera
56 131	Riesa	09.01.1948 – 23.02.1953	Riesa
	Dresden-Friedrichstadt	01.10.1958 – 03.07.1961	KMS-Hilbersdorf
56 135	Riesa	01.08.1948 – 18.10.1949	Freiberg (Sachs)
56 137	Werdau (Sachs)	04.12.1954 – 14.12.1962	Gera
56 138	Werdau (Sachs)	23.11.1964 – 19.04.1965	Reichenbach (Vogtl)

Loknr.	Zugang vom Bw	beheimatet von – bis	Abgabe zum Bw
56 139	Dresden-Friedrichstadt	02.06.1951 – 23.12.1954	Greiz
	Dresden-Friedrichstadt	25.05.1957 – 13.03.1958	Freiberg (Sachs)
56 143	Riesa	12.10.1948 – 31.07.1950	Döbeln
	Chemnitz-Hilbersdorf	19.05.1951 – 09.02.1953	Bad Schandau
56 153	Aue (Sachs)	24.04.1952 – 24.03.1953	Dresden-Friedrichst.
56 157	Dresden-Friedrichstadt	04.01.1956 – 11.09.1959	Gera
56 159	Riesa	26.05.1947 – 31.07.1951	Döbeln
	Döbeln	25.10.1951 – 01.11.1960	K.-M.-Stadt-Hilbersdf.
56 161	Riesa	29.04.1948 – 12.09.1948	Riesa
	Riesa	09.03.1950 – 22.03.1951	Freiberg (Sachs)
56 162	Riesa	26.07.1948 – 22.08.1950	Chemnitz-Hilbersdf
	K.-M.-Stadt-Hilbersd.	30.04.1957 – 13.10.1957	?
	?	10.12.1957 – 28.06.1961	z-Park, +28.11.1962
56 163	Riesa	09.04.1951 – 31.12.1952	Riesa
56 164	Dresden-Friedrichst.	04.01.1956 – 30.09.1961	Reichenbach (Vogtl)
56 171	Freiberg (Sachs)	22.08.1952 – 06.02.1953	Döbeln
	Döbeln	09.08.1953 – 20.03.1954	Riesa
56 172	Riesa	17.01.1948 – 30.04.1955	Dresden-Friedrichst.
56 173	Riesa	29.01.1948 – 07.04.1951	Riesa
	Riesa	01.08.1952 – 23.03.1953	Dresden-Friedrichst.
	Dresden-Friedrichst.	04.01.1956 – 28.12.1960	z-Park, +17.11.1962
56 175	Riesa	02.01.1948 – 31.07.1951	Döbeln
	Döbeln	22.07.1952 – 22.04.1953	Riesa
56 177	Döbeln	02.10.1948 – 21.03.1949	Riesa
	Riesa	21.09.1952 – 11.01.1953	Dresden-Friedrichst.
56 183	Riesa	20.02.1948 – 06.01.1949	Riesa

7.12 Die Baureihe 56^{33-42} (ex PKP Tr11)

Von Mai bis Juli 1945 war die Güterzuglok 56 3398 – eine Vertreterin der Reihe Tr11 der Polnischen Staatsbahn/PKP) – im Bw Nossen abgestellt. Die Maschine wurde 1913 von der Lokomotivfabrik der StEG (der privaten Österreichisch-ungarischen Staatseisenbahn-Gesellschaft) – der „k. k. landesbefugten Maschinen-Fabrik“ in Wien – gebaut. Vom weiteren Verbleib der Lok ist nichts bekannt.

7.13 Die Baureihe $56^{39\ 40}$ (ex PKP Tr21)

Zu den „Exoten“ unter den Lokomotiven, die im Bw Nossen beheimatet waren, gehören mit Sicherheit auch 56 3909 und 56 4000. Diese beiden Maschinen finden sich von Mai 1945 bis Februar 1948 in den Bestandslisten des Bahnbetriebswerkes. Ob die Loks allerdings zum Einsatz kamen, ist nicht bekannt. 56 3909 wurde 1922 bei der Lokomotivfabrik der StEG in Wien gebaut, während 56 4000 im Jahr 1925 in den Werkhallen der Lokomotivfabrik in Chrzanów (Polen) gefertigt wurde. Beide Loks kamen bei der Polnischen Staatsbahn als Reihe Tr21 zum Einsatz. Die Maschinen sind zwischen dem 21. August 1947 und dem 20. Februar 1948 in den z-Park überstellt worden.

7.14 Die Baureihe 57^{10-35}

Die Baureihe 57^{10-35} (preußische G 10) war zwischen 1934 und 1940 neben der 38^{2-3} mit stets zehn bis 15 Maschinen die zahlenmäßig am höchsten vertretenste Lokbaureihe im Bw Nossen. Als erste 57^{10-35} ist in den dortigen Bestandsunterlagen die 57 3301 vermerkt. Sie traf am 27. Februar 1928 aus Probstzella in Nossen ein. Zwischen dem 27. August 1930 und dem 22. März 1933 folgten noch:

- 57 1065, 57 1166 und 57 1170 (alle vom Bw Dresden Friedrichstadt),
- 57 1363 und 57 1497 (beide von Halle G),
- 57 3035

Bis zum Herbst 1936 erhöhte sich der Bestand an 57^{10-35} auf 15 Lokomotiven. Am 1. November 1936 waren von dieser Baureihe im Bw Nossen beheimatet:

57 1166 1170 1363 1447 1448 1497
1649 1653 2688 3035 3106 3107
3114 3127 3301

Die aufgeführte 57 1363 war im Lokbahnhof Freiberg (Sachs) stationiert und kam auf der Strecke Freiberg (Sachs) – Bienenmühle – Moldau im Güterzugdienst zum Einsatz. Die Nossener 57^{10-35} bespannten Güterzüge auf den Strecken Nossen –

Loknr.	Zugang vom Bw	beheimatet von – bis	Abgabe zum Bw
57 1065	Dresden-Friedrichstadt	05.02.1932 – 18.10.1934	Pirna
57 1166	Dresden-Friedrichstadt	05.02.1932 – 14.02.1939	Pirna
57 1170	Dresden-Friedrichstadt	05.02.1932 – 25.03.1938	Passau
57 1363	Halle G	01.11.1936	nur Stichtag erfasst
57 1447	?	01.11.1936	nur Stichtag erfasst
57 1448	?	01.11.1936	nur Stichtag erfasst
57 1497	Halle G	22.03.1933 – 28.03.1936	Chemnitz-Hilbersdorf
	Chemnitz-Hilbersdorf	02.11.1936 – 21.09.1939	Tetschen
57 1649	?	01.11.1936 – 31.05.1937	nur Stichtage erfasst
57 1653	?	27.08.1930 – 31.05.1937	nur Stichtage erfasst
57 2548	Bertrix (Belgien)	07.09.1940 – 04.08.1941	Aussig (Elbe)
57 2688	?	01.11.1936 – 31.05. 1937	nur Stichtage erfasst
57 3035	?	vor 11.1936 – 31.05.1937	nur Stichtage erfasst
57 3106	?	01.11.1936 – 31.05.1937	nur Stichtage erfasst
57 3107	?	01.11.1936 – 31.05.1937	nur Stichtage erfasst
57 3114	?	01.11.1936 – 31.05.1937	nur Stichtage erfasst
57 3127	?	01.11.1936 – 31.05.1937	nur Stichtage erfasst
57 3142	?	August 1939	nur Stichtag erfasst
57 3301	Probstzella	27.02.1928 – 10.04.1940	Troisdorf

◁ **Bild 241**
Im Jahr 1930 stehen 57 1363 und 71 335 vor dem Lokschuppen in Nossen. Die 57 1363 wurde am 1. Januar 1937 vom Bw Nossen zum neugegründeten Bw Freiberg (Sachs) umbeheimatet.

Roßwein – Hainichen – Chemnitz-Hilbersdorf, Nossen – Riesa, Nossen – Meißen – Coswig (Bez Dresden), Nossen – Döbeln – Großbothen, Nossen – Freiberg (Sachs) und Döbeln – Chemnitz-Hilbersdorf.

Zu den dabei gefahrenen Leistungen gehörten z. B. im Sommer 1940 folgende Züge:

Ng 8217	Nossen – Riesa
Gmp 8218	Riesa – Nossen
Gmp 8222	Riesa – Nossen
Ng 8221	Nossen – Lommatzsch
Ng 8220	Lommatzsch – Nossen
Ng 8226	Nossen – Freiberg (Sachs)
Ng 8227	Freiberg (Sachs) – Nossen
Ng 8228	Nossen – Freiberg (Sachs)
Ng 8229	Freiberg (Sachs) – Nossen

Beginnend im März 1938 wurden alle 57^{10-35} aus Nossen abgezogen und ab August 1941 durch Maschinen der Baureihe 50 ersetzt.

7.15 Die Baureihe 58

Die Beheimatung von Güterzuglokomotiven der Baureihe 58 im Bw Nossen begann am 10. Dezember 1932 mit der Zuteilung der 58 1358, die an jenem Tag vom Bw Riesa kommend in Nossen eintraf. Sie blieb überraschend lange eine Einzelgängerin, denn erst am 28. September 1933 folgte ihr die 58 1110 – ebenfalls vom Bw Riesa. Diese Lok blieb jedoch nicht lange in Nossen. Bereits am 1. März 1934 verließ

◁ **Bild 242**
Aus dem Jahr 1929 stammt diese Aufnahme einer unbekannten G 12 in Nossen. Äußerst „lässig" lehnt der Herr an der Lokomotive …

Aufnahmen (2): Sammlung Andreas Rasemann

sie das hiesige Bahnbetriebswerk und fand eine neue Heimat im Bw Schneidemühl Vbf (Verschiebebahnhof) in der RBD Osten. 58 1358 blieb derweil bis 1939 im Bw Nossen.

Es dauerte weitere zweieinhalb Jahre, bis die nächsten Vertreterinnen der Baureihe 58 zur Beheimatung nach Nossen kamen. Zwischen dem 1. November 1936 und dem 31. Mai 1937 trafen 58 1039 und 58 1851 in Nossen ein. Sie leisteten ihre Dienste auf der Strecke Dresden – Nossen – Döbeln – Chemnitz. 58 1039 wurde bereits im Mai 1937 an die RBD Osten abgegeben, sodass ab jenem Monat mit 58 1358 und 58 1851 nur noch zwei Loks dieser Baureihe in Nossen beheimatet waren.

Die dominierenden Güterzuglokomotiven in den dreißiger Jahren waren die der Baureihe 57^{10-35}, von denen sich bekanntlich bis zu 15 Maschinen gleichzeitig im Nossener Lokbestand befanden. Die leistungsstarken 58er konnten sich bei dieser Überzahl nicht durchsetzen: 58 1358 wurde am 14. August 1939 nach Riesa abgegeben. Unbekannt ist, wann 58 1851 das Bw Nossen verließ.

Kurzzeitig kamen vom 27. Dezember 1940 bis zum 1. März 1941 mit 58 1378 und vom 21. März bis zum 8. August 1941 mit 58 1358 noch einmal zwei preußische G 12 von Nossen aus zum Einsatz.

Nach der Gattungsbereinigung bei der Deutschen Reichsbahn im Jahr 1947 musste das Bw Nossen zunächst mit Vertreterinnen der Baureihe 56^{1} auskommen.

△ **Bild 243** • Die Nossener 58 425 fährt im Mai 1964 mit dem Dg 6580 (Dresden-Friedrichstadt – Nossen) in den Bahnhof Meißen ein. Aufnahme: Frank Ebermann

Erst nach zwölf Jahren wurden diesem Bahnbetriebswerk wieder Lokomotiven der Baureihe 58 zugeteilt. Zwischen Januar und März 1953 trafen in Nossen ein:

- 58 1049 und 58 1378 vom Bw Riesa,
- 58 1375 vom Bw Bad Schandau,
- 58 1758 vom Bw Döbeln,
- 58 1850 vom Bw Dresden-Friedrichstadt.

Allerdings: Das G 12-Glück in Nossen hielt nicht lange an. Im Herbst 1953 verließen die Maschinen das hiesige Bahnbetriebswerk und wurden durch Vertreterinnen der Baureihe 50 ersetzt.

Die fünf 58er gelangten zu folgenden Bahnbetriebswerken:

- 58 1049, 58 1378 und 58 1758 zum Bw Riesa,
- 58 1375 und 58 1850 zum Bw Döbeln.

▽ **Bild 244** • Am 30. August 1965 gaben sich 58 403 und 38 316 im heimatlichen Bw Nossen ein „Stelldichein". Aufnahme: Max R. Delie, Sammlung Jörg Leuthardt

△ **Bild 245** • 58 421 des Bw Nossen ist im September 1965 mit einem Güterzug aus Dresden-Friedrichstadt in Deutschenbora angekommen und wartet nun auf die Weiterfahrt nach Nossen. Aufnahme: P. Saby, Sammlung Matthias Hengst

△ **Bild 246** • Im Jahr 1965 verlässt die Nossener 58 1438 mit einem Nahgüterzug nach Döbeln den Bahnhof Roßwein und hat soeben die dortige Signalbrücke passiert. Die Lok war von Dezember 1961 bis Mai 1966 in Nossen beheimatet. Aufnahme: Patzschke, Sammlung Matthias Hengst

△ **Bild 247** • Am 28. April 1966 steht 58 1850 vom Bw Nossen mit einem Güterzug nach Döbeln abfahrbereit im Bahnhof Nossen. Diese G 12 wird im November desselben Jahres in den z-Park gestellt werden.
AUFNAHME: GÜNTER KIELSTEIN, SAMMLUNG MATTHIAS HENGST

Im Sommer 1954 begann jedoch die dauerhafte Beheimatung von Lokomotiven der Baureihe 58 im Bw Nossen. Zwischen dem 6. Juni 1954 und dem 22. Mai 1955 trafen zur Beheimatung ein:

- 58 421 vom Reichenbach (Vogtl),
- 58 1535 und 58 1643 vom Bw Altenburg,
- 58 1662 und 58 2051 vom Bw Halle G,
- 58 2050 vom Bw Döbeln.

Am 11. August 1956 hat 58 2050 das Bw Nossen in Richtung Bw Karl-Marx-Stadt Hbf verlassen.

Bis zum Sommer 1958 erhöhte sich der Bestand durch die Zugänge von 58 212 (Bw Annaberg-Buchholz), 58 403 (Bw Dresden-Friedrichstadt), 58 448 und 58 451 (beide Bw Karl-Marx-Stadt-Hilbersdorf), 58 1360 (Bw Reichenbach/Vogtl), 58 1363 (Bw Döbeln) und 58 2042 (Bw Aue) auf zwölf Maschinen. Von den im Nossener Bahnbetriebswerk beheimateten 58 – sowohl preußischer als auch sächsischer und badischer Bauart – wurden sieben Loks in den folgenden Dienstplänen eingesetzt:

Plan 03, 4 × Baureihe 58:
58 212, 58 403, 58 1535 und 58 2042

Plan 04, 3 × Baureihe 58:
58 1360, 58 1662 und 58 2051

Sie bespannten Züge auf den Strecken Dresden – Nossen – Döbeln – Großbothen – Engelsdorf (b. Leipzig), Nossen – Freiberg (Sachs), Nossen – Riesa und Nossen – Roßwein – Hainichen – Karl-Marx-Stadt-Hilbersdorf. Neben den 58ern waren zu diesem Zeitpunkt auch noch elf Maschinen der Baureihe 56[1] in Nossen beheimatet, von denen sich neun Lok im täglich Plandienst befanden.

Im September 1958 gab des Bw Nossen die 58 212 nach Aue (Sachs) und im Dezember 1958 die 58 448 nach Riesa ab. Als Ersatz trafen 58 1206 am 30. Juni 1959 aus Dresden-Friedrichstadt und noch im selben Jahr die 58 1339 aus Döbeln ein.

Bild 248 ▷
Im Mai 1966 wird 58 2145 im heimatlichen Bw Nossen für den nächsten Einsatz vorbereitet. Noch im selben Monat endete für diese Maschine die Einsatzzeit und sie wurde z-gestellt. Im Hintergrund steht die ebenfalls in Nossen beheimatete 58 1132.

AUFNAHME: P. SABY, SAMMLUNG MATTHIAS HENGST

◁ **Bild 249**
58 408 im Bw Nossen, aufgenommen im Mai 1967. Diese sächsische XIII H aus dem Jahr 1919 war vom 26. November 1960 bis zum 9. August 1967 von Nossen aus im Einsatz. Am 10. August 1968 wurde sie in den z-Park überstellt.

Aufnahme: Rudi Lehmann, Sammlung Matthias Hengst

Zwischen 1961 und 1963 wurden die Maschinen der Baureihe 56[I] aus Nossen abgezogen bzw. ausgemustert. Um diese Loks zu ersetzen, trafen beginnend im Oktober 1960 bis zum Juli 1962 folgende 58er in Nossen ein:

Lok	Zugang am	vom Bw
58 408	26.11.1960	Zwickau
58 425	27.07.1962	Annaberg-Buchholz
58 446	27.07.1961	K.-M.-Stadt-Hilbersdorf
58 1040	28.03.1961	Riesa
58 1056	29.10.1960	Gera
58 1132	26.07.1961	Glauchau
58 1265	26.07.1961	Freiberg (Sachs)
58 1325	14.07.1962	Gera
58 1438	15.12.1961	Gera
58 1732	1962	Dresden-Friedrichstadt

Der Bestand an 58 in Nossen verringerte sich zwischen November 1960 und Juli 1963 um vier Maschinen. Während zwei Loks zum Bw Dresden-Friedrichstadt umbeheimatet wurden – 58 1643 am 19. Dezember 1961 und 58 1360 am 5. September 1962 –, rollte 58 1325 am 3. Juli 1963 in ihr neues Heimat-Bw nach Freiberg (Sachs) ab. Ein ganz anderes Schicksal widerfuhr 58 1339: Sie verließ das Bw Nossen am 27. November 1960 mit dem Ziel Raw Zwickau und die dortigen Werkhallen im April 1961 als 58 3041 …

Im Sommer 1963 waren 19 Maschinen der Baureihe 58 im Bw Nossen beheimatet, von denen täglich in vier Dienstplänen insgesamt 15 Loks benötigt wurden:

Plan 03: 5 Loks
Plan 04: 6 Loks
Plan 05: eine Lok (Rangierdienst im Bahnhof Nossen)
Plan 07: 3 Loks (Rangierdienst im Bahnhof Meißen)

Zum Einsatz kamen die Nossener 58er auch auf dem sogenannten „Güterring" zwischen Dresden und Leipzig. Infolge der Reparationsleistungen nach dem Zweiten Weltkrieg war das zweite Streckengleis auf den Strecken Leipzig – Riesa – Dresden und Dresden – Döbeln – Leipzig zurückgebaut worden. Deshalb wurden von Anfang der fünfziger Jahre bis 1970 die Güterzüge von Dresden nach Leipzig über Nossen – Döbeln und die

◁ **Bild 250**
Blick vom Führerstand der 58 1925 (Bw Dresden) – unterwegs mit dem Nahgüterzug 8916 (Dresden-Friedrichstadt – Riesa) – auf den im Nachbargleis entgegenkommenden Ng 8907 (Nossen – Dresden-Friedrichstadt), der an jenem Tag mit der Nossener 58 1732 bespannt war. Aufgenommen am 30. Oktober 1968.

Aufnahme: Günter Meyer, Sammlung Manfred Meyer

△ **Bild 251** • Im März 1969 legt sich 58 446 des Bw Nossen mit dem Güterzug Ng 8904 (Dresden-Friedrichstadt – Nossen) bei Meißen-Buschbad elegant in die Kurve. Die Lok wurde 1924 in der Sächsischen Maschinenfabrik vorm. Richard Hartmann in Chemnitz gebaut (Fabriknummer 4606) und war von Juli 1961 bis Mai 1969 in Nossen beheimatet. Aufnahme: Sammlung Matthias Hengst

▽ **Bild 252** • Um eine preußische G 12 handelt es sich derweil bei der hier abgebildeten 58 1511. Sie wurde bei Henschel in Kassel im Jahr 1919 gebaut und war von April 1969 bis August 1970 im Bw Nossen beheimatet. Die Aufnahme entstand im August 1969 im Bahnhof Lommatzsch. Aufnahme: Heinz Finzel, Sammlung Matthias Hengst

△ **Bild 253** • Am 14. Juni 1970 fährt 58 1023 auf die Drehscheibe im Bw Nossen. Die Lok war vom 10. August 1968 bis zum 27. Mai 1970 in diesem Bahnbetriebswerk beheimatet und wechselte dann zum Bw Riesa. Aufnahme: Wolfgang Ziemert, Sammlung Jörg Leuthardt

Rückleistungen über Riesa nach Dresden gefahren. Die 58er des Bw Nossen bespannten in diesem „Güter-Ringverkehr“ zwei Zugpaare. Im Sommerfahrplan 1963 waren es die folgenden Züge:

Ng 8903	Nossen – Dresden-Friedrichst.
Lg 10980	DD-Friedrichstadt – Engelsdorf
Dg 6225	Engelsdorf – DD-Friedrichstadt
Ng 8908	Dresden-Friedrichst. – Nossen
Ng 8909	Nossen – DD-Friedrichstadt
Lg 10952	DD-Friedrichstadt – Engelsdorf
Dg 7103	Engelsdorf – DD-Friedrichstadt
Ng 8910	Dresden-Friedrichst. – Nossen

Auf dem steigungsreichen Streckenabschnitt von Meißen nach Deutschenbora betrug die Höchstlast für die Baureihe 58 immerhin 900 t!

Ab dem Winterfahrplan 1964/65 waren im Lokbahnhof Meißen nur noch zwei 58er im Einsatz. Planloks waren damals 58 1132 und 58 1265. Ab dem 25. September 1966 wurden laut Dienstplan 08 die Meißener Lokomotiven im Rangierdienst auf den Bahnhöfen Meißen und Coswig (Bez Dresden) eingesetzt. Allerdings gehörte auch die Bespannung von Übergabezügen nach Meißen-Triebischtal und Coswig (Bez Dresden) zu den Leistungen der Meißener Maschinen. Für derlei Aufgaben waren im Jahr 1966 die 58 446 und 58 1265 als Planlokomotiven im Lokbahnhof Meißen stationiert.

Bis zum Sommer 1966 wurden die Nahgüterzüge Ng 8768 (Roßwein – Karl-Marx-Stadt-Hilbersdorf), Ng 8773 (Karl-Marx-Stadt-Hilbersdorf – Roßwein), Ng 8772 (Roßwein – Karl-Marx-Stadt-Hilbersdorf) und Ng 8769 (Karl-Marx-Stadt-Hilbersdorf – Roßwein) von Maschinen der Baureihe 58 des Bw Nossen bespannt. Ab dem 25. September 1966 übernahmen 50er und 58er des Bw Karl-Marx-Stadt-Hilbersdorf diese Leistungen.

Derweil gab es auch Bewegungen im 58er-Bestand des Bw Nossen: Am 20. April 1965 wurde 58 1056 nach Zittau abgegeben, als Ersatz traf 58 1191 aus Zwickau am 4. Mai 1966 in Nossen ein. Weitere Zugänge waren am 12. April 1967 die 58 1184 aus Freiberg (Sachs) und am 26. August 1967 die 58 1522 vom Bw Glauchau. 58 408 wurde am 9. August 1967 in den z-Park überstellt.

Somit trugen zum 1. Oktober 1967 folgende 58er die Schilder mit der Aufschrift „Bw Nossen“ an ihren Führerhäusern:

58 201 403 425 446 451 1035
1040 1041 1132 1184 1191 1206
1265 1522 1535 1570 1606 1662
1732 2051

Im Winterfahrplan 1967/68 (gültig ab 24. September 1967) bespannten diese Maschinen in vier Dienstplänen folgende Züge:

Plan 03, 5 × Baureihe 58

<u>Tag 1</u>

Dg 7111	Engelsdorf – DD-Friedrichstadt
Ng 8908	Dresden-Friedrichstadt – Nossen
Ng 8948	Nossen – Döbeln
Ng 8970	Döbeln – Leisnig
Lg 10986	Leisnig – Engelsdorf

<u>Tag 2</u>

Lz	Engelsdorf – Nossen
Ng 8982	Nossen – Roßwein
Lz	Roßwein – Berbersdorf
	Rangierdienst in Berbersdorf
Ng 8775	Berbersdorf – Roßwein
	Rangierdienst in Roßwein
Üg 15768	Roßwein – Böhrigen
Üg 15769	Böhrigen – Roßwein
Lz	Roßwein – Nossen

<u>Tag 3</u>

Lz	Nossen – Döbeln
Ng 8964	Döbeln – Großbothen
Ng 8961	Großbothen – Döbeln
Ng 8907	Döbeln – Dresden-Friedrichstadt
Ng 8910	Dresden-Friedrichstadt – Nossen

<u>Tag 4</u>

P 1539	Nossen – Dresden Hbf
Lz	Dresden Hbf – DD-Friedrichst.
Ng 8904	Dresden-Friedrichstadt – Döbeln
Ng 8968	Döbeln – Großbothen
Dg 6563	Großbothen – Döbeln
Lz	Döbeln – Nossen

△ **Bild 254 •** Noch einmal 58 1023 in ihrem ehemaligen Heimat-Bw Nossen, aufgenommen am 19. Juli 1971. Die Maschine kam als Wendelok des Bw Riesa planmäßig in ihre „alte Heimat". AUFNAHME: JOACHIM VOLKHARDT

<u>Tag 5</u>
Ng 8903 Nossen – Dresden-Friedrichstadt
Dg 7132 DD-Friedrichstadt – Engelsdorf

Plan 04, 6 × Baureihe 58
<u>Tag 1</u>
Ng 8910 Nossen – Döbeln
Ng 8943 Döbeln – Nossen
Ng 8227 Nossen – Riesa
Ng 8228 Riesa – Nossen
Ng 8229 Nossen – Riesa
Ng 8230 Riesa – Nossen

<u>Tag 2</u>
Ng 8978 Nossen – Roßwein
Ng 8766 Roßwein – Berbersdorf
Ng 8767 Berbersdorf – Roßwein
Lz Roßwein – Nossen
Ng 8216 Nossen – Freiberg
Ng 8217 Freiberg – Nossen
Ng 8909 Nossen – Dresden-Friedrichstadt

<u>Tag 3</u>
Ng 8906 Dresden-Friedrichstadt – Nossen
Ng 8966 Nossen – Großbothen
Dg 6561 Großbothen – Döbeln
P 1535 Döbeln – Nossen
Hilfszugbereitschaft in Nossen

<u>Tag 4</u>
Ng 8225 Nossen – Riesa
Ng 8226 Riesa – Nossen
Ng 8905 Nossen – Meißen
Rangieren in Meißen und Coswig

<u>Tag 5</u>
Rangieren in Meißen und Coswig
Lz Meißen – Dresden-Friedrichstadt
Dg 6570 DD-Friedrichstadt – Engelsdorf
Lz Engelsdorf – Nossen

<u>Tag 6</u>
Ng 8980 Nossen – Roßwein
Rangierdienst in Roßwein
Ug 15166 Roßwein – Böhrigen
Üg 15167 Böhrigen – Roßwein
Lz Roßwein – Nossen
P 1510 Nossen – Döbeln
Ng 8909 Döbeln – Nossen
Üg 15208 Nossen – Gleisberg-Marbach
Üg 15209 Gleisberg-Marbach – Nossen
Üg 15205 Nossen – Deutschenbora
Üg 15206 Deutschenbora – Nossen

Plan 05, 1 × Baureihe 58
Rangierdienst in Nossen
Üg 15203 Nossen – Deutschenbora
Üg 15204 Deutschenbora – Nossen

Plan 07, 2 × Baureihe 58
Rangierplan Meißen
<u>Tag 1</u>
Üg 15286 Meißen – Niederau
Üg 15287 Niederau – Coswig
Üg 15291 Coswig – Radebeul-West
Üg 15291 Radebeul-West – Coswig
Üg 15168 Coswig – Meißen

<u>Tag 2</u>
Üg 15169 Meißen – Coswig
Rangieren in Coswig
Üg 15147 Coswig – Meißen

Gemäß einer Weisung der Hauptverwaltung Maschinenwirtschaft (HvM) der Deutschen Reichsbahn vom Sommer 1967 durften keine Maschinen der Baureihe 58 in den Schadgruppen L3 und L4 mehr aufgearbeitet werden. Das wirkte sich nicht nur in den genehmigten Schadgruppen aus, sondern führte zugleich zu einer starken Reduzierung des Betriebsparkes dieser Baureihe, sofern die 58er noch nicht zu einer L0 im Raw Zwickau Aufnahme fanden. Das hatte selbstverständlich auch Auswirkungen auf den Bestand der Nossener 58er. Zwischen März und November 1968 wurden folgende Loks in den z-Park überstellt:

- 58 425 am 11. April 1968,
- 58 1184 am 28. März 1968,
- 58 1191 am 23. Oktober 1968,
- 58 1206 am 7. August 1968,
- 58 1265 am 28. November 1968,
- 58 1570 am 7. März 1968,
- 58 1662 am 25. April 1968,
- 58 2020 am 24. Oktober 1968.

Vom April 1968 liegen von den Nossener 58 die Laufleistungen vor:

Lok	Plan	Einsatzstunden	Laufleistungen
58 446	07	197	1.787 km
58 1040	03	618	4.651 km
58 1041	03	434	6.271 km
58 1132	03	450	6.687 km
58 1191	04	521	6.471 km
58 1206	04	499	6.238 km
58 1247	02	307	3.518 km
58 1265	07	538	4.730 km
58 1522	04	502	6.305 km
58 1535	03	445	6.522 km
58 1568	03	320	4.759 km
58 1606	04	506	6.290 km
58 1637	Dispo	506	5.087 km
58 1662*	04	351	4.351 km
58 1732	03	440	6.481 km
58 2020	04	246	3.432 km
58 2051	04	504	6.361 km

* Lok ab 25. April 1968 z-gestellt.

△ **Bild 255** • Am 14. Juni 1970 stehen 58 1797 und eine weitere Maschine der Baureihe 58 abgestellt im Gelände des Bw Nossen. Aufnahme: Frank Ebermann

Um den dadurch geminderten Bestand wieder aufzustocken, wurden von den Bahnbetriebswerken Adorf (Vogtl), Dresden und Pirna folgende 58er nach Nossen umbeheimatet:

- 58 1023 am 10. August 1968,
- 58 1247 am 1. März 1968,
- 58 1408 am 9. Juli 1968,
- 58 1637 am 16. März 1968,
- 58 1903 am 6. Juni 1968,
- 58 2020 am 24. Oktober 1967.

Im Sommerfahrplan 1968 kamen letztmalig 14 Lokomotiven der Baureihe 58 vom Bw Nossen aus zum Einsatz. Zum anschließenden Fahrplanwechsel am 29. September 1968 übernahm das Bw Dresden den Lokbahnhof Meißen. Die zwei in Meißen eingesetzten 58er wurden gegen Diesellokomotiven der Baureihe V 60 ausgetauscht. Der Dienstplan 04 war im Winterfahrplan 1968/69 nur noch mit vier 58ern besetzt.

Bis 1967 wurde die Hauptstrecke Leipzig – Riesa – Dresden wieder zweigleisig ausgebaut und elektrifiziert. Mit Aufnahme des durchgehend elektrischen Zugbetriebes am 31. Mai 1970 endete der bereits erwähnte Güterzug-Ringlauf Dresden – Döbeln – Leipzig – Riesa – Dresden. Das Bw Nossen bespannte in diesem Ringlauf letztmalig im Winterfahrplan 1969/70 die Durchgangsgüterzüge Dg 50382 und Dg 53667. Die im Plan 04 eingesetzten drei 58er wurden ab November 1969 allmählich durch Lokomotiven der Baureihe 50 abgelöst. Derweil kamen im Plan 03 noch bis Mai 1970 vier 58er zum Einsatz. Ihr ab 28. September 1969 gültiger Umlauf sah wie folgt aus:

Plan 03, 4 × Baureihe 58

Tag 1

Ng 61350	Dresden-Friedrichst. – Döbeln
Ng 61349	Döbeln – Dresden-Friedrichst.
Ng 61352	Dresden-Friedrichst. – Nossen
Ng 62306	Nossen – Großvoigtsberg
Lz	Großvoigtsberg – Nossen
Üg 72345	Nossen – Deutschenbora
Üg 72346	Deutschenbora – Nossen

Tag 2

Slz 3409	Nossen – Riesa
P 3052	Riesa – Nossen
Ng 62304	Nossen – Freiberg (Sachs)
Ng 63301	Freiberg (Sachs) - Nossen
Ng 61348	Nossen – Döbeln
Ng 62328	Döbeln – Großbothen
Dg 53613	Großbothen – Döbeln

Tag 3

Ng 61347	Döbeln – Dresden-Friedrichst.
Ng 61348	Dresden-Friedrichst. – Nossen
Ng 62313	Nossen – Riesa
Ng 62314	Riesa – Nossen

Tag 4

Lz	Nossen – Meißen
P 1611	Meißen – Dresden Hbf
Lz	Dresden Hbf – DD-Friedrichst.
Dg 50382	DD-Friedrichst. – Engelsdorf Ost
Lz	Engelsdorf Ost – Engelsdorf
Dg 53667	Engelsdorf – DD-Friedrichst.

Plan 05, 1 × Baureihe 58

Rangierplan Nossen

Üg 72343	Nossen – Deutschenbora
Üg 72344	Deutschenbora – Nossen

Vom Februar 1970 liegen die Laufleistungen von fünf Nossener 58 vor:

Lok	Plan	Einsatzstunden	Laufleistungen
58 1023	03	460	6.408 km
58 1041	03	459	6.269 km
58 1132	03	503	5.590 km
58 1511	03	438	6.226 km
58 1637	03	432	6.170 km

Zwischen Juli 1968 und August 1969 wurden 58 1040 und 58 1903 (beide nach Riesa), 58 1247 (nach Aue), 58 1522 (nach Karl-Marx-Stadt) und 58 2051 (nach Dresden) abgegeben. In den z-Park kamen 58 446 (im Mai 1969) sowie 58 1535 und 58 1606 (im Juli 1969).

Mit dem Fahrplanwechsel am 31. Mai 1970 endete der Einsatz der Baureihe 58 im Bw Nossen. Die dort noch vorhandenen 58er wurden an folgende Bahnbetriebswerke abgegeben bzw. in den z-Park überstellt.

Lok	Abgabe am	zum Bw
58 1023	27.05.1970	Riesa
58 1041	10.06.1970	Zwickau
58 1132	26.08.1970	Reichenbach (Vogtl)
58 1408	08.1970	Gera
58 1511	07.08.1970	Aue
58 1637	29.06.1970	Aue
58 1732	01.10.1970	z-Park
58 1797	29.01.1970	z-Park

Die Leistungen übernahmen ab Mai 1970 die Lokomotiven der Baureihe 50.

Der Nossener Bestand der Baureihe 58, jeweils zum 1. Juli des aufgeführten Jahres:

1953

58 1049 1375 1378 1758 1850

1954

58 2050

1955 & 1956

58 421 1535 1643 1662 2050 2051

1957

58 212 403 421 448 451 1360
1363 1535 1643 1662 2051

1958

58 212 403 421 448 451 1360
1363 1535 1643 1662 2042 2051

1959 & 1960

58 403 421 451 1206 1339 1360
1535 1643 1662 1850 2042 2051

1961

58 403 408 421 451 1040 1056
1155 1229 1360 1643 1662 1850
2042 2051

1962

58 403 408 421 446 451 1040
1056 1132 1206 1265 1360 1438
1662 1850 2042 2051

1963

58 403 408 421 425 446 451
1040 1056 1132 1206 1265 1325
1421 1438 1662 1732 1850 2042
2051

1964

58 403 408 421 425 446 451
1040 1056 1132 1206 1265 1421
1438 1606 1662 1732 1850 2051
2145

1965

58 403 408 421 425 446 451
1040 1132 1206 1265 1438 1606
1662 1732 1850 2051 2145

1966

58 403 408 421 425 446 451
1040 1132 1191 1206 1265 1421
1606 1662 1732 1850 2051

1967

58 403 408 425 446 451 1040
1041 1132 1184 1191 1206 1265
1535 1570 1606 1662 1732 2051

1968

58 446 1040 1041 1132 1191 1206
1247 1265 1522 1535 1568 1606
1732 1637 1903 2020 2051

1969

58 446 1023 1041 1132 1247 1408
1511 1522 1535 1606 1637 1732
1797

1970

58 1132 1408 1511 1732

Es sei noch angemerkt, dass vom 16. Oktober 1973 bis zum 30. Juni 1974 die 58 1094 als Heizlok im Bw Nossen diente.

Loknr.	Zugang vom Bw	beheimatet von – bis	Abgabe zum Bw
58 201	Dresden	26.08.1967 – 11.10.1967	Dresden
58 212	Annaberg-Buchholz	12.04.1957 – .09.1958	Aue (Sachs)
58 220	Riesa	14.11.1964 – 16.11.1964	Riesa
58 263	Dresden	02.01.1968 – 05.01.1968	Dresden
58 269	Freiberg (Sachs)	29.07.1961 – 21.12.1961	[Rekonstruktion]
58 403	Dresden-Friedrichst.	14.10.1956 – 31.01.1957	Döbeln
	Döbeln	24.05.1957 – 22.09.1959	Dresden-Friedrichst.
	Dresden-Friedrichst.	08.11.1959 – 15.11.1967	z-Park, + 12.03.1968
58 408	Zwickau (Sachs)	26.11.1960 – 09.08.1967	z-Park, + 06.10.1967
58 421	Reichenbach (Vogtl)	22.05.1955 – 06.03.1963	Zwickau (Sachs)
	Adorf (Vogtl)	17.03.1963 – 07.12.1966	Dresden-Altstadt
58 425	Annaberg-Buchholz	27.07.1962 – 10.04.1968	z-Park, + 23.07.1968
58 446	K.-M.-Stadt-Hilbersd.	27.07.1961 – 14.05.1969	z-Park, + 18.08.1970
58 448	K.-M.-Stadt-Hilbersd.	28.02.1957 – 31.12.1958	Riesa
58 451	K.-M.-Stadt-Hilbersd.	. .1956 – 04.10.1967	Dresden
58 1023	Adorf (Vogtl)	10.08.1968 – 27.05.1970	Riesa
58 1035	Pirna	17.09.1967 – 28.11.1967	Dresden
58 1039	RBD Dresden	.11.1936 – .05.1937	RBD Osten
58 1040	Riesa	28.03.1961 – 11.02.1969	Riesa
58 1041	Dresden-Altstadt	21.08.1966 – 10.06.1970	Zwickau (Sachs)
58 1049	Riesa	01.01.1953 – 03.09.1953	Riesa
58 1056	Gera	29.10.1960 – 20.04.1965	Zittau
58 1094	Dresden	16.10.1973 – 30.06.1974	z-Park, +21.08.1974
58 1095	Döbeln	01.05.1963 – 30.06.1963	Freiberg (Sachs)
58 1110	Riesa	28.09.1933 – 01.03.1934	Schneidemühl Vbf
58 1132	Glauchau (Sachs)	26.07.1961 – 26.08.1970	Reichenbach (Vogtl)
58 1155	Gera	21.04.1961 – 13.10.1961	Riesa
58 1184	Freiberg (Sachs)	12.04.1967 – 27.03.1968	z-Park, + 15.07.1968
58 1185	K.-M.-Stadt-Hilbersd.	26.08.1964 – 11.09.1964	KMS-Hilbersdorf
58 1191	Zwickau (Sachs)	04.05.1966 – 22.10.1968	z-Park, + 18.11.1968
58 1194	Zwickau (Sachs)	05.10.1969 – 28.12.1969	Riesa
58 1195	Adorf (Vogtl)	07.03.1962 – 16.06.1962	Adorf (Vogtl)
58 1201	Dresden	09.09.1969 – 06.11.1969	Dresden
58 1206	Dresden-Friedrichst.	30.06.1959 – 06.08.1968	z-Park, + 04.09.1968
58 1225	Dresden-Altstadt	08.12.1966 – 16.02.1967	Riesa
	Riesa	23.08.1968 – 28.09.1968	Riesa
58 1229	Bad Schandau	02.02.1961 – .03.1962	[Rekonstruktion]
58 1247	Dresden-Friedrichstadt	01.09.1962 – 26.09.1962	Bad Schandau
	Pirna	01.03.1968 – 01.08.1969	Aue (Sachs)
58 1265	Freiberg (Sachs)	26.07.1961 – 01.10.1968	Dresden
	Dresden	23.10.1968 – 27.11.1968	z-Park, + 19.02.1969
58 1325	Gera	14.07.1962 – 03.07.1963	Freiberg (Sachs)
58 1339	Döbeln	. .1959 – 27.11.1960	[Rekonstruktion]
58 1358	Riesa	10.12.1932 – 14.08.1939	Riesa
	Pirna	21.03.1941 – 08.08.1941	Freiberg (Sachs)
58 1359	Glauchau (Sachs)	05.11.1969 – 18.06.1970	Zwickau (Sachs)
58 1360	Reichenbach (Vogtl)	09.10.1956 – 05.09.1962	Dresden-Friedrichst.
58 1363	Döbeln	. .1957 – 31.07.1958	Döbeln
58 1374	Glauchau (Sachs)	18.07.1961 – 25.07.1961	Glauchau (Sachs)

Loknr.	Zugang vom Bw	beheimatet von – bis	Abgabe zum Bw
58 1375	Bad Schandau	10.01.1953 – . .1953	Döbeln
58 1378	Riesa	27.12.1940 – 01.03.1941	Dresden-Friedrichst.
	Riesa	01.01.1953 – 25.09.1953	Riesa
58 1408	Dresden	09.07.1968 – .08.1970	Gera
58 1421	Greiz	09.07.1962 – 20.07.1964	Riesa
	Riesa	26.07.1964 – 21.08.1964	Dresden-Altstadt
	Dresden-Friedrichst.	18.06.1965 – 11.04.1967	z-Park, + 24.08.1967
58 1438	Gera	15.12.1961 – 25.05.1966	z-Park, + 16.01.1968
58 1511	Glauchau (Sachs)	25.04.1969 – 07.08.1970	Aue (Sachs)
58 1522	Glauchau (Sachs)	26.08.1967 – 01.08.1969	Karl-Marx-Stadt
58 1535	Altenburg	03.10.1954 – 29.10.1960	Gera
	Freiberg (Sachs)	29.09.1966 – 23.07.1969	z-Park, + 18.11.1970
58 1568	Zwickau (Sachs)	28.02.1968 – 11.10.1968	Dresden
58 1570	Gera	17.04.1958 – 19.04.1958	Annaberg-Buchholz
	Annaberg-Buchholz	01.10.1966 – 06.03.1968	z-Park, + 05.06.1968
58 1606	Dresden-Friedrichst.	01.11.1963 – 14.04.1964	Riesa
	Riesa	20.04.1964 – 28.07.1969	z-Park, + 18.08.1970
58 1637	Pirna	16.03.1968 – 01.10.1968	Dresden
	Dresden	26.11.1968 – 29.06.1970	Aue (Sachs)
58 1643	Altenburg	01.09.1954 – 19.12.1961	Dresden-Friedrichst.
58 1662	Halle G	08.08.1954 – 24.04.1968	z-Park, + 15.07.1968
58 1664	K.-M.-Stadt-Hilbersd.	19.07.1965 – 02.09.1965	Riesa
	Riesa	10.10.1965 – 09.11.1965	Werdau (Sachs)
58 1691	Altenburg	12.09.1954 – 23.04.1955	Riesa
58 1732	Dresden-Friedrichst.	. .1962 – 26.02.1969	Riesa
	Riesa	11.03.1969 – 30.09.1970	z-Park, + 11.10.1971
58 1758	Döbeln	23.03.1953 – 08.12.1953	Riesa
58 1797	Karl-Marx-Stadt	09.11.1968 – 28.01.1970	z-Park, + 18.11.1970
58 1800	Dresden-Friedrichst.	08.07.1955 – 26.11.1955	Riesa
58 1850	Dresden-Friedrichst.	12.01.1953 – 03.09.1953	Döbeln
	Riesa	30.09.1956 – 10.10.1956	Döbeln
	Döbeln	31.05.1959 – 07.11.1964	Adorf(Vogtl)
	Adorf (Vogtl)	14.11.1964 – 23.11.1966	z-Park, + 24.08.1967
58 1851	?	.11.1936 – .05.1937	?
58 1855	Dresden-Friedrichstadt	13.07.1953 – 08.08.1953	Döbeln
	Döbeln	04.09.1958 – 13.09.1958	Zwickau (Sachs)
58 1879	K.-M.-Stadt-Hilbersd.	01.05.1960 – 23.05.1960	KMS-Hilbersdorf
58 1903	Adorf (Vogtl)	06.06.1968 – 11.03.1969	Riesa
58 1933	Döbeln	30.09.1957 – 04.12.1957	Döbeln
58 1937	Döbeln	. .1958 – 03.10.1959	Dresden-Friedrichst.
58 1965	Riesa	09.04.1960 – 06.05.1960	Riesa
58 2020	Adorf (Vogtl)	24.10.1967 – 23.10.1968	z-Park, + 18.11.1968
58 2021	Riesa	16.02.1966 – 28.02.1966	Riesa
58 2042	Aue (Sachs)	02.10.1957 – 28.10.1963	Dresden-Friedrichst.
58 2050	Döbeln	06.06.1954 – 11.08.1956	K.-M.-Stadt Hbf
58 2051	Halle G	08.08.1954 – 31.07.1968	Dresden
58 2110	Chemnitz-Hilbersd.	04.05.1934 – . .1934	Cottbus
58 2145	Freiberg (Sachs)	07.12.1963 – 20.01.1966	Pirna
	Pirna	04.05.1966 – 25.05.1966	z-Park, + 17.08.1967

△ **Bild 256** • Mit Aufnahmen aus dem Bereich des Lokbahnhofes Bienenmühle ist die Welt der Eisenbahnfotografie nicht übermäßig gesegnet. Umso erfreulicher ist es, dass dort überhaupt jemand fotografiert hat, wie hier am 6. September 1964. An jenem Tag war die später kurzzeitig – vom 31. Dezember 1967 bis zum 21. Februar 1968 – in Nossen beheimatete 86 332 vor dem Lokschuppen in Bienenmühle anzutreffen. AUFNAHME: GÜNTER KIELSTEIN, SAMMLUNG MATTHIAS HENGST

7.16 Die Baureihe 64

(Text: Olaf Wanka)

In einigen Veröffentlichungen wird die 64 322 im Zeitraum vom 13. April 1958 bis zum 13. August 1958 bezüglich der Beheimatung dem Bw Nossen zugerechnet, was aber falsch ist.

Im Standorteteil des Betriebsbuches der Lok findet sich zwar wahrhaftig der Eintrag „Bahnbetriebswerk Nossen von 13.4.58 bis 13.8.58", allerdings steht in der Spalte daneben „Eisenbahnausbesserungswerk oder Privatwerk" dann nochmals „Nossen von 13.4.58 bis 13.8.58" mit dem Zusatz „L 0". Offensichtlich hat sich hier das Bw Nossen zuerst in die falsche Spalte eingetragen, dies aber nicht gestrichen, sondern daneben richtig vermerkt. Offenbar hat man dies seinerzeit bei der Abschrift des Betriebsbuches nicht beachtet, und daher fand diese „Beheimatung" Eingang in die Literatur.

Die Realität wird vielmehr gewesen sein, dass 64 322 im Rahmen der so genannten „sozialistischen Hilfe" aus Kapazitätsgründen bzw. auch wegen der Ausführung von Spezialarbeiten (die zum Beispiel eine Achssenke erforderlich machten) als Lokomotive des Bw Berlin-Schöneweide in einem Bahnbetriebswerk außerhalb der Rbd Berlin aufgearbeitet worden ist. Noch wahrscheinlicher ist allerdings, dass das Bw Nossen diese Arbeiten im Rahmen der „sozialistischen Hilfe" für das Raw Karl-Marx-Stadt ausführte, welches seinerzeit für die Erhaltung der Baureihe 64 zuständig war und zu dieser Zeit eventuell unter Kapazitätsproblemen litt.

7.17 Die Baureihe 71^3 (sächs. IV T)

Nur eine Vertreterin der Baureihe 71^3 findet sich in den Bestandslisten des Bw Nossen. Am 12. April 1941 traf 71 359 vom Bw Reichenberg (heute: Liberec/Tschechien) ein. Ihre Beheimatung währte nur kurz: Am 25. Juli 1941 wurde sie zum Bw Döbeln weitergegeben.

Aufgrund ihrer „Einmaligkeit" und der Kürze ihrer Anwesenheit im Bw Nossen verzichten wir an dieser Stelle auf eine tabellarische Übersicht der Beheimatung dieser 1'B 1'n2t-Lok.

7.18 Die Baureihe 75^5

Im Juli 1946 übernahm das Bw Nossen vom Bahnbetriebswerk Chemnitz Hbf den an der Strecke Roßwein – Niederwiesa befindlichen Lokbahnhof Hainichen und damit auch die dort stationierten 75 521, 75 538, 75 548, 75 578 und 75 580. Am Einsatzgebiet der Lokomotiven änderte sich dadurch nichts: Sie waren weiterhin auf ihrer Stammstrecke zwischen Roßwein und Chemnitz unterwegs. Die Abgabe des Lokbahnhofes Hainichen in die Verantwortung des Bw Nossen stand sicher im Zusammenhang mit der Tatsache, dass das Bw Chemnitz Hbf zu dieser Zeit verstärkt für Ausweicharbeiten für das schwer kriegszerstörte RAW Chemnitz herangezogen wurde.

Da die in Hainichen vorhandenen 75^5 für die Abdeckung des Planbetriebes nicht immer ausreichten, musste das Bw Nossen mitunter Ersatzmaschinen anderer Baureihen für den Lokbahnhof stellen. Nachweisbar ist z. B. 38 222, die 1946 im September und Oktober tageweise und fast den gesamten November jenes Jahres dort im Einsatz stand. Auch 38 224 verrichtete im Mai 1947 einen Tag und 38 219 im März 1948 mehrere Tage Dienst in Hainichen. Im Herbst 1948 wurde der Lokbahnhof Hainichen wieder dem Bw Chemnitz Hbf unterstellt, wodurch auch 75 523, 75 538, 75 578 und 75 580 ihre Beheimatung von Nossen nach Chemnitz wechselten.

Aus Döbeln traf am 3. Januar 1947 die 75 515 in Nossen ein. Sie blieb bis zum August 1949 und wechselte dann zum Bw Riesa. Nach über zwanzig Jahren kehrte diese Lok am 11. Juni 1970 wieder nach Nossen zurück, wo sie im April 1971 in den z-Park überstellt wurde.

Jeweils zum 1. Juli der folgenden Jahre befanden sich die aufgeführten 75^5 im Bestand des Bw Nossen:

1946
75 538 578 580

1947
75 515 521 538 578 580

1948
75 515 521 523 538 578 580

1949
75 515

1970
75 515

Loknr.	Zugang vom Bw	beheimatet von – bis	Abgabe zum Bw
75 515	Döbeln	03.01.1947 – 02.08.1949	Riesa
	Zwickau	11.06.1970 – 28.04.1971	z-Park, + 17.09.69
75 521	Chemnitz Hbf	16.08.1946 – 27.11.1948	Döbeln
75 523	Zittau	21.03.1948 – 23.12.1948	Chemnitz Hbf
75 538	Chemnitz Hbf	01.07.1946 – 01.09.1948	Riesa
75 548	Chemnitz Hbf	09.07.1946 – 23.07.1946	Chemnitz Hbf
75 578	Chemnitz Hbf	01.07.1946 – 30.09.1948	Chemnitz Hbf
75 580	Chemnitz Hbf	01.07.1946 – 30.09.1948	Chemnitz Hbf

△ **Bild 257** • Das Bw Nossen erhielt im Frühsommer 1942 sechs werksneue Maschinen der Baureihe 86 zugewiesen. Eine von ihnen war die hier kurz nach ihrer Anlieferung in Nossen aufgenommene 86 550. Die verdunkelten Loklaternen und die weißen Pufferringe deuten daraufhin, was zu diesem Zeitpunkt in Deutschland, Europa und der Welt los war … Aufnahme: Werner Hubert, Sammlung Andreas Leschniowski

7.19 Die Baureihe 86

In der Zeit vom 14. Juni bis zum 2. Juli 1942 trafen von der Maschinenbau- und Bahnbedarf Aktiengesellschaft, vormals Orenstein & Koppel aus Babelsberg bei Potsdam die werksneuen 86 544, 86 545, 86 548, 86 549, 86 550 und 86 551 zur Beheimatung im Bw Nossen ein. Zum Einsatz kamen diese Lokomotiven im Personen- und Güterzugdienst auf den Strecken Nossen – Riesa und Nossen – Freiberg (Sachs) sowie im Rangierdienst im Bahnhof Nossen.

Vom Oktober 1942 liegen die Laufleistungen von Nossener 86er vor:

Lok	Einsatztage	Laufleistung
86 544	31	5.514 km
86 545	31	5.619 km
86 548	31	4.349 km
86 549	31	4.388 km
86 551	31	5.326 km

Im Herbst 1943 wurden 86 544, 86 545, 86 549 und 86 551 nach Dresden-Friedrichstadt abgegeben. Zu diesem Zeitpunkt erhielt das Bw Nossen die ersten Vertreterinnen der Baureihe 52 zugeteilt, die u. a. auch die Leistungen der 86 übernahmen.

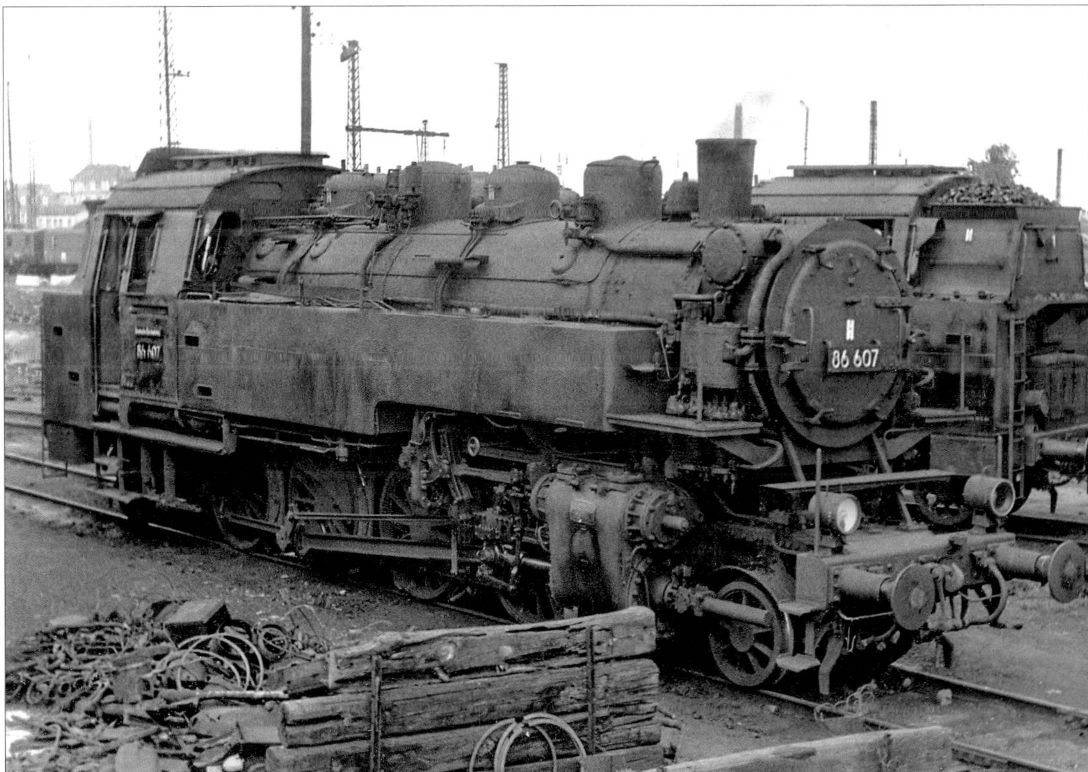

Bild 258 ▷ Im Juli 1965 steht 86 607 in dem zu dieser Zeit noch eigenständigen Bw Freiberg (Sachs). Die Lok selbst wird zweieinhalb Jahre später, vom 30. Januar bis zum 24. Mai 1968, im Bw Nossen beheimatet sein. Bereits zuvor fand im Nossener Bahnbetriebswerk die Unterhaltung der Freiberger 86er statt.

Aufnahme: Peter Saby, Sammlung Rainer Heinrich

◁ **Bild 259**
86 440 war von Dezember 1967 bis Mai 1968 im Bw Nossen beheimatet. Im Sommer 1966 steht sie noch als Lok des Bw Freiberg (Sachs) mit einem Personenzug über die „Zellwaldbahn" nach Freiberg (Sachs) im Bahnhof Nossen.

Aufnahme: Peter Saby, Sammlung Rainer Heinrich

Ab Frühjahr 1944 konnte in Nossen auch auf die noch verbliebenen 86 548 und 86 550 verzichtet werden. Sie wurden dem Bw Pirna „überwiesen".

Am 1. Juni 1967 wurde das Bw Freiberg (Sachs) als selbstständige Dienststelle aufgelöst und in eine Einsatzstelle des Bw Karl-Marx-Stadt Hbf umgewandelt. In Freiberg (Sachs) waren insgesamt 14 Maschinen der Baureihe 86 beheimatet, die bis 1968 durch Diesellokomotiven der Baureihe V 100 abgelöst werden sollten. Ab Ende Mai 1967 wurden deshalb die Freiberger 86er im Bw Nossen unterhalten – und sollen aus diesem Grund an dieser Stelle auch weiter behandelt werden. Am 31. Mai 1967 übersandte das Bw Freiberg (Sachs) die Betriebsbücher von 86 028, 86 029, 86 041, 86 086, 86 141, 86 251, 86 312, 86 331, 86 332, 86 607 und 86 760 nach Nossen. Die Loks selbst kamen weiterhin auf den von Freiberg (Sachs) ausgehenden Strecken nach Hermsdorf-Rehefeld, nach Langenau (Sachs) und Großhartmannsdorf, nach Nossen, nach Halsbrücke sowie auf der Relation Nossen – Riesa zum Einsatz.

▽ **Bild 260** • Nur knapp 8 km lang war die Strecke Freiberg (Sachs) – Halsbrücke, die Fahrzeit betrug ca. 20 Minuten. Im März 1967 hatte 86 029 die Beförderung der Personenzüge auf dieser Verbindung in ihrem Plan und steht hier abfahrbereit im Bahnhof Freiberg (Sachs). Zum 31. Dezember 1967 kam die Lok zum Bw Nossen, blieb aber nur bis Mai 1968.

Aufnahme: Günter Kielstein, Sammlung Matthias Hengst

△ **Bild 261** • Der P 1266 verkehrte im Sommerfahrplan 1967 täglich von Freiberg (Sachs) – Abfahrt dort 15:02 Uhr – nach Großhartmannsdorf (an 15:43 Uhr). An einem sonnigen Septembertag jenes Jahres beförderte 86 607 diesen Zug, hier aufgenommen bei Müdisdorf zwischen Brand-Erbisdorf und Großhartmannsdorf.

Aufnahme: Günter Kielstein, Sammlung Matthias Hengst

Für die Zuführung der Loks zur Planausbesserung von Freiberg (Sachs) in das Bw Nossen waren keine Lz-Fahrten notwendig. Sie wurden in Nossen jeweils zur Planausbesserung vom Personal einfach ausgetauscht. Im Winterfahrplan 1967/68 (gültig ab 24. September 1967) setzte die (Karl-Marx-Städter) Einsatzstelle Freiberg (Sachs) acht „Nossener" 86er und drei Karl-Marx-Städter V 100 ein. Sie kamen in folgenden Dienstplänen zum Einsatz:

Plan 01, Einsatzstelle Freiberg (Sachs):
4 × Baureihe 86, 3 × Baureihe V 100
Plan 02: 2 × Baureihe 86
Plan 03: 1 × Baureihe 86
Plan 04: 1 × Baureihe 86

Im Dezember 1967 waren folgende 86er im Bw Nossen beheimatet:

86 028	029	041	086	141	312
331	332	440	607	622	760

Von sechs 86ern und zwei V 100 liegen vom Dezember 1967 die Laufleistungen vor:

169 g, n

169 g Freiberg (Sachs) **– Hermsdorf-Rehefeld** und zurück — Alle Züge 2. Klasse

km	Rbd Dresden / Zug Nr			3034	3016		3018		3020	3020		3024	3024	3026	3028	3028	3030	3032		
	Dresden Hbf 168	ab	...	22.30	...	...	X4.36	...	:6.34	7.21	...	11.13		14.25	:15.38	■15.52	17.27	18.42	...	
0,0	Freiberg (Sachs) 169e. 169f, 169n, 6-V	ab	...	0.15	...	...	5.32	...	+7.25	X 8.43	...	◪12.25	■13.01	X15.45	+16.47	X17.02	■18.34	20.26	...	
5,0	Berthelsdorf (Erzgeb) (448 m)		...	0.22	...	...	5.39	...	7.33	8.50	...	12.33	13.13	15.52	16.55	17.16	18.42	20.33	...	
10,2	Lichtenberg (Erzgeb)		...	0.37	...	...	5.54	...	7.47	9.05	...	12.47	13.27	16.06	17.09	17.30	18.56	20.47	...	
14,3	Mulda (Sachs) (429 m)	an	...	0.43	...	...	6.00	...	7.54	9.11	...	12.54	13.34	16.12	17.15	17.36	■19.03	20.53	...	
		ab	...	0.44	...	...	6.07	...	7.56	9.13	...	12.56	13.35	16.13	17.17	17.38	...	+20.55	X21.00	...
21,5	Nassau (Erzgeb) (497 m)		...	1.03	...	...	6.26	...	8.15	9.32	...	13.15	13.54	16.32	17.36	17.57	...	21.14	21.19	...
23,2	Clausnitz		...	1.07	...	...	6.29	...	8.19	9.35	...	13.18	13.58	16.36	17.40	18.01	...	21.17	21.22	...
26,1	Bienenmühle (542 m)	an	...	1.18	...	...	6.40	...	8.30	9.46	...	13.29	14.09	16.47	17.51	18.12	...	+21.28	X21.33	...
		ab	...	...	X3.59	...	+6.48	...	8.40	9.56	...	13.34	14.15	16.52	17.59	18.30	...	a 21.34	b 21.36	...
28,4	Rechenberg		...	...	4.05	...	6.54	...	8.46	10.02	...	13.40	14.20	16.58	18.05	18.36	...	21.40	21.42	...
30,7	Holzhau (618 m)		...	...	4.12	...	7.00	...	8.53	10.08	...	13.47	14.27	17.04	18.12	18.43	...	21.46	b 21.47	...
33,4	Teichhaus		...	...		...	7.12	...	9.06	10.20	...	14.00	14.39	17.16	18.24	18.56	...	21.58	an	...
36,7	Hermsdorf-Rehefeld (737 m)	an	...	...	X4.31	...	+7.19	...	+9.14	X10.27	...	◪14.08	■14.47	X17.24	+18.33	X19.04	...	a 22.06	–	...

km	Rbd Dresden / Zug Nr			3017	3019	3023	3025	3025		3027	3027		3029	3029	3031	3035		3037		
0,0	Hermsdorf-Rehefeld (737 m)	ab	...	X4.59	...	+7.54	◪10.45	■10.51	...	X15.04	+16.05	...	X17.58	+18.48	...	X19.52	...	...	...	...
3,3	Teichhaus		...	5.05	...	8.00	10.51	10.57	...	15.10	16.11	...	18.05	18.55	...	19.58	...	...	...	...
6,0	Holzhau (618 m)		...	5.17	...	8.12	11.03	11.09	...	15.22	16.23	...	18.17	19.07	...	20.10	...	22.00	...	...
8,3	Rechenberg		...	5.23	...	8.19	11.09	11.15	...	15.28	16.29	...	18.23	19.12	...	20.16	...	22.05	...	...
10,6	Bienenmühle (542 m)	an	...	X5.29	...	8.24	11.15	11.21	...	15.34	16.35	...	18.28	19.18	...	20.22	...	22.10	...	...
		ab	...	5.31	X6.53	8.43	11.17	11.23	...	15.35	16.38	...	18.36	19.20	...	20.24	...	22.11		
13,5	Clausnitz		...	5.42	7.04	8.54	11.28	11.34	...	15.46	16.49	...	18.47	19.31	...	20.35	...	22.22		
15,2	Nassau (Erzgeb) (497 m)		...	5.45	7.07	8.57	11.31	11.37	...	15.49	16.52	...	18.50	19.34	...	20.38	...	+22.26		
22,4	Mulda (Sachs) (429 m)	an	...	6.04	7.26	9.16	11.50	11.56	...	16.08	17.11	...	19.09	19.52	...	20.57	...	22.44		
		ab	...	6.06	7.27	9.17	11.52	11.58	...	16.14	17.18	...	19.10	19.54	■19.54	20.59	...	22.45		
26,5	Lichtenberg (Erzgeb)		...	6.13	7.34	9.24	11.59	12.05	...	16.20	17.25	...	19.17	20.01	20.01	21.06	...	22.52		
31,7	Berthelsdorf (Erzgeb) (448 m)		...	6.28	7.49	9.39	12.14	12.20	...	16.34	17.39	...	19.31	20.16	20.16	21.20	...	23.06		
36,7	Freiberg (Sachs) 169e. 169f, 169n, 6-V	an	...	6.36	X7.56	+9.46	◪12.22	■12.28	...	X16.41	+17.46	...	X19.38	+20.23	■20.23	X21.27	...	23.13		
	Dresden Hbf 168	an	...	8.05	9.22	10.33	13.39		...	■17.45	18.42	...	...	21.44	21.44	:23.12	...	0.02	...	...

a X außer vS
b + u vS

169 n Freiberg (Sachs) **– Langenau** (Sachs) / **Großhartmannsdorf** — Alle Züge 2. Klasse

km	Rbd Dresden / Zug Nr		3034	8262	1278	3018	1280	1256	1282	3020	3020	1262	1262	8272	1264	1294	3024		1284	1284	3024	1266
	Dresden Hbf 168	ab	22.30	0.42	...	X4.36	5.23		X6.04	:6.34	7.21	:8.01		...	...	...	11.13	...	...	...	...	:13.40
0,0	Freiberg (Sachs) 169e. 169f, 169g	ab	0.15	1.55	X5.06	5.32	+6.49	X6.49	X7.36	+7.25	X8.43	+ 9.26	X 9.33	...	Sa11.48	...	◪12.25	...	■12.37	◪12.55	■13.01	15.02
5,0	Berthelsdorf (Erzgeb) (448 m)		0.22		5.14	5.39	6.57	6.57	7.50	+7.32	X8.50	9.41	9.41	...	11.56	...	◪12.32	...	12.45	13.03	■13.08	15.10
7,1	Zug		an		5.20	an	7.03	7.03	7.56	an	an	9.47	9.47	...	12.01	...	an	...	12.51	13.09	an	15.16
8,2	Brand-Erbisdorf (479 m)	an		2.14	5.24	...	+7.06	7.06	7.59	...	...	9.50	9.50	...	12.05	...	...	...	12.54	13.12	...	15.19
0,0	Brand-Erbisdorf (479 m)	ab	+ u nS	...	5.25	...	...	↓	8.05	...	...	↓	↓	...	↓	Sa12.08	...	...	13.05	13.14	...	↓
0,8	Brand-Erbisdorf Hp		...	...	5.28	...	...		8.07	...	...			...		12.11	...	...	13.08	13.17	...	
2,4	Himmelsfürst		...	...	5.34	...	...		8.14	...	...			...		12.17	...	...	13.14	13.23	...	
4,2	Langenau (Sachs) (483 m)	an	...	...	X5.39	...	...		X8.18	...	...			...		Sa12.22	...	...	■13.19	◪13.28	...	
8,2	Brand-Erbisdorf (479 m)	ab	...	...	...	...	...	7.00	...	...	...	9.51	9.51	■11.26	12.06	...	...	...	...	...	...	15.21
13,8	Müdisdorf		...	...	...	...	...	7.19	...	...	...	10.03	10.03	11.37	12.17	...	...	...	...	...	...	15.33
16,8	Großhartmannsdorf (497 m)	an	...	...	...	...	...	X7.29	...	...	...	+10.13	X10.13	■11.47	Sa12.27	...	...	...	...	...	...	15.43

(Fortsetzung) Zug Nr		1286	1290	3026	1288	1254	3028	3028	1289	8276	1258	8276		3030	3032	1268		1266 oß	1260
Dresden Hbf 168	ab	...	...	14.06	■15.21	...	15.38	■15.52	16.16		...	...	...	17.27	18.42	...	...	22.30	...
Freiberg (Sachs) 169e. 169f, 169g	ab	■15.13	oß	X15.45	X16.43	oß	+16.47	X17.02	+17.26	X17.41	...	+17.53	...	■18.34	20.26	20.38	...	23.33	
Berthelsdorf (Erzgeb) (448 m)		15.21	...	X15.52	16.51	...	+16.54	X17.09	17.41	17.51	...	18.03	...	■18.41	20.33	20.46	...	23.41	...
Zug		15.26	...	an	16.57	...	an	an	17.46	18.01	...		...	an	an	20.51	...	23.46	...
Brand-Erbisdorf (479 m)	an	■15.30	...	...	17.01	...	...	...	17.50	X18.05	...	18.12	...	...	...	20.54	...	23.50	...
Brand-Erbisdorf (479 m)	ab	...	■15.36	...	17.06	...	...	...	17.51	...	...	↓	...	...	...	20.55	...	...	...
Brand-Erbisdorf Hp		...	15.39	...	17.09	...	...	...	17.54	...	...		...	...	...	20.58	...	...	...
Himmelsfürst		...	15.45	...	17.15	...	...	...	18.00	...	...		...	...	...	21.04	...	...	...
Langenau (Sachs) (483 m)	an	...	■15.50	...	■17.20	...	...	...	+18.05	...	...		...	...	...	21.08	...	...	...
Brand-Erbisdorf (479 m)	ab	...	...	...	■17.08	...	...	...	...	X18.11	18.19	...	...	...	...	...	a Sa/So	a23.53	b0.10
Müdisdorf		...	...	...	17.19	...	...	...	...	18.23	18.31	...	...	...	...	...	b Di bis Sa	0.06	0.20
Großhartmannsdorf (497 m)	an	...	...	...	■17.29	...	...	...	...	X18.33	X18.41	...	...	...	...	...		a 0.16	b0.31

169 n Großhartmannsdorf / **Langenau** (Sachs) **– Freiberg** (Sachs) — Alle Züge 2. Klasse

km	Rbd Dresden / Zug Nr		1269	1277	1253	3017	1279	1281	3019	1133	1283	[illegible]	[illegible]	[illegible]	[illegible]	[illegible]	1255	1267	1285
0,0	Großhartmannsdorf (497 m)	ab	SoO.18	b0.33	...	+5.25	X5.29	...	...	X7.41	...	...	...	■10.29	...	Sa11.37	+11.55	X12.38	...
3,0	Müdisdorf		...	...		5.36	5.40	...	...	7.51	...	...	...	10.40	...	11.48	12.06	12.48	...
8,6	Brand-Erbisdorf (479 m)	an	SoO.31	b0.46		5.48	5.51	...	...	8.03	...	...	...	■10.51	...	11.59	12.17	12.59	...
0,0	Langenau (Sachs) (483 m)	ab	...	...	↓	↓	↓	6.10	...	↓	8.32	...	↓	↓	↓	↓	↓	↓	14.14
1,8	Himmelsfürst		...	...				6.15	...		8.37	...							14.19
3,4	Brand-Erbisdorf Hp		...	...				6.23	...		8.38	...							14.31
4,2	Brand-Erbisdorf (479 m)	an	...	...				6.26	...		8.41	...							14.34
8,6	Brand-Erbisdorf (479 m)	ab	...	4.20	5.54	5.54	...	6.28	7.19	...	8.04	X8.52	...	11.16	...	12.19	12.19	13.02	13.15	14.36
9,7	Zug		...	4.24	5.58	5.58	...	6.32	7.23	...	8.08	...	...	11.20	...	12.23	12.23	13.06	13.19	14.40
11,8	Berthelsdorf (Erzgeb) (448 m)		...	4.29	6.04	6.04	6.28	6.38	7.35	X7.49	8.14	9.01	+9.39	11.26	12.14	12.35	12.35	13.11	13.24	14.46
16,8	Freiberg (Sachs) 169e. 169f, 169g	an	...	4.37	+6.12	X6.12	6.36	X6.46	+7.42	X7.56	8.21	9.09	+9.46	11.35	12.27	■12.42	+12.42	■13.11	■13.32	14.54
	Dresden Hbf 168	an	...		5.41	...	...	8.05	...	9.22	...	...	...	Sa13.00	13.39		13.39	...	...	X15.50

(Fortsetzung) Zug Nr		1287	1291	1261	3027	1289	1263	3029	3031	3035	1293	1295	8275	8279	3037	
Großhartmannsdorf (497 m)	ab	...	oß	+16.17	X16.42	...	...	+18.53	...	...	...	oß	...	...	...	b Di bis Sa
Müdisdorf		...	...	16.27	16.52	...	...	19.03	...	...	...	...	...	...	...	c + u vS
Brand-Erbisdorf (479 m)	an	...	...	16.39	17.04	...	...	19.15	...	...	...	...	...	...	...	d außer + u vS
Langenau (Sachs) (483 m)	ab	...	■16.00	↓	↓	...	X17.53	+18.13	...	...	+21.17	...	X21.37	...	...	Kein Anschluß an:
Himmelsfürst		...	16.05			...	17.58	18.18	...	...	21.22	...	21.44	...	...	
Brand-Erbisdorf Hp		...	16.12			...	18.05	18.24	...	...				...	...	
Brand-Erbisdorf (479 m)	an	...	■16.15			...	18.08	18.27	3029	...	+21.30	...	X21.51	...	...	
Brand-Erbisdorf (479 m)	ab	■15.38	3027	16.41	17.05	...	18.10	18.28	...	...	...	21.31	...	c 22.43	d 22.51	+ u vS
Zug		15.42	...	16.45	17.09	...	18.14	18.32	...	...	...	21.35	...	22.47	22.56	
Berthelsdorf (Erzgeb) (448 m)		15.55	X16.34	16.57	+17.15	+17.39	18.19	18.38	X19.31	+20.16	■20.16	X21.20	21.41	X22.54	23.02	23.06
Freiberg (Sachs) 169e. 169f, 169g	an	■16.02	X16.41	+17.04	X17.22	+17.46	18.27	+18.45	X19.38	+20.23	■20.23	X21.27	21.48	c 23.03	d 23.11	23.13
Dresden Hbf 168	an	■17.05	■17.45	18.42		20.03			21.44		...	:23.12		0.02		0.02

169 f Freiberg (Sachs) **– Halsbrücke** und zurück — Alle Züge 2. Klasse

km	Rbd Dresden / Zug Nr		3681	3683	3685	3685	3687	3689	3693	3695	3697	3699
	Dresden Hbf 168	ab	0.42	X4.36	5.23	X6.04	9.15	11.13	X12.40	14.25	■15.52	20.37
0,0	Freiberg (Sachs) 169e. 169g, 169n	ab	X4.40	X5.41	+6.26	X7.23	Sa11.17	12.45	X14.10	■15.23	16.50	21.38
2,4	Freiberg (Sachs) Ost		4.45	5.46	6.31	7.28	11.22	12.50	14.15	15.28	16.55	21.43
5,0	Tuttendorf		4.53	5.54	6.39	7.36	11.30	12.58	14.23	15.36	17.03	21.51
7,4	Halsbrücke	an	X4.58	X5.59	+6.44	X7.41	Sa11.35	13.03	X14.28	■15.41	17.08	21.56

km	Rbd Dresden / Zug Nr		3682	3684	3686	3686	3688	3690	3694	3696	3698	8296
0,0	Halsbrücke	ab	X5.08	X6.10	+6.55	X7.51	Sa11.45	13.14	X14.38	■15.52	17.18	22.19
2,4	Tuttendorf		5.14	6.16	7.01	7.57	11.51	13.20	14.44	15.58	17.24	22.27
5,0	Freiberg (Sachs) Ost		5.22	6.25	7.09	8.05	11.59	13.28	14.52	16.07	17.33	22.37
7,4	Freiberg (Sachs) 169e. 169g, 169n	an	X5.27	X6.30	+7.14	X8.11	Sa12.04	13.33	X14.58	■16.12	17.38	22.44
	Dresden Hbf 168	an	X6.50	8.05	8.05	9.22	Sa13.00	...	X15.50	■17.05	18.42	0.02

Bild 262 ▷ Auszug aus dem Kursbuch der Deutschen Reichsbahn des Sommerfahrplans 1967, gültig vom 26. Mai bis zum 23. September 1967. Abgebildet sind drei der Einsatzstrecken, auf denen die Freiberger 86er ihre Dienste leisteten. Die damalige Kursbuchstrecke 169 g (Freiberg/Sachs – Hermsdorf-Rehefeld) führte bis Mai 1945 weiter nach Moldau (Moldava).

Abbildung: Sammlung Sebastian Werner

Lok	Einsatztage	Laufleistungen
86 028	27	6.548 km
86 041	30	7.828 km
86 312	28	7.134 km
86 331	30	7.333 km
86 332	29	3.965 km
86 622	10	587 km
V 100 025	23	5.772 km
V 100 042	38	6.549 km

Am 1. Januar 1968 waren in der Lokeinsatzstelle Freiberg (Sachs) die V 100 021, V 100 025 und V 100 042 stationiert. Diesen Bestand erweiterten im April und Mai 1968 die Zugänge von V 100 044, V 100 045, V 100 055, V 100 056, V 100 057 und V 100 058.

Durch den Einsatz der V 100 in Freiberg (Sachs) gab das Bw Nossen im Mai 1968 folgende 86er ab:

- 86 028 und 86 312 nach Karl-Marx-Stadt,
- 86 029, 86 086, 86 251, 86 331, 86 440, 86 607 nach Zwickau.

Bis September 1968 trafen weitere V 100 in Freiberg (Sachs) ein, wodurch auf den Einsatz der Baureihe 86 dort vollends verzichtet werden konnte. Entsprechend reichte das Bw Nossen am 30. September 1968 die 86 041, 86 141, 86 622 und 86 760 weiter zum Bw Karl-Marx-Stadt.

Somit blieb nur 86 123 in Nossen, wo sie bis zum Frühjahr 1969 als Rangierlok im hiesigen Bahnhof zum Einsatz kam. Am 8. September 1969 wurde sie als letzte Nossener 86er nach Aue abgegeben.

Loknr.	Zugang vom Bw	beheimatet von – bis	Abgabe zum Bw
86 028	Freiberg (Sachs)	31.12.1967 – 15.05.1968	Karl-Marx-Stadt
86 029	Freiberg (Sachs)	31.12.1967 – 15.05.1968	Zwickau (Sachs)
86 038	Rochlitz (Sachs)	18.12.1960 – 23.12.1960	Rochlitz (Sachs)
86 041	Freiberg (Sachs)	20.10.1967 – 30.09.1968	Karl-Marx-Stadt
86 086	Freiberg (Sachs)	01.01.1968 – 03.05.1968	Zwickau (Sachs)
86 123	Karl-Marx-Stadt	22.12.1968 – 08.09.1969	Aue (Sachs)
86 141	Freiberg (Sachs)	22.03.1968 – 30.09.1968	Karl-Marx-Stadt
86 184	Pirna	10.06.1967 – 10.08.1967	KMS-Hilbersdorf
86 251	Freiberg (Sachs)	09.02.1968 – 16.05.1968	Zwickau (Sachs)
86 312	Freiberg (Sachs)	19.12.1967 – 11.06.1968	Karl-Marx-Stadt
86 331	Freiberg (Sachs)	05.09.1967 – 22.05.1968	Zwickau (Sachs)
86 332	Freiberg (Sachs)	31.12.1967 – 19.02.1968	KMS-Hilbersdorf
86 440	Freiberg (Sachs)	31.12.1967 – .05.1968	Zwickau (Sachs)
86 544	[Neuanlieferung]	10.06.1942 – 29.10.1943	Dresden-Friedrichstadt
86 545	[Neuanlieferung]	14.06.1942 – 29.10.1943	Dresden-Friedrichstadt
86 548	[Neuanlieferung]	21.06.1942 – 11.04.1944	Pirna
86 549	[Neuanlieferung]	25.06.1942 – 19.11.1943	Dresden-Friedrichstadt
86 550	[Neuanlieferung]	.07.1942 – . .1944	Pirna
86 551	[Neuanlieferung]	02.07.1942 – 06.11.1943	Dresden-Friedrichstadt
86 607	Freiberg (Sachs)	30.01.1968 – 24.05.1968	Zwickau (Sachs)
86 622	Aue (Sachs)	11.12.1967 – 30.09.1968	Karl-Marx-Stadt
86 760	Freiberg (Sachs)	30.07.1967 – 30.09.1968	Karl-Marx-Stadt
86 773	Pirna	21.10.1965 – 07.08.1966	Aue (Sachs)

7.20 Die Baureihe 89^2 (sächs. VT)

Am 18. Mai 1961 traf 89 233 vom Bw Dresden-Friedrichstadt kommend in Nossen ein. Sie war die einzige jemals im Bw Nossen beheimatete sächsische V T. Nach nur sechs Monaten gab man die C n2t-Lok am 10. November 1961 an das Bw Karl-Marx-Stadt Hbf ab.

7.21 Die Baureihe 89

Um zwei historisch besonders interessante Lokomotiven handelte es sich bei 89 6125 und 89 7569, die eine Zeit lang im Bw Nossen beheimatet waren. 89 6125 war eine C n2t-Maschine, die von der Firma Hohenzollern im Jahr 1904 für die Brandenburgische Städtebahn AG zu Berlin gefertigt wurde. Die Lok kam am 25. Februar 1953 vom Bw Brandenburg-Altstadt nach Nossen, blieb 14 Monate im hiesigen Bestand und verließ das Nossener Bahnbetriebswerk am 30. April 1954 zum Bw Riesa.

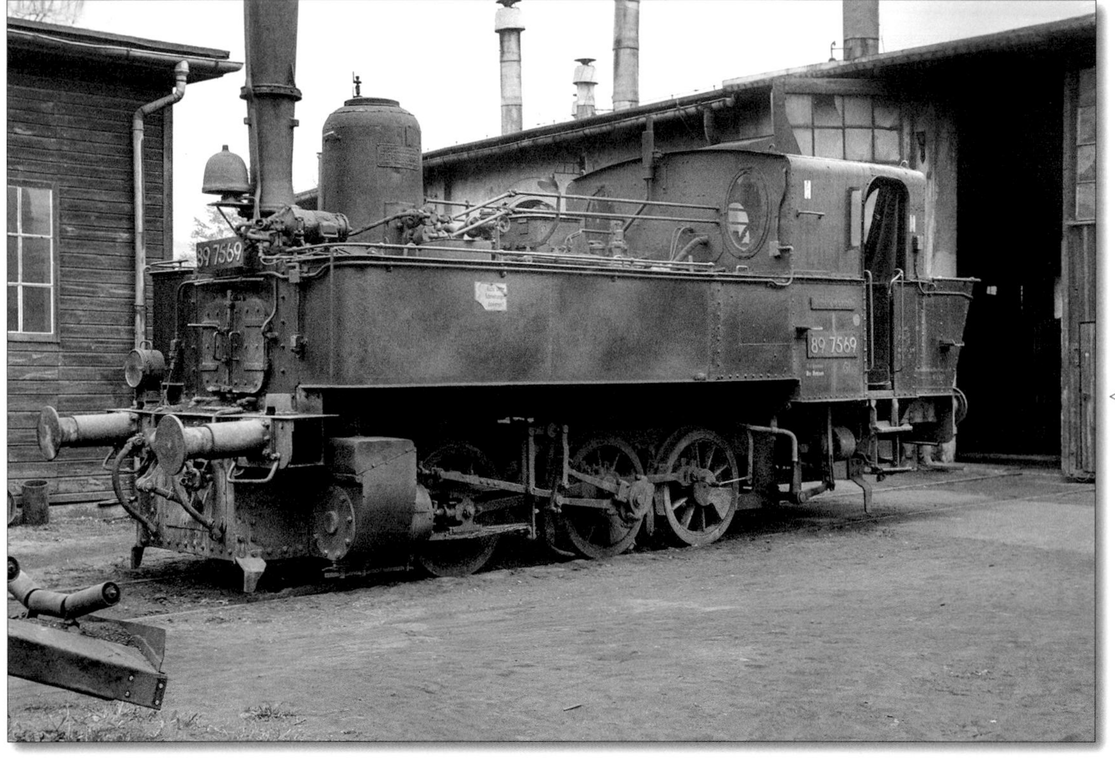

Bild 263
Im Jahr 1963 entstand diese Aufnahme der 89 7569, abgestellt hinter dem Lokschuppen im Bw Nossen. Der Aufsatz auf dem Schornstein der Maschine war zu hoch für die Brennweite der Kamera …

Aufnahme: Patzschke, Sammlung Gunter v. Hartwig

Bild 264 ▷ Was es bedeuten kann, wenn es heißt, dass eine Lok in den z-Park überwiesen bzw. überstellt wurde, zeigt diese Aufnahme der 89 7569 vom 17. September 1964. Der C-Kuppler war im April jenes Jahres z-gestellt worden und befand sich zum Aufnahmezeitpunkt abgestellt im Bahnhof Gleisberg-Marbach. Immerhin besaß die Lok noch ihre Schilder, aber nicht mehr den hohen Schornsteinaufsatz! Am Führerhaus ist die Anschrift „Rbd Dresden", „Bw Nossen" zu erkennen.

Aufnahme: Günter Kielstein, Slg. Matthias Hengst

Aus dem Bw Zwickau bekam Nossen im Oktober 1961 die 89 7569 zur Beheimatung „überfuhrt". Sie war 1897 in den Werkhallen der Wiener Lokomotiv-Fabrik AG in Floridsdorf (WLF) gebaut worden, gehörte der Reihe 97 der k. k. österreichischen Staatsbahnen an und befand sich dann im Bestand der PKP, die sie als Reihe TKh12 einordnete.

Nach dem Einmarsch der Wehrmacht in Polen und dem damit verbundenen Ausbruch des Zweiten Weltkrieges gelangte die Lok zur Deutschen Reichsbahn und erhielt dort die Nummer 89 7569. Die C n2t-Lok war bis zum 20. April 1964 im Bw Nossen beheimatet und wurde dann in den z-Park überstellt.

Loknr.	Zugang vom Bw	beheimatet von – bis	Abgabe zum Bw
89 6125	Brandenburg-Altstadt	25.02.1953 – 30.04.1954	Riesa
89 7569	Zwickau	15.10.1961 – 20.04.1964	z-Park

7.22 Die Baureihe 91^{3-18} (pr. T 9^3)

Die ersten Beheimatungen von Tenderlokomotiven der Baureihe 91^{3-18} in Nossen sind mit 91 903 und 91 1618 ab dem Jahr 1928 in den Unterlagen vermerkt. Zum Einsatz kamen sie in den zum Bw Nossen gehörenden Lokbahnhöfen Bienenmühle, Freiberg (Sachs), Großhartmannsdorf und Langenau. Zum Stichtag 1. November 1936 waren sechs 91^{3-18} im hiesigen Bahnbetriebswerk beheimatet und wie folgt stationiert:

- 91 791 im Lkbf Langenau,
- 91 1110 im Lkbf Großhartmannsdorf,
- 91 1159 im Lkbf Freiberg (Sachs),
- 91 1256 im Lkbf Freiberg (Sachs),
- 91 1618 im Lkbf Freiberg (Sachs),
- 91 1704 im Lkbf Freiberg (Sachs).

Bild 265 ▷ Im Jahr 1937 ist in Langenau (Sachs) das örtliche Bahnhofspersonal und das Lokpersonal der 91 791 vor der pr. T 9^3 für ein gemeinsames Foto zusammengekommen. Die 1'C n2t-Maschine gehörte bis zum 31. Dezember 1936 zum Bestand des Bw Nossen und war im Lokbahnhof Langenau (Sachs) – Endstation einer 4,2 km langen Stichbahn von Brand-Erbisdorf – stationiert.

Aufnahme: Slg. Matthias Hengst

Loknr.	Zugang vom Bw	beheimatet von – bis	Abgabe zum Bw
91 791	?	vor 11/1936 – 31.12.1936	Freiberg (Sachs)
91 903	?	1928 – vor 11/1936	nur Stichtag vermerkt
91 1110	?	vor 11/1936 – 31.12.1936	Freiberg (Sachs)
91 1159	?	vor 11/1936 – 31.12.1936	Freiberg (Sachs)
91 1256	?	vor 11/1936 – 31.12.1936	Freiberg (Sachs)
91 1618	?	1928 – 31.12.1936	nur Stichtag vermerkt
91 1704	?	vor 11/1936 – 31.12.1936	Freiberg (Sachs)

Die Freiberger 91^{3-18} kamen auf der nur sieben Kilometer langen Strecke Freiberg (Sachs) – Halsbrücke zum Einsatz, wo sie den gesamten Zugverkehr abwickelten. Eine weitere Aufgabe war die Bespannung von Übergabegüterzügen zum Freiberger Schlachthof und in das Industriegebiet nach Freiberg Ost sowie der Rangierdienst im Bahnhof Freiberg (Sachs). Die in den Lokbahnhöfen Großhartmannsdorf und Langenau eingesetzten 91^{3-18} bespannten alle Züge auf den Strecken Freiberg (Sachs) – Brand-Erbisdorf – Großhartmannsdorf (17 km) und Brand-Erbisdorf – Langenau (Sachs) (4 km).

91 1618 vom Lokbahnhof Freiberg (Sachs) war im November 1936 an 27 Tagen im Einsatz und kam dabei auf eine Laufleistung von 2.718 km. Im Winterfahrplan 1936/37 leisteten die Loks vor folgenden Zügen ihre Dienste:

Strecke Freiberg (Sachs) – Halsbrücke
Personenzüge
(KP= „Kleiner Personenzug“)

KP 3681	Freiberg (Sachs) – Halsbrücke
KP 3682	Halsbrücke – Freiberg (Sachs)
KP 3683	Freiberg (Sachs) – Halsbrücke
KP 3684	Halsbrücke – Freiberg (Sachs)
KP 3685	Freiberg (Sachs) – Halsbrücke
KP 3686	Halsbrücke – Freiberg (Sachs)
KP 3687	Freiberg (Sachs) – Halsbrücke
KP 3688	Halsbrücke – Freiberg (Sachs)

Nahgüterzüge

Ng 8291	Freiberg (Sachs) – Halsbrücke
Ng 8292	Halsbrücke – Freiberg (Sachs)
Ng 8285	Freiberg (Sachs) – Halsbrücke
Ng 8286	Halsbrücke – Freiberg (Sachs)

Freiberg (Sachs) – Großhartmannsdorf
Personenzüge

KP 1253	Großhartmannsdorf – Freiberg
KP 1254	Freiberg – Großhartmannsdorf
KP 1255	Großhartmannsdorf – Freiberg
KP 1256	Freiberg – Großhartmannsdorf
KP 1257	Großhartmannsdorf – Freiberg
KP 1258	Freiberg – Großhartmannsdorf
KP 1259	Großhartmannsdorf – Freiberg
KP 1264	Freiberg – Großhartmannsdorf
KP 1265	Großhartmannsdorf – Freiberg
KP 1268	Freiberg – Großhartmannsdorf

Übergabezüge

Üg 16426	Brand-Erbisd. – Großhartmannsd.

Freiberg (Sachs) – Langenau (Sachs)
Personenzüge

KP 1281	Langenau (Sachs) – Freiberg
KP 1282	Freiberg – Langenau (Sachs)
KP 1283	Langenau (Sachs) – Freiberg
KP 1284	Freiberg – Langenau (Sachs)
KP 1285	Langenau (Sachs) – Freiberg
KP 1286	Freiberg – Langenau (Sachs)
KP 1287	Langenau (Sachs) – Freiberg
KP 1290	Freiberg – Langenau (Sachs)

Für die Streckenkunde: Die Ortschaften Langenau (Sachs) und Großhartmannsdorf liegen ca. 16 km südwestlich von Freiberg (Sachs). Die Strecke Freiberg (Sachs) – Großhartmannsdorf zweigte in Berthelsdorf (Erzgeb) von der Bahnlinie Nossen – Freiberg (Sachs) – Moldau ab, in Brand-Erbisdorf trennt sich die Strecken nach Langenau (Sachs) und Großhartmannsdorf.

Am 1. Januar 1937 wurde der Lokbahnhof Freiberg (Sachs) in ein eigenständiges Bw umgewandelt. Die Lokbahnhöfe Langenau (Sachs) und Großhartmannsdorf wurden dem nunmehrigen Bw Freiberg (Sachs) unterstellt, woraufhin auch alle Lokomotiven der Baureihe 91^{3-18} vom Bw Nossen dorthin wechselten.

7.23 Die Baureihe $94^{2-4, 5-17}$

In der Zeit von 1936 bis Anfang der vierziger Jahre war stets eine Lokomotive der Baureihe 94^{2-4} (preuß. T 16) bzw. 94^{5-17} (preuß. T 16^1) im Bw Nossen beheimatet. Die Lok kam im Lokbahnhof Hainsberg im Rangierdienst zum Einsatz – obwohl es dort einen regelspurigen Lokbahnhof im eigentlichen Sinne gar nicht gab. Nachgewiesen ist dennoch die Beheimatung von 94 726 in der Zeit vom 1. November 1936 bis zum 31. Mai 1937.

▽ **Bild 266** • Wie es der Zufall manchmal so möchte, ist es erneut 91 791, die hier zu sehen ist. Die Aufnahme entstand im Jahr 1957 im Bahnhof Berthelsdorf. Die Lok gehörte damals zum Bestand des Bw Freiberg (Sachs).
Aufnahme: Günter Kielstein, Sammlung Matthias Hengst

△ **Bild 267** • Der Lokbahnhof Lommatzsch war über viele Jahre dem Bw Nossen untergeordnet. Im Jahr 1967 steht 99 539 in dem Schmalspur-Lokbahnhof, der mit seinen einfachen Anlagen typisch ist für solche Arten von kleinen Einsatzstellen. AUFNAHME: REINER SCHEFFLER, SAMMLUNG MATTHIAS HENGST

7.24 Die Baureihe 99^{51-60} (sächs. IV K)

Die ersten Beheimatungen von Schmalspurlokomotiven der Baureihe 99^{51-60} im Bw Nossen sind in den Standorteseiten der Betriebsbücher von 99 568, 99 577, 99 579, 99 582, 99 585, 99 586, 99 588 und 99 606 im Jahr 1933 eingetragen, wobei bis auf 99 585 und 99 586 alle aufgeführten Maschinen in dem zum Nossener Bahnbetriebswerk gehörenden Lokbahnhof Lommatzsch stationiert waren. Sie kamen auf den 750-mm-Strecken Meißen-Triebischtal – Lommatzsch und Döbeln – Lommatzsch zum Einsatz.

Im Juli und August 1933 trafen fünf Vertreterinnen der Baureihe 99^{64-71} aus Thum und Wilsdruff in Lommatzsch ein und lösten dort die 99^{51-60} ab. Das Bw Nossen gab daraufhin ab:

- 99 579, 99 582, 99 588 und 99 606 nach Mügeln,
- 99 577 nach Oschatz,
- 99 568 nach Radeburg.

Im Lokbahnhof Sayda waren 99 585 und 99 586 stationiert. Sie kamen auf der 15,5 km langen Strecke Mulda – Sayda zum Einsatz, wobei für den täglichen Betrieb nur eine Lok benötigt wurde. Der Umlaufplan sah an Werktagen wie folgt aus:

Güterzüge mit Personenbeförderung

Gmp 11277	Sayda – Mulda
Gmp 11278	Mulda – Sayda
Gmp 11279	Sayda – Mulda
Gmp 11280	Mulda – Sayda
Gmp 11281	Sayda – Mulda
Gmp 11282	Mulda – Sayda

An Sonntagen:

P 1001	Sayda – Mulda
P 1002	Mulda – Sayda
P 1005	Sayda – Mulda
P 1006	Mulda – Sayda
P 1009	Sayda – Mulda
P 1010	Mulda – Sayda
P 1011	Sayda – Mulda
P 1012	Mulda – Sayda

Im Dezember 1936 war 99 585 an 27 Tagen im Einsatz und kam dabei auf eine Laufleistung von 2 765 km.

Zum 1. Januar 1937 wurde der Lokbahnhof Freiberg (Sachs) in ein eigenständiges Bahnbetriebswerk umgewandelt, woraufhin der Lokbahnhof Sayda in dessen Zuständigkeit wechselte. Er gehörte zwar nun verwaltungs- und personalmäßig zum Bw Freiberg (Sachs), die Saydaer Lokomotiven unterstanden aber bis zum 30. April 1946 weiterhin dem Bw Nossen. Erst zum 1. Mai 1946 gingen die in Sayda stationierten Loks auch in den Bestand des Freiberger Bahnbetriebswerkes über. Von 1928 bis zur Streckenstilllegung am 17. Juli 1966 waren 99 585 und 99 586 insgesamt 38 Jahre lang auf der steigungsreichen Stichbahn Mulda – Sayda im Einsatz.

Während die Lokbahnhöfe Mügeln und Wermsdorf dem Bw Döbeln unterstanden und Oschatz sowie Strehla Außenstellen des Bw Riesa waren, befanden sich die dort stationierten Lokomotiven unter der Verantwortung und im Bestand des Bw Nossen. Zum 1. Januar 1939 handelte es sich dabei um folgende Maschinen:

99 516	534	539	542	552	553
561	562	564	567	574	575
576	577	581	582	584	588
589					

Im Frühjahr 1946 änderte die Rbd Dresden die Organisationsstruktur im Betriebsmaschinendienst. Das Bw Döbeln übernahm in diesem Zusammenhang zum 1. März 1946 alle Lokomotiven, die in den Lokbahnhöfen Mügeln, Oschatz, Strehla und Wermsdorf stationiert waren.

Zum 1. November 1967 erfolgte die Umstellung des bis zu diesem Zeitpunkt eigenständigen Schmalspur-Bw Mügeln, samt seiner Einsatzstellen Lommatzsch, Strehla und Wermsdorf in eine Triebfahrzeug-Einsatzstelle des Bw Nossen. Nach fast 21 Jahren waren nun wieder Lokomotiven der Baureihe 99^{51-60} im Bw Nossen beheimatet. Im Dezember 1967 waren dies:

◁ **Bild 268**
Im Jahr 1968 ist 99 584 bei Altmügeln mit einem Personenzug von Mügeln nach Wermsdorf (b. Oschatz) unterwegs. Diese IV K gehörte von November 1967 bis März 1968 sowie von August 1968 bis Dezember 1993 zum Bestand des Bw Nossen.

Aufnahme: Reiner Scheffler, Sammlung Matthias Hengst

164f, g

164f Neichen – Mügeln (b Oschatz) **– Oschatz** *(Schmalspurbahn)*

km	Rbd Dresden – Zug Nr / Klasse	1411 2.			11353 2.		1437 2.	11355 2.	1435 🚌		11357 2.		1443 2.		11361 2.					
0,0	**Neichen** 164b … ab	…		…	⚒ 6.57	† 9.16	…	Sa 14.46	…	…	■ 16.40	…	† 19.10	…	⚒ 19.10	…	…	…	…	…
2,1	Nerchau-Gornewitz	…		…	7.22	9.42	…	15.13	…	…	17.06	…	19.36	…	X19.36	…	…	…	…	…
3,6	Denkwitz	…		…	X7.32	X9.52	…	X15.23	…	…	X17.16	…	X19.46	…	X19.46	…	…	…	…	…
5,0	Cannewitz	…		…	7.42	10.01	…	15.33	…	…	17.26	…	19.56	…	19.56	…	…	…	…	…
6,5	Wagelwitz	…		…	7.52	10.11	…	15.43	…	…	17.36	…	20.06	…	20.06	…	…	…	…	…
8,1	Böhlitz-Roda	…		…	8.02	10.22	…	15.54	…	…	17.46	…	20.16	…	20.16	…	…	…	…	…
9,6	Mutzschen	…		…	8.18	10.34	…	16.13	…	…	18.05	…	20.26	…	20.26	…	…	…	…	…
12,6	Wermsdorf (b Oschatz) an	…		…	8.30	10.46	…	Sa 16.25	…	…	■ 18.17	…	20.38	…	⚒ 20.38	…	…	…	…	…
	Wermsdorf (b Oschatz) ab	a 4.51	○5.07	…	8.38	10.48	⚒ 11.04	…	◘16.55	…	…	…	20.39	…	…	…	…	…	…	…
16,0	Mahlis	5.12	5.28	…	9.01	11.14	11.26	…	17.03	…	…	…	21.01	…	…	…	…	…	…	…
18,2	Gröppendorf	5.19	5.35	…	9.10	11.23	11.35	…	17.11	…	…	…	X21.10	…	…	…	…	…	…	…
19,3	Glossen (b Oschatz)	5.24	5.40	…	9.21	11.35	11.40	…	17.14	…	…	…	21.14	…	…	…	…	…	…	…
20,9	Nebitzschen	5.30	5.46	…	9.27	11.50	11.50	…	17.18	…	…	…	21.20	…	…	…	…	…	…	…
22,6	Altmügeln	5.41	5.57	…	9.38	12.00	12.01	…	17.23	…	…	…	21.31	…	…	…	…	…	…	…
23,9	**Mügeln** (b Oschatz) an	a 5.49	○6.05	…	⚒ 9.46	† 12.08	⚒ 12.08	…	◘17.25	…	…	…	† 21.39	…	…	…	…	…	…	…
	Zug Nr / Klasse			11371 2.																
23,9	**Mügeln** (b Oschatz) ab	◘6.01	…	○6.15	…	…	…	…	…	…	…	…	…	…	…	…	…	…	…	…
25,4	Schweta (b Oschatz)	6.06	…	6.20	…	…	…	…	…	…	…	…	…	…	…	…	…	…	…	…
28,1	Naundorf (b Oschatz)	6.18	…	6.33	…	…	…	…	…	…	…	…	…	…	…	…	…	…	…	…
31,0	Thalheim (b Oschatz)	6.30	…	6.46	…	…	…	…	…	…	…	…	…	…	…	…	…	…	…	…
32,0	Altoschatz-Rosenthal	6.36	…	6.52	…	…	…	…	…	…	…	…	…	…	…	…	…	…	…	…
33,2	Oschatz Süd	6.41	…	7.00	…	…	…	…	…	…	…	…	…	…	…	…	…	…	…	…
35,3	**Oschatz** ⚔ 164. 164c an	◘6.53	…	○7.14	…	…	…	…	…	…	…	…	…	…	…	…	…	…	…	…

164f Oschatz – Mügeln (b Oschatz) **– Neichen** *(Schmalspurbahn)*

km	Rbd Dresden – Zug Nr / Klasse				11376 2.			11378 2.						1436 2.						
0,0	**Oschatz** ⚔ 164. 164c ab	…	…	…	◒ 10.31	…	…	⚒13.44	…	…	…	…	…	◘16.41	…	…	…	…	…	…
2,1	Oschatz Süd	…	…	…	10.46	…	…	14.01	…	…	…	…	…	16.55	…	…	…	…	…	…
3,3	Altoschatz-Rosenthal	…	…	…	10.52	…	…	14.07	…	…	…	…	…	17.00	…	…	…	…	…	…
4,3	Thalheim (b Oschatz)	…	…	…	10.59	…	…	14.14	…	…	…	…	…	17.06	…	…	…	…	…	…
7,2	Naundorf (b Oschatz)	…	…	…	11.12	…	…	14.27	…	…	…	…	…	17.16	…	…	…	…	…	…
9,9	Schweta (b Oschatz)	…	…	…	11.24	…	…	14.39	…	…	…	…	…	17.26	…	…	…	…	…	…
11,4	**Mügeln** (b Oschatz) an	…	…	…	◒ 11.30	…	…	⚒14.45	…	…	…	…	…	◘17.31	…	…	…	…	…	…
	Zug Nr / Klasse	11352 2.		1422 2.		11356 2.				11360 2.		1442 2.			1438 🚌		1444 2.			
11,4	**Mügeln** (b Oschatz) ab	…	…	⚒6.10	…	⚒ 11.32	…	…	…	15.08	…	…	…	…	◘17.34	…	†21.45	…	…	…
12,7	Altmügeln	…	…	6.19	…	11.40	…	…	…	15.16	…	…	…	…	17.36	…	21.53	…	…	…
14,4	Nebitzschen	…	…	6.29	…	11.51	…	…	…	15.28	…	…	…	…	17.41	…	22.04	…	…	…
16,0	Glossen (b Oschatz)	…	…	6.35	…	12.03	…	…	…	15.34	…	…	…	…	17.45	…	22.10	…	…	…
17,1	Gröppendorf	…	…	X6.40	…	12.06	…	…	…	15.37	…	…	…	…	17.48	…	22.15	…	…	…
19,3	Mahlis	…	…	6.48	…	12.22	…	…	…	15.48	…	…	…	…	17.56	…	22.24	…	…	…
22,7	Wermsdorf (b Oschatz) an	…	…	⚒7.09	…	12.44	…	…	…	16.10	…	…	…	…	◘18.04	…	†22.46	…	…	…
	Wermsdorf (b Oschatz) ab	⚒ 4.12	† 7.21	…	…	12.54	…	…	…	⚒ 16.33	…	† 17.20	…	…						
25,7	Mutzschen	4.31	7.40	…	…	13.16	…	…	…	16.52	…	17.32	…	…						
27,2	Böhlitz-Roda	4.41	7.50	…	…	13.25	…	…	…	17.02	…	17.42	…	…						
28,8	Wagelwitz	4.51	8.01	…	…	13.36	…	…	…	17.12	…	17.53	…	…						
30,3	Cannewitz	5.02	8.12	…	…	13.50	…	…	…	17.29	…	18.05	…	…						
31,7	Denkwitz	X5.11	X8.22	…	…	X14.00	…	…	…	X17.38	…	X18.14	…	…						
33,2	Nerchau-Gornewitz	5.20	8.32	…	…	14.10	…	…	…	X17.48	…	18.24	…	…						
35,3	**Neichen** 164b an	⚒ 5.45	† 8.58	…	…	⚒ 14.36	…	…	…	⚒ 18.14	…	† 18.48	…	…						

🚌 : Halt in Wermsdorf (b Oschatz), Hirschplatz; Mahlis, Posthilfsstelle; Gröppendorf, LPG Fr Engels; Altmügeln, Wermsdorfer Str
a verk täglich außer an arbeitsfreien Samstagen
◘ verkehrt ⚒ außer an arbeitsfreien Samstagen
○ verkehrt an arbeitsfreien Samstagen
◒ verkehrt an Arbeits-Samstagen

△ **Bild 269** • Den letzten Fahrplan mit durchgehendem Reisezugverkehr zwischen Wermsdorf (b Oschatz) und Neichen gab es im Sommer 1967. Bereits im August jenes Jahres wurde auf diesem Teilstück der Personenverkehr eingestellt.

Abbildung: Sammlung Sebastian Werner

99 516	530	534	539	542	555
561	562	563	564	566	572
574	575	584	600	608	

Von diesen 16 Loks wurden täglich neun Exemplare in fünf Dienstplänen für den Plandienst benötigt:

Plan 01 (Mügeln):	$5 \times 99^{51\text{-}60}$
Plan 02 (Mügeln):	$1 \times 99^{51\text{-}60}$
Plan 03 (Strehla):	$1 \times 99^{51\text{-}60}$
Plan 04 (Wermsdorf):	$1 \times 99^{51\text{-}60}$
Plan 05 (Lommatzsch):	$1 \times 99^{51\text{-}60}$

Die Maschinen leisteten ihre Dienste auf den Strecken Oschatz – Mügeln – Wermsdorf (b. Oschatz) – Neichen (35,3 km), Oschatz – Strehla (11,3 km), Lommatzsch – Löthain (12,7 km), Döbeln – Lommatzsch (22,8 km) und Nebitzschen – Kemmlitz (b. Oschatz) (2,7 km), die alle zum sogenannten „Mügelner Schmalspurnetz" gehörten. Am 27. August 1967 wurde zwischen Wermsdorf (b. Oschatz) und Neichen der Reisezugdienst eingestellt. An jenem Tag bespannte 99 562 zum letzten Mal einen durchgehenden Zug von Mügeln nach Neichen und zurück. Der Güterverkehr von Mutzschen nach Neichen endete am 1. Juli 1968.

Mit 99 530, 99 572 und 99 600 waren in Mügeln noch drei Original-(Altbau)-Loks beheimatet, 99 555 und 99 569 besaßen bereits einen neuen Kessel und wurden als GR-Loks (Generalreparatur) bezeichnet. Die anderen Maschinen hatten zwischen 1962 und 1967 neben einem neuen Kessel auch einen neuen Brückenrahmen sowie neue Drehgestelle bekommen und wurden aus diesem Grund auch gerne als „Neubauloks" bezeichnet.

Im Januar und Februar 1968 trafen von der zum Bw Aue gehörenden Lokeinsatzstelle Eppendorf die Altbau-Loks 99 535 und 99 551 in Mügeln ein, während am 14. März jenes Jahres 99 584 von Mügeln nach Jöhstadt (Bw Aue) abgegeben wurde.

Die Unterhaltung der in Strehla und Wermsdorf stationierten Lokomotiven erfolgte weiterhin in Mügeln oder Lommatzsch, da die Lokbahnhöfe Strehla und Wermsdorf nur Personaleinsatzstellen waren. Ein Feuer zerstörte im Februar 1967 den Strehlaer Lokschuppen, woraufhin für die dortigen Lokpersonale im Bahnhof Strehla ein Aufenthaltsraum eingerichtet wurde. Der Abriss des Lokschuppens fand 1970 statt. Planlokomotiven waren in Strehla 99 516 oder 99 555, in Wermsdorf war es bis Oktober 1968 die 99 534, anschließend die 99 584. Von der Lokeinsatzstelle Lommatzsch aus kamen 99 542, 99 561 und 99 600 zum Einsatz. Bei Ausfall einer dieser Maschinen musste des Öfteren 99 608 aushelfen.

Schon seit Anbeginn dominierte im Mügelner Netz der Güterverkehr. Besonders wichtig war der Abtransport von Kaolin von Kemmlitz nach Oschatz, wo sich der Übergang zur Regelspurstrecke Leipzig – Dresden befand. Im Herbst wurden zudem Sonderzüge mit Zuckerrüben von Lommatzsch in die Zuckerfabrik nach Döbeln gefahren.

In dem ab 26. Mai 1968 gültigen Sommerfahrplan des Jahres 1968 bespannten die $99^{51\text{-}60}$ folgende Züge:

△ **Bild 270** • Im Herbst 1968 rangiert 99 530 (Bw Nossen) in Altmügeln. Es ist einer ihrer letzten Einsätze, denn am 28. November 1968 wurde sie abgestellt und zum 1. April 1969 ausgemustert.
Aufnahme: Reiner Scheffler, Sammlung Manfred Meyer

Plan 01 (Mügeln): 5 × 99[51-60]
Ng 11369 Mügeln – Oschatz
Ng 11376 Oschatz – Mügeln
Ng 11400 Mügeln – Kemmlitz (b. Oschatz)
Lz Kemmlitz (b. Oschatz) – Nebitzschen
Ng 11402 Nebitzschen – Kemmlitz (b. Oschatz)
Üg 17950 Kemmlitz (b. Oschatz) – Nebitzschen
Ng 11401 Nebitzschen – Mügeln
Ng 11404 Mügeln – Kemmlitz (b. Oschatz)
Üg 17951 Kemmlitz (b. Oschatz) – Nebitzschen
Ng 11403 Nebitzschen – Mügeln
P 1411 Mügeln – Oschatz
Ng 11374 Oschatz - Mügeln
(Fahrgast im Bus nach Döbeln-Gärtitz)
Rangierdienst von 6:30 bis 7 Uhr in Gärtitz
Gmp 11321 Döbeln-Gärtitz – Lommatzsch
Lz Lommatzsch – Mertitz Gabelstelle
Vl 11165 Mertitz Gabelstelle – Lommatzsch
Vl = Vorspannlok
(Fahrgast im Taxi nach Mügeln)

Gmp 11356 Mügeln – Mutzschen
Gmp 11357 Mutzschen – Mügeln
Ng 11377 Mügeln – Oschatz
Ng 11392 Oschatz – Mügeln
Ng 11410 Mügeln – Kemmlitz (b. Oschatz)
Üg 17954 Kemmlitz (b. Oschatz) – Nebitzschen
Ng 11409 Nebitzschen – Mügeln
Lz Mügeln – Oschatz
Lz Oschatz – Strehla
Gmp 11432 Strehla – Oschatz
Ng 11372 Oschatz – Mügeln
(Fahrgast im Taxi nach Lommatzsch)

Gmp 11326 Lommatzsch – Döbeln-Gärtitz
Üg 17904 Döbeln-Gärtitz – Döbeln Nord
Üg 17905 Döbeln Nord – Döbeln-Gärtitz
Gmp 11325 Döbeln-Gärtitz – Lommatzsch
Gmp 11322 Lommatzsch – Döbeln-Gärtitz
(Fahrgast im Bus nach Mügeln)

Bild 271 ▷ Am Morgen des 27. Mai 1969 steht 99 561 mit dem Gmp 11321 (Döbeln-Gärtitz – Lommatzsch) zur Abfahrt bereit im Bahnhof Döbeln-Gärtitz. Für die knapp 20 km lange Strecke benötigte der Zug stolze zwei Stunden – bei acht planmäßigen Zwischenhalten.

Aufnahme: Günter Meyer, Sammlung Manfred Meyer

△ **Bild 272** • Lommatzsch, 29. August 1969: 99 600 ist im dortigen Schmalspurbahnhof „Lz" unterwegs. Die 1914 in der Sächsischen Maschinenfabrik vorm. Richard Hartmann AG in Chemnitz gebaute Maschine wird noch bis Dezember 1972 ihre Dienste vom Lokbahnhof Lommatzsch aus leisten. AUFNAHME: MAX R. DELIE, SAMMLUNG MATTHIAS HENGST

Ng 11375 Mügeln – Oschatz
Von 13 bis 16:15 Uhr Rangierdienst in Oschatz
P 1436 Oschatz – Mügeln
P 1438 Mügeln – Mahlis
Lr Mahlis – Mügeln
Ng 11385 Mügeln – Oschatz
Ng 11386 Oschatz – Mügeln
Ng 11406 Mügeln – Kemmlitz
Üg 17952 Kemmlitz – Nebitzschen
Ng 11405 Nebitzschen – Mügeln
Ng 11408 Mügeln – Kemmlitz
Lz Kemmlitz – Nebitzschen
Ng 11412 Nebitzschen – Kemmlitz
Üg 17953 Kemmlitz – Nebitzschen
Ng 11407 Nebitzschen – Mügeln
Ng 11373 Mügeln – Oschatz
Rangierdienst in Oschatz von 10:15 bis 13 Uhr
Ng 11380 Oschatz – Mügeln
Ng 11381 Mügeln – Oschatz
Rangierdienst in Oschatz von 16:15 bis 19 Uhr
Ng 11392 Oschatz – Mügeln

Plan 02 (Mügeln): 1 × 99^{51-60}
Rangierplan Mügeln
Von 4:30 bis 23 Uhr rangieren in Mügeln.

Plan 03 (Strehla): 1 × 99^{51-60}
(Fahrgast im Bus nach Oschatz)
Gmp 11437 Oschatz – Strehla
Gmp 11438 Strehla - Oschatz
Gmp 11439 Oschatz – Strehla
Lz Strehla – Oschatz
Rangierdienst von 19:55 bis 21 Uhr
Gmp 11433 Oschatz – Strehla
Gmp 11434 Strehla – Oschatz
(Zurück nach Strehla als Fahrgast im Bus.)

Plan 04 (Wermsdorf): 1 × 99^{51-60}
P 1411 Wermsdorf – Mügeln
Gmp 11354 Mügeln – Mutzschen
Gmp 11355 Mutzschen – Mügeln
Ng 11379 Mügeln – Oschatz
Ng 11378 Oschatz – Mügeln
Gmp 11360 Mügeln – Wermsdorf

Plan 05 (Lommatzsch): 1 × 99^{51-60}
5:00 bis 5:50 Uhr rangieren in Lommatzsch
Gmp 11162 Lommatzsch – Löthain
Gmp11163 Löthain – Lommatzsch
Rangierdienst 10:30 bis 11 Uhr
Gmp 11164 Lommatzsch – Löthain
Gmp 11165 Löthain – Lommatzsch

Vom Juli 1968 liegen von neun 99^{51-60} die Laufleistungen vor:

Lok	Einsatztage	Laufleistungen
99 516	29	4.069 km
99 534	28	3.966 km
99 539	26	3.616 km
99 542	29	3.323 km
99 555	21	3.057 km
99 561	21	3.069 km
99 564	28	3.634 km
99 600	14	1.982 km
99 608	27	3.994 km

99 562 und 99 574 befanden sich zu diesem Zeitpunkt zur Ausbesserung (L2) im Raw Görlitz. Von 99 530, 99 563 und 99 566 sind die Betriebsbücher nicht mehr vorhanden, so dass keine Angaben über die Einsätze dieser Loks erstellt werden können.

Die monatlichen Laufleistungen lagen bei 21 bis 29 Einsatztagen also zwischen 3.057 und 4.069 km, was für Schmalspurlokomotiven durchaus beachtlich ist. Interessant ist auch, dass Mügelner Lokperso-

△ **Bild 273** • 99 563 kam zum 1. November 1967 im Zusammenhang mit der Zuweisung des Schmalspur-Bw Mügeln in die Verantwortung des Bw Nossen in den Nossener Fahrzeugbestand. Die Aufnahme zeigt die IV K im Jahr 1969 im Schmalspurbereich des Bahnhofs Oschatz. Aufnahme: Georg Otte, Sammlung Matthias Hengst

nale planmäßig eine Maschine vom Lokbahnhof Lommatzsch besetzten.

Zwischen März und November 1968 wurden die Altbauloks 99 530, 99 535 und 99 551 in den z-Park überstellt und ausgemustert. Immerhin ist 99 535 erhaltengeblieben und befindet sich im Eigentum des Verkehrsmuseums Dresden. Als Ersatz für die ausgemusterten Maschinen traf am 7. August 1968 die 99 584 aus Jöhstadt (Bw Aue) wieder in Mügeln ein.

Die langjährige Wermsdorfer Planlok 99 534 wurde am 3. Oktober 1968 zum Bw Aue abgegeben und kam in dessen Lokeinsatzstelle Kirchberg (Sachs) zum Einsatz. In Wermsdorf war nun 99 584 die Planlok.

Da in Strehla ab Herbst 1968 nur noch zwei Lokheizer zur Verfügung standen, wurde diese Personaleinsatzstelle zum 1. November 1968 geschlossen, der Plan 03 aufgelöst und in den Mügelner Plan 01 mit eingebunden.

Am 1. Oktober 1968 wurde der 1,3 km lange Streckenabschnitt Döbeln Nord – Döbeln-Gärtitz der Strecke Döbeln – Lommatzsch stillgelegt. Die Züge aus Lommatzsch endeten nun in Döbeln-Gärtitz, wo die Reisenden in einen Döbelner Stadtbus umsteigen konnten. Mit Beginn des Sommerfahrplans 1969 endete auch der Zugverkehr zwischen Döbeln-Gärtitz und Kleinmockritz. Unter großer Anteilnahme der Bevölkerung bespannte die zu diesem Anlass geschmückte 99 542 am 31. Mai 1969 mit dem Gmp 11322 den letzten Zug von Döbeln-Gärtitz über Kleinmockritz nach Lommatzsch. Anschließend wurde die Strecke bei Döbeln wegen des Baus der Autobahn Dresden – Leipzig sofort abgebaut.

Vom Bw Aue (Lokbahnhof Jöhstadt) traf am 20. August 1969 die 99 569 in Mügeln ein. Für den Abbau von 500 m Streckengleis auf dem Muldaer Viadukt und am Bahnhof von Mulda wurde 99 608 von Mügeln nach Mulda umgesetzt und kam vom 13. bis zum 21. Oktober 1969 vor dem Abbauzug zum Einsatz. Sie war somit die letzte Lok, die auf der am 17. Juli 1966 stillgelegten Strecke Mulda – Sayda zum Einsatz kam.

Am 31. Dezember 1969 wurde der Zugverkehr zwischen Mutzschen und Wermsdorf (b. Oschatz) eingestellt. Die Stilllegung des Reststückes der Strecke Lommatzsch – Döbeln, der 12 km lange Abschnitt Lommatzsch – Kleinmockritz, erfolgte am 4. Januar 1970. Den letzten Zug von Kleinmockritz nach Lommatzsch bespannten am Vortag 99 542 und 99 600. Durch die Betriebseinstellungen reduzierte sich auch der Lokbedarf in Mügeln, sodass die nicht mehr benötigten 99 516 (am 25.11.1970) und 99 561 (am 16.03.1970) in die zum Bw Aue gehörende Lokeinsatzstelle Kirchberg (Sachs) umgesetzt wurden. Am 1. Januar 1971 waren noch folgende zwölf 99^{51-60} in Mügeln stationiert und damit im Bw Nossen beheimatet:

99 539	542	555	562	563	564
566	569	574	584	600	608

Im Winterfahrplan 1971/72 verkehrte auf der Strecke Oschatz – Strehla werktags nur noch ein Zugpaar, am Wochenende waren es zwei. Am 31. Januar 1972 fuhren

◁ **Bild 274**
99 1539-8 lautete die EDV-gerechte Loknummer der 99 539. Am 8. April 1972 steht die sächsische IV K in Lommatzsch auf einem Transportwagen. Sie wurde zur Traditionslokomotive erkoren und kam auf der Lößnitzgrundbahn Radebeul Ost – Radeburg zum Einsatz.

auch dort die letzten Züge, die von 99 569 befördert wurden.

Zwischen Mügeln und Wermsdorf (b. Oschatz) fuhren im Sommerfahrplan 1972 an Werktagen noch drei Reisezugpaare, davon waren zwei Güterzüge mit Personenbeförderung (Gmp), an Sonntagen verkehrten nur zwei Züge. An Werktagen – damals noch montags bis samstags – fuhr der P 1411, auch als „langer Wermsdorfer" bekannt, von Wermsdorf (b. Oschatz) über Mügeln hinaus bis Oschatz. Für die 22,7 km lange Fahrtstrecke benötigte der Zug eine Fahrzeit von zwei Stunden. Am 30. September 1972 bespannte 99 584 mit dem Gmp 69930 den letzten Zug zwischen Mügeln und Wermsdorf (Oschatz). Am Folgetag endete die Personen- und Güterbeförderung auf dem Abschnitt Nebitzschen – Wermsdorf (b. Oschatz).

In der Lokeinsatzstelle Lommatzsch kam im Sommerfahrplan 1972 noch eine Lok zum Einsatz. Sie fuhr montags bis freitags drei Züge nach Löthain und zwei zurück, samstags verkehrte ein Zugpaar, sonntags fuhr nichts. Alle Züge wurden als Gmp gefahren, alleine daraus resultierten bereits unzumutbare Fahrzeiten von fast 90 Minuten für knapp 13 km!

Neben den Lommatzscher Stammloks 99 539, 99 600 und 99 608 kamen im Jahr 1972 auch 99 555 und 99 562 von Lommatzsch aus mit zum Einsatz. Am 28. Oktober 1972 fuhr mit dem Gmp 69909 (Löthain – Lommatzsch), bespannt von 99 562, der letzte Zug auf der Strecke Lommatzsch – Löthain. Drei Tage später, am 31. Oktober 1972, wurde die Lokeinsatzstelle Lommatzsch formal aufgelöst und 99 562 nach Mügeln umgesetzt.

Ab Ende Oktober 1972 benötigte das Bw Nossen für die vom Mügelner Schmalspurnetz noch übriggebliebene 17,1 km lange Verbindung von Oschatz nach Kemmlitz fünf Planloks, davon wurden vier im „arbeitenden Park" benötigt. Für diese Maschinen wurde in Nossen der Dienstplan 21 erstellt.

Der Lokbestand an $99^{51\text{-}60}$ wurde bis Juli 1974 auf neun Maschinen verringert. Als erste wurde 99 569 (GR-Lok) am 31. August 1972 in den z-Park überstellt, dann verkaufte die Deutsche Reichsbahn die letzte zu diesem Zeitpunkt im Einsatz stehende Altbaulok 99 600 an den VEB Chemiewerk Dresden. Die GR-Lok 99 555 kam am 27. Dezember 1973 in den z-Park, blieb allerdings erhalten und wurde 1977 in der Gemeinde Söllmnitz bei Gera als Denkmal aufgestellt.

▽ **Bild 275** • Mit einem Rollwagenzug voller „Emils", wie die offenen Güterwagen der Gattung E auch gerne genannt werden, ist 99 555 am 8. April 1972 von Löthain kommend in Lommatzsch eingetroffen. Nun beginnen die Rangierarbeiten …

Aufnahmen (2): Frank Ebermann

△ **Bild 276** • 99 569 und 99 574 stehen am 11. Juni 1972 vor dem Mügelner Lokschuppen und warten auf ihre nächsten Einsätze. Anlass für den Fahnenschmuck an den beiden IV K war ausnahmsweise mal kein nationaler Feiertag, sondern der an jenem Tag in der DDR begangene „Tag des Eisenbahners". Aufnahme: Frank Ebermann

Im Reisezugdienst verkehrten zwischen Mügeln und Oschatz nur noch an Werktagen die Züge P 14377 (Mügeln – Oschatz), Gmp 69932 (Oschatz – Mügeln) und – von montags bis freitags – der P 14378 (Oschatz – Mügeln). Mit Ablauf des Sommerfahrplans 1975 am 27. September bespannte 99 566 unter großer Anteilnahme der Bevölkerung mit dem Gmp 69932 den letzten von Oschatz nach Mügeln fahrenden Zug mit Personenbeförderung.

Am 18. September 1975 wurde 99 563 an den VEB Investbau Plauen (Vogtl) vermietet, drei Jahre später ist diese Lok im Raw Görlitz zerlegt worden. Als Ersatz für 99 563 traf am 3. November 1977 die 99 583 aus Jöhstadt (Bw Aue) in Mügeln ein. Sie leistete ihre Dienste bis Ende September des Folgejahres, dann stieß sie am 26. September bei der Einfahrt in den Bahnhof Mügeln mit einem Traktor zusammen und kippte um. Nach der z-Stellung wurde 99 583 am 20. Dezember 1979 ausgemustert und im Mai 1980 in Mügeln zerlegt. Eine Achse der Lok ziert noch heute eine Grünanlage vor dem Mügelner Bahnhof. Für die nun ausgefallene 99 583 musste das Bw Aue (Sachs) die in der Lokeinsatzstelle Jöhstadt stationierte 99 586 nach Mügeln abgeben. Da zwischen Oschatz – Mügeln keine Personenzüge mehr verkehren sollten, wurden zwischen 1974 und 1981 bei 99 542, 99 562, 99 564, 99 566, 99 574, 99 584 und 99 608 die Zugheizungseinrichtungen ausgebaut, nur bei 99 539 und 99 586 blieben diese erhalten. Das Bw Nossen hatte 99 539 im August 1974 nach einer Zwischenausbesserung (L5) im Raw Görlitz nach Radebeul Ost umgesetzt, wo sie fortan vor Traditionszügen auf der Strecke Radebeul Ost – Radeburg genutzt wurde.

In Mügeln waren für den täglichen Planbedarf von vier Loks insgesamt acht 99^{51-60} stationiert. Es galt, vier Güterzugpaare am Tag von Mügeln aus nach Oschatz und Kemmlitz zu bespannen. Eine Lok war tagsüber in Oschatz als Rangierlok im Einsatz, sie fuhr mit dem Ng 66957 als Vorspannlok von Mügeln nach Oschatz. Als Rückleistung nach Mügeln spannte sie dem Ng 66968 vor. Zugelassen waren Höchslasten von Kemmlitz nach Oschatz von 290 t, vom Einfahrsignal Oschatz bis zum Bahnhof Oschatz aber nur von 190 t. Entsprechend musste die Oschatzer Rangierlok bei allen schweren Züge als Vorspannlok genutzt werden. In der Gegenrichtung lag bis Mügeln die Grenzlast bei 300 t, von Mügeln bis Nebitzschen sogar bei 320 t.

Da allerdings ab Nebitzschen aufgrund der folgenden starken Steigung bis Kemmlitz nur 160 t als Höchstlast zugelassen waren, mussten schwere Züge in Nebitzschen geteilt werden. Die Zuglok brachte den ersten Teil nach Kemmlitz, kam dann nach Nebitzschen zurück und holte die restlichen Wagen ab.

Eine weitere Lok bewältigte die Rangierarbeiten in Mügeln und die Übergabe-

▽ **Bild 277** • Am 30. September 1972 nahmen viele Einwohner von Wermsdorf Abschied von ihrer Schmalspurbahn. Die Aufnahme zeigt die geschmückte 99 581, die mit dem letzten Personenzug aus Mügeln kommend (P 69930) gegen 16:10 Uhr in den Bahnhof Wermsdorf (b Oschatz) eingefahren ist. Beachtenswert ist die Länge des Zuges an jenem Tag! Aufnahme: Günter Meyer, Sammlung Manfred Meyer

Bild 278
Am 28. Oktober 1972 musste erneut von einem Abschnitt des Mügelner Schmalspurbahnnetzes Abschied genommen werden: Lommatzsch – Löthain. 99 562 bespannte an jenem Tag mit dem Gmp 69909 (Löthain – Lommatzsch) den letzten Zug auf dieser Strecke. Die Aufnahme entstand beim Halt in Mauna. Ob sich die Kinder auf dem „Bahnsteig" des historischen Moments bewusst waren?

Aufnahme: Rolf Kluge, Slg. Heimatmuseum Nossen

fahrten zum Anschluss der Ofenfabrik im Bahnhof Altmügeln.

Durch die Einstellung des Güterverkehrs am 21. November 1986 auf dem verbliebenen Reststück der als „Preßnitztalbahn" bezeichneten Strecke Wolkenstein – Jöhstadt zwischen Wolkenstein und Niederschmiedeberg wurden die im Lokbahnhof Wolkenstein beheimateten 99^{51-60} arbeitslos. Aus diesem Grund wechselten zwischen dem 4. Juni und dem 20. Dezember 1986 die IV K 99 561, 99 582 und 99 606 aus dem Bestand des Bw Aue zum Bw Nossen und wurden in Mügeln stationiert. Später, am 26. Januar 1988, traf aus Oberwiesenthal auch noch 99 585 zur Stationierung in Mügeln ein.

Nach zweijähriger Vorbereitungszeit fand auf der Strecke Oschatz – Mügeln – Kemmlitz im Jahr 1987 die Umstellung von Heberlein- auf Saugluftbremse statt. Am 13. Juli 1987 beförderte 99 564 den ersten mit Saugluft gebremsten Güterzug von Oschatz nach Mügeln.

Zu einem erneuten Unfall mit einem Straßenfahrzeug kam es auf dieser Strecke am 22. Januar 1988: 99 566 stieß in Oschatz mit einem Bus zusammen, der dabei die Lokomotive vom Gleis schob und die wiederum durch die Kraft der nachschiebenden Rollfahrzeuge umkippte. 15 Monate später, am 26. April 1989, prallte 99 562 ebenfalls in Oschatz mit einem Lkw zusammen. Aufgrund der Schäden wurden sowohl 99 562 als auch 99 566 in den z-Park überstellt.

Bild 279
Am 2. August 1973 ist 99 563 mit dem P 14378 aus Oschatz in den Bahnhof Mügeln eingefahren.

Aufnahme: Rainer Heinrich

Bild 280 ▷ Kaolin ist ein bedeutender Rohstoff bei der Herstellung von sogenannten feinkeramischen Erzeugnissen wie z. B. Porzellan, Isolatoren und Fliesen. Im Gebiet um Kemmlitz wird Kaolin abgebaut, im Betriebsbahnhof Kemmlitz in Normalspurgüterwagen verladen und dann per Rollwagen auf der Schmalspurbahn nach Oschatz transportiert. Am 15. Februar 1981 stehen 99 584 und 99 562 im Kemmlitzer Betriebsbahnhof.

Zum 1. Januar 1990 befanden sich noch zwölf 99^{51-60} aus dem Bestand des Bw Nossen in der Lokeinsatzstelle Mügeln:

99 542 561 562 564 568 574
582 584 585 586 606

Als Traditionslok war 99 539 in Radebeul Ost stationiert.

Mit dem Rückgang des Güterverkehrs im Jahr 1990 setzte das Bw Nossen in dem ab 30. September 1990 gültigen Lokumlauf nur noch drei Maschinen in Mügeln ein. Als eine Folge wurde im November 1990 die 99 586 nach Oberwiesenthal (Bw Aue) abgegeben. Der einst tägliche Betrieb zwischen Oschatz, Mügeln und Kemmlitz wurde 1991/92 auf die Tage Montag bis Samstag reduziert. Sonntags ruhte der Verkehr.

Der Nossener 99^{51-60}-Bestand löste sich dann relativ schnell auf: Die z-gestellten Unfallloks 99 562 und 99 566 kamen 1991 nach Chemnitz-Hilbersdorf, wo sich zu diesem Zeitpunkt ein Eisenbahnmuseum im Aufbau befand. Beide wurden dort vom 16. bis zum 18. August 1991 bei einer Ausstellung präsentiert. Am 22. November 1991 wurden 99 542 und 99 568 an die Interessengemeinschaft Preßnitztalbahn e. V. nach Jöhstadt verkauft, am 30. Juli 1992 erwarb der Verein Museumsbahn Schönheide e. V. die 99 582 sowie 99 585.

Somit befanden sich im Januar 1993 noch im Bestand des nunmehrigen Betriebshofes Nossen:

99 539 561 564 574 584 606
608

Am 17. Dezember 1993 übernahm die Döllnitzbahn GmbH die Strecke Oschatz – Mügeln – Kemmlitz. Das Bw Nossen gab daraufhin am 20. Dezember 1993 die 99 561, 99 574 und 99 584 an diese private Eisenbahngesellschaft ab.

Mit der Auflösung des Nossener Bahnbetriebswerkes zum 31. Dezember 1993 wechselten auch die buchmäßig dort noch verbliebenen 99 539, 99 564, 99 606 und 99 608 zum Betriebshof Riesa.

Jeweils zum 1. Juli des aufgeführten Jahres befanden sich folgende 99^{51-60} im Bestand des Bw Nossen:

△ **Bild 281** • Der Güterverkehr und die damit verbundene Bedienung von Anschlüssen sicherte so mancher Schmalspurbahn ihr Dasein. Am 26. September 1984 verlässt 99 566 mit einer Rangiereinheit den Anschluss der Brennstoffhandlung „Walter Lässig" in Mügeln. Man mag es kaum glauben: Auch Stand Sommer 2023 ist dieses Unternehmen noch immer existent – aber nicht mehr unter der auf der Firmentafel angegebenen Telefonnummer erreichbar. Und eine IV K wird auch nicht mehr auf dem Hof vorfahren …

Aufnahmen (2): Frank Ebermann

Loknr.	Zugang vom Bw	beheimatet von – bis	Abgabe zum Bw
99 516	Mügeln	01.11.1967 – 25.11.1970	Aue (Kirchberg)
99 530	Mügeln	01.11.1967 – 27.11.1968	z-Park
99 534	Mügeln	01.11.1967 – 03.10.1968	Aue (Kirchberg)
99 535	Eppendorf	02.02.1968 – 08.05.1968	z-Park
99 539	Mügeln	01.11.1967 – 31.12.1993	Bh Riesa
99 542	Mügeln	01.11.1967 – 22.11.1991	IG Preßnitztalbahn e. V.
99 551	Aue (Eppendorf)	27.01.1968 – 27.03.1968	z-Park
99 555	Mügeln	01.11.1967 – 27.12.1973	z-Park
99 561	Mügeln	01.11.1967 – 16.03.1970	Kirchberg (Bw Aue)
	Aue (Wolkenstein)	04.06.1986 – 20.12.1993	Döllnitzbahn GmbH
99 562	Mügeln	01.11.1967 – 30.11.1990	z-Park
99 563	Mügeln	01.11.1967 – 18.09.1975	vermietet
99 564	Mügeln	01.11.1967 – 31.12.1993	Bh Riesa
99 566	Mügeln	01.11.1967 – 31.03.1988	z-Park
99 568	Aue (Jöhstadt)	20.01.1978 – 31.08.1979	Aue (Jöhstadt)
	Aue (Wolkenstein)	21.06.1985 – 22.11.1991	IG Preßnitztalbahn e. V.
99 569	Aue (Jöhstadt)	20.08.1969 – 31.08.1972	z-Park
99 572	Mügeln	01.11.1967 – 25.03.1968	z-Park
99 574	Mügeln	01.11.1967 – 20.12.1993	Döllnitzbahn GmbH
99 575	Mügeln	01.11.1967 – 14.02.1968	z-Park
99 582	Aue (Wolkenstein)	20.12.1986 – 12.08.1987	Aue (Oberwiesenthal)
	Aue (Oberwiesenthal)	13.02.1988 – 30.07.1992	Museumsb. Schönheide e.V.
99 583	Aue (Jöhstadt)	03.11.1977 – 03.10.1978	z-Park
99 584	Mügeln	01.11.1967 – 14.03.1968	Aue (Jöhstadt)
	Aue (Jöhstadt)	07.08.1968 – 20.12.1993	Döllnitzbahn GmbH
99 585	Aue (Oberwiesenthal)	26.01.1988 – 30.07.1992	Museumsb. Schönheide e.V.
99 586	Aue (Jöhstadt)	10.12.1978 – 15.11.1990	Aue (Oberwiesenthal)
99 600	Mügeln	01.11.1967 – 03.12.1972	verk. Chemiewerk Dresden
99 606	Aue (Wolkenstein)	10.12.1986 – 31.08.1987	Zittau
	Zittau	15.10.1987 – 31.12.1993	Bh Riesa
99 608	Mügeln	01.11.1967 – 20.11.1989	Aue (Oberwiesenthal)
	Aue (Oberwiesenthal)	17.11.1990 – 31.12.1993	Bh Riesa

△ **Bild 282** • Mit einem Güterzug nach Mügeln überquert 99 568 am 4. Oktober 1988 die Döllnitzbrücke in Oschatz. Der Kaolin-Verkehr auf der Döllnitzbahn zwischen Oschatz und Kemmlitz endete erst im Jahr 2001.

AUFNAHME: FRANK EBERMANN

1969
99 516 539 542 555 561 562
563 564 566 574 600 608

1970
99 516 539 542 555 562 563
564 566 569 574 584 600
608

1971 & 1972
99 539 542 555 562 563 564
566 569 574 584 600 608

1973
99 539 542 555 562 563 564
566 574 584 608

1974 & 1975
99 539 542 562 563 564 566
574 584 608

1976 & 1977
99 539 542 562 564 566 574
584 608

1978
99 539 542 562 564 566 568
574 583 584 608

1979
99 539 542 562 564 566 568
574 584 586 608

1980 bis 1984
99 539 542 562 564 566 574
584 586 608

1985 & 1986
99 539 542 562 564 566 568
574 584 586 608

1987
99 539 542 561 562 564 566
568 574 584 586 606 608

1988 & 1989
99 539 542 561 562 564 568
574 582 584 585 586 606
608

1990
99 539 542 561 562 564 568
574 582 584 585 586 606

1991
99 539 542 561 564 568 574
582 584 585 606 608

1992:
99 539 561 564 574 582 584
585 606 608

1993: 99 539 561 564 574 584
606 608

7.25 Die Baureihe 99^{64-71} (sächs. VI K)

Anfang der dreißiger Jahre wurden die Lokbahnhöfe Wilsdruff, Freital-Potschappel, Mohorn, Klingenberg-Colmnitz, Frauenstein, Meißen Jaspisstraße und Lommatzsch dem Bw Nossen unterstellt. In diesen Lokbahnhöfen waren Maschinen der Baureihe 99^{64-71} beheimatet. In den Standorteseiten von Betriebsbüchern einiger 99^{64-71} ist der Vermerk „Bw Nossen" erstmals in den Jahren 1930 bis 1938 eingetragen. Die in Wilsdruff, Freital-Potschappel, Mohorn, Klingenberg-Colmnitz, Frauenstein und Meißen Jaspisstraße stationierten Loks kamen auf folgenden Strecken zum Einsatz:

- Freital-Potschappel – Wilsdruff – Mohorn – Nossen (38,8 km),
- Meißen-Triebischtal – Wilsdruff (17,5 km),
- Klingenberg-Colmnitz – Oberdittmannsdorf – Mohorn (22,3 km),
- Klingenberg-Colmnitz – Frauenstein (19,7 km).

Diese vier Strecken bildeten das sogenannte Wilsdruffer Schmalspurnetz.

Die vom Lokbahnhof Lommatzsch aus eingesetzten 99^{64-71} bespannten Züge auf den Strecken:

- Meißen-Triebischtal – Lommatzsch (19,8 km),
- Lommatzsch – Döbeln (22,8 km).

Bild 283 ▷ Beheimatet im Bw Nossen war 99 641 im Lokbahnhof Meißen Jaspisstraße stationiert und kam von dort aus u. a. bis Wilsdruff. Dort entgleiste die Lok Anfang der dreißiger Jahre beim Umsetzen und wurde per Manneskraft sowie technischer Hilfsmittel wieder aufgegleist.

Aufnahme: Peter König

Diese Strecken gehört wiederum zum Müglner Schmalspurnetz.

Im Herbst 1935 waren insgesamt 29 Vertreterinnen der Baureihe 99^{64-71} im Bw Nossen beheimatet. Eine der wenigen Quellen aus der Vorkriegszeit nennt für den Oktober 1935 die Stationierung folgender Lokomotiven in den Lokbahnhöfen des Wilsdruffer Schmalspurnetzes und in Lommatzsch:

Wilsdruff (11 Loks)
99 653 671 672 673 674 684
688 689 700 708 709

Freital-Potschappel (3 Loks)
99 678 704 713

Mohorn (3 Loks)
99 654 676 703

Klingenberg-Colmnitz (eine Lok)
99 705

Frauenstein (2 Loks)
99 655 686

Meißen Jaspisstraße (4 Loks)
99 641 642 645 677

Lommatzsch (5 Loks)
99 644 646 647 649 652

Es kam des Öfteren vor, dass vom Bw Nossen für einige Wochen oder sogar Monate Loks der Baureihe 99^{64-71} auch an andere Lokbahnhöfe oder Bahnbetriebswerke mit kurzzeitig höherem Bedarf ausgeliehen wurden. So weilten im Herbst 1935 die 99 687 in Freital-Hainsberg und 99 710 in Zittau. Vom 17. Oktober 1934 bis zum 24. April 1935 war 99 653 als Reservelok

Bild 284 ▷ Die Blockstelle „Götterfelsen" befand sich gleichermaßen bei km 89,9 der Normalspurstrecke Leipzig – Döbeln – Meißen und an der Schmalspurstrecke Wilsdruff – Meißen Triebischtal – Lommatzsch. Am 2. Juni 1936 passiert 99 646 mit einem Güterzug aus Richtung Lommatzsch kommend die Blockstelle, im Hintergrund ist das dazugehörige Wohnhaus zu sehen.

Aufnahme: Carl Bellingrodt/EK-Verlag

◁ **Bild 285**
Mitte der dreißiger Jahre konnte es beim Nebeneinander von Schienen- und Straßenverkehr an einigen Stellen schon ziemlich eng zugehen, wie hier am Bahnübergang Dresdner Straße in Nossen. 99 703 war mit einem Rollwagenzug unterwegs nach Freital-Potschappel, als sich am BÜ ein Lkw-Fahrer nicht an die Grundregel „Schiene hat Vorrang!" hielt …

AUFNAHME: SLG. STUDIO KRÜGER, NOSSEN

◁ **Bild 286**
Im Jahr 1934 entstand im Schmalspurbereich des Nossener Bahnhofes diese Aufnahme der 99 710 und einer weiteren VI K.

AUFNAHME: SLG. PETER WUNDERWALD

bei der zu diesem Zeitpunkt noch schmalspurigen Müglitztalbahn in Heidenau stationiert. Am 5. Dezember 1935 gab das Bw Nossen die 99 704 – frisch aus dem RAW Chemnitz kommend – ebenfalls nach Heidenau ab. Auch 99 677 weilte von Dezember 1935 bis zum 11. Februar 1936 bei der Müglitztalbahn.

Aus Thum trafen am 16. April 1935 die 99 705 und am 10. Januar 1936 die 99 685 in Wilsdruff ein. Einen sehr weiten Anfahrweg zu ihrem neuen Heimat-Bw hatte 99 672, die am 11. März 1938 aus dem Nossener Bestand in die RBD Stuttgart wechselte, dort im Bw Heilbronn beheimatet und in Beilstein stationiert wurde. Auch 99 713 verließ das Bw Nossen. Sie wurde am 16. Februar 1938 nach Heidenau abgegeben und kehrte von dort am 23. Februar 1940 wieder nach Wilsdruff zurück.

Durch den Umbau der Müglitztalbahn Heidenau – Altenberg (Erzgeb) von 750-mm-Schmalspur auf 1.435-mm-Regelspurweite wurde dort eine große Anzahl von Schmalspurlokomotiven frei, von denen das Bw Nossen zwischen 1937 und 1939 folgende Maschinen zugewiesen bekam:

Lok	Zugang am	zum Lokbahnhof/Bw
99 690	10/1937	Radeburg
99 691	07/1938	Radeburg
99 692	02.12.1938	Bw Nossen
99 693	26.09.1937	Radeburg
99 694	07.01.1937	Bw Nossen
99 695	12.09.1937	Freital-Potschappel
99 696	22.07.1939	Radeburg
99 697	11.05.1937	Radeburg
99 714	1937	Radeburg
99 715	09.01.1938	Freital-Potschappel

Angemerkt sei an dieser Stelle, dass der Lokbahnhof Radeburg zwar verwaltungs- und personalmäßig zum Bw Pirna gehörte, die dort stationierten Lokomotiven unterstanden aber dem Bw Nossen. Entsprechend gehörten auch die am 31. Juli 1939 in Radeburg stationierten 99 690, 99 691, 99 693, 99 696, 99 697 und 99 714 offiziell zum Nossener Lokbestand. Eingesetzt wurden von Radeburg aus täglich drei Loks und von Radebeul Ost aus eine Lok.

Im Sommerfahrplan 1939 verkehrten werktags zwischen Radeburg und Radebeul Ost neun Personenzüge und in der Gegenrichtung derer elf. An Sonntagen gab es neun Zugpaare über die Gesamtstrecke, auf dem Teilstück von Radebeul Ost bis Moritzburg verkehrten zusätzlich (!) acht und in der Gegenrichtung elf Züge. Eine derart dichte Zugfolge hat es auf dieser Strecke nie wieder gegeben! Im Güterverkehr wurden werktags zwischen Radebeul Ost und Radeburg drei Zugpaare eingesetzt.

Am 1. August 1939 waren folgende 43 Vertreterinnen der Baureihe 99[64-71] im Bw Nossen beheimatet:

99 641	642	643	644	645	646
647	648	649	652	653	654
655	673	674	675	676	677
678	684	685	686	687	688
689	690	691	692	693	694
695	696	697	699	700	703
705	708	709	710	713	714
715					

Die hier aufgeführten Maschinen stellen Dreiviertel aller Lokomotiven dieser Gattung (62 Stück) dar! Die Unterhaltung und Wartung der Loks fand in den Lokbahnhöfen Wilsdruff, Radeburg, Hainsberg und im Bw Nossen statt, wo sich jeweils kleinere Werkstätten befanden.

Die Lokomotiven wurden aber auch benötigt und waren auf ihren Strecken durchaus gefordert. So verkehrten z. B. im Sommerfahrplan 1939 zwischen Freital-Potschappel und Nossen montags bis samstags drei Personenzugpaare, an Sonn- und Feiertagen waren es fünf. Ein weiterer Personenzug verkehrte täglich zwischen Mohorn und Freital-Potschappel. An Werktagen – montags bis samstags – gab es noch zwei weitere Personenzüge: Einer fuhr von Freital-Potschappel nach Mohorn, der andere von Oberdittmannsdorf nach Freital-Potschappel. Von Wilsdruff nach Freital-Potschappel waren werktags acht Personenzüge und an Sonn- sowie Feiertagen deren sechs unterwegs. In der Gegenrichtung fuhren an Werktagen sieben und an Sonn- sowie Feiertagen sechs Züge, hinzu kam ein tägliches Personenzugpaar zwischen Mohorn und Nossen. Nicht zu vernachlässigen war selbstverständlich der Gütertransport zu jener Zeit! Zwischen Freital-Potschappel und Nossen fuhren täglich zwei durchgehende Güterzugpaare, je ein weiteres gab es von Freital-Potschappel nach Wilsdruff und von Mohorn nach Nossen.

Den Hauptanteil an Gütern bekam die Stadt Wilsdruff, wo vor allem die Futter- und Düngemittelhandlung Seidel, der Baubetrieb Hartmann, die Ziegelei Max Seirich, der landwirtschaftliche Konsumverein (später Bäuerliche Handelsgenossengesellschaft) und die zahlreichen Metallbetriebe durch die Bahn bedient wurden. Aber auch die Bahnhöfe in Grumbach, Helbigsdorf, Mohorn und Oberdittmannsdorf besaßen Ladegleise, auf denen überwiegend die Verladung von Brenn- und Baustoffen sowie landwirtschaftlicher Erzeugnisse stattfand. In Obergruna-Bieberstein wurde der Kohlehandel Möstel und in Siebenlehn das Lederfaserwerk bedient. Der Bahnhof Ullendorf-Röhrsdorf war als Umschlagplatz für Agrarprodukte die wichtigste Güterstation zwischen Wilsdruff und Meißen-Triebischtal. In Taubenheim bediente die Schmalspurbahn das Schamotte- und Klinkerwerk Hofmann (später VEB Ziegelwerke Meißen).

△ **Bild 287** • Auch der Lokbahnhof Radeburg an der Lößnitzgrundbahn befand sich einst unter der „Regie" des Bw Nossen. Entsprechend kommt hier im Sommer 1938 eine Nossener VI K mit dem P 1143 (Radebeul Ost – Radeburg) die Pestalozzistraße in Radebeul entlang. Es ist 99 691, die erst wenige Wochen zuvor von der Müglitztalbahn zur Lößnitzgrundbahn gewechselt ist. Aufnahme: Firtz Milke, Sammlung Dieter Krause

Hohe Transportleistungen waren Ende der zwanziger Jahre beim Bau des Pumpspeicherwerkes in Niederwartha und beim Bau der „Reichsautobahn" in den Jahren 1935/36 zu erbringen. Es wurden Sonderzüge mit Baustoffen bis Wilsdruff oder Siebenlehn gefahren. Mit 113,2 % war Freital-Potschappel – Nossen die Strecke mit der höchsten Auslastung aller sächsischen Schmalspurbahnen im Jahr 1935.

Im Sommer 1939 verkehrten auf der Strecke Wilsdruff – Meißen-Triebischtal täglich drei Personenzugpaare und ein Güterzugpaar. Zwischen Mohorn und Klingenberg-Colmnitz gab es an Werktagen ein und an Sonn- und Feiertagen zwei Personenzugpaare, während im Güterverkehr dort täglich ein Zugpaar unterwegs war. Es transportierte überwiegend landwirtschaftliche Erzeugnisse, Brenn- und Baustoffe, die größtenteils für die Bahnhöfe Niederschöna und Naundorf bestimmt waren.

Auf der Strecke Klingenberg-Colmnitz – Frauenstein fuhren werktäglich zwischen Klingenberg-Colmnitz und Frauenstein fünf Personenzüge, an Sonn- und

Bild 288 ▷ Im Verlauf der Strecke Freital-Potschappel – Nossen überquerte die Schmalspurbahn bei Wurgwitz am Streckenkm 3,817 auf dem Niederhermsdorfer Viadukt den Kesselsdorfbach. Am 4. Juni 1936 ist dort 99 687 auf der Fahrt in Richtung Nossen. Das Bauwerk wurde erst im Januar 1936 in Betrieb genommen, nachdem die Vorgängerbrücke im November 1935 eingestürzt war.

Aufnahme: Slg. Hans-Jürgen Wenzel

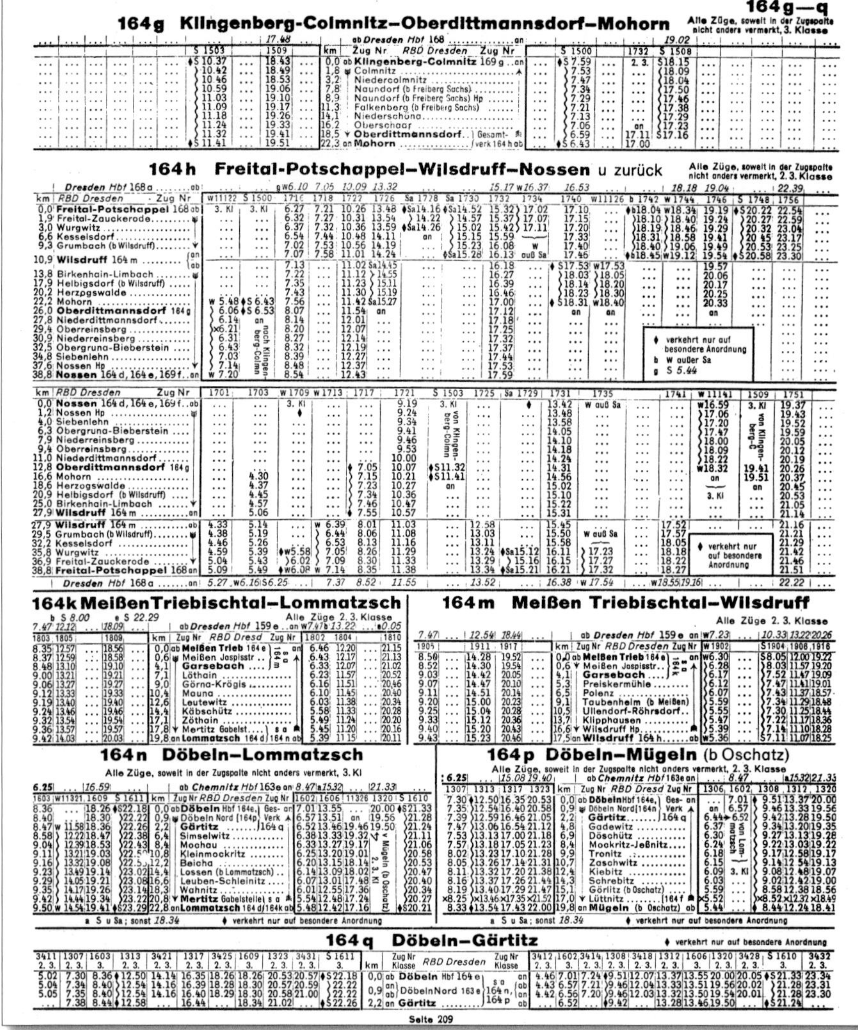

164g Klingenberg-Colmnitz–Oberdittmannsdorf–Mohorn

164h Freital-Potschappel–Wilsdruff–Nossen

164k Meißen Triebischtal–Lommatzsch

164m Meißen Triebischtal–Wilsdruff

164n Döbeln–Lommatzsch

164p Döbeln–Mügeln (b Oschatz)

164q Döbeln–Gärtitz

Seite 209

△ **Bild 289** • Auszug aus dem Kursbuch Sommerausgabe 1941 mit den Einsatzstrecken der VI K des Bw Nossen.

ABBILDUNG: SAMMLUNG SEBASTIAN WERNER

Feiertagen waren es deren sechs. In der Gegenrichtung verkehrten an Werktagen vier und an Sonn- und Feiertagen fünf Personenzüge. Zudem fuhren täglich zwei Güterzugpaare über die Gesamtstrecke, ab dem Winterfahrplan 1941/42 noch ein zusätzlicher Güterzug nach Frauenstein.

Vom Lokbahnhof Wilsdruff aus kamen im Winterfahrplan 1941/42 planmäßig drei 99^{64-71} zum Einsatz. Im Dienstplan 19 des Bw Nossen beförderten zwei dieser Loks die Personenzüge 1716, 1721, 1732 und 1751 (Freital-Potschappel – Nossen – Freital-Potschappel), zwischen Wilsdruff und Freital-Potschappel die Personenzüge 1701, 1717, 1725, 1726, 1756 sowie die Güterzüge 11126, 11132 und 11141. Die dritte Lok bespannte die gesamten Personenzüge zwischen Wilsdruff und Meißen-Triebischtal (P 1902, 1905, 1906, 1911, 1916 sowie 1917).

Die Laufleistungen der drei Wilsdruffer Maschinen vom November 1941:

Lok	Einsatztage	Laufleistung
99 654	26	3.242 km
99 687	29	4.572 km
99 688	19	2.920 km

Vom Lokbahnhof Mohorn aus standen im Winterfahrplan 1941/42 drei sächsische VI K im Einsatz. Sie wurden im Nossener Dienstplan 18 eingesetzt. Darin bespannte am Tag 1 eine Lok folgende Personenzüge:

- P 1703 (Mohorn – Freital-Potschappel),
- P 1722 (Freital-Potschappel – Nossen),
- P 1731 (Nossen – Wilsdruff),
- P 1741 (Wilsdruff – Freital-Potschappel),
- P 1746 (Freital-Potschappel – Mohorn).

In diesem Umlauf legte die Lok am Tag 122,7 km zurück.

Die zweite Mohorner Maschine bespannte im Plan 18 die Güterzüge 11122 (Mohorn – Nossen), 11135 (Wilsdruff – Oberdittmannsdorf), 11902 (Oberdittmannsdorf – Klingenberg-Colmnitz) und den Personenzug 1909 (Klingenberg-Colmnitz – Mohorn).

Die dritte 99^{64-71} vom Lokbahnhof Mohorn leistete ihre Dienste vor den Güterzügen 11308 (Mohorn – Klingenberg-Colmnitz), 11301 (Klingenberg-Colmnitz – Oberdittmannsdorf), 11132 (Oberdittmannsdorf – Nossen) und 11141 (Nossen – Oberdittmannsdorf).

Im November 1941 erreichte 99 703 in diesem Dienstplan an 28 Einsatztagen eine Laufleistung von 3.837 km. Neben ihr gehörten zwischen 1939 und 1943 auch 99 676 und 99 710 zu den Stammloks in Mohorn.

Ebenfalls drei 99^{64-71} setzte der Lokbahnhof Freital-Potschappel im Dienstplan 16 im Winter 1941/42 ein. Am Tag 1 standen folgende Leistungen für eine der drei Loks an:

- Güterzug 11124 (Freital-Potschappel – Wilsdruff),
- P 1713 (Wilsdruff – Freital-Potschappel),
- Vorspann am Güterzug 11128 bis Kesselsdorf,
- Lz Kesselsdorf – Freital-Potschappel,
- sieben Stunden Rangierdienst in Freital-Potschappel mit bedarfsweisen Vorspanndiensten bis Kesselsdorf,
- Vorspann am P 1740 bis Kesselsdorf,
- Lz zurück nach Freital-Potschappel,
- P 1744 (Freital-Potschappel – Wilsdruff.

Kurze Anmerkung zu den Vorspanndiensten: Die Befahrung des Streckenabschnitts Wurgwitz – Kesselsdorf war wegen der starken Neigung von 1:30 nur bei Zügen bis 110 t mit einer Lok zugelassen. Lag die Zuglast darüber, musste eine Lok vorgespannt werden.

Die Lok vom Tag 2 war derweil ganztägig zwischen Freital-Potschappel und Wilsdruff unterwegs und bespannte dabei das Personenzugpaar P 1715/1718, die Güterzüge 11132 und 11035, den P 1740 sowie als Tagesabschluss den Güterzug 11137.

Währenddessen nahm die dritte Lok in Freital-Potschappel den Güterzug 11128 „an den Haken", brachte den Zug bis Nossen, von dort ging es dann mit dem Güterzug 11131 weiter nach Wilsdruff. Ihre Rückleistung nach Freital-Potschappel war der P 1731. Dort angekommen, übernahm sie montags bis freitags das Zugpaar P 1734/1735 nach Wurgwitz. In solch einem Umlaufplan legte 99 678 im Oktober 1941 an 22 Einsatztagen insgesamt 2.744 km zurück. Stammloks im Lokbahnhof Freital-Potschappel waren in den Jahren 1939 bis 1943 neben 99 678 die 99 677, 99 695 und 99 715.

Nur eine 99^{64-71} setzte der Lokbahnhof Meißen Jaspisstraße ein. Sie bespannte das Güterzugpaar 11148/11149 nach Wilsdruff und leistete Rangierdienst im Bahnhof Meißen Jaspisstraße. Während der Rübenernte (September bis Januar) war eine zweite Lok in Meißen Jaspisstraße stationiert, die ausschließlich vor den Rübenzügen zum Einsatz kam. Bis zu zwei Zugpaa-

△ **Bild 290** • Am 29. August 1975 entstand diese Aufnahme der 99 654 und 99 653, die im Schmalspurteil des Bahnhofs Nossen abgestellt waren. Die beiden Maschinen gelangten zum 1. Januar 1973 in den Nossener Lokbestand. AUFNAHME: FRANK EBERMANN

re verkehrten dann täglich zwischen Wilsdruff und der Zuckerfabrik in Döbeln. Die VI K bespannte die Züge im Abschnitt Wilsdruff – Garsebach (bei Meißen) oder bis Lommatzsch. Nach Beendigung der Rübenkampagne im Januar wurde die Lok wieder abgezogen.

Im März 1941 gab man die schadhaft abgestellte 99 709 nach Thum ab. In den Jahren 1939 bis 1943 waren 99 641, 99 645 und im Winter 1942/43 die Zittauer 99 711 die Loks, die am häufigsten vom Lokbahnhof Meißen Jaspisstraße aus eingesetzt wurden.

Die Lokbahnhöfe Klingenberg-Colmnitz und Frauenstein setzten im Winter 1941/42 jeweils eine Vertreterin der Baureihe 99^{64-71} ein. Die Klingenberger Lok fuhr im Dienstplan 17 die Güterzüge 11286, 11288, 11289, 11292 und 11295 sowie den Personenzug P 901 zwischen Klingenberg-Colmnitz und Frauenstein. Währenddessen bespannte die in Frauenstein stationierte 99^{64-71} fast alle Personenzüge zwischen Frauenstein und Klingenberg-Colmnitz. Im Dienstplan 15 kam sie vor den P 903, 904, 911, 915, 916 und 918 zum Einsatz. Stammloks in Frauenstein waren zwischen 1939 und 1943 die 99 686 und 99 713. Als Beispiel für die erreichten Laufleistungen sei für 99 713 der Januar 1943 genannt, in dem die Lok an 20 Einsatztagen 3.194 km zurücklegte.

In Klingenberg-Colmnitz waren im selben Zeitraum die 99 674 und 99 705 stationiert. Letztere erreichte im Juni 1941 an 29 Einsatztagen eine Laufleistung von insgesamt 3.483 km.

Das Bw Nossen setzte übrigens auch eine 99^{64-71} im Rangierdienst auf dem Schmalspurteil des Nossener Bahnhofes ein.

Nun zum Lokbahnhof Lommatzsch: Von dort aus waren täglich drei sächsische VI K auf den Strecken nach Meißen und Döbeln im Einsatz. Jährlich zur Rübensaison (September bis Januar) wurden zwei oder drei weitere 99^{64-71} aus Wilsdruff in Lommatzsch stationiert. Häufige Gäste waren 99 647, 99 652 und 99 653. Sie wurden vor den Voll- und Leerzügen eingesetzt, die zwischen der Rübenverladestation in Garsebach und Döbeln Nord – wo sich die Zuckerfabrik befand – pendelten. Mit den Lokomotiven kamen nicht nur Personale aus Wilsdruff, sondern auch von den Regelspur-Bahnbetriebswerken Dresden-Altstadt und Chemnitz-Hilbersdorf nach Lommatzsch. Die meist jüngeren Lokpersonale hatten oftmals zuvor noch nie auf einer 99^{64-71} Dienst getan.

Eine der wenigen Quellen aus der Vorkriegszeit gibt für den Oktober 1935 einen Bestand von sieben Loks der Gattung VI K in Lommatzsch an. Es handelte sich dabei um folgende Maschinen:

99 643 644 646 647 648 649 652

Der Planbedarf in Lommatzsch lag in der Zeit der Rübenkampagne bei fünf bis sechs Maschinen. In diesem fruchtbaren und keineswegs flachen Gebiet, auch „Lommatzscher Pflege“ genannt, wurden vor allem Obst und Zuckerrüben angebaut. Der Personenverkehr spielte stets eine untergeordnete Rolle, wobei der Abschnitt von Lommatzsch bis Meißen noch das höchste Reisendenaufkommen verzeichnete. Der Sommerfahrplan 1939 wies täglich zwei Personenzugpaare (P 1602/1603, P 1606/1609) zwischen Lommatzsch und Döbeln aus. An Sonn- und Feiertagen gab es noch das zusätzliche Zugpaar P 1610/1611. An Werktagen bespannten die VI K-Loks den Gmp 11326 bis Gärtitz bei Döbeln, als Rückleistung wurde der Güterzug 11331 (Döbeln Nord – Lommatzsch) übernommen. In Richtung Meißen verkehrten täglich drei Personenzugpaare, ein weiteres fuhr nur an Sonn- und Feiertagen. Im Güterverkehr gab es an Werktagen zwei Zugpaare zwischen Meißen Jaspisstraße und Lommatzsch, ein Güterzugpaar verkehrte zwischen Löthain und Meißen Jaspisstraße. Auf der Strecke Meißen Jaspisstraße – Lommatzsch waren übrigens nicht nur die Lommatzscher 99^{64-71} im Einsatz, sondern auch jene vom Lokbahnhof Meißen Jaspisstraße.

In der Zeit der Rübenkampagne des Jahres 1939 von September bis Dezember verdoppelte sich die Anzahl der Güterzüge auf dem Abschnitt Garsebach – Lommatzsch – Döbeln Nord, wobei zwischen Lommatzsch und Döbeln Nord in dieser Zeit allein drei Rübenzüge-Pendel fuhren (11311/11312, 11314/11315, 11330/11331). Ein Teil dieser Rübenzüge kam aus dem Wilsdruffer Land und wurde auf dem Abschnitt Wilsdruff – Garsebach – Meißen Jaspisstraße von einer 99^{64-71} des Lokbahn-

△ **Bild 291** • Von Sommer 1972 bis Frühjahr 1974 war 99 715 in der Lokeinsatzstelle Freital-Hainsberg abgestellt, wo am 15. April 1973 diese Aufnahme entstand. Ab Sommer 1974 fand sie Verwendung als Denkmallok im Bahnhof Radebeul Ost. Seit dem 24. August 2004 ist sie als Leihgabe der „GbR 99 715" in Jöhstadt für die IG Preßnitztalbahn e. V. im Einsatz. AUFNAHME: RAINER HEINRICH

hofs Jaspisstraße bespannt. Bis Lommatzsch kamen dann sowohl Lommatzscher als auch Meißener Maschinen zum Einsatz. In Meißen Jaspisstraße und Lommatzsch wurden die Züge neu zusammengestellt, sie bekamen neue Zugnummern und wurden anschließend von Mertitz Gabelstelle oder Lommatzsch bis Döbeln Nord in die Zuckerfabrik gefahren. Die Rübenzüge waren durchgehend aus offenen Schmalspur-Güterwagen gebildet und hatten eine Planlast bis zu 250 t.

Im Sommer 1940 musste das Bw Nossen die beiden in Lommatzsch stationierten VI K 99 644 und 99 648 zum „Osteinsatz" an das Bw Lublin im besetzten Polen abgeben. Die Maschinen wurden im Lokbahnhof Gozdów stationiert und waren mit der ehemalig Wilsdruffer 99 653 auf der Strecke Nałęczów – Opole unterwegs. Im Juni 1942 kehrten die beiden Loks wieder nach Lommatzsch zurück.

Die Lommatzscher 99 649 weilte vom 26. September 1942 bis zum 9. Oktober 1942 im RAW Chemnitz, wo sie mit einer Frostschutzeinrichtung ausgerüstet wurde. Am 30. November 1942 wurde sie von Lommatzsch aus in Richtung Osten abgefahren. Ihr dortiges Einsatzgebiet ist unbekannt. Als Ersatz für die Lok stationierte man ab 1942/43 mit 99 577 und 99 584 wieder Vertreterinnen der Gattung IV K im Lokbahnhof Lommatzsch, welche die in Richtung Döbeln zu fahrenden Leistungen übernahmen.

Im Winterfahrplan 1943/44 bespannten die Lommatzscher Loks folgende Züge:

- P 1802 Lommatzsch – Meißen-Triebischtal
- P 1803 Meißen-Triebischtal – Lommatzsch
- P 1804 Lommatzsch –Meißen-Triebischtal
- P 1805 Meißen-Triebischtal – Lommatzsch
- 11172 Lommatzsch – Meißen Jaspisstraße
- P 1809 Meißen-Triebischtal – Lommatzsch
- 11176 Lommatzsch – Löthain
- 11181 Löthain – Lommatzsch
- 11170 Lommatzsch – Leutewitz
- 11171 Leutewitz – Lommatzsch

Während der Rübenkampagne wurden zusätzlich folgende Rübenzüge befördert:

- 11174 Löthain – Meißen-Jaspisstraße
- 11167 Meißen-Jaspisstraße – Lommatzsch

Am 14. Juli 1944 verließ 99 643 den Lokbahnhof Lommatzsch und den Nossener Lokbestand. Sie kam zur RBD Linz.

Noch im selben Monat trafen als Ersatz aus Wilsdruff 99 642 und 99 653 in Lommatzsch ein.

Am 29. Dezember 1940 wurde 99 653 an das Bw Lublin im besetzten Polen abgegeben. Sie wurde im Lokbahnhof Gozdów stationiert und war mit ihrer Lommatzscher Schwesterlok 99 644 auf der Strecke Nałęczów – Opole im Einsatz. Am 2. Mai 1943 kehrte sie nach Wilsdruff zurück.

Es mussten noch weitere VI K aus dem Bestand des Bw Nossen zum „Osteinsatz" in die von der Wehrmacht besetzten Ostgebiete abgegeben werden. Vor ihrem Einsatz erhielten diese Loks im RAW Chemnitz eine Frostschutzausrüstung. Im März 1943 wurden 99 673, 99 676 und 99 677 in Richtung Osten abgefahren, am 3. September 1944 ist 99 695 an die „Reichsverkehrsdirektion" (RVD) Riga überwiesen worden. Während über den Einsatzort von 99 673 und 99 677 nichts bekannt ist, kam 99 676 zur RVD Kiew. Beim Rückzug der Wehrmacht im Sommer 1944 soll diese Lokomotive im Schwarzen Meer versenkt worden sein.

Im Dezember 1943 kehrte 99 677 wieder in ihre langjährige Einsatzstelle nach Freital-Potschappel zurück, von wo aus sie am 3. September 1944 nach Danzig abgegeben wurde. Dort kam die VI K bei den Westpreußischen Kleinbahnen zum Einsatz. Über ihr weiteres Schicksal in den Folgejahren ist jedoch nichts weiter bekannt.

△ **Bild 292** • Im Frühjahr des Jahres 1973 steht 99 653 mit einem Güterzug, gebildet aus zwei mit gedeckten Güterwagen beladenen Rollwagen und einem Begleitwagen, im Schmalspurbahnhof Nossen zur Abfahrt bereit. Die „Fuhre" fährt nach Siebenlehn. 99 653 befand sich zu diesem Zeitpunkt am Ende ihrer Einsatzzeit: Am 31. Mai 1973 wurde sie z-gestellt. Aufnahme: Scholz, Sammlung Matthias Hengst

99 673 traf am 22. September 1944 wieder in Wilsdruff ein. Dort war sie im Dezember jenes Jahres an 29 Tagen im Einsatz und erreichte eine Laufleistung von 4.368 km.

Nach der Erneuerung des Oberbaus auf der Strecke Zittau – Hermsdorf konnten ab Herbst 1944 dort auch VI K und Einheitsloks eingesetzt werden. Da aber in Zittau nur zwei VI K und sechs Einheitsloks vorhanden waren, musste Wilsdruff im Herbst 1944 die Mohorner 99 710 dorthin abgeben. Ihr folgten am 3. Januar 1945 noch 99 694 und im Frühjahr 1945 auch 99 700.

Durch die Wirren der letzten Kriegstage geriet 99 700 auf tschechoslowakisches Gebiet, wurde von den am 9. Mai 1945 wiedergegründeten Tschechoslowakischen Staatsbahnen (ČSD) beschlagnahmt und 1946 in die Sowjetunion abtransportiert.

Kurz vor dem Ende des Zweiten Weltkrieges – am 16. April 1945 – wurde die Klingenberger 99 674 mit dem Güterzug 11292 kurz vor Frauenstein von Tieffliegern angegriffen und dabei so stark beschädigt, dass sie am 25. August 1945 im RAW Dresden zerlegt werden musste. Allgemein ist es allerdings nicht zu nennenswerten Beschädigungen der Bahnanlagen durch Kriegseinwirkungen gekommen.

Am 7. Mai 1945 wurde das Gebiet des Wilsdruffer Netzes von der Roten Armee besetzt. Auf Anordnung der sowjetischen Besatzungsmacht fanden im August und September 1945 jeweils Lokzählungen statt, wobei jene vom September folgende Lokomotiven in den Lokbahnhöfen des Wilsdruffer Netzes sowie in Lommatzsch aufführte:

<u>Wilsdruff</u>
99 641 645 655 687 688 705 714

<u>Mohorn</u>
99 673 684

<u>Freital-Potschappel</u>
99 678 708 713 715

<u>Nossen</u>
99 652 675 699

<u>Klingenberg-Colmnitz</u>
99 648 654

<u>Frauenstein</u>
99 686 703

<u>Meißen Jaspisstraße</u>
99 689 706

<u>Lommatzsch</u>
99 642 644 646 653

Die 99 685 war im Sommer 1945 nach Zittau abgegeben worden, während 99 641, 99 645, 99 652, 99 675 und 99 708 nach der Lokzählung als Reparationsleistung in die Sowjetunion abtransportiert und 99 692 am 19. November 1945 nach Radeburg umbeheimatet wurden.

Im Frühjahr 1946 änderte die RBD Dresden ihre Organisationsstruktur im Betriebsmaschinendienst. In diesem Zusammenhang übernahm das Bw Dresden-Altstadt zum 6. Mai 1946 vom Bw Nossen die Lokbahnhöfe Wilsdruff, Freital-Potschappel, Mohorn und Meißen Jaspisstraße mit den dort stationierten Lokomotiven. Die Lokbahnhöfe Frauenstein und Klingenberg-Colmnitz wechselten mit den dort stationierten 99 648, 99 654 (Klingenberg-Colmnitz) sowie 99 686 und 99 703 (Frauenstein) zum Bw Freiberg (Sachs). Werkstattmäßig wurden die Loks aber weiterhin in Wilsdruff oder Nossen betreut. Der Lokbahnhof Lommatzsch gelangte im August 1946 aus dem Verantwortungsbereich des Bw Nossen in die Obhut des Bw Döbeln, womit auch die Umbeheimatung 99 644, 99 646 und 99 653 dorthin verbunden war.

Am 1. Oktober 1972 wurde das zwischenzeitlich eigenständige Bw Wilsdruff mit den Lokbahnhöfen Hainsberg und Radebeul Ost erneut dem Bw Nossen angegliedert, wodurch nach 26 Jahren wieder neun 99^{64-71} in den Nossener Lokbestand gelangten. Für den noch verbliebenen Restteil des Wilsdruffer Netzes – der 12,8 km langen Strecke Nossen – Oberdittmannsdorf – wurde täglich eine Lok benötigt. Dafür standen in Nossen die „Neubauloks" 99 653, 99 654 und 99 694 zur Verfügung.

Eine Fortführung der Strecke von Oberdittmannsdorf in das nur 3,8 km entfernte Mohorn, um den dort noch vorhandenen Lokschuppen nutzen zu können, hatte der Präsident der Rbd Dresden abgelehnt. So musste der seit Mitte der sechziger Jahre von der Bahnmeisterei genutzte Nossener Schmalspurlokschuppen erst wieder reaktiviert werden.

Im Spätsommer 1972 wurde im Bahnhof Nossen eine Überladerampe für Schmalspurfahrzeuge fertiggestellt und damit die Möglichkeit geschaffen, die Schmalspurloks zum Auswaschen in den Ringlokschuppen des hiesigen Bahnbetriebswerkes zu überführen. Für die Unterhaltung von Schmalspurlokomotiven hatte man im Nossener Lokschuppen extra einen Schmalspurreparaturstand eingerichtet.

Am 28. Oktober 1972 wurde der Güterverkehr auf dem Streckenabschnitt Oberdittmannsdorf – Obergruna-Bieberstein eingestellt und die bis dahin noch 12,8 km lange Strecke auf 6,3 km halbiert. Der Personenverkehr war bereits am 28. Mai 1972 eingestellt worden. Im Zeitraum Oktober bis Dezember 1972 standen auf dem Reststück überwiegend 99 653 und 99 694 im Einsatz. Die damaligen Monatswerte der Loks betrugen im Einzelnen:

<u>99 653</u>
10/1972: 31 Einsatztage mit 2.086 km
12/1972: 23 Einsatztage mit 1.485 km

<u>99 694</u>
11/1972: 30 Einsatztage mit 1.974 km
12/1972 8 Einsatztage mit 552 km

99 654 war in diesem Zeitraum in Nossen „kalt" abgestellt.

Es verkehrten täglich zwischen Nossen und Obergruna-Bieberstein drei Güterzugpaare (66911/66912, 66913/66914, 66917/66918). Den Hauptteil der dabei transportierten Waren, Güter und Erzeugnisse erhielten die Lederfabrik in Siebenlehn sowie in Obergruna-Bieberstein die Bäuerliche Handelsgenossenschaft, ein Kohlehändler und die dortige Papierfabrik. Monatlich gingen alleine 150 Normalspur-Güterwagen auf Rollwagen in den Versand.

Allerdings: Am 31. März 1973 fand die letzte Bedienung der Anschlüsse in Obergruna-Bieberstein statt. Es oblag der 99 653 die Aufgabe, den letzten Zug dorthin zu befördern. Danach wurden nur noch vier Streckenkilometer bis zum Anschluss des Lederfaserwerkes Siebenlehn und das planmäßig auch nur noch dreimal wöchentlich befahren.

Mit Ablauf ihrer L7-Frist wurde 99 653 am 21. April 1973 abgestellt und zum 31. Mai 1973 in den z-Park überwiesen. Bis September 1973 waren nun 99 654 und 99 694 abwechselnd zwischen Nossen und Siebenlehn im Einsatz.

Zwischen dem 16. Juli und dem 20. September 1973 weilte die bis dahin in Freital-Potschappel hinterstellte 99 687 zu einer L5-Ausbesserung im Raw Görlitz, anschließend leistete sie ihre Dienste vor den Anschlussbedienungen zwischen Nossen und Siebenlehn. Daraufhin gingen 99 654 sowie 99 694 „auf den Rand" und am 27. Dezember in den z-Park. Bis zum 31. Dezember 1973 war 99 687 drei- bis viermal in der Woche im Einsatz, bis an jenem Tag auch auf diesem letzten Streckenabschnitt des einstigen Wilsdruffer Netzes der Betrieb eingestellt wurde. Nachdem 99 687 im Dezember 1973 noch an 13 Tagen im Einsatz stand und dabei 2.847 km zurücklegte, wurde sie Anfang 1974 „kalt" abgestellt. Sowohl 99 687 als auch 99 654 und 99 694 blieben noch eine Zeit lang in Nossen hinterstellt.

Die in Freital-Hainsberg abgestellte 99 715 wurde im Herbst 1973 nach Radebeul Ost überführt, und dort vor dem seit 1968 entstandenen Museumszug aufgestellt.

Die zum Bestand des Bw Nossen gehörenden 99 696 und 99 706 waren bereits seit Ende Mai 1972 in Freital-Potschappel abgestellt. Am 3. Oktober 1974 wurde 99 696 verladen und in das Raw Cottbus überführt. Ihr folgten zwischen dem 30. September und 10. Oktober 1974 die ebenfalls in Freital-Potschappel hinterstellten 99 648, 99 684, 99 685 und 99 692.

Bild 293
In Nossen sammelten sich Mitte der siebziger Jahre die z-gestellten und ausgemusterten VI K. Dazu gehörte auch 99 694, die hier am 30. August 1975 im Schmalspurteil des Bahnhofes Nossen abgestellt ist.

Aufnahme: Hans-Dieter Rändler

△ **Bild 294** • Auf dieser Seite sollen zum Abschluss der Einsatzgeschichte der Nossener VI K zwei Aufnahmen der 99 653 gezeigt werden, die das Schicksal des Großteils dieser Maschinen widerspiegeln. Am 8. Juni 1975 steht die bereits arg ramponierte 99 653 in Nossen …
Aufnahme: Dietrich Richter, Sammlung Jörg Leuthardt

In Cottbus wurden sie von den Schmalspur-Transportwagen auf Tiefladewagen umgeladen und zur Verschrottung abgefahren. Der genaue Zerlegeort der Loks ist bis heute nicht bekannt. Mehr Gewissheit besteht diesbezüglich beim Schicksal der 99 706: Die im Lokschuppen in Freital-Potschappel stationierte Maschine ist im April 1975 ins Raw Görlitz überführt und dort auch zerlegt worden.

Am 19. August 1975 wurden 99 654, 99 687, 99 694 sowie die Wilsdruffer Heizlokomotive 99 714 ausgemustert, und die drei erstgenannten „Neubauloks" daraufhin zwischen September und November 1975 von Nossen ins Raw Görlitz zur Zerlegung abgefahren. Die „Altbaulok" 99 714 verschrottete man bis Frühjahr 1976 direkt vor Ort in Wilsdruff. 99 653 war schon seit dem 4. September 1974 ausgemustert. Ihre Verschrottung fand bis Ende 1976 im Bw Nossen statt.

Damit war aber die Geschichte der sächsischen VI K im Bw Nossen aber noch nicht beendet. Denn die bis Oktober 1974 in Freital-Potschappel abgestellte 99 713 erhielt vom 24. Februar bis zum 19. Juni 1975 im Raw Görlitz eine Hauptuntersuchung und stand – offiziell im Bestand des Bw Nossen – ab dem 20. Juni 1975 der

Bild 295 ▷ 99 653 wurde in der zweiten Jahreshälfte 1977 im Bw Nossen zerlegt. Am 7. September 1977 stehen dort die Reste der Lok auf dem Schmalspurtransportwagen.
Aufnahme: Gunter von Hartwig

Loknr.	Zugang vom Bw	beheimatet von – bis	Abgabe zum Bw
99 641	Meißen Jaspisstraße	. .1935 – 06.02.1946	Reparation UdSSR
99 642	Meißen Jaspisstraße	. .1935 – 06.05.1946	Dresden-Altstadt
99 643	Lommatzsch	. .1935 – 14.07.1944	RBD Linz
99 644	Lommatzsch	11.08.1935 – 22.08.1940	Osteinsatz (Gozdów)
	Gozdów	.06.1942 – 13.12.1946	Döbeln
99 645	Meißen Jaspisstraße	. .1935 – .08.1940	Osteinsatz
	Osteinsatz	.06.1942 – 22.02.1946	Reparation UdSSR
99 646	Lommatzsch	16.08.1935 – 01.08.1947	Döbeln
99 647	Lommatzsch	. .1935 – 15.07.1944	RBD Villach
99 648	Lommatzsch	15.03.1930 – .07.1940	Osteinsatz (Gozdów)
	Gozdów	.06.1942 – 01.08.1946	Freiberg (Sachs)
99 649	Lommatzsch	20.07.1933 – 30.11.1942	Osteinsatz
99 652	Lommatzsch	. .1935 – 10.10.1945	Reparation UdSSR
99 653	Wilsdruff	.10.1935 – 29.12.1940	Osteinsatz (Lublin)
	Lublin	02.05.1944 – 18.09.1946	Döbeln
	Wilsdruff	01.01.1973 – 31.05.1973	z-Park
99 654	Wilsdruff	24.12.1938 – 13.11.1946	Dresden-Altstadt
	Wilsdruff	01.01.1973 – 27.12.1973	z-Park
99 655	Frauenstein	30.08.1935 – 05.02.1946	Zittau
99 671	Wilsdruff	. .1935 – 02.04.1938	Beilstein
99 672	Wilsdruff	19.01.1937 – 11.03.1938	Beilstein
99 673	Wilsdruff	30.04.1938 – 04.03.1943	Osteinsatz
	Osteinsatz	21.09.1944 – 25.09.1947	Dresden-Altstadt
99 674	Wilsdruff	. .1935 – .04.1945	z-Park
99 675	Heidenau	. .1938 – 10.10.1945	Reparation UdSSR
99 676	Mohorn	. .1935 – .03.1943	Osteinsatz
99 677	Wilsdruff	. .1935 – .03.1943	Osteinsatz
	Osteinsatz	.12.1943 – 03.09.1944	Danzig
99 678	Wilsdruff	08.01.1935 – 14.08.1946	Dresden-Altstadt
99 684	Wilsdruff	22.12.1936 – 14.07.1946	Dresden-Altstadt
99 685	Thum	10.01.1936 – . .1945	Zittau
99 686	Frauenstein	. .1935 – . .1946	Freiberg (Sachs)

Loknr.	Zugang vom Bw	beheimatet von – bis	Abgabe zum Bw
99 687	Wilsdruff	01.01.1938 – 29.02.1947	Dresden-Altstadt
	Wilsdruff	01.01.1973 – 10.12.1974	z-Park
99 688	Wilsdruff	02.09.1937 – 01.08.1946	Dresden-Altstadt
99 689	Wilsdruff	04.02.1938 – 01.08.1946	Dresden-Altstadt
99 690	Heidenau	.10.1937 – .11.1944	Zittau
99 691	Heidenau	.07.1938 – 10.10.1945	Reparation UdSSR
99 692	Heidenau	02.12.1938 – 19.11.1945	Dresden-Friedrichst.
99 693	Heidenau	26.09.1937 – 19.11.1945	Dresden-Friedrichst.
99 694	Heidenau	07.01.1937 – 03.01.1945	Zittau
	Wilsdruff	01.01.1973 – 27.12.1973	z-Park
99 695	Heidenau	12.09.1937 – 03.09.1944	RVD Riga
99 696	Heidenau	22.07.1939 – 19.11.1945	Dresden-Friedrichst.
	Wilsdruff	01.01.1973 – 28.02.1973	z-Park
99 697	Heidenau	11.05.1937 – 01.09.1945	Dresden-Friedrichst.
99 699	Heidenau	12.05.1935 – 12.12.1946	Dresden-Altstadt
99 700	Wilsdruff	. .1935 – . .1945	ČSD
99 703	Mohorn	09.09.1937 – 01.08.1946	Freiberg (Sachs)
99 704	Thum	27.10.1932 – 13.02.1939	Beilstein
99 705	Thum	16.04.1935 – 11.08.1946	Dresden-Altstadt
99 706	Thum	01.06.1938 – 31.10.1938	Thum
	Thum	08.10.1944 – 01.08.1946	Dresden-Altstadt
	Wilsdruff	01.01.1973 – 31.05.1973	z-Park
99 708	Wilsdruff	19.10.1937 – 06.02.1946	Reparation UdSSR
99 709	Wilsdruff	21.10.1938 – .03.1941	Thum
99 710	Wilsdruff	. .1935 – .11.1944	Zittau
99 713	Wilsdruff	07.08.1935 – 04.09.1946	Dresden-Altstadt
	Raw Görlitz	20.06.1975 – 31.12.1993	Bh Riesa
99 714	Heidenau	. .1937 – 31.07.1947	Dresden-Altstadt
	Wilsdruff	01.01.1973 – 10.12.1974	z-Park
99 715	Heidenau	09.01.1938 – 07.11.1946	Dresden-Altstadt
	Wilsdruff	01.01.1973 – 06.12.1991	GbR 99715

Triebfahrzeugeinsatzstelle Radebeul Ost als betriebsfähige Traditionslok zur Verfügung. Mit der Auflösung des Nossener Bahnbetriebswerkes 1995 kam sie zu DB Regio. Die 99 715 wurde am 6. Dezember 1991 an die „GbR 99 715“ verkauft.

Jeweils zum 1. Juli waren folgende sächsische VI K in den Jahren 1944, 1945, 1973 und 1974 im Bw Nossen beheimatet:

1944

99 641	642	643	644	645	646
647	648	652	653	654	655
673	674	675	678	684	685
686	687	688	689	690	691
692	693	694	695	696	697
699	700	703	705	708	710
713	714	715			

1945

99 641	642	644	645	646	648
652	653	654	655	673	674
675	678	684	685	687	688
689	691	692	693	696	697
699	703	705	706	708	710
713	714	715			

1973

99 654 687 694 714 715

1974

99 687 714

◁ **Bild 296**
Von den einstmals in Nossen beheimateten VI K blieb u. a. 99 715 erhalten. Sie wurde von der „Gesellschaft bürgerlichen Rechts (GbR) 99 715“ erworben und gelangte 1994 zunächst zurück nach Nossen. Die Aufnahme vom 16. September 1994 zeigt die Verladung vom Straßentransporter auf einen Transportwagen in Nossen. Anschließend wurden Wagen und Lok im Nossener Lokschuppen abgestellt.

Aufnahme: Sammlung Hans-Jürgen Smok

7.26 Die Baureihe 99^{73-76}

Die Schmalspurstrecke Freital-Hainsberg – Kurort Kipsdorf verbindet die Ortschaften entlang der Roten Weißeritz zwischen Freital und Kurort Kipsdorf im Osterzgebirge. Am 1. November 1882 wurde der 21,7 km lange Abschnitt Hainsberg – Schmiedeberg eröffnet. Damit ist es die zweitälteste sächsische Schmalspurbahn. Am 3. März 1883 fand die Eröffnung des Teilstücks von Schmiedeberg nach Kipsdorf statt, womit die endgültige Streckenlänge von 26,3 km erreicht war. Die Spurweite beträgt die für Sachsen typischen 750 mm. Ab dem Jahr 1919 waren auf dieser Strecke Lokomotiven der Baureihe 99^{64-71} (Gattung VI K der Sächs. Sts. E. B.) im Einsatz. Beheimatet waren die Eh2-Maschinen in den Lokomotivbahnhöfen Hainsberg (Sachs) und Kurort Kipsdorf, die Anfang der dreißiger Jahre dem Bw Nossen unterstellt wurden.

Ab 1926 fanden entlang der Strecke umfangreiche Sanierungs- und Erweiterungsarbeiten statt, sodass ab Herbst 1931 auch die neuen Einheitsloks der Baureihe 99^{73-76} eingesetzt werden konnten. Innerhalb von nur 29 Tagen bestückte die Deutsche Reichsbahn-Gesellschaft den Lokbahnhof Hainsberg mit zehn dieser Maschinen, die dafür aus Zittau, Klingenberg-Colmnitz und Frauenstein abgezogen wurden.

△ **Bild 297** • Aus dem Jahr 1934 stammt diese Aufnahme: 99 744 – 1929 bei der Berliner Maschinenbau AG vorm. L. Schwartzkopff in Wildau (bei Berlin) gebaut – steht vor und 99 655 im Nossener Schmalspurlokschuppen.

Aufnahme: Sammlung Peter Wunderwald

In den Standorteseiten der Betriebsbücher von 99^{73-76} ist der Vermerk „Bw Nossen" ab den Jahren 1936/37 eingetragen. Am 1. Januar 1937 waren folgende Vertreterinnen dieser Baureihe in Nossen beheimatet und im Lokbahnhof Hainsberg stationiert:

99 731 734 739 740 741 742
743 744 747

Zum Einsatz kamen täglich sechs Loks, fünf von Hainsberg (Sachs) und eine von Kurort Kipsdorf aus. Die Schmalspurbahn war in den dreißiger Jahren im Reiseverkehr vor allem für Wochenendausflügler von Bedeutung. Im Sommer frequentierten Badegäste zur Talsperre nach Malter, im Winter Skisportler nach Kipsdorf die Bahn. Zwischen Hainsberg und Kurort

△ **Bild 298** • Sprung in das Jahr 1972: Im August räuchert 99 750 – seit 1970 mit der EDV-Nummer 99 1750-1 versehen – im Lokbahnhof Freital-Hainsberg vor sich hin. Zu diesem Zeitpunkt gehörte diese Dienststelle samt der dort stationierten Lokomotiven und Wagen noch zum Bw Wilsdruff, kam allerdings nur zwei Monate später im Zusammenhang mit der Aufgabe der Selbstständigkeit dieses Bahnbetriebswerkes wieder zum Bw Nossen.

Aufnahme: Frank Ebermann

△ **Bild 299** • Am 16. April 1973 fährt 99 745 mit dem P 2420 (Freital-Hainsberg – Kurort Kipsdorf) in den Bahnhof Obercarsdorf ein, wo der Zug von zumindest einem Fahrgast bereits erwartet wird. Das Glück dieser Lok, zum 1. Oktober 1972 in den Bestand des Bw Nossen gelangt zu sein, währte nicht lange: Am 30. Juni 1973 wurde sie abgestellt und im Dezember 1975 im Raw Görlitz zerlegt. AUFNAHME: RAINER HEINRICH

Kipsdorf verkehrten täglich sechs und an Sonntagen acht Personenzugpaare. Derweil hatte der Güterverkehr seit der Streckeneröffnung nichts von seiner Bedeutung verloren. Den größten Güterumschlag gab es in Schmiedeberg durch die dort befindliche Eisengießerei und in Dippoldiswalde durch mehrere Anschließer. Auch in Rabenau kam es durch die dortige Möbelfabrik zu einem größeren Frachtaufkommen.

Im Jahresfahrplan 1937/38 waren die Personenzüge in Richtung Kurort Kipsdorf durch den Einsatz der Baureihe 99^{73-76} gegenüber den mit 99^{64-71} (sächs. VI K) bespannten Zügen um zehn bis 15 Minuten schneller, bergab sogar bis zu 20 Minuten.

Die Umläufe der in der Lokstation Hainsberg stationierten 99^{73-76} sahen im Winterfahrplan 1941/42, gültig ab dem 1. Oktober 1941, wie folgt aus:

Tag 1

P 2402	Hainsberg – Seifersdorf
P 2403	Seifersdorf – Hainsberg
	Rangierdienst in Hainsberg

Tag 2

Ng 11244	Hainsberg – Dippoldiswalde
Ng 11245	Dippoldiswalde – Hainsberg
Ng 11248	Hainsberg – Schmiedeberg
Ng 11261	Schmiedeberg – Hainsberg

Tag 3

Ng 11246	Hainsberg – Kurort Kipsdorf
Ng 11255	Kurort Kipsdorf – Hainsberg

Tag 4

P 2406	Hainsberg – Kurort Kipsdorf
P 2407	Kurort Kipsdorf – Hainsberg
P 2424	Hainsberg – Kurort Kipsdorf
P 2435	Kurort Kipsdorf – Hainsberg

Tag 5

Ng 11242	Hainsberg – Kurort Kipsdorf
P 2421	Kurort Kipsdorf – Hainsberg
P 2436	Hainsberg – Kurort Kipsdorf
P 2453	Kurort Kipsdorf – Hainsberg

Mit einer Vertreterin der Baureihe 99^{73-76} wurden vom Lokbahnhof Kipsdorf aus im selben Fahrplanabschnitt folgende Züge – drei Personen- und ein Güterzug – bespannt (Plan 14):

P 2401	Kurort Kipsdorf – Hainsberg
	6 Uhr bis 9 Uhr Rangierdienst
P 2420	Hainsberg – Kurort Kipsdorf
Ng 11249	Kurort Kipsdorf – Hainsberg
P 2458	Hainsberg – Kurort Kipsdorf

Der Fahrplan des Jahres 1941 weist bereits empfindliche Einbußen im Reiseverkehr gegenüber jenem des Jahres 1937 aus.

Von einigen Hainsberger 99^{73-76} liegen die Laufleistungen vom März 1943 vor:

Lok	Einsatztage	Laufleistung
99 731	18	3.629 km
99 734	29	3.445 km
99 739	24	2.456 km
99 742	28	3.483 km
99 743	23	2.743 km
99 747	21	2.932 km

Durch die im Herbst 1944 auf der Strecke Zittau – Hermsdorf durchgeführte Oberbauerneuerung konnten nun auch dort Einheitslokomotiven der Baureihe 99^{73-76} eingesetzt werden. Das Bw Nossen musste daraufhin die Hainsberger 99 744 nach Zittau abgeben.

Obwohl gemäß Betriebsbuch der 99 742 die durchgehende Stationierung der Lok in Hainsberg zu vermuten ist, taucht sie im Juli 1945 in den Unterlagen der RBD Dresden unter Bw Zittau auf. Auch von der später vermerkten Versetzung der Lok nach Thum ist im Betriebsbuch nichts zu finden. Die letzte Eintragung „Bw Nossen, Lokbahnhof Hainsberg“ datiert vom 26. Mai 1944, die nächste Beheimatung ist am 12. März 1946 erneut im Lokbahnhof Hainsberg nachgewiesen.

Nach dem Ende des Zweiten Weltkrieges waren im Sommer 1945 folgende 99^{73-76} in Hainsberg stationiert:

99 731 734 738 739 740 741
743 747

168b Hainsberg (Sachs)–Kurort Kipsdorf Alle Züge 2. 3. Klasse

km	RBD Dresden Zug Nr			2406	♦S 2408	♦S 2412		♦S 2416	2420	2428		♦vS 2434	2436		w 2454	S 2458	
	Dresden Hbf 168 a	ab	…	5.44	…	…	…	…	10.09	13.32	…	…	16.53	…	w 20.07	21.42	…
0,0	**Hainsberg** (Sachs)	ab	…	6.09	♦S 6.51	♦S 8.01	…	♦S 9.28	10.34	13.56	…	♦vS 15.14	17.18	…	w20.36	S 22.08	…
1,6	Hainsberg (Sachs) Süd		…	6.14		8.06	…	9.33	10.39	14.01	…	15.19	17.23	…	20.41	22.13	…
5,3	Rabenau		…	6.25	7.07	8.17	…	9.45	10.50	14.12	…	15.30	17.35	…	20.52	22.25	…
6,9	Spechtritz		…	6.31	|	8.24	…	9.52	10.56	14.18	…	15.36	17.41	…	20.59	22.31	…
8,8	Seifersdorf		…	6.39	|	8.33	…	9.58	11.02	14.24	…	15.42	17.47	…	21.05	22.36	…
10,9	Malter		…	6.45	7.24	8.39	…	10.04	11.07	14.30	…	15.47	17.52	…	21.15	22.42	…
15,0	Dippoldiswalde	an	…	6.55	7.34	8.49	…	10.14	11.17	14.40	…	15.57	18.02	…	21.25	22.52	…
		ab	…	6.57	7.36	8.50	…	10.15	11.18	14.41	…	15.58	18.03	…	21.27	22.53	…
17,5	Ulberndorf		…	7.03		8.57	…	|	11.25	14.47	…	16.05	18.10	…	21.33	23.00	…
19,0	Obercarsdorf		…	7.07	|	9.02	…	10.26	11.29	14.51	…	16.09	18.14	…	21.37	23.05	…
20,9	Naundorf (b Schmiedeberg)		…	7.12	|	9.07	…	|	11.34	14.56	…	16.14	18.19	…	21.42	23.09	…
22,2	Schmiedeberg (Bz Dresden)		…	7.16	7.57	9.11	…	10.34	11.39	15.00	…	16.18	18.23	…	21.47	23.14	…
23,5	Buschmühle		…	7.19	8.00	9.15	…	10.38	11.42	15.03	…	16.21	18.26	…	21.50	23.17	…
26,3	**Kurort Kipsdorf**	an	…	7.27	♦S 8.11	♦S 9.25	…	♦S 10.48	11.50	15.11	…	♦vS 16.29	18.34	…	w21.58	S 23.25	…

♦ verkehrt nur auf besondere Anordnung

168b Kurort Kipsdorf–Hainsberg (Sachs) Alle Züge 2. 3. Klasse

km	RBD Dresden Zug Nr			2401		w2403	2407		2421	2435		♦S 2437	♦S 2441	♦S 2449	2453			
0,0	**Kurort Kipsdorf**	ab	…	4.36	…	…	7.47	…	12.06	16.31	…	♦S17.49	♦S 18.38	♦S 19.35	20.31	…	…	…
2,8	Buschmühle		…	4.42	…	…	7.53	…	12.12	16.37	…	17.56	18.44	19.41	20.38	…	…	…
4,1	Schmiedeberg (Bz Dresden)		…	4.46	…	…	7.57	…	12.17	16.41	…	18.00	18.48	19.45	20.42	…	…	…
5,4	Naundorf (b Schmiedeberg)		…	4.50	…	…	8.01	…	12.21	16.45	…	|	18.52	19.49	20.46	…	…	…
7,3	Obercarsdorf		…	4.55	…	…	8.06	…	12.27	16.50	…	18.14	18.57	19.54	20.51	…	…	…
8,8	Ulberndorf		…	4.59	…	…	8.10	…	12.32	16.55	…	|	19.02	19.59	20.56	…	…	…
11,3	Dippoldiswalde	an	…	5.05	…	…	8.16	…	12.38	17.01	…	18.24	19.08	20.05	21.02	…	…	…
		ab	…	5.06	…	…	8.17	…	12.40	17.02	…	18.25	19.09	20.06	21.04	…	…	…
15,4	Malter		…	5.16	…	…	8.27	…	12.51	17.12	…	18.35	19.19	20.16	21.16	…	…	…
17,5	Seifersdorf		…	5.21	…	w6.41	8.32	…	12.57	17.18	…	18.41	19.24	20.22	21.22	…	…	…
19,4	Spechtritz ♦		…	5.27	…	6.46	8.38	…	13.03	17.24	…	|	19.30	20.28	21.27	…	…	…
21,0	Rabenau		…	5.33	…	6.52	8.44	…	13.09	17.34	…	18.53	19.37	20.35	21.34	…	…	…
24,7	Hainsberg (Sachs) Süd		…	5.45	…	7.04	8.56	…	13.21	17.46	…	19.05	19.48	20.47	21.46	…	…	…
26,3	**Hainsberg** (Sachs)	an	…	5.50	…	w7.09	9.00	…	13.26	17.50	…	♦S19.10	♦S 19.53	♦S 20.52	21.51	…	…	…
	Dresden Hbf 168 a	an	…	w6.16 S6.25	…	7.37	9.31	…	13.52	18.14	…	…	…	…	22.22	…	…	…

♦ verkehrt nur auf besondere Anordnung

Bild 300 ▷ Auszug aus dem Sommerfahrplan 1941 mit den Fahrplantabellen der Strecke Hainsberg (Sachs) – Kurort Kipsdorf.

168b Hainsberg (Sachs) – Kurort Kipsdorf *(Schmalspurbahn)*

km		Zug Nr / Klasse		w 2406 2. 3.	w 2420 2. 3.		w 2428 2. 3.		w 2436 2. 3.		2438 2. 3.	
	ab *Dresden Hbf 168 a*	an	…	6.07	w 7.42	…	13.41	…	w16.24	…		…
0,0	**Hainsberg** (Sachs) 168 a	ab / an	…	w6.46	w 10.18	…	w14.23	…	w17.01	…	19.51	…
1,6	Hainsberg (Sachs) Süd		…	6.52	10.25	…	14.29	…	17.07	…	19.58	…
5,3	Rabenau		…	7.07	10.39	…	14.43	…	17.21	…	20.17	…
6,9	Spechtritz		…	7.14	10.47	…	14.50	…	17.28	…	20.24	…
8,8	Seifersdorf		…	7.22	10.55	…	14.59	…	17.37	…	20.33	…
10,9	Malter		…	7.33	11.02	…	15.05	…	17.44	…	20.41	…
15,0	Dippoldiswalde	an	…	7.44	11.13	…	15.16	…	17.55	…	20.52	…
		ab	…	7.54	11.22	…	15.26	…	18.04	…	21.03	…
17,5	Ulberndorf		…	8.02	11.30	…	15.34	…	18.12	…	21.11	…
19,0	Obercarsdorf		…	8.07	11.36	…	15.40	…	18.18	…	21.17	…
20,9	Naundorf (b Schmiedebg, Bz Dresd)		…	8.13	11.42	…	15.46	…	18.24	…	21.23	…
22,2	Schmiedeberg (Bz Dresden)		…	8.26	11.50	…	15.52	…	18.30	…	21.29	…
23,5	Buschmühle		…	8.30	11.54	…	15.56	…	18.34	…	21.33	…
26,3	**Kurort Kipsdorf**	an / ab	…	w8.41	w 12.05	…	w16.07	…	w18.45	…	21.44	…

km		Zug Nr / Klasse		2401 2. 3.		w 2403 2. 3.		Sa 2421 2. 3.		w 2435 2. 3.		2437 2. 3.
	ab *Dresden Hbf 168 a*	an	…	w6.48 9.17	…	9.17 Sa10.30	…	Sa 13.41	…	19.06	…	…
0,0	**Hainsberg** (Sachs) 168 a	ab / an	…	6.02	…	w 8.40	…	Sa13.09	…	w18.09	…	20.37
1,6	Hainsberg (Sachs) Süd		…	5.56	…	8.34	…	13.03	…	18.03	…	20.31
5,3	Rabenau		…	5.44	…	8.21	…	12.51	…	17.51	…	20.18
6,9	Spechtritz		…	5.36	…	8.12	…	12.43	…	17.43	…	20.09
8,8	Seifersdorf		…	5.30	…	8.05	…	12.36	…	17.36	…	20.02
10,9	Malter		…	5.23	…	7.58	…	12.29	…	17.25	…	19.55
15,0	Dippoldiswalde	an	…	5.11	…	7.46	…	12.17	…	17.13	…	19.43
		ab	…	5.08	…	7.41	…	12.14	…	17.09	…	19.40
17,5	Ulberndorf		…	5.01	…	7.34	…	12.07	…	17.02	…	19.33
19,0	Obercarsdorf		…	4.55	…	7.28	…	12.01	…	16.56	…	19.27
20,9	Naundorf (b Schmiedebg, Bz Dresd)		…	4.49	…	7.22	…	11.55	…	16.50	…	19.21
22,2	Schmiedeberg (Bz Dresden)		…	4.45	…	7.18	…	11.51	…	16.46	…	19.16
23,5	Buschmühle		…	4.39	…	7.12	…	11.45	…	16.40	…	19.10
26,3	**Kurort Kipsdorf**	an / ab	…	4.31	…	w 7.04	…	Sa 11.37	…	w16.32	…	19.02

Bild 301 ▷ Zum Vergleich der ab 4. Mai 1947 gültige Fahrplan.

ABBILDUNGEN (2): SLG. SEBASTIAN WERNER

Im Juli 1945 übernahm das Bw Dresden-Altstadt sowohl den Lokbahnhof Hainsberg als auch die dazugehörigen Lokomotiven vom Bw Nossen. Aber: Mit der Auflösung des Bw Wilsdruff zum 1. Oktober 1972 kam der nunmehrige Lokbahnhof Freital-Hainsberg nach 27 Jahren wieder zum Bw Nossen. Dadurch wechselten 99 734 (sei 1970: 99 1734), 99 740 (99 1740), 99 747 (99 1747) und 99 761 (99 1761) in den Nossener Lokbestand. An dieser Stelle sei bemerkt, dass die Gemeinde Hainsberg zum 1. Januar 1964 in die Stadt Freital eingemeindet wurde und seitdem offiziell als Freital-Hainsberg geführt wird.

△ **Bild 302** • Noch einmal 99 745 am 16. April 1973, nunmehr aufgenommen beim Rangieren im Bahnhof Dippoldiswalde. An der entsprechend geschlossenen Schranke findet die Dampflok zumindest bei einem kleinen Eisenbahnfreund größere Aufmerksamkeit … AUFNAHME: RAINER HEINRICH

△ **Bild 303** • 99 761 des Bw Nossen ist am 9. Juni 1979 unterwegs von Freital-Hainsberg nach Kurort Kipsdorf und passiert in der Ortslage Obercarsdorf den dortigen Gasthof, wo dem durstigen Gast „Dresdner Biere" kredenzt werden. Die Lok ist heute noch (bzw. wieder) betriebsfähig, befindet sich im Eigentum der Sächsischen Dampfeisenbahngesellschaft GmbH und kommt auf der Lößnitzgrundbahn Radebeul Ost – Radeburg zum Einsatz. AUFNAHME: RAINER HEINRICH

99 740 wurde zu Beginn des Jahres 1973 abgestellt und am 15. April 1973 an den VEB Glaswerk Annahütte verkauft.

Die noch verbliebenen drei $99^{73\text{-}76}$ kamen zusammen mit den Maschinen der Baureihe $99^{77\text{-}79}$ in den Plänen 11 (Lokeinsatzstelle Freital-Hainsberg, $3 \times 99^{73\text{-}76}$) und 12 (Kurort Kipsdorf, $1 \times 99^{73\text{-}76}$) zum Einsatz. Sie bespannten Personen- und Güterzüge nach Kurort Kipsdorf sowie die Übergabezüge von zur Wagenausbesserungsstelle nach Freital-Potschappel.

Vom August 1978 liegen von zwei $99^{73\text{-}76}$ die Laufleistungen vor:

Lok	Einsatztage	Laufleistungen
99 734	28	4.639 km
99 761	17	2.149 km

Am 19. April 1984 wurde 99 746 (99 1746) von Zittau zum Bw Nossen umbeheimatet und in Freital-Hainsberg stationiert.

△ **Bild 304** • Am 1. Februar 1984 war Frank Ebermann zur richtigen Zeit am richtigen Ort: 99 747 wurde an jenem Tag per Schmalspurtransportwagen ins Raw Görlitz überführt. Auf dem Schild am Führerhaus wird auf die Lademaßüberschreitung bei diesem „Ladegut" hingewiesen. AUFNAHME: FRANK EBERMANN

△ **Bild 305** • Am 13. Oktober 1984 stehen die Einheitsloks 99 746 und 99 747 am Wasserkran im Bahnhof von Kurort Kipsdorf. Während 99 746 mit Fristablauf im Dezember 2016 im Kipsdorfer Lokschuppen abgestellt wurde, leistet ihre Schwesterlok 99 747 ihre Dienste auf der Lößnitzgrundbahn. AUFNAHME: RAINER HEINRICH

Die Strecke Freital-Hainsberg – Kurort Kipsdorf wurde 1990 als erste sächsische Schmalspurbahn von Saugluft- auf Druckluft-Bremssystem umgestellt. Ab dem 16. März jenes Jahres war es die frisch hauptuntersuchte 99 761, die als erste druckluftgebremste Dampflok auf dieser Strecke fahren durfte. Im Jahr 1991 folgten noch 99 734, 99 746 und 99 747.

Aus Zittau kam am 15. Februar 1991 die 99 762 nach Freital-Hainsberg. Sie wurde mit Fristablauf am 11. März 1993 z-gestellt und am 13. August ausgemustert. Als Ersatz traf am 28. September 1993 die noch mit Saugluftbremse ausgerüstete Zittauer 99 741 in Freital-Hainsberg ein.

Mit Gründung der DB AG zum 1. Januar 1994 wurde das Bw Nossen mit den Lokeinsatzstellen Freital-Hainsberg, Kurort Kipsdorf, Radebeul Ost und Radeburg und allen dort stationierten Lokomotiven dem Betriebshof Riesa unterstellt. Entsprechend gelangten an jenem Tag 99 734, 99 741, 99 746, 99 747 und 99 761 in den Riesaer Lokbestand, sie kamen aber weiterhin auf der Strecke Freital-Hainsberg – Kurort Kipsdorf zum Einsatz.

Jeweils zum 1. Juli waren von der Baureihe 99^{73-76} im Bw Nossen beheimatet:

1944
99 731 734 738 739 740 741
742 743 744 747

Loknr.	Zugang vom Bw	beheimatet von – bis	Abgabe zum Bw
99 731	Hainsberg (Sachs)	01.01.1937 – 01.02.1946	Dresden-Altstadt
99 734	Hainsberg (Sachs)	01.01.1937 – 31.12.1945	Dresden-Altstadt
	Wilsdruff	26.10.1972 – 12.08.1988	Aue (Sachs)
	Aue (Sachs)	26.09.1988 – 20.08.1990	Aue (Sachs)
	Aue (Sachs)	05.04.1991 – 01.01.1994	Riesa
99 738	Hainsberg (Sachs)	30.11.1937 – 01.07.1945	Dresden-Altstadt
99 739	Hainsberg (Sachs)	01.01.1937 – 28.06.1946	Dresden-Altstadt
99 740	Hainsberg (Sachs)	. .1937 – . .1945	Dresden-Altstadt
	Wilsdruff	. .1972 – 15.04.1973	verkauft
99 741	Hainsberg (Sachs)	. .1937 – 01.03.1952	Annaberg-Buchholz
	Zittau	28.09.1993 – 01.01.1994	Riesa
99 742	Hainsberg (Sachs)	01.07.1936 – 21.06.1946	Dresden-Altstadt
99 743	Hainsberg (Sachs)	01.01.1937 – 14.10.1945	Dresden-Altstadt
99 744	Hainsberg (Sachs)	. .1937 – . .1944	Zittau
99 745	Wilsdruff	01.01.1973 – 01.07.1973	z-Park
99 746	Zittau	19.04.1984 – 01.01.1994	Riesa
99 747	Hainsberg (Sachs)	05.01.1937 – 06.05.1945	Dresden-Altstadt
	Wilsdruff	28.12.1972 – 02.03.1991	Zittau
	Zittau	12.11.1993 – 01.01.1994	Riesa
99 750	Wilsdruff	24.07.1972 – 01.09.1973	Zittau
99 761	Wilsdruff	24.12.1972 – 01.01.1994	Riesa
99 762	Zittau	15.02.1991 – 01.01.1994	Riesa

1945
99 731 734 738 739 740 741
743 747

1973 bis 1975
99 734 747 761

1984 bis 1990
99 734 746 747 761

1991 & 1992
99 734 746 761 762

1993
99 734 746 761 762

△ **Bild 306** • Blick in die Nossener Lokeinsatzstelle Freital-Hainsberg im August 1983: Vor dem zweiständigen Rechteckschuppen des Lokbahnhofes stehen 99 734 und 99 713, während sich im Schuppen 99 776 versteckt.

▽ **Bild 307** • Im März 1973 ist 99 1776-6 (die 99 776 mit EDV-Nummer) vor einigen Güter- und Personenwaggons im Schmalspurteil des Bahnhofs Freital-Potschappel abgestellt.

AUFNAHMEN (2): RAINER HEINRICH

△ **Bild 308** • 99 783 stand auf der Lößnitzgrundbahn im Einsatz. Die Aufnahme zeigt die Lok am 16. April 1973 beim Kohlefassen per Laufband in Radebeul Ost.
AUFNAHME: RAINER HEINRICH

7.27 Die Baureihe 99$^{77-79}$

Am 1. Oktober 1972 übergab das Bw Wilsdruff die Zuständigkeit für die Lokbahnhöfe Radebeul Ost, Radeburg, Freital-Hainsberg und Kipsdorf an das Bw Nossen. Dadurch wechselten auch acht Lokomotiven der Baureihe 99$^{77-79}$ in den Nossener Fahrzeugbestand. Deren Einsatzstrecken blieben selbstverständlich die Verbindungen Radebeul Ost – Radeburg und Freital-Hainsberg – Kurort Kipsdorf.

Zum 1. Oktober 1972 waren folgende 99$^{77-79}$ offiziell im Bw Nossen beheimatet und an den aufgeführten Lokbahnhöfen stationiert:

Radeburg
99 775 783

Radebeul Ost
99 784 786 793 794

Freital-Hainsberg
99 772

Zu einer Hauptuntersuchung befand sich 99 776 zu diesem Zeitpunkt im Raw Görlitz. Vom Bw Aue traf am 28. November 1972 noch 99 789 in Nossen ein, sodass zum 31. Januar 1973 insgesamt neun 99$^{77-79}$ in Nossen beheimatet waren.

Auf der Strecke Radebeul Ost – Radeburg kamen ausschließlich Lokomotiven der Baureihe 99$^{77-79}$ zum Einsatz. Benötigt wurden täglich zwei Maschinen: eine von Radebeul Ost und eine von Radeburg aus. Währenddessen dominierten auf der Strecke Freital Hainsberg – Kurort Kipsdorf Anfang 1973 noch die Einheitsloks der Baureihe 99$^{73-76}$. Neben drei Vertreterinnen der Baureihe 99$^{77-79}$ (99 772, 99 776 und 99 789) befanden sich zum 1. Januar 1973 noch 99 734, 99 740, 99 745, 99 747, 99 750 und 99 761 im Lokbahnhof Freital-Hainsberg.

Das Jahr 1973 brachte dann auch die Wende im Lokbestand in Freital-Hainsberg. 99 750 wurde am 27. Mai 1973 zur Hauptuntersuchung ins Raw Görlitz überführt, kam von dort aber am 24. Juli 1973 zum Bw Zittau. Nach den Abstellungen von 99 740 zu Beginn des Jahres 1973 und von 99 745 am 1. Juli 1973 änderte sich der Betrieb auf der Strecke zu einer von den Neubauloks der Baureihe 99$^{77-79}$ beherrschten Schmalspurbahn. Als Ersatz für die abgestellten Einheitsloks traf am 19. Juni 1973 die 99 773 aus Oberwiesenthal (Bw Aue) in Freital-Hainsberg ein.

Den endgültigen Durchbruch für die Neubaulokomotiven brachte dann im Jahr 1974 die Umbeheimatung von 99 787 aus Thum (Bw Aue) am 23. Dezember und von 99 788 am 25. Dezember aus Oberwiesenthal (Bw Aue) nach Freital-Hainsberg.

Für den täglichen Betrieb wurden 1973/74 vier Lokomotiven – drei von Freital-Hainsberg und eine von Kurort Kipsdorf aus – benötigt.

△ **Bild 309** • Mit einem Personenzug nach Radeburg passiert 99 773 am 2. April 1976 die Kreuzung Schildenstraße in Radebeul.
AUFNAHME: SIEGFRIED BROGSITTER, SAMMLUNG DIETMAR SCHLEGEL

△ **Bild 310** • Im Sommer 1976 hat 99 787 mit einem Nahgüterzug von Freital-Hainsberg nach Schmiedeberg den Bahnhof Malter durchfahren und passiert hier auf der in Fahrtrichtung rechten Seite das Strandbad Malter.
Aufnahme: Siegfried Brogsitter, Sammlung Dietmar Schlegel

Nachdem die Oberwiesenthaler 99 781 vom 21. Mai bis zum 14. August 1973 zu einer Hauptuntersuchung im Raw Görlitz weilte, wurde sie am 15. August 1973 zum Bw Nossen umbeheimatet und in der Lokeinsatzstelle Radebeul Ost stationiert. Die Hainsberger 99 772 traf nach einem Aufenthalt im Raw Görlitz Ende August 1973 zur Stationierung in Radebeul Ost ein.

Dort waren im September 1973 acht 99^{77-79} stationiert:

99 772 775 781 783 784 786
793 794

Damit hatte Radebeul Ost einen später nie wieder erreichten Höchstbestand an Lokomotiven aufzuweisen. Da aber für so viele Maschinen gar kein Bedarf vorhanden war, verfügte die Rbd Dresden zum 10. November 1974 die Abgabe von 99 775 nach Oberwiesenthal, wo zu diesem Zeit wiederum Lokmangel herrschte.

99 794 wurde nach einer L5-Ausbesserung im Raw Görlitz im Januar 1975 „Bw-intern“ nach Freital-Hainsberg umgesetzt. Zum Stichtag 31. Dezember 1975 befanden

◁ **Bild 311**
Mit dem P 14265 (Freital-Hainsberg – Kurort Kipsdorf) rollt 99 794 am 9. Juni 1979 in den Bahnhof Malter ein.

Aufnahme: Rainer Heinrich

△ **Bild 312** • Am 7. Juni 1980 steht 99 784 „kalt'" abgestellt im Bahnhof Radebeul Ost. Sie wird sich nur noch knapp drei Jahre im Bestand des Bw Nossen befinden und dann in den hohen Norden der DDR zum Bw Stralsund, Lokeinsatzstelle Putbus, wechseln. AUFNAHME: FRANK EBERMANN

sich folgende zwölf 99^{77-79} im Bestand des Bw Nossen, die folgendermaßen verteilt waren:

Radebeul Ost
99 772 781 783 784 786 793

Freital-Hainsberg
99 773 776 787 788 789 794

Dieser Bestand blieb bis zum Sommer 1983 (!) unverändert.

Für den Plandienst wurden täglich sechs Lokomotiven benötigt. Im Sommerfahrplan 1978, gültig ab dem 28. Mai 1978, sahen die Umläufe wie folgt aus:

Plan 11
Lokeinsatzstelle Freital-Hainsberg,
$3 \times 99^{77-79}$

Tag 1
Ng 66931 Ftl.-Hainsberg – Schmiedeberg
Ng 66932 Schmiedeberg – Ftl.-Hainsberg
P 14273 Ftl.-Hainsberg – Kurort Kipsdorf
P 14276 Kurort Kipsdorf – Ftl.-Hainsberg

Tag 2
P 14255 Ftl.-Hainsberg – Kurort Kipsdorf
P 14264 Kurort Kipsdorf – Ftl.-Hainsberg
P 14269 Ftl.-Hainsberg – Kurort Kipsdorf
Ng 66934 Kurort Kipsdorf – Ftl.-Hainsberg
Gmp 69919 Ftl.-Hainsberg – Dippoldiswalde

Tag 3
P 14250 Dippoldiswalde – Ftl.-Hainsberg
P 14251 Ftl.-Hainsberg – Kurort Kipsdorf
P 14258 Kurort Kipsdorf – Ftl.-Hainsberg
9 Uhr bis 13 Uhr Rangierdienst
Ng 66935 Ftl-Hainsberg – Schmiedeberg
Ng 66936 Schmiedeberg – Ftl.-Hainsberg

Plan 12
Lokbahnhof Kurort Kipsdorf,
$1 \times 99^{77-79}$
P 14254 Kurort Kipsdorf – Ftl.-Hainsberg
6 bis 10:30 Uhr Rangierdienst
P 14265 Ftl.-Hainsberg – Kurort Kipsdorf
P 14270 Kurort Kipsdorf – Ftl.-Hainsberg
Gmp 69917 Ftl.-Hainsberg – Kurort Kipsdorf

Plan 13
Lokeinsatzstelle Radebeul Ost,
$1 \times 99^{77-79}$
P 14201 Radeburg – Radebeul Ost
P 14202 Radebeul Ost – Radeburg
P 14207 Radeburg – Radebeul Ost
8 Uhr bis 10 Uhr Rangierdienst
P 14210 Radebeul Ost – Radeburg
P 14213 Radeburg – Radebeul Ost
P 14214 Radebeul Ost – Radeburg
P 14217 Radeburg – Radebeul Ost
Ng 69902 Radebeul Ost – Radeburg
P 14223 Radeburg – Radebeul Ost
P 14226 Radebeul Ost – Radeburg

Plan 14
Lokbahnhof Radeburg,
$1 \times 99^{77-79}$
P 14205 Radeburg – Radebeul Ost
P 14206 Radebeul Ost – Radeburg
P 14209 Radeburg – Radebeul Ost
Ng 66900 Radebeul Ost – Radeburg
11 bis 12 Uhr Rangierdienst
Ng 66903 Radeburg – Radebeul Ost
P 14218 Radebeul Ost – Radeburg
P 14219 Radeburg – Radebeul Ost
P 14222 Radebeul Ost – Radeburg

Vom August 1978 liegen die Laufleistungen einiger Nossener 99^{77-79} vor:

Lok (Einsatzstelle)	Einsatztage	Laufleistungen
99 772 (Radeb. Ost)	2	322 km
99 773 (Ftl-Hainsberg)	29	4.558 km
99 783 (Radeb. Ost)	12	2.275 km
99 786 (Radeb. Ost)	29	4.332 km
99 787 (Ftl-Hainsberg)	19	2.777 km
99 788 (Ftl-Hainsberg)	8	565 km
99 794 (Ftl-Hainsberg)	28	4.564 km

99 776 und 99 789 befanden sich zu diesem Zeitpunkt zur Ausbesserung im Raw Görlitz, 99 781 und 99 784 waren in der Lokeinsatzstelle Radebeul Ost abgestellt. Am 8. Juli 1983 wurde 99 784 an das Bw Stralsund abgegeben und in dessen Lokeinsatzstelle Putbus stationiert, von wo aus die Maschine auf der Strecke Putbus – Göhren (Rügen) zum Einsatz kam.

Als Ersatz für 99 784 traf am 7. August 1983 die 99 790 vom Bw Aue in Nossen ein, die aber bereits am 23. Oktober desselben Jahres wieder nach Aue zurückgege-

◁ **Bild 313**
Mit einem Personenzug nach Radeburg verlässt 99 781 am 7. Juni 1980 den Bahnhof Radebeul Ost. Die im Jahr 1953 bei LKM in Babelsberg gebaute Lok wird noch ein interessantes Lokomotivleben „erfahren" – von der vom DB Museum auserwählten Ausstellungslok für das Verkehrsmuseum Nürnberg, über eine jahrelange Abstellung bei der IG Preßnitztalbahn e.V. in Jöhstadt bis hin zu Einsätzen bei der Rügenschen Bäderbahn.

ben und in der Lokeinsatzstelle Oberwiesenthal beheimatet wurde. Der Abgang dieser Lok wurde durch den Zugang von 99 791 vom Bw Aue (Lokeinsatzstelle Oberwiesenthal) wieder ausgeglichen.

Die zweite Hälfte der achtziger Jahre war durch häufigen Beheimatungswechsel von 99^{77-79} zwischen den beiden Bahnbetriebswerken Nossen und Aue geprägt. Der Jahresfahrplan 1987/88 zeigt mit dem auf fünf Planlokomotiven angewachsenen Bedarf die gestiegene Bedeutung der Strecke Freital-Hainsberg – Kurort Kipsdorf im Güterverkehr. Von Freital-Hainsberg aus setzte man im Umlaufplan 11 nun vier Loks und von Kurort Kipsdorf aus – wie in den Jahren zuvor – eine Lok im Plan 12 ein.

Bw-intern kam es häufig zwischen den Lokeinsatzstellen Freital-Hainsberg und Radebeul Ost zu Umstationierungen von Loks der Baureihe 99^{77-79}. Am 26. November 1988 wurde 99 776 nach Zittau abgegeben, sodass sich zum 1. Januar 1989 der Nossener 99^{77-79}-Bestand wie folgt verteilte:

Lokeinsatzstelle Radebeul Ost
99 778 779 788 793 794

Lokeinsatzstelle Freital-Hainsberg
99 771 775 780 783 786 787
790

Die Strecke Freital-Hainsberg – Kurort Kipsdorf wurde 1990 – wie bereits erwähnt – als erste sächsische Schmalspurbahn von Saugluft- auf Druckluft-Bremssystem umgestellt. Dadurch kam es zu einem besonders hohen Austausch von Lokomotiven und Wagen von anderen Schmalspurbahnen. In der Zeit von März bis August 1990 wurden im Raw Görlitz die 99 777, 99 780, 99 783, 99 787 und 99 789 mit dem neuen Bremssystem ausgerüstet und anschließend – wieder oder

◁ **Bild 314**
„RBD Dresden" (RBD in Großbuchstaben!) und „Bw Nossen" – so stand es von Mitte Juni 1973 bis Mitte Februar 1984 angeschrieben am Führerhaus der 99 773, aufgenommen am 14. Juni 1980 in Freital-Hainsberg.

Aufnahmen (2): Frank Ebermann

△ **Bild 315** • Radebeul Ost am 18. September 1980: 99 787 kam vom Restaurieren an den dortigen Behandlungsanlagen, hat den Schmalspurbahnhof durchfahren, in dessen Vorfeld „Kopf gemacht" und setzt sich nun an ihren Personenzug nach Radeburg.

▽ **Bild 316** • Am 8. Juni 1980 fährt 99 794 mit dem Gmp 69931 (Freital-Hainsberg – Schmiedeberg) aus dem Haltepunkt Freital-Coßmannsdorf aus.

AUFNAHMEN (2): FRANK EBERMANN

△ **Bild 317** • Im Juni 1985 weilte 99 793 zur Reparatur in Nossen. Am 30. Juni 1985 steht sie zur Überführung nach Radebeul Ost auf einem Schmalspurtransportwagen an der Drehscheibe im Bw Nossen. AUFNAHME: RAINER HEINRICH

auch neu – in Freital-Hainsberg stationiert. Die noch mit Saugluftbremsen ausgerüsteten 99 790 wurden nach Radebeul Ost und 99 771 nach Oberwiesenthal (Bw Aue) abgegeben.

Am 12. September 1990 kehrte 99 776 aus Zittau wieder zum Bw Nossen zurück, wurde in Radebeul Ost stationiert und am 13. Januar 1991 nach Oberwiesenthal (Bw Aue) weitergegeben. In der Lokeinsatzstelle Radebeul Ost befanden sich zum Jahresbeginn 1991 fünf 99^{77-79} (99 776, 99 790, 99 791, 99 793 und 99 794), allerdings reduzierte sich dieser Bestand durch die Abgabe von 99 776 nach Aue und 99 791 am 18. Juni 1991 nach Putbus (Bw Stralsund)

△ **Bild 318** • Am 29. Dezember 1985 ist 99 779 mit einem Güterzug von Freital-Hainsberg nach Schmiedeberg (Bez. Dresden) mit Volldampf unterwegs im Rabenauer Grund. AUFNAHME: FRANK EBERMANN

auf drei Maschinen, die auch täglich benötigt wurden: 99 790, 99 793 und 99 794. Diese Situation entspannte sich erst im November 1991 durch die Umsetzung von 99 781 am 13. November von Oberwiesenthal nach Radebeul Ost und die Wiederinbetriebnahme der 99 779.

Da die Loks der Baureihe 99^{77-79} sehr verschlissen waren, wurden sie ab 1990 mit neuen Kesseln und Rahmen ausgerüstet.

Auf der Strecke Radebeul Ost – Radeburg verkehrte am 31. Mai 1991 der letzte reguläre Güterzug, den 99 790 beförderte, während zwischen Freital-Hainsberg und Kurort Kipsdorf der Güterverkehr zum Fahrplanwechsel im Mai 1992 – jener zwischen Freital-Hainsberg und Schmiedeberg erst am 31. Dezember 1994 – eingestellt wurde. Trotz des geringeren bzw. fehlenden Gütertransports waren 1993 noch vier Maschinen auf der Weißeritztalbahn und zwei bei der Lößnitzgrundbahn im täglichen Einsatz. Mit Gründung der DB AG zum 1. Januar 1994 wurde das Bw Nossen dem Betriebshof Riesa unterstellt. Damit wechselten die noch in Nossen beheimateten 99^{77-79} in den Riesaer Fahrzeugbestand. Sie blieben aber auf ihren angestammten Strecken im Einsatz:

99 775 777 779 783 788 789
790 791 793

Jeweils zum Stichtag 1. Juli befanden sich folgende 99^{77-79} im Bestand des Bw Nossen:

1973

99 772	773	775	776	783	784
786	789	793	794		

1974

99 772	773	775	776	781	783
784	786	789	793	794	

1975 bis 1980

99 772	773	776	781	783	784
786	787	788	789	793	794

1981

99 772	773	775	776	781	783
784	786	787	788	789	793
794					

1982 & 1983

99 772	773	776	781	783	784
786	787	788	789	793	794

1984

99 772	776	781	783	786	787
788	789	791	793	794	

1985

99 772	776	779	781	783	786
787	788	789	791	793	794

1986

99 772	776	779	780	781	786
787	788	789	793	794	

1987

99 772	775	776	778	779	780
783	786	788	790	793	794

1988

99 771	775	776	778	779	783
786	788	790	793	794	

1989

99 771	775	776	779	780	783
786	787	789	790	793	794

Loknr.	Zugang vom Bw	beheimatet von bis	Abgabe zum Bw
99 771	Aue (Sachs)	15.01.1988 – 25.10.1990	Aue (Sachs)
99 772	Wilsdruff	01.07.1972 – 12.12.1987	Aue (Sachs)
99 773	Aue (Sachs)	19.06.1973 – 13.02.1984	Aue (Sachs)
99 775	Wilsdruff	01.01.1973 – 10.11.1974	Aue (Sachs)
	Aue (Sachs)	30.03.1981 – 30.11.1981	Aue (Sachs)
	Aue (Sachs)	25.08.1986 – 31.12.1993	Riesa
99 776	Wilsdruff	14.10.1972 – 26.11.1988	Zittau
	Zittau	12.09.1990 – 13.01.1991	Aue (Sachs)
99 777	Aue (Sachs)	11.02.1990 – 02.05.1994	Riesa
99 778	Aue (Sachs)	12.08.1986 – 10.04.1993	Aue (Sachs)
99 779	Aue (Sachs)	07.03.1985 – 04.02.1987	Aue (Sachs)
	Aue (Sachs)	30.04.1987 – 02.03.1994	Riesa
99 780	Aue (Sachs)	16.05.1986 – 15.04.1988	Zittau
	Zittau	15.10.1988 – . .1993	z-Park
99 781	Aue (Sachs)	15.08.1973 – 21.07.1986	Aue (Sachs)
	Aue (Sachs)	13.11.1991 – . .1993	z-Park
99 783	Wilsdruff	15.06.1972 – 05.02.1986	Aue (Sachs)
	Aue (Sachs)	16.05.1987 – 07.08.1994	Riesa
99 784	Wilsdruff	23.06.1972 – 08.07.1983	Stralsund
99 786	Wilsdruff	15.01.1973 – 22.08.1991	Aue (Sachs)
99 787	Aue (Sachs)	23.12.1974 – 04.06.1987	Aue (Sachs)
	Aue (Sachs)	22.09.1988 – 26.02.1992	Aue (Sachs)
99 788	Aue (Sachs)	25.12.1974 – 02.10.1989	Aue (Sachs)
	Aue (Sachs)	18.09.1992 – 01.01.1994	Riesa
99 789	Aue (Sachs)	28.11.1972 – 01.01.1994	Riesa
99 790	Aue (Sachs)	11.08.1983 – 23.10.1983	Aue (Sachs)
	Aue (Sachs)	14.12.1986 – 01.01.1994	Riesa
99 791	Aue (Sachs)	29.12.1983 – 19.06.1986	Aue (Sachs)
	Aue (Sachs)	19.01.1990 – 18.06.1991	Stralsund
	Aue (Sachs)	12.11.1993 – 01.01.1994	Riesa
99 793	Wilsdruff	18.11.1972 – 01.01.1994	Riesa
99 794	Wilsdruff	16.09.1972 – 17.07.1992	Aue (Sachs)

1990

99 771	775	777	778	779	780
783	786	787	789	790	793
794					

1991

99 775	777	778	779	780	783
786	787	789	790	793	794

1992

99 775	777	778	779	780	781
783	789	790	793	794	

1993

99 771	775	777	779	780 z	781 z
783	788	789	790	793	

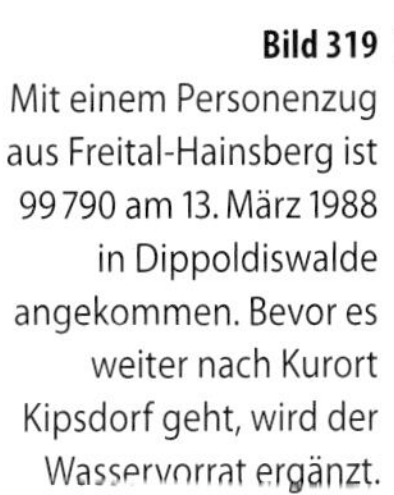

Bild 319 ▷
Mit einem Personenzug aus Freital-Hainsberg ist 99 790 am 13. März 1988 in Dippoldiswalde angekommen. Bevor es weiter nach Kurort Kipsdorf geht, wird der Wasservorrat ergänzt.

Aufnahme: Frank Ebermann

△ **Bild 320** • Eisenbahnalltag Mitte der siebziger Jahre im Bw Nossen: Während sich noch einige Dampflokomotiven im täglichen Streckendienst beweisen, hat zumindest im Rangierbetrieb die moderne Traktion das Zepter des Handelns in der Hand. Am 8. Juni 1975 ist 106 852 mit Rangieraufgaben auf dem Gelände des Bahnbetriebswerkes beschäftigt. AUFNAHME: DIETRICH RICHTER, SAMMLUNG JÖRG LEUTHARDT

7.28 Die Baureihe 106 (bis 1970: V 60)

Mit Beginn des Winterfahrplans 1971/72 besetzten Nossener Personale zwei Lokomotiven der Baureihe 106 des Bw Riesa und übernahmen mit diesen Loks von der Baureihe 50 den Rangierdienst in Nossen und Roßwein. Die Wartung der Maschinen fand weiterhin im Bw Riesa statt. Am häufigsten kamen Nossener Lokführer auf 106 852 und 106 862 zum Einsatz. Nach dem Umbau der Werkstatt im Bw Nossen übernahmen die dortigen Lokschlosser ab dem Sommer 1976 die technische Unterhaltung der Baureihe 106.

Zwischen dem 3. Juni und dem 25. September 1976 trafen vom Bw Riesa kommend 106 800, 106 802, 106 852, 106 862 und 106 886 zur Beheimatung in Nossen ein, zwischenzeitlich wurde am 12. Juni 1976 auch 106 850 vom Bw Aue (Sachs) hier beheimatet. Mit Beginn des Winterfahrplans 1976/77 am 26. September 1976 befanden sich sechs Vertreterinnen der Baureihe 106 im Fahrzeugbestand des Bw Nossen.

Im Dienstplan 04 kamen zwei 106 zum Einsatz. Dieser Plan sah im Winter 1978/79 wie folgt aus:

Plan 04, 2 × Baureihe 106

Tag 1
Rangierdienst im Bahnhof Nossen
Üg 72341 Nossen – Deutschenbora
Üg 72340 Deutschenbora – Nossen
Üg 72343 Nossen – Deutschenbora
Üg 72342 Deutschenbora – Nossen
Üg 72345 Nossen – Deutschenbora

◁ **Bild 321** Wie zu „Dampfzeiten" verrichteten Nossener Loks auch nach dem Traktionswechsel ihre Dienste von Lokeinsatzstellen aus. Im Jahr 1982 stehen 106 338 (Bw Dresden) und 106 344 (Bw Nossen) vor dem Lokschuppen in der Einsatzstelle Meißen.

AUFNAHME: SLG. ANDREAS LESCHNIOWSKI

△ **Bild 322** • Zu den Aufgabengebieten der Nossener 106 gehörten auch die Bespannung von Übergabezügen und das Rangieren auf anderen Bahnhöfen. Am 13. Juli 1985 ist 106 886 im Bahnhof Roßwein im Einsatz.
AUFNAHME: RAINER HEINRICH

<u>Tag 2</u>

Üg 72350	Nossen – Roßwein
Rangierdienst im Bahnhof Roßwein	
Üg 75355	Roßwein – Böhrigen
Üg 75356	Böhrigen – Roßwein
Üg 75352	Roßwein – Berbersdorf
Üg 62399	Berbersdorf – Roßwein
Üg 62398	Roßwein – Berbersdorf
Üg 72354	Berbersdorf – Roßwein
Üg 72349	Roßwein – Nossen

Planlokomotiven in diesem Umlauf waren jahrelang 106 850 und 106 852.

Am 21. Mai 1978 wurde 106 800 zum Bw Aue abgegeben, als Ersatz traf am 5. November 1980 die 106 331 aus Karl-Marx-Stadt in Nossen ein. Im Mai 1982 übernahm das Bw Nossen die 106 344, 106 373 und 106 494 von der zum Bw Dresden gehörenden Lokeinsatzstelle Meißen, die allerdings verwaltungs- und personalmäßig weiterhin dem Dresdner Bahnbetriebswerk unterstand.

Die drei in Meißen eingesetzten 106 kamen im Plan 33 des Bw Dresden im Rangierdienst in Meißen und Coswig (Bz Dresden) zum Einsatz. Eine weitere Aufgabe waren Übergabegüterzüge nach Meißen-Triebischtal, Neusörnewitz und Niederau. Um zur Wartung ins Bw Nossen zu kommen, bespannten sie nachts die Nahgüterzüge Ng 61350 und Ng 61347 als Zuglok. Als Vorspannlok diente jeweils eine Nossener 110.

Am 28. Juli 1983 kam 106 375 vom Bw Dresden nach Nossen und wurde in der Lokeinsatzstelle Meißen eingesetzt. Im Dezember 1983 sah der Nossener Bestand an 106 wie folgt aus:

106 331 344 373 375 802 850
852 862 886

Zwischen dem 30. August 1983 und dem 4. September 1989 verließen 106 331 (nach Karl-Marx-Stadt), 106 494 (nach Glauchau), 106 802 (nach Reichenbach/Vogtl) und 106 850 (nach Riesa) das Bw Nossen. 106 802 kam am 1. Juli 1988 wieder zurück nach Nossen.

Im September 1986 erhielten 106 850 und 106 886 eine Ausrüstung mit Rangierfunk.

Am 31. Dezember 1991 waren im Bw Nossen beheimatet:

106 253 299 344 362 373 375
802 852 862 886

Im Zusammenhang mit der Vereinheitlichung der Nummernsysteme von Reichsbahn und Bundesbahn erhielt die Baureihe 106 zum 1. Januar 1992 die neue Baureihennummer 346. Durch den Rückgang des Güterverkehrs rund um Nossen bestand kein Bedarf mehr an Maschinen dieser Baureihe, sodass im Verlauf des Jah

▽ **Bild 323** • 106 886 des Bw Nossen, hier aufgenommen im Nossener Güterbahnhof am 11. Mai 1985, hatte Lokschilder mit weißer Umrandung erhalten und zeigte auch im Bereich des Fahrwerks einige farbliche Akzentuierungen … Nicht minder beeindruckend sind die Kohlen- und Ascheberge im Hintergrund.
AUFNAHME GERD BEMBNISTA, SAMMLUNG JÖRG LEUTHARDT

△ **Bild 324** • Rangierlokomotiven sind meist äußerst „standorttreu". So auch die hier am 5. Februar 1986 im Bw Nossen aufgenommene 106 850. Sie war von Juni 1976 bis September 1989 im hiesigen Bahnbetriebswerk beheimatet und wechselte dann ins nur 33,5 Bahnkilometer entfernte Riesa. Die Aufnahme verdeutlicht auch noch einmal die Lage der Nossener Bw-Anlagen zum Bahnhof, der rechts im Hintergrund zu sehen ist.

△ **Bild 325** • Im Vergleich zur 106 850 war 106 299 – hier aufgenommen am 12. Februar 1991 im Güterbahnhof Nossen – nur ganz kurz im Bw Nossen beheimatet. Sie kam im Juni 1989 aus Aue (Sachs) und wechselte drei Jahre später nach Reichenbach (Vogtl). In Nossen gab es 1992 für diese Rangierlokomotiven kaum noch etwas zu tun.

Aufnahmen (2): Andreas Stange

res 1992 alle 346 des Bw Nossen an folgende Bahnbetriebswerke abgegeben wurden:

- Bw Dresden: 346 344, 346 362, 346 373 und 346 375,
- Bw Görlitz: 346 253,
- Bw Riesa: 346 886,
- Bw Reichenbach (Vogtl): 346 802, 346 852 und 346 862.

Der Bestand der Baureihe 106 im Bw Nossen jeweils zum 1. Juli:

1977
106 800 802 850 852 862 886

1978 & 1979
106 802 850 852 862 886

1980
106 802 850 852 862 886

1981
106 331 802 850 852 862 886

1982
106 331 344 373 494 802
850 852 862 886

1983
106 331 344 802 850 852
862 886

1984
106 331 344 373 375 802
850 852 862 886

1985 & 1986
106 331 344 373 375 802
850 852 862 886

1985
106 331 344 373 375 802
850 852 862 886

1986
106 331 344 373 375 802
850 852 862 886

1987
106 331 344 373 375 802
850 852 862 886

1988
106 331 344 373 375 802
850 852 862 886

1988
106 299 331 344 373 375
802 850 852 862 886

1990 & 1991
106 253 299 344 362 373
375 802 852 862 886

Loknr.	Zugang vom Bw	beheimatet von bis	Abgabe zum Bw
106 210	Dresden	21.07.1982 – 24.09.1982	Dresden
106 253	Dresden	18.09.1989 – . .1992	Görlitz
106 299	Aue (Sachs)	17.06.1989 – 05.06.1992	Reichenbach (Vogtl)
106 344	Dresden	. .1982 – . .1992	Dresden
106 331	Karl-Marx-Stadt	05.11.1980 – 18.07.1989	Karl-Marx-Stadt
106 362	Dresden	.07.1991 – . .1992	Dresden
106 373	Dresden	21.05.1982 – . .1992	Dresden
106 375	Dresden	28.07.1983 – . .1992	Dresden
106 494	Dresden	21.05.1982 – 30.08.1983	Glauchau (Sachs)
106 800	Riesa	25.09.1976 – 24.05.1978	Aue (Sachs)
106 802	Riesa	09.06.1976 – 26.08.1987	Reichenbach (Vogtl)
	Reichenbach (Vogtl)	01.07.1988 – . .1992	Reichenbach (Vogtl)
106 850	Aue (Sachs)	12.06.1976 – 04.09.1989	Riesa
106 852	Riesa	03.06.1976 – 04.06.1992	Reichenbach (Vogtl)
106 862	Riesa	03.06.1976 – . .1992	Reichenbach (Vogtl)
106 886	Riesa	07.09.1976 – . .1992	Riesa
106 924	Riesa	16.04.1987 – .06.1987	Dresden

△ **Bild 326** • Die kurz zuvor im Raw Karl- Marx-Stadt frisch aufgearbeitete 106 850 rangiert am 26. Mai 1987 im Güterbahnhof Nossen. Die Antenne auf dem Führerhausdach und die Angabe des Rufnamens („Ruth 12") an der Stirnseite des Vorbaus zeigen: Die Lok ist mit Rangierfunk ausgerüstet. Im Hintergrund ist das Führerhaus der abgestellten 50 2740 zu sehen.
Aufnahme: Jörg Baumgärtel, Sammlung Jörg Leuthardt

◁ **Bild 327**
Am 13. Juni 1976 verlässt 110 147 vom Bw Dresden – besetzt von Nossener Personal – mit einem Personenzug Meißen – Leipzig den Bahnhof Döbeln. Das Gros der Fotografen interessierte sich zu diesem Zeitpunkt nicht für das „tägliche Einerlei", sondern konzentrierte sich auf den mit 01 2120 und 01 2204 bespannten Sonderzug anlässlich des Tages des Eisenbahners.

7.29 Die Baureihe 110 (bis 1970: V 100)

Mit Beginn des Sommerfahrplans 1975, am 1. Juni, besetzten Nossener Personale drei Dieselloks der Baureihe 110 des Bw Dresden. In der zum Bw Riesa gehörenden Lokeinsatzstelle Döbeln kam ebenfalls eine 110 vom Bw Dresden zum Einsatz. Alle vier Maschinen wurden im Nossener Dienstplan 01 eingesetzt und lösten dort die Baureihe 35^{10} ab, die bis dahin Reisezüge von Dresden über Döbeln nach Leipzig bespannte. Der Lokumlauf im Sommer 1975 sah folgendermaßen aus:

Plan 01, 4 × Baureihe 110

Tag 1

P 7762	Dresden – Großbothen
P 8746	Großbothen – Leipzig
P 4725	Leipzig – Dresden-Neustadt
Lz	Dresden-Neustadt – Dresden Hbf
P 7776	Dresden Hbf – Meißen
E 1776	Meißen – Leipzig

Tag 2

P 4721	Leipzig – Meißen
P 4724	Meißen – Leipzig
P 4753	Leipzig – Rochlitz
P 4752	Rochlitz – Leipzig
P 4737	Leipzig – Nossen

Tag 3

P 4730	Nossen – Leipzig
P 4733	Leipzig – Meißen
P 4734	Meißen – Leipzig
P 7713	Leipzig – Trebsen
P 7712	Trebsen – Leipzig
E 1777	Leipzig – Dresden

Planloks: 110 130, 110 166 und 110 243.

Tag 4 (Personal Döbeln, Planlok 110 452)

P 7770	Dresden – Meißen
E 1770	Meißen – Leipzig
P 4727	Leipzig – Dresden
P 7791	Dresden – Pirna
P 7796	Pirna – Dresden

◁ **Bild 328**
Nossener 110 bespannten auch Züge auf Strecken, die Nossen nicht tangierten. Am 15. Januar 1977 ist 110 167 mit dem P 4802 (Dresden – Lübbenau) unterwegs am Abzweig Dresden-Klotzsche. Sie wird den Zug bis Arnsdorf befördern, dort wird er von einer Kamenzer 110 übernommen.

Aufnahmen (2): Frank Ebermann

△ **Bild 329** • Die Beförderung des P 4802 (Dresden – Lübbenau) von Dresden Hbf bis Arnsdorf war für einige Fahrplanperioden eine Planleistung der Baureihe 110 des Bw Nossen. Am 11. März 1978 stand für 110 130 diese Leistung im Plan, hier aufgenommen zwischen Dresden-Industriegelände und Dresden- Klotzsche.

Die Wartung und Unterhaltung der Loks erfolgte im Bw Dresden, wobei der dortige Triebfahrzeug-Dienstleiter gewährleisten musste, dass die Maschinen nach planmäßigen Fristen und Bedarfsunterhaltungen zum erstmöglichen Termin wieder nach Nossen und Döbeln zurückkamen. In Dresden sowie im Bw Leipzig Hbf Süd wurden die Lokomotiven während der Einsatzpausen betankt.

Ab dem Sommerfahrplan 1976 setzte das Bw Nossen zwei weitere 110 aus Dres-

△ **Bild 330** • Am 2. Januar 1979 stehen 110 202 mit dem P 15768 (Nossen – Riesa) und 110 167 mit dem P 7766 (Nossen – Großbothen) abfahrbereit im Bahnhof Nossen. Auch wenn viele Eisenbahnfreunde auffällig unauffällig seitens staatlicher „Organe" beim Ausüben ihres Hobbys beobachtet wurden, wagt der Fotograf im Bild lediglich eine Aufnahme des Bahnbetriebswerkes vom Bahnsteig aus.

Aufnahmen (2): Frank Ebermann

△ **Bild 331** • Am 4. Oktober 1980 hat 110 165 mit dem P 7766 (Nossen – Großbothen) den Bahnhof Nossen verlassen und passiert soeben die rechts befindlichen Reste der Klosteranlage Altzella.
Aufnahme: Sammlung Gunter von Hartwig

den ein, welche die Personenzüge P 7763 (Döbeln – Dresden), P 7774 (Dresden-Neustadt – Leisnig) und das Zugpaar P 4802/4803 (Dresden – Arnsdorf – Dresden), die bis zum 29. Mai 1976 von einer Nossener 35^{10} bespannt wurden, übernahmen. Eine weitere 110 – besetzt von Personal des Bw Riesa – beförderte in ihrem Umlauf den P 3940 (Nossen – Elsterwerda) bis Gröditz, fuhr dann Lz nach Elsterwerda-Biehla und war dann vor den Personenzügen …

… P 9343 (Elsterwerda-Biehla – Riesa),
… P 15765/15768 (Riesa – Nossen – Riesa),
… P 15769/15772 (Riesa – Nossen– Riesa),
… P 15773 (Riesa – Nossen),
… P 16715 (Nossen – Freiberg/Sachs)
… und dem Nahgüterzug 63304 (Freiberg/Sachs – Nossen) im Einsatz.

Bis zum Fahrplanwechsel am 29. Mai 1976 waren diese Züge noch von 110 der zum Bw Karl-Marx-Stadt gehörenden Lokeinsatzstelle Freiberg (Sachs) bespannt worden. Im Sommerfahrplan 1976 leisteten vom Bw Nossen aus 110 139, 110 147, 110 166, 110 168, 110 235 und 110 300 ihre Dienste, während 110 452 noch immer Planlok in der Riesaer Lokeinsatzstelle Döbeln war.

◁ **Bild 332**
Auch bei der DR galt: „Alle reden vom Wetter. Wir nicht!" Dieses Motto galt offenbar auch für manchen Eisenbahnfotografen. Bei „schönstem Winterwetter" steht die Nossener 110 300 am 19. Dezember 1981 mit dem P 4734 nach Leipzig im Bahnhof Meißen. Links wartet eine aufgrund der verschneiten Frontseite nicht zu identifizierende 242 des Bw Dresden mit einer S-Bahn auf die Zeit bis zur Abfahrt in Richtung Dresden.

Aufnahmen: Frank Ebermann

Bild 333 ▷ 110 452 vom Bw Nossen hat mit dem P 3733 (Leipzig – Meißen) im März 1982 den Bahnhof Meißen-Triebischtal verlassen – dessen Einfahrsignal noch über dem Zug zu erkennen ist – und wird in wenigen Minuten ihren Zielbahnhof Meißen erreichen.

Ab Herbst 1976, nach dem Umbau der Werkstatt im Bw Nossen, begann dort die technische Unterhaltung der Baureihe 110. Damit verbunden war eine Aufstockung des Nossener 110er-Bestandes. Zwischen dem 25. September und dem 25. November 1976 trafen aus den Bahnbetriebswerken Dresden und Reichenbach (Vogtl) folgende Lokomotiven dieser Baureihe zur Beheimatung in Nossen ein:

- am 25. September: 110 130, 110 135, 110 151, 110 162, 110 165, 110 167, 110 169, 110 170, 110 169 und 110 170,
- am 26. September: 110 147 und 110 168,
- am 6. Oktober: 110 120,
- am 5. November: 110 202,
- am 25. November: 110 452.

Am 1. Dezember 1976 waren im Bw Nossen 13 Maschinen der Baureihe 110 beheimatet, von denen täglich acht für den Plandienst benötigt wurden, von denen wiederum zwei Loks mit Personalen des Bw Riesa aus dessen Einsatzstelle Döbeln besetzt waren. Auch diese beiden Maschinen sollen hier – da offiziell im Bestand des Bw Nossen – mit ihren Umläufen aufgeführt werden:

Bw Nossen
Plan 01: 3 × Baureihe 110
Plan 02: 2 × Baureihe 110
Plan 02 a: 1 × Baureihe 110

Bw Riesa mit Einsatzstelle Döbeln
Riesa: 1 × Baureihe 110
Döbeln, Plan 03: 1 × 110

Der Triebfahrzeugumlaufplan von Döbeln sah ab 26. September 1976 folgendermaßen aus:

P 6713	Riesa – Döbeln
Lvz	Döbeln – Leisnig
P 7765	Leisnig – Nossen
P 7764	Nossen – Döbeln
P 5745	Döbeln – Mittweida
P 6729	Mittweida – Karl-Marx-Stadt
P 5732	Karl-Marx-Stadt – Riesa
Ng 62352	Riesa – Wülknitz
Ng 62353	Wülknitz – Riesa

Von der Triebfahrzeugwirtschaftsstelle des Bahnbetriebswerkes Nossen liegen die Laufleistungen von den Maschinen der Baureihe 110 aus dem Zeitraum vom 2. März bis zum 2. April des Jahres 1977 vor:

Bild 334 ▷ Immerhin 69 Vertreterinnen der Baureihen 110/112 trugen die Anschrift „Rbd Dresden", „Bw Nossen" an ihren Führerhäusern, darunter war auch 110 151. Sie war nahezu durchgängig von September 1976 bis Januar 1992 in Nossen beheimatet, lediglich unterbrochen von zwei kurzzeitigen Gastauftritten im Bw Glauchau (Sachs) im Januar 1984 und im Oktober/November 1986.

Aufnahmen (2): Frank Ebermann

△ **Bild 335** • Im Sommer 1980 fällt der Blick ins Bw Nossen. Von der Drehscheibe rückt 110 151 aus zum nächsten Dienst, während sich im Schuppenrund neben einem Akku-Schleppfahrzeug noch 110 235, 110 170 und 106 852 präsentieren. AUFNAHME: RAINER SCHULZ, SAMMLUNG DANNY TEUCHERT

Lok	Einsatzstunden	Laufleistung
110 120	81	1.126 km
110 130	338	5.796 km
110 135	588	9.142 km
110 147	472	9.918 km
110 151	423	8.417 km
110 165	335	6.830 km
110 167	341	6.780 km
110 168	108	1.659 km
110 169	397	5.357 km
110 170	575	9.287 km
110 202	416	6.570 km
110 452	608	9.330 km

Die Laufleistungen der Nossener 110er waren mit über 9.000 km bei 500 bis 600 Einsatzstunden beachtlich.

Am 21. Mai 1977 traf 110 143 aus Reichenbach (Vogtl) und am 25. September desselben Jahres noch 110 104 aus Glauchau in Nossen ein. Damit waren am 1. Oktober 1977 insgesamt 15 Diesellokomotiven der Baureihe 110 im Bw Nossen beheimatet. Mit Abstellung der Neubau-Personenzugdampflok 35 1106 am 21. Mai 1977 gingen alle Nossener Reisezugleistungen auf die Baureihe 110 über. Damit war der Traktionswechsel im Personenverkehr des Bw Nossen abgeschlossen.

Die Nossener 110er hatten ein weites Einsatzgebiet. Sie bespannten Reisezüge auf den Strecken …

… Dresden – Nossen – Döbeln – Leipzig,
… Dresden – Arnsdorf – Bischofswerda,
… Nossen – Riesa,
… Riesa – Elsterwerda-Biehla,
… Leipzig – Rochlitz,
… Riesa – Karl-Marx-Stadt.

◁ **Bild 336**
110 323 wurde am 19. Februar 1981 von Glauchau nach Nossen umgesetzt. Im Jahr 1983 steht sie als Bereitschaftslok vor dem Nossener Hilfszug.

AUFNAHME: SLG. ANDREAS LESCHNIOWSKI

Mit Nahgüterzügen kamen sie nach Freiberg (Sachs) und Weißig (b. Großenhain).

Zur Versorgung der Diesellokomotiven mit Kraftstoff ist 1977 im Bw Nossen eine Tankanlage errichtet worden, die im Spätherbst jenes Jahres in Betrieb genommen wurde. Das Betanken der 110 geschah nun entweder in Nossen oder während der Einsatzpausen im Bw Leipzig Hbf Süd.

Am 25. September 1977 – mit Beginn des Winterfahrplans 1977/78 – endete die Besetzung einer Nossener 110 durch Personal des Bw Riesa. Mit 110 783 traf am 25. Mai 1978 aus Dresden eine weitere 110 zur Beheimatung in Nossen ein, sodass sich im Herbst 1978 bereits 16 Vertreterinnen dieser Baureihe im Nossener Lokbestand befanden. Von diesen wurden neun Loks in folgenden Dienstplänen eingesetzt:

<u>Plan 01, 4 × Baureihe 110</u>
110 135, 110 147, 110 167 und 110 151

<u>Plan 02, 4 × Baureihe 110</u>
110 120, 110 162, 110 300 und 110 452

Als neunte Lok wurde dic Nossener 110 165 oft in der zum Bw Riesa gehörenden Lokeinsatzstelle Döbeln eingesetzt.

Die 110 des Bw Nossen bespannten im Winterfahrplan 1978/79 – gültig ab 1. Oktober 1978 – in zwei Dienstplänen folgende Züge:

△ **Bild 337** • Im Güterzugdienst in Richtung Meißen stand 110 300 am 29. Mai 1982 im Einsatz. Den Steigungsabschnitt Nossen – Deutschenbora konnte die Lok allerdings nur mit Unterstützung einer 50er bewältigen.

Aufnahmen (2): Joachim Volkhardt

Plan 01, 4 × Baureihc 110

Tag 1		Tag 2	
	Hilfszugbereitschaft	P 7770	Dresden Hbf – Meißen
P 4724	Nossen – Leipzig	E 1770	Meißen – Leipzig
P 4753	Leipzig – Rochlitz	P 4725	Leipzig – Dresden-Neustadt
P 4752	Rochlitz – Leipzig	P 7774	Dresden-Neustadt – Leisnig
E 1777	Leipzig – Dresden-Neustadt	P 7777	Leisnig – Döbeln
Lz	Dresden-Neustadt – Dresden Hbf	Dg 56663 (Sl)	Döbeln – Karl-Marx-Stadt
		Lz	Karl-Marx-Stadt – Döbeln

△ **Bild 338** • Ob sie den Zug wohl alleine bespannt hat? Eine nummernmäßig leider nicht überlieferte 110 ist hier am 19. Februar 1984 mit einem stattlichen Güterzug am Haken auf der Fahrt von Meißen in Richtung Nossen, aufgenommen am Block Götterfelsen.

Tag 3

P 7763	Döbeln – Dresden Hbf
P 4802	Dresden Hbf – Arnsdorf
P 4803	Arnsdorf – Dresden Hbf
P 7776	Dresden Hbf – Meißen
E 1776	Meißen – Leipzig

Tag 4

P 4721	Leipzig – Meißen
P 4724	Meißen – Nossen
	Hilfszugbereitschaft

Plan 02, 4 × Baureihe 110

Tag 1

P 3940	Nossen – Elsterwerda-Biela
P 3943	Elsterwerda-Biehla – Riesa
Üg 73347	Riesa – Weißig
Üg 73346	Weißig – Riesa
Üg 73314	Riesa – Rohrwerk Zeithain
Üg 73315	Rohrwerk Zeithain – Riesa
P 15769	Riesa – Nossen
P 4727	Nossen – Dresden Hbf
P 13933	Dresden Hbf – Arnsdorf
P 13934	Arnsdorf – Dresden-Neustadt
Lz	Dresden-Neustadt – Dresden Hbf
P 3827	Dresden Hbf – Bischofswerda
P 3828	Bischofswerda – Dresden Hbf

Tag 2

P 7762	Dresden Hbf – Großbothen
P 9738	Großbothen – Leipzig
P 4727	Leipzig – Nossen
P 15772	Nossen – Riesa
P 15773	Riesa – Nossen
Ng 62305	Nossen – Freiberg
Vl	Freiberg – Nossen

Tag 3

P 4730	Nossen – Leipzig
P 4733	Leipzig – Meißen
P 4736	Meißen – Leipzig
P 4737	Leipzig – Nossen

Tag 4

P 15762	Nossen – Riesa
P 15765	Riesa – Nossen
P 15768	Nossen – Riesa
Slz P 3946	Riesa – Gröditz
P 3943	Gröditz – Riesa
P 15771	Riesa – Nossen
P 15774	Nossen – Riesa
P 15777	Riesa – Nossen

Sl = Schiebelok,
Vl = Vorspannlok,
Slz = Schlusslok zum P 3946

Weil die Maschinen im Dienstplan 02 nahezu pausenlos im Einsatz waren und deshalb kein Zeitraum für eine Inspektion bzw. Wartung blieb, wurde diese „operativ“ mit dem Einsatz einer Ersatzlok geregelt.

Um Dieselkraftstoff einzusparen, endeten ab Sommerfahrplan 1979 der P 7763 sowie der E 1777 aus Leipzig kommend in Meißen, und die „Gegenzüge“ P 7762 und E 1770 (nach Leipzig) begannen nicht mehr in Dresden, sondern in Meißen. Dadurch kamen die Nossener 110er ab dem 27. Mai 1979 nur noch zweimal am Tag nach Dresden. Im Plan 01 bespannten sie die Züge P 4727 (Leipzig – Döbeln – Dresden Hbf), als Rückleistung den E 1776 (Dresden Hbf – Döbeln – Leipzig). Zwischen diesen beiden Leistungen betrug die Wendezeit in Dresden lediglich 25 Minuten. Im Plan 03 fuhren die 110er des Bw Nossen mit dem P 4725 (Leipzig – Dresden-Neustadt) nach Dresden und bespannten als Rückleistung den P 7774 (Dresden-Neustadt – Leisnig). Die Leistungen in Richtung Arnsdorf und Bischofswerda entfielen. Als Ersatz dafür übernahmen Lokführer des Bw Nossen mit Beginn des Sommerfahrplans 1979 die

△ **Bild 339** • Am 11. und 12. Mai 1985 gab es zum Jubiläum „150 Jahre Deutsche Eisenbahnen – 40 Jahre in Volkes Hand“ mehrere Damfzugsonderfahrten, die das Bw Nossen zum Ziel hatten. Für die Fahrgäste war das Bahnbetriebswerk zur Besichtigung geöffnet und die dortigen Eisenbahner stellten auch einige Betriebslokomotiven fotogen in die Schuppenrunde. Hier sehen wir am 11. Mai (v. l. n. r.) 110 130, 110 970, 110 104 und 110 066. Bei der 110 970 handelt es sich um eine sogenannte Grabenräum-Lok, die als Zugmaschine vor einer entsprechenden Grabenräumeinheit zum Einsatz kam. Aufnahme: Rainer Heinrich

△ **Bild 340** • Aus Mangel an einem Stativ muss der Fotoapparat in dieser Situation auf den Bahnsteig gelegt werden: Die Nossener 110 104 hat am Abend des 3. März 1986 den E 1776 aus Meißen nach Leipzig gebracht und wartet nun darauf, den Zug aus der Bahnhofshalle drücken zu dürfen. Aufnahme: Andreas Stange

bisher von Döbelner Personal auf einer „eigenen 110" gefahrenen Dienste.

Am 28. Februar 1979 wurde 110 143 an das Bw Rostock abgegeben, ihr Ersatz traf in Form der 110 235 am 26. Mai 1979 aus Karl-Marx-Stadt ein. Im Juni jenes Jahres waren noch immer 16 Maschinen der Baureihe 110 im Bw Nossen beheimatet, woran sich bis Juni 1980 auch nichts änderte.

Mit Beginn des Sommerfahrplans 1980 kamen keine Nossener 110er mehr planmäßig nach Dresden. Hintergrund war, dass sämtliche Reisezüge zwischen Döbeln und Dresden bereits in Meißen endeten – und entsprechend in der Gegenrichtung auch dort begannen. Fahrgäste in Richtung Dresden mussten fortan umsteigen und die mit Elektrolokomotiven der Baureihe 242 bespannten S-Bahn-Züge der Kursbuchstrecke 306 (Meißen-Triebischtal – Dresden) nutzen. Dadurch wurden in Nossen weniger Dieselloks benötigt, woraufhin 110 120 am 17. Juni 1980 nach Seddin „abwanderte".

Aufgrund der politischen Umbruchstimmung und der Streiks in Polen in den Jahren 1980/81 blieben die Steinkohleliefe-

△ **Bild 341** • Der Leipziger Hauptbahnhof gehörte zu den planmäßig angefahrenen Zielen der Nossener Loks. Am 24. August 1988 steht dort 112 574 mit dem P 4725 (Leipzig – Meißen) abfahrbereit. Auf dem Nachbargleis ist 243 370 vom Bw Halle P anwesend. Aufnahme: Volker Lukas, Sammlung A. Zika

△ **Bild 342** • Am 30. April 1989 bekam 110 167 einen 1.200-PS-Motor eingebaut und wurde fortan als 112 167 bezeichnet. Mit dem P 4733 (Leipzig – Meißen) ist sie am 6. Februar 1990 in Meißen angekommen.
Aufnahme: Volker Lucas, Sammlung A. Zika

rungen aus den Oberschlesischen Revieren aus. Mangels Brennstoff mussten deshalb in der Reichsbahndirektion Dresden alle normalspurigen Dampfloks abgestellt werden. Im Februar 1981 kam folglich auch für das Bw Nossen das (vorläufige) „Dampf-Aus". Als Ersatz für die abgestellten Dampflokomotiven trafen im selben Monat noch folgende 110er in Nossen ein:

- 110 300 am 13. Februar vom Bw Dresden,
- 110 719 am 14. Februar aus dem Bw Aue (Sachs),
- 110 152, 110 323 und 110 496 am 19. Februar aus dem Bw Glauchau.

Im Dienstplan 04 übernahmen ab dem 23. Februar 1981 vier Maschinen der Baureihe 110 in Doppeltraktion Güterzugleistungen, die bis dato von zwei Dampfloks der Baureihe 50 bespannt wurden. So sah der Umlauf aus:

Dienstplan 04, 4 × Baureihe 110

Tag 1

Ng 61350	Nossen – Döbeln
Ng 62322	Döbeln – Großbothen
Ng 62323	Großbothen – Döbeln
Ng 61350	Döbeln – Nossen
Lz	Nossen – Riesa
Ng 62311	Riesa – Nossen
Ng 62310	Nossen – Riesa
Üg 73149	Riesa – Weißig
Üg 73148	Weißig – Riesa
Ng 62313	Riesa – Nossen

Tag 2

Ng 62308	Nossen – Riesa
Ng 62309	Riesa – Nossen
Ng 62303	Nossen – Freiberg
Ng 62302	Freiberg – Nossen
Ng 61348	Nossen – Döbeln
P 7768	Döbeln – Großbothen
P 7773	Großbothen Döbeln
Üg 72363	Döbeln – Döbeln Ost
Üg 72364	Döbeln Ost – Döbeln
Ng 61347	Döbeln – Nossen

Die Zuglasten am Tag 2 im Dienstplan 02 waren nicht so hoch, aus diesem Grund wurde ab dem Sommerfahrplan 1981 nur noch am Tag 1 in Doppeltraktion gefahren.

Am 31. Mai 1981 befanden sich 20 Vertreterinnen der Baureihe 110 in der Beheimatungsliste des Bw Nossen:

110 104	130	135	147	151	152
162	165	167	168	169	202
235	298	300	323	452	496
719	783				

Von diesen Loks wurden im Sommer 1981 für den täglichen Betrieb zwölf benötigt:

Plan 01: 3 × Baureihe 110
Plan 02: 3 × Baureihe 110
Plan 03: 3 × Baureihe 110
Plan 04: 3 × Baureihe 110

Von der Triebfahrzeug-Wirtschaftsstelle des Bw Nossen liegen die Laufleistungen der 110er in der Zeit vom 2. September bis zum 2. Oktober 1981 vor:

Lok	Einsatzstunden	Laufleistung
110 130	445	6.045 km
110 135	502	7.247 km
110 147	508	7.447 km
110 151	435	7.383 km
110 152	128	2.207 km
110 162	519	8.949 km
110 165	162	2.837 km
110 167	576	8.275 km
110 168	140	1.566 km
110 169	183	2.916 km
110 202	455	6.369 km
110 235	190	2.737 km
110 298	87	1.563 km
110 300	437	7.491 km
110 323	356	5.606 km
110 452	437	7.968 km
110 496	101	1.667 km
110 719	274	4.298 km
110 783	450	8.076 km

Im Dezember 1981 galt es erneut, Dieselkraftstoff einzusparen. Aus diesem Grund veranlasste die Rbd Dresden den erneuten Einsatz von Dampflokomotiven, so auch vom Bw Nossen aus.

Ab 1. Dezember 1981 fuhren wieder zwei 50^{35-37} im Dienstplan 04 und lösten die drei dort eingesetzten 110er ab. Ab dem 15. März 1982 kam noch eine dritte Reko-50 in diesem Dienstplan zum Einsatz und übernahm von einer weiteren

△ **Bild 343** • Am 27. Mai 1989 fährt 112 436 des Bw Nossen mit dem P 4753 (Leipzig – Großbothen) in den Bahnhof Beucha ein. Diese Maschine kam im November 1988 vom Bw Haldensleben nach Nossen und wechselte am 31. Mai 1990 zum Bw Zwickau.

110er die Personenzugleistungen nach Großbothen, Elsterwerda-Biehla und Riesa. Das Bw Nossen konnte dadurch den Einsatz der Baureihe 110 von zwölf auf acht Maschinen reduzieren.

In der Zeit zwischen dem 25. November 1981 und dem 21. September 1983 wurden sieben 110er an folgende Bahnbetriebswerke abgegeben:

- 110 168 am 25. November 1981 zum Bw Nordhausen,
- 110 169 am 28. November 1981 nach Gotha,
- 110 170 und 110 235 am 19. Mai 1982 zum Bw Dresden,
- 110 452 am 17. Juni 1982 zum Bw Glauchau,
- 110 300 am 19. September 1983 zum Bw Glauchau,
- 110 496 am 21. September 1983 zum Bw Reichenbach (Vogtl).

Als Neuzugang kam 110 873 vom Bw Aue (Sachs) am 20. Mai 1983 zum Bw Nossen.

Im Sommerfahrplan 1983 benötigte das Bw Nossen täglich neun 110er für den Plandienst. Jeweils freitags und sonntags bespannten zwei weitere Loks dieser Baureihe in Doppeltraktion die Züge P 15768 (Nossen – Riesa), E 944 (Dresden – Dessau) ab Riesa, E 947 (Dessau – Dresden) bis Riesa und den P 15777 (Riesa – Nossen). Von September 1983 bis zum 16. Februar 1985 wurde dieser Umlauf von der Neubaudampflok 35 1113 gefahren, dann übernahm bis zum 30. Mai 1986 wieder ein 110-Doppel diese Leistung. Der Umlauf sah wie folgt aus (E 944/947 Dresden – Köthen – Dresden):

P 15768	Nossen – Riesa
E 944	Riesa – Dessau – Köthen
E 947	Köthen – Dessau – Riesa
Lz	Riesa – Nossen

Im Bw Nossen wurden auch Maschinen der Baureihe 110 mit leistungsgesteigerten Motoren (883 kW/1.200 PS) beheimatet, welche unter Beibehaltung ihrer alten Ordnungsnummer die Baureihenbezeichnung 112 erhalten hatten. Als erste Nossener 110 erhielt 110 323 am 30. April 1985 einen solchen Motor. Zwischen Februar 1985 und November 1988 erhielt Nossen sieben 112er zugeteilt:

△ **Bild 344** • 202 720 war vom 20. September 1991 bis zum 30. September 1993 im Bw Nossen beheimatet. Am 14. Juni 1992 fährt sie mit einem Personenzug nach Meißen in den Bahnhof Leisnig ein.

Aufnahmen (2): Volker Lucas, Sammlung A. Zika

△ **Bild 345** • Im März 1991 steht 112 429 auf der Drehscheibe ihres Heimat-Bw Nossen.

Lok	Zugang	vom Bw
112 405	01.02.1985	Eisenach
112 436	30.11.1988	Haldensleben
112 479	13.05.1988	Zittau
112 574	26.07.1985	Reichenbach (Vogtl)
112 593	24.04.1985	Stralsund
112 786	1985	Dresden
112 788	13.12.1985	Dresden

Im Verlauf des Jahres 1985 wurden 110 298 (am 11. Januar) nach Saalfeld und 110 783 (am 29. April) nach Stralsund abgegeben. Der Verlust dieser Loks wurde mit den Zugängen von 110 044 (von Glauchau), 110 050 (von Reichenbach/Vogtl), 110 145 (von Eisenach) und 110 166 (von Dresden) zwischen November 1985 und November 1987 wieder „wettgemacht".

Ab September 1988 kamen jeweils sechs 112er und 110er planmäßig vom Bw Nossen aus zum Einsatz.

Plan 01: 112 323, 112 479 und 112 574
In diesem Plan wurden Personenzüge nach Leipzig, Meißen, Rochlitz und Großbothen bespannt.

Plan 02: 112 593, 112 786 und 112 788
Im Plan 02 beförderten zwei Loks Personenzüge auf den Strecken Meißen – Leipzig und Nossen – Riesa, während die dritte Lok mit Personenzügen auf der Strecke Riesa – Döbeln – Karl-Marx-Stadt unterwegs war.

Plan 03: 110 044 + 110 135, 110 151 + 110 165 und 110 145 + 110 167
In diesem Plan kamen sechs 110er in Doppeltraktion vor Güterzügen nach Döbeln, Großbothen, Riesa, Weißig und Meißen zum Einsatz. Im Reisezugdienst bespannten die Maschinen (selbstverständlich einzeln) Züge nach Riesa, Meißen und Leipzig. Eine Lok wurde von Personal der zum Bahnbetriebswerk Riesa gehörenden Lokeinsatzstelle Döbeln besetzt.

In der Zeit von November 1988 bis Januar 1990 wurden die Nossener 110 162, 110 166, 110 167 und 110 656 im Raw Stendal mit 1.200-PS-Motoren ausgerüstet, infolgedessen sie zur Baureihe 112 wechselten. Die 112 436 kam gleich damit zum Bw Nossen.

△ **Bild 346** • Dieselbe Lok ist im Mai 1992 mit einem Güterzug unterwegs in Richtung Meißen, hier aufgenommen in der Nossener Ortslage Eula.
Aufnahmen (2): Marco Heyde

Nachdem 112 788 am 18. November 1988 zum Bw Brandenburg und 112 479 am 29. Mai 1989 nach Aue (Sachs) abgegeben wurden, befanden sich im Dezember 1990 noch zehn Vertreterinnen dieser Baureihe im Bestand des Bw Nossen.

Mit 110 104 (im Juni 1986) und 110 202 (am 27. September 1989) verließen zwei 110er das Nossener Bahnbetriebswerk. Sie kamen zum Bw Reichenbach (Vogtl). Den Bestand an 110ern in Nossen erhöhten später 110 021 (am 16. Juni 1989 aus Glauchau) sowie 110 025 (am 30. Mai) und 110 048 (am 14. Juni 1990), beide aus Reichenbach(Vogtl) kommend. Am 1. Januar 1991 waren folgende Vertreterinnen der Baureihe 110 im Bw Nossen beheimatet:

110 021 025 044 048 050 135
142 151 165 170 873

Mit Aufnahme des elektrischen Zugbetriebes auf der Strecke Riesa – Döbeln – Chemnitz (bis Mai 1990: Karl-Marx-Stadt) im Jahr 1991 endete der Einsatz Nossener 110er in der zum Bw Riesa gehörenden Lokeinsatzstelle Döbeln.

Ab 29. September 1991 kamen neun Loks der Baureihe 112 im Plan 01 des Bw Nossen vor Personenzügen nach Leipzig, Meißen, Großbothen, Döbeln, Rochlitz, Leisnig und Riesa zum Einsatz, im Güterzugdienst zwischen Nossen und Meißen wurden zwei Nahgüterzugpaare bespannt. Durch den Rückgang des Güterverkehrs ab 1990 setzte das Bw Nossen ab Herbst 1991 seine Loks der Baureihe 110 nur noch als Reserve- oder Sonderzugloks ein.

Zum 1. Januar 1992 galt der Umzeichnungsplan zur Vereinheitlichung der Baureihennummern von Reichs- und Bundesbahn. Die Baureihe 110 bekam die neue Baureihennummer 201, die 112 wurde in 202 umbenannt.

Ab dem Sommerfahrplan 1992 verkehrten auf der Strecke Dresden – Döbeln – Leipzig acht Eilzugpaare, bespannt mit Diesellokomotiven der Baureihe 119. Durch die Einführung dieser Eilzüge endeten die ab Meißen eingesetzten Personenzüge nun alle in Großbothen, wodurch keine Nossener 202 mehr nach Leipzig kamen. Dem allgemein gesunkenen Bedarf fielen zuerst die Maschinen der nunmehrigen Baureihe 201 zum Opfer: 201 044, 201 142 und 201 151 wurden im Januar 1992 in den z-Park überstellt.

Im Juni 1993 erhielten auch 201 048 und 201 050 im Werk Stendal einen 1.200 PS-Motor eingebaut und verließen die dortigen Hallen als 202 048 und 202 050. Mit 201 025, 201 170 und 201 873 gab das Bw Nossen am 1. Oktober 1993 seine drei letzten 201er nach Riesa ab. Zwischen dem 23.

Bild 347 ▷ Auch nach dem Ende des Bahnbetriebswerkes Nossen wurden dessen Anlagen weiter genutzt. So konnten am 21. Januar 1994 die 202 561 und 202 615 dort aufgenommen werden.

Aufnahme: Marco Heyde

und 30. September 1993 wurden auch alle im Bw Nossen noch beheimateten Loks der Baureihe 202 buchmäßig an das Bw Riesa überstellt. Im Einzelnen waren dies:

202 498 550 561 579 615 621
635 672 720 744

Die Loks kamen aber weiterhin von Nossen aus auf den Strecken Meißen – Großbothen und Nossen – Riesa zum Einsatz.

Jeweils zum 1. Juli befanden sich folgende 110/112 im Bestand des Bw Nossen:

1977
110 104 120 130 135 143 147
151 162 165 167 168 169
170 202 452

1978
110 104 120 130 135 143 147
151 162 165 167 168 169
202 452 783

1979
110 104 120 130 135 147 151
162 165 167 168 169 170
202 235 452 783

1980
110 104 120 130 135 147 151
162 165 167 168 169 170
202 235 298 452 783

1981
110 104 130 135 147 151 152
162 165 167 168 169 170
202 235 298 300 323 452
496 719 783

1982
110 104 130 135 147 151 152
162 165 167 202 298 300
323 496 719 783

1983
110 104 130 135 147 151 152
162 165 167 202 298 300
323 496 719 783 873

1984
110 066 104 130 135 147 151
162 165 167 202 298 323
783 873 970

1985
110 066 104 130 135 147 151
162 165 167 202 656 873
970

112 323 405 593 786

1986
110 066 104 130 135 147 151
162 165 166 167 202 656
873

112 323 405 574 593 786 788

1987
110 044 135 147 151 162 165
166 167 202 656 873

112 323 405 574 593 786 788

1988
110 044 087 135 145 147 151
162 165 166 167 202 216
656 873

noch 1988
112 323 479 574 593 786 788

1989
110 021 044 087 135 145 147
151 165 166 202 216 873

112 162 167 323 436 574 593
656 786

1990
110 021 025 044 048 050 135
142 151 165 170 873

112 162 166 167 587 617 656
771 816

1991
110 021 025 044 048 050 135
142 151 165 170 873

112 162 167 316 429 587 617
656 771 816

1992
201 025 048 050 142 151 170
873

202 429 498 503 550 561 579
615 621 635 672 720 744

1993
201 025 050 170 873

202 498 503 550 561 579 615
621 635 672 720 744

Bild 348
Die Dieseltankstelle in Nossen wurde auch noch nach dem Ende der dortigen Dienststelle genutzt. Am 2. Mai 1995 wird bei 202 347 – selbst nie im Bw Nossen beheimatet – der Kraftstoffvorrat aufgefüllt.

AUFNAHME: MARCO HEYDE

Loknr.	Zugang vom Bw	beheimatet von – bis	Abgabe zum Bw
110 018	Zittau	02.04.1993 – 01.10.1993	Riesa
110 021	Glauchau (Sachs)	01.10.1985 – 06.10.1985	Glauchau (Sachs)
	Glauchau (Sachs)	17.06.1989 – 01.09.1989	Karl-Marx-Stadt
	Karl-Marx-Stadt	08.06.1990 – 19.10.1991	Dresden
110 024	Falkenberg (Elster)	28.09.1987 – 05.12.1987	Zwickau
110 025	Reichenbach (Vogtl)	30.05.1990 – 19.10.1991	Dresden
	Dresden	19.05.1992 – 26.09.1993	Riesa
110 044	Glauchau (Sachs)	10.10.1986 – 08.01.1992	z-Park
110 048	Reichenbach (Vogtl)	14.06.1990 – 19.10.1991	Dresden
	Dresden	19.05.1992 – 09.08.1993	AW Stendal [Umbau]
110 050	Reichenbach (Vogtl)	29.06.1990 – 15.07.1993	AW Stendal [Umbau]
110 066	Glauchau (Sachs)	30.06.1984 – 31.05.1986	Zwickau
	Zwickau	01.06.1987 – 04.06.1987	Karl-Marx-Stadt
110 081	Karl-Marx-Stadt	15.12.1986 – 18.12.1986	Karl-Marx-Stadt
110 085	Karl-Marx-Stadt	11.10.1985 – 28.11.1985	Karl-Marx-Stadt
110 087	Angermünde	27.05.1988 – 21.05.1990	Karl-Marx-Stadt
110 104	Glauchau (Sachs)	25.09.1977 – 13.11.1981	Karl-Marx-Stadt
	Karl-Marx-Stadt	23.06.1982 – 24.09.1982	Karl-Marx-Stadt
	Karl-Marx-Stadt	16.04.1983 – 31.05.1986	Reichenbach (Vogtl)
110 107	Seddin	14.06.1987 – 15.11.1987	Nordhausen
110 117	Reichenbach (Vogtl)	.06.1990 – .08.1990	(Werkbahn)
110 120	Dresden	06.10.1976 – 17.06.1980	Seddin
110 130	Dresden	25.09.1976 – 23.08.1985	Reichenbach (Vogtl)
	Reichenbach (Vogtl)	29.05.1990 – 25.06.1990	Reichenbach (Vogtl)
110 135	Reichenbach (Vogtl)	25.09.1976 – 14.02.1992	Dresden
110 142	Reichenbach (Vogtl)	29.05.1990 – 07.01.1992	z-Park
110 143	Reichenbach (Vogtl)	21.05.1977 – 28.02.1979	Rostock
110 145	Eisenach	14.11.1987 – 21.05.1990	Karl-Marx-Stadt
110 147	Dresden	26.09.1976 – 17.07.1990	Karl-Marx-Stadt
110 151	Dresden	25.09.1976 – 09.10.1986	Glauchau (Sachs)
	Glauchau (Sachs)	06.11.1986 – 22.07.1993	Raw Stendal [Umbau]
110 152	Glauchau (Sachs)	19.02.1981 – 14.09.1983	Zwickau
110 162	Reichenbach (Vogtl)	25.09.1976 – 30.11.1976	Dresden
	Dresden	13.06.1977 – 21.02.1989	Raw Stendal [Umbau]
112 162	Raw Stendal [Umbau]	.03.1989 – 09.10.1991	Dresden
110 163	Karl-Marx-Stadt	05.01.1990 – 21.05.1990	Karl-Marx-Stadt
110 165	Dresden	25.09.1976 – 04.06.1992	Reichenbach (Vogtl)
110 166	Dresden	19.05.1981 – 26.05.1981	Dresden
	Dresden	26.11.1985 – .12.1989	Raw Stendal [Umbau]
112 166	Raw Stendal [Umbau]	30.01.1990 – 02.06.1991	Chemnitz
110 167	Dresden	25.09.1976 – .03.1989	Raw Stendal [Umbau]
112 167	Raw Stendal [Umbau]	.04.1989 – 01.11.1991	Dresden
110 168	?	26.09.1976 – 25.11.1981	Nordhausen
110 169	Dresden	25.09.1976 – 28.11.1981	Gotha
110 170	Reichenbach (Vogtl)	25.09.1976 – 27.06.1978	Dresden
	Dresden	02.08.1978 – 19.05.1982	Dresden
	Reichenbach (Vogtl)	30.05.1990 – 30.09.1993	Riesa
110 202	Reichenbach (Vogtl)	05.11.1976 – 27.09.1989	Reichenbach (Vogtl)
110 216	Eisenach	14.11.1987 – 21.05.1990	Karl-Marx-Stadt
110 235	Karl-Marx-Stadt	26.05.1979 – 19.05.1982	Dresden

Loknr.	Zugang vom Bw	beheimatet von – bis	Abgabe zum Bw
110 277	Karl-Marx-Stadt	17.08.1979 – 19.11.1979	Karl-Marx-Stadt
110 290	Dresden	13.12.1990 – 02.06.1991	Chemnitz
110 298	Glauchau (Sachs)	29.05.1980 – 11.01.1985	Saalfeld
110 300	Dresden	13.02.1981 – 19.09.1983	Glauchau (Sachs)
110 323	Glauchau (Sachs)	19.02.1981 – 30.05.1985	Raw Stendal [Umbau]
110 452	Dresden	25.11.1976 – 17.06.1982	Glauchau (Sachs)
110 496	Glauchau (Sachs)	19.02.1981 – 21.09.1983	Reichenbach (Vogtl)
110 498	Dresden	10.10.1991 – 27.09.1993	Riesa
110 508	Karl-Marx-Stadt	16.01.1987 – .02.1987	Aue (Sachs)
110 550	Dresden	19.05.1981 – 05.06.1981	Dresden
	Aue(Sachs)	05.10.1991 – 27.09.1993	Riesa
110 633	Karl-Marx-Stadt	16.08.1979 – 18.11.1979	Karl-Marx-Stadt
110 656	Hoyerswerda	12.04.1985 – .10.1988	Raw Stendal [Umbau]
112 656	Raw Stendal [Umbau]	.11.1988 – 20.10.1991	Dresden
110 672	Karl-Marx-Stadt	16.08.1979 – 19.11.1979	Karl-Marx-Stadt
112 672	Dresden	15.09.1991 – 31.12.1993	Riesa
110 718	?	01.09.1989 – 31.05.1990	Zwickau
110 719	Aue (Sachs)	14.02.1981 – 30.03.1984	Dresden
110 761	Glauchau (Sachs)	16.03.1987 – 28.03.1987	Glauchau (Sachs)
	Dresden	24.08.1987 – 11.10.1987	Eisenach
110 783	Dresden	25.05.1978 – 29.04.1985	Stralsund
110 787	Chemnitz	.02.1991 – . .1991	Chemnitz
110 873	Aue (Sachs)	20.05.1983 – 10.06.1993	Aue (Sachs)
	Aue (Sachs)	02.08.1993 – 30.09.1993	Riesa
110 970	[Indienststellung]	07.08.1983 – 29.08.1985	Karl-Marx-Stadt
112 316	Bautzen	03.10.1991 – 22.06.1992	Aue (Sachs)
112 405	Eisenach	01.02.1985 – 28.07.1987	Dresden
112 429	Glauchau	13.10.1990 – 19.05.1993	Dresden
112 436	Haldensleben	30.11.1988 – 31.05.1990	Zwickau
112 479	Zittau	13.05.1988 – 29.05.1989	Aue (Sachs)
112 503	Dresden	02.11.1991 – 27.09.1993	Glauchau (Sachs)
112 561	Dresden	20.09.1991 – .06.1992	Dresden
	Dresden	. . – 23.09.1993	Riesa
112 574	Reichenbach (Vogtl)	26.07.1985 – 30.05.1990	Zwickau
112 579	Dresden	30.09.1991 – 27.09.1993	Riesa
112 587	Dresden	. .1990 – 16.10.1991	Dresden
112 593	Stralsund	24.04.1985 – 02.06.1990	Zwickau
112 615	Bautzen	. .1992 – 27.09.1993	Riesa
112 617	Glauchau (Sachs)	06.06.1990 – 01.11.1991	Dresden
112 621	Dresden	01.10.1991 – 27.09.1993	Riesa
112 635	Dresden	20.09.1991 – 26.09.1993	Riesa
112 718	Dresden	01.09.1989 – 31.05.1990	Zwickau
112 720	Dresden	20.09.1991 – 30.09.1993	Riesa
112 744	Dresden	02.11.1991 – .09.1993	Riesa
112 771	Reichenbach (Vogtl)	30.05.1990 – 27.09.1991	Dresden
112 786	Dresden	. .1985 – 24.05.1990	Aue (Sachs)
112 788	Dresden	13.12.1985 – 18.11.1988	Brandenburg
112 816	Gera	. .1990 – 28.10.1991	Dresden

△ **Bild 349** • Lokomotiven der Baureihe 219, bis 1992 Baureihe 119, schafften es zwar nicht in den Fahrzeugbestand des Bw Nossen, wurden aber ab Sommerfahrplan 1992 von dessen Personal besetzt. Im Mai 1992 entstand dieses Aufnahme der 219 123 (Bw Zittau) im Nossener Bahnbetriebswerk. Die Lok diente der Personalschulung.

7.30 Die Baureihe 119 (ab 1992: 219)

Nein, im Bw Nossen waren nie „U-Boote" beheimatet. Dennoch muss die Baureihe 119 bzw. 219 in einem Buch über die Geschichte dieses Bahnbetriebswerkes erwähnt werden. Aus folgendem Grund: Ab dem 31. Mai 1992 führte die Deutsche Reichsbahn eine Eilzugverbindung Zittau – Dresden-Neustadt – Döbeln – Leipzig ein. Bespannt wurden die Züge mit Diesellokomotiven der Baureihe 219 des Bw Zittau. Allerdings: Personal des Bw Nossen besetzte zwei dieser Maschinen in deren Umlauf zwischen Dresden-Neustadt, Nossen, Döbeln und Leipzig. Dabei wurden nachfolgende Züge befördert:

E 4538	Dresden-Neustadt – Döbeln
E 4531	Döbeln – Dresden-Neustadt
E 4112	Dresden-Neustadt – Leipzig
E 4101	Leipzig – Dresden-Neustadt
E 4114	Dresden-Neustadt – Leipzig
P 5279	Leipzig – Rochlitz
P 5262	Rochlitz – Leipzig
E 4103	Leipzig – Dresden-Neustadt
E 4106	Dresden-Neustadt – Leipzig
E 4109	Leipzig – Dresden-Neustadt
E 4108	Dresden-Neustadt – Leipzig
E 4111	Leipzig – Dresden-Neustadt
E 4104	Dresden-Neustadt – Leipzig
E 4107	Leipzig – Dresden-Neustadt

Diese Leistungen wurden auch nach der Auflösung des Bw Nossen zum 31. Dezember 1993 von Nossener Lokführern – nun unter Regie des Bh Riesa – weitergeführt.

Bild 350 ▷ Um die Nossener Lokführer auf ihren „U-Boot-Einsatz" vorzubereiten, wurde eine 219 bereits vor dem Fahrplanwechsel im Mai 1992 in einem Umlauf der Baureihe 110 eingebunden. Hier verlässt 219 037 mit einem Eilzug nach Leipzig den Bahnhof Nossen. Zu diesem Zeitpunkt wurde die Fassade des Sozialgebäudes im Bw Nossen renoviert.

Aufnahmen (2): Marco Heyde

△ **Bild 351** • Auch nach dem Ende des hiesigen Bahnbetriebswerkes kamen weiterhin Lokomotiven der Baureihe 219 nach Nossen – und sei es nur zum Tanken, wie hier 219 093 am 6. Juli 1994.

7.31 Die Baureihe 242

Ja, auch die elektrische Traktion spielt in der Historie des Bw Nossen eine Rolle! Ab dem 28. September 1980 besetzte Nossener Personal eine Elektrolokomotive der Baureihe 242 (bis 1970: E 42) des Bw Dresden. Sie fuhren im Dresdner Plan 08 (3 × Baureihe 242) S-Bahn-Züge von Meißen-Triebischtal nach Dresden, Pirna, Schöna und Tharandt. Mit Beginn des Sommerfahrplans 1985 kam noch eine zweite „Nossener 242" hinzu. Im Jahr 1988 begann die Ablösung der Elloks der Baureihe 242 im S-Bahn-Dienst durch jene der Baureihe 243.

7.32 Die Baureihe 243

Mit der Übernahme von Leistungen auf den Dresdner-S-Bahn-Linien durch die Baureihe 243 gelangten Lokführer des Bw Nossen auch auf diese Loks. Wie zuvor bei der Baureihe 242 besetzte Nossener Personal von 1988 bis 1993 zwei Dresdner 243 im S-Bahn-Dienst auf der Strecke Meißen-Triebischtal – Dresden – Schöna.

Vom 29. Mai 1988 bis zum 27. Mai 1989 besetzten Nossener Lokführer noch eine weitere 243 des Bw Dresden, die von Riesa aus eingesetzt wurde. Ihr Umlauf sah wie folgt aus:

P 3970 Riesa – Uckro
P 5701 Uckro – Elsterwerda
P 9937 Elsterwerda – Riesa

8 Nossener Loks als Museumsfahrzeuge

Im Verlauf des Bestehens des Bahnbetriebswerkes Nossen befanden sich auch entsprechend zahlreiche Fahrzeuge in dessen Bestand. Einige dieser Lokomotiven sind bis heute erhalten und haben z. T. den Status einer Museumslok erreicht.

8.1 23 1021

Baujahr: 1958
Fabriknummer: 123021
Hersteller: VEB Lokomotivbau „Karl Marx" Babelsberg

Zu den im Bw Nossen beheimateten Lokomotiven der Baureihe 23^{10} (ab 1970: 35^{10}) gehörte auch 23 1021, die sich vom 8. Juni

△ **Bild 352** • 219 091 steht am 20. Juni 1998 an der Dieseltankstelle im ehemaligen Bw Nossen. Maschinen dieser Baureihe wurden auch von Personal der nunmehrigen Einsatzstelle des Bh Riesa besetzt.

Aufnahmen (2): Marco Heyde

△ **Bild 353** • An einem sonnigen Julitag des Jahres 1975 verlässt 35 1021 mit einem Personenzug den Bahnhof Döbeln. Die Lok war von Juni 1972 bis Mai 1977 in Nossen beheimatet und steht heute im „Oldtimer-, Eisenbahn- und Technik Museum" in Prora auf Rügen. Aufnahme: Wolfgang Ziemert, Sammlung Jörg Leuthardt

1972 bis zum 1. Mai 1977 im Nossener Bestand befand. Am 4. Juli 1977 wurde sie an den VEB Oberlausitzer Textilbetriebe Zittau verkauft. Im Jahr 1991 erwarb ein Privatmann die Lok und ließ sie in der MaLoWa-Bahnwerkstatt in Benndorf äußerlich aufarbeiten. Seit 1994 steht 23 1021 im heutigen „Oldtimer-Museum" in Prora auf Rügen.

8.2 23 1113

Baujahr: 1959
Fabriknummer: 123113
Hersteller: VEB Lokomotivbau „Karl Marx" Babelsberg

23 1113 war vom 14. Dezember 1961 bis zum 17. Juni 1976 im Bw Nossen beheimatet. Nach ihrer (vorläufigen) Abstellung am 18. Juni 1976 im Bw Karl-Marx-Stadt kam sie 1978 wieder zurück nach Nossen. Im Jahr 1981 erhielt sie im Raw Meiningen eine Hauptuntersuchung (L7) und stand ab dem 23. Dezember 1981 dem Bw Nossen wieder betriebsbereit zur Verfügung. Bis 1985 war sie regelmäßig im Plandienst zu erleben, danach beförderte sie nur

Bild 354 ▷ Im Sommer 1965 hat 23 1113 mit dem P 1510 (Dresden – Leipzig) den Bahnhof Roßwein verlassen und ist in Richtung Döbeln unterwegs.

Aufnahme: Patzschke, Slg. Gunter von Hartwig

Bild 355
Immerhin ist 23 1113 auch als nicht betriebsfähige Museumslok in Nossen in einem ihrer früheren Heimat-Bw untergebracht: Am 5. Mai 2012 steht sie auf der dortigen Drehscheibe.

Aufnahme: Simon Steinbrink

noch Sonderzüge. Im April 1991 wurde sie mit Ablauf der Kesselfrist abgestellt. Private Bemühungen, die im Eigentum des DB Museum befindliche Lok wieder betriebsfähig aufzuarbeiten, scheiterten. Seit mehreren Jahren ist 23 1113 im Lokschuppen in Nossen untergebracht und wird dort vom Verein „IG Dampflok Nossen" betreut.

8.3 38 205

Baujahr: 1910
Fabriknummer: 3387
Hersteller: Sächsische Maschinenfabrik, vormals Richard Hartmann AG Chemnitz

Vom 21. Juni 1962 bis zu ihrer z-Stellung am 4. September 1968 war Nossen das Heimat-Bw für 38 205. Im Jahr 1979 erhielt sie im Raw Meiningen eine Hauptuntersuchung (L7) und kam anschließend zum Bw Karl-Marx-Stadt, von wo aus sie als Traditionslokomotive der Deutschen Reichsbahn vor zahlreichen Sonderzügen zum Einsatz kam. Am 4. April 1998 wurde sie wegen Ablauf der Fahrwerksfrist abgestellt und ist seitdem als kalte Museumslok im Sächsischen Eisenbahnmuseum Chemnitz-Hilbersdorf hinterstellt.

Bild 356
Anlässlich des Jubiläums „100 Jahre Eisenbahnlinie Nossen – Lommatzsch" vom 4. bis zum 7. Oktober 1980 weilte 38 205 wieder einmal in ihrer alten Dienststelle Nossen. Am 6. Oktober 1980 fährt sie im dortigen Bw auf die Drehscheibe.

Aufnahme: Rainer Heinrich

Bild 357
Auch nach ihrer Abstellung im Jahr 1998 blieb 38 205 weiterhin in Chemnitz beheimatet. Sie gehört heute zur umfangreichen Fahrzeugsammlung des Sächsischen Eisenbahnmuseums in Chemnitz-Hilbersdorf. Die Aufnahme zeigt den „Rollwagen" dort am 20. August 2017. Nebenan steht mit 110 025 eine weitere ehemalige Nossener Maschine.

Aufnahme: Simon Steinbrink

△ **Bild 358** • Noch im Planeinsatz befand sich 50 1002 am 24. April 1983, als sie vom Nossener Güterbahnhof kommend in ihr Heimat-Bw einrückt und dabei 50 1298 passiert.

AUFNAHME: JOACHIM VOLKHARDT

8.4 50 1002

Baujahr: 1940
Fabriknummer: 3427
Hersteller: Lokomotivenfabrik Schichau in Elbing

50 1002 war fast 15 Jahre – vom 20. Februar 1970 bis zum 30. Dezember 1985 – im Bw Nossen stationiert. Eine gewisse Berühmtheit erlangte diese Lok, nachdem sie im Frühjahr 1978 mit Wagner-Windleitblechen ausgestattet wurde und damit im Plan- und Sonderzugdienst zu erleben war. Am 1. Januar 1986 wurde sie in den z-Park überstellt.

Im Jahr 1991 kaufte die Österreichische Gesellschaft für Eisenbahngeschichte e. V. (ÖGEG) die Lok und überführte sie mit zahlreichen weiteren ehemaligen DR-Dampfloks im Dezember 1992 zunächst nach Linz, später kam sie in das Eisenbahnmuseum der ÖGEG in Ampflwang.

Bild 359 ▷
Ein adretter junger Mann hat am 11. Mai 1985 in Nossen seine Position am Tender der 50 1002 eingenommen und wartet „verbissen" darauf, dass der Fotograf endlich auf den Auslöser drückt … Die „großohrige" Altbau-50 war damals neben 35 1113 für viele Eisenbahnfreunde die Starlok des Bw Nossen. Der junge Mann ist übrigens der Eisenbahn und speziell den Dampflokomotiven treugeblieben.

AUFNAHME: SAMMLUNG SEBASTIAN WERNER

△ **Bild 360** • 50 2146 war vom 1. Juni 1970 bis zum 14. November 1979 in Nossen beheimatet. Am 11. Juni 1972 fährt sie mit einem Güterzug nach Riesa durch den Bahnhof Lommatzsch. Auf dem Nebengleis wartet der DMV-Sonderzug von Dresden nach Oschatz, bespannt mit 24 009 und 64 1455, auf die Weiterfahrt. Der Transportpolizist schaut, dass keiner der anwesenden Eisenbahnfreunde über die Gleise geht. Aber ob dafür zwingend ein Hund zur Unterstützung notwendig war?

Aufnahme: Siegfried Brogsitter, Sammlung Dietmar Schlegel

8.5 50 2146

Baujahr: 1943
Fabriknummer: 2568
Hersteller: Lokomotivfabrik Anglo Franco Belge in Raismes (Frankreich)

50 2146 war vom 3. März bis zum 2. November 1954 sowie vom 1. Juni 1970 bis zum 14. November 1979 im Bw Nossen beheimatet. Weitere Standorte waren nach 1979 die Bw Frankfurt (Oder), Görlitz und Glauchau (Sachs). Im Jahr 1990 erwarb der Verein Bayerisches Eisenbahnmuseum Nördlingen e. V. (BEM) die Lok, verkaufte sie allerdings schon am 28. Februar 1991 an die Partner für Fahrzeug-Ausstattung GmbH (heute: Oberpfälzische Waggon-Service GmbH) in Weiden (i. d. OPf.), die sie 1992 als Denkmal vor dem Werk aufstellen ließ. Um 50 2146 besser vor Witterungseinflüssen zu schützen, erhielt sie im Jahr 2014 eine Überdachung.

◁ **Bild 361**
Eine ehemalige Nossener Maschine als Denkmalslok in Weiden in der Oberpfalz: 50 2146 steht immerhin überdacht und in einem äußerlich ansprechenden Zustand bei der Oberpfälzischen Waggon-Service GmbH, hier aufgenommen am 21. Oktober 2023. Das Gebäude im Hintergrund ist übrigens das Landesamt für Finanzen – Dienststelle Weiden.

Aufnahmen: Charly Kissel

Bild 362 ▷ Im Mai 1979 steht 50 3014 mit einem kurzen Güterzug in Richtung Döbeln zur Abfahrt bereit im Bahnhof Nossen.

Aufnahme: Wolfgang Nitzsche

8.6 50 3014

Baujahr: 1942
Fabriknummer: 4505
Hersteller: Maschinenfab. Esslingen

Diese Lok war vom 19. Mai 1978 bis zum 25. Oktober 1979 im Bw Nossen beheimatet. Am 26. Oktober 1979 wurde 50 3014 zum Bw Dresden umbeheimatet und am 23. Juli 1982 offiziell in den z-Park überstellt. Zu diesem Zeitpunkt war diese Altbau-50 bereits an einen westdeutschen Privatmann verkauft, denn sie gelangte an jenem Tag mit 01 204, 52 1423 und 52 2093 über Gerstungen in die Bundesrepublik. Nach einigen Jahren der Abstellung in St. Wendel befindet sich 50 3014 seit 1987 im Eisenbahnmuseum Hermeskeil.

△ **Bild 363** • Mit einem Güterzug ist 50 3014 am 26. Mai 1979 unterwegs bei Riesa. Aufnahme: Hans-Dieter Rändler

△ **Bild 364** • 50 3014 pausiert am 7. Juni 1980 in ihrem Heimat-Bw Nossen. Aufnahme: Hans Sittner, Sammlung Jörg Leuthardt

◁ **Bild 365**
Im Jahr 1985 ist 50 3539 im Bahnhof Nossen abgestellt. Sie war vom 29. September 1978 bis zu ihrer z-Stellung am 20. November 1991 im Bw Nossen beheimatet und diente zuletzt als Heizlok.

Aufnahme: Studio Krüger, Nossen

△ **Bild 366** • 50 3539 am 12. Februar 1991 – der letzte Tag als Heizlok. Aufnahme: Marco Heyde

8.7 50 3539

Baujahr: 1942
Fabriknummer: 26604
Hersteller: Henschel (Kassel)
Rekonstruktion: Raw Stendal, 1958, aus 50 2273

Auf eine Beheimatungsdauer von 13 Jahren im Bw Nossen brachte es 50 3539. Sie befand sich vom 29. September 1978 bis zum 20. November 1991 in dessen Bestandslisten. Im Oktober 1992 wurde diese Reko-50 an den BEM e. V. in Nördlingen verkauft. Nach ihrer Aufarbeitung war die Lok von Juni 1997 bis Mai 2005 wieder betriebsfähig, wechselte in diesem Zeitraum

◁ **Bild 367**
Ja, das ist (oder war) 50 3539! Die ehemalige Nossener Maschine wurde im Stil einer DB-Altbau-50 rückgebaut und erhielt ihre alte Nummer 50 2273 wieder. Die betriebsfähige Aufarbeitung war im Herbst 2023 bereits fast abgeschlossen. Die Aufnahme zeigt die Lok am 23. August 2023 in Weissach.

Aufnahme: Marcus Benz

allerdings mehrfach den Besitzer. Stand September 2023 ist 50 3539 an den Verein Unterländer Eisenbahnfreunde Heilbronn e. V. verliehen, der die Lok in den Zustand einer DB-Altbaulok zurückgebaut hat. Die Wiederinbetriebnahme der Maschine als 50 2273 ist fest vorgesehen.

8.8 52 6666

Baujahr: 1943
Fabriknummer: 1492
Hersteller: Škoda, Pilsen
Zu den bekanntesten Traditionslokomotiven gehört die 52 6666, die vom 28. Oktober 1943 bis Mai 1946 im Bw Nossen beheimatet war und anschließend in der Rbd Berlin zum Einsatz kam. Sie wurde 1983 in den offiziellen Bestand der Traditionsloks aufgenommen. Nach Ablauf der Kesselfrist am 30. Juni 1994 endete ihre betriebsfähige Einsatzzeit als Museumslok. Sie ist bei den Dampflokfreunden Berlin e. V. im ehemaligen Bw Berlin-Schöneweide – ihrem langjährigen Heimat-Bw – hinterstellt.

△ **Bild 368** • Die aufgrund ihrer markanten Loknummer berühmte, ehemalige Nossener 52 6666 befindet sich in Obhut der Dampflokfreunde Berlin e. V. im langjährigen Heimat-Bw der Lok in Berlin-Schöneweide. Die Aufnahme entstand dort am 11. Juni 2022. AUFNAHME: MARTIN BÜTTNER

8.9 99 539

Baujahr: 1899
Fabriknummer: 2381
Hersteller: Sächsische Maschinenfabrik vormals Richard Hartmann AG Chemnitz
Die sächsische IV K 99 539 war von 1938 bis 1946 und vom 1. November 1967 bis zum 31. Dezember 1993 im Bw Nossen beheimatet. Bereits seit 1974 wird sie als Traditionslokomotive auf der Strecke Radebeul Ost – Radeburg eingesetzt und erhielt dafür im Jahr 1977 eine Lackierung in grüner Länderbahnfarbgebung.

8.10 99 713

Baujahr: 1927
Fabriknummer: 4670
Hersteller: Sächsische Maschinenfabrik, vormals Richard Hartmann AG Chemnitz
Von 1935 bis 1946 sowie vom 20. Juni 1975 bis zum 31. Dezember 1993 befand sich 99 713 im Bestand des Bw Nossen. Seit 2007 ist sie im Eigentum der Sächsischen Dampfeisenbahngesellschaft (SDG) und kommt auf der Strecke Radebeul Ost – Radeburg zum Einsatz.

8.11 99 715

Baujahr: 1927
Fabriknummer: 4673
Hersteller: Sächsische Maschinenfabrik, vormals Richard Hartmann AG Chemnitz
99 715 war von 1938 bis 1946 und vom 1. Januar 1973 bis zum Dezember 1991 im Bw Nossen beheimatet. Dann erwarb die „GbR 99 715 Wilsdruff“ die Lok, die seit Herbst 1973 in Radebeul Ost vor dem dortigen Museumszug „kalt“ abgestellt war. Von August 2002 bis April 2003 wurde 99 715 im Dampflokwerk Meiningen wie-

Bild 369 ▷ Die sächsische IV K Nr. 132 – alias 99 539 – präsentiert sich als Traditionslok in grün-schwarzer Farbgebung. Am 4. April 2021 war die Lok mit dem Traditionszug der Lößnitzgrundbahn unterwegs von Radebeul Ost nach Radeburg, aufgenommen zwischen Moritzburg und Radeburg. AUFNAHME: FRANK HEILMANN

◁ **Bild 370**
Die von einer Gesellschaft bürgerlichen Rechts erworbene 99 715 wurde 1994 nach Nossen überführt, wo sie am 16. September auf einem Schmalspurtransportwagen auf der dortigen Drehscheibe präsentiert wurde.

◁ **Bild 371**
Auf dem noch vorhanden Reparaturgleis für Schmalspurlok im Bw Nossen fanden anschließend an der Lok Ausbesserungsarbeiten statt, wie hier an den Wasserkästen (18. Dezember 1994).

◁ **Bild 372**
Am 9. Oktober 1999 verließ 99 715 das ehemalige Bw Nossen und wurde nach Zittau überführt.

Aufnahmen (3): Marco Heyde

der betriebsfähig aufgearbeitet. Seit August 2004 ist sie als Leihgabe bei der IG Preßnitztalbahn e. V. im Einsatz.

8.12 110 143

Baujahr: 1969
Fabriknummer: 12444
Hersteller: VEB Lokomotivbau Elektrotechnische Werke Hennigsdorf

Auch eine ehemalige Nossener 110 hat als Museumsfahrzeug „überlebt“: 110 143. Sie war vom 21. Mai 1977 bis zum 28. Februar 1979 in Nossen beheimatet. Am 29. Febar 1977 wurde sie zum Bw Rostock abgegeben. Dort im November 1995 ausgemustert, wechselte sie in den Bestand des DB Museums und kam als Leihgabe an den Verein Mecklenburgische Eisenbahnfreunde e. V. in Schwerin. Die Lok ist im Mecklenburgischen Eisenbahn- und Technikmuseum Schwerin ausgestellt.

9 Sonderfahrten nach Nossen

In der DDR wurde an jedem zweiten Sonntag im Juni der „Tag des Eisenbahners“ gefeiert. Der Bezirksvorstand Dresden des Deutschen Modelleisenbahn-Verbandes der DDR (DMV) organisierte an diesem Tag ab 1970 mit Unterstützung der Rbd Dresden regelmäßig Sonderfahrten.

△ **Bild 373** • 99 715 war vom 16. September 1994 bis November 1999 auf dem Schmalspur-Reparaturgleis im Bw Nossen hinterstellt, hier aufgenommen am 28. März 1998. Die Lok gehört der „GbR 99 715 Wilsdruff“ und ist seit 2004 auf der Preßnitztalbahn im Einsatz. AUFNAHME: GUNTER VON HARTWIG

Sonntag, 14. Juni 1970

An jenem Tag bespannten die Nossener 38 308 und 75 515 einen Sonderzug von Dresden über Meißen nach Nossen. In Nossen gab es eine längere Pause, in der die Fahrtteilnehmer das Bahnbetriebswerk besichtigen durften. Dort erwartet sie ein wahres Dampflokparadies! Unter Dampf standen: 35 1010, 35 1037, 35 1056, 35 1106, 50 1333, 50 1504, 50 2146, 50 3027, 50 3093, 58 1023, 58 1447 und 86 1548. Die Loks wurden für die Bw-Besucher auf die Drehscheibe gefahren und diese so gedreht, dass jeder seine optimale Fotoposition finden konnte. Im Bw-Gelände waren zudem 38 291, 58 214, 58 446, 58 1535, 58 1732 und 58 1797 abgestellt, die alle auf ihre Ausmusterung warteten. Nach der Bw-Besichtigung und einer Mittagspause fuhr der Sonderzug mit der Zuglok 38 308 und 75 515 als Vorspannlok über Freiberg (Sachs) zurück nach Dresden.

Sonntag, 11. Juni 1972

An diesem 11. Juni 1972 fand eine Sonderfahrt mit 24 009 (ab Mai 1970: 37 1009) vom Bw Stendal und 64 1455 (Bw Dresden) statt. Die Fahrt führte von Dresden über Nossen, Lommatzsch und Riesa nach Oschatz. In Oschatz stiegen die Fahrtteilnehmer in einen Schmalspurzug um, den 99 569 nach Mügeln beförderte. Dort konnte im Bahnhof und in der zum Bw Nossen gehörende Lokeinsatzstelle ausgiebig fotografiert werden. Vor dem Mügelner Lokschuppen fand mit 99 542, 99 562, 99 563, 99 569, 99 574 und 99 1608 eine kleine Lokparade statt. Auf der Rückfahrt nach Oschatz bespannte 99 563 den Sonderzug. Von Oschatz ging die Fahrt mit 64 1455 als Zug- und 24 009 als Vorspannlok über Riesa direkt zurück nach Dresden.

Sonntag, 10. Juni 1979

Am 10. Juni 1979 bespannte die wieder betriebsfähig aufgearbeitete Dresdner Traditionslok 03 001 einen Sonderzug von Dresden über Elsterwerda nach Wülknitz bei Riesa. In Wülknitz übernahmen 58 3039 als Zug- und 58 3052 als Vorspannlok den Wagenpark und brachten ihn über Riesa nach Nossen. Diese Fahrt galt als Abschiedsfahrt für die Riesaer 58^{30}, denn mit dem Sommerfahrplan 1979 endete der Einsatz dieser Baureihe im Bw Riesa. Im Bw Nossen konnten an jenem Tag neben den drei Gastlokomotiven 03 001, 58 3039 und 58 3052 noch 50 1002, 50 1432, 50 3014, 50 3657 und 93 230 sowie die Dielloko-

△ **Bild 374** • Zum Tag des Eisenbahners 1970, am Sonntag, den 14. Juni, fand eine Rundfahrt Dresden – Nossen – Freiberg (Sachs) – Dresden mit den sächsischen Lokomotiven 38 308 und 75 515 statt. Im Bw Nossen durfte an jenem Tag von den Eisenbahnfreunden legal fotografiert werden, und so entstand diese Aufnahme mit 38 308 sowie der im Plandienst stehenden 50 3093. AUFNAHME: UWE FRIEDRICH, SAMMLUNG DANIELA NESTLER

△ **Bild 375** • Am 11. Juni 1972 stehen 99 574 und 99 608 vor dem Mügelner Lokschuppen und werden von den Teilnehmern der Sonderfahrt anlässlich des Tages des Eisenbahners ausgiebig fotografiet. Diese kamen mit einem Sonderzug, bespannt mit 99 569, aus Oschatz nach Mügeln. AUFNAHME: SIEGFRIED BROGSITTER, SLG. DIETMAR SCHLEGEL

motiven 106 802, 106 852, 106 886, 110 130, 110 162, 110 169, 110 202, 110 235 und 110 452 besichtigt werden. Die Rückfahrt nach Dresden übernahmen 03 001 als Zuglok und 50 1002 als Vorspannlok.

4. – 7. Oktober 1980
„100 Jahre Nossen – Lommatzsch“
Die Strecke Lommatzsch – Nossen feierte am 15. Oktober 1980 ihr 100-jähriges Bestehen. Im Herbst 1980 organisierte der Dienstort Nossen (Bahnhof und Bw) erstmals ein eigenes Bahnhofsfest, das wegen seines Umfanges und der guten Organisation zum Maßstab für weitere Großveranstaltungen dieser Art werden sollte.

Das Verkehrsmuseum Dresden und die Rbd Dresden hatten für dieses Streckenjubiläum einen Großteil des damals noch relativ bescheidenen Parks an betriebsfähigen Museums-Dampfloks nach Nossen überführt. Es waren vor Ort: 38 205 (Bw Karl-Marx Stadt), 50 849 (Bw Reichenbach/Vogtl), 86 001 (Bw Aue) und 89 6009 (Bw Dresden). Die Maschinen 38 205, 50 849, 50 1002 und 86 001 bespannten abwechselnd den Zwickauer Traditionszug, der zweimal täglich zwischen Nossen und Lommatzsch pendelte. Großes Interesse fanden auch die beiden mit großen Windleitblechen ausgerüsteten 50 849 und 50 1002. Am Freiberger Bahnsteig in Nossen gab es eine Lokausstellung, an der neben den bereits genannten Dampfloks auch 35 1113 und 58 261 sowie eine Diesellok der Baureihe 106 teilnahmen. Am 5. und 7. Oktober ließ der DMV-Bezirksvorstand Dresden zusätzlich einen Sonderzug mit der Traditionslok 03 001 von Dresden nach Nossen verkehren. Im besonderen Maße umrahmten die planmäßig im Gü-

◁ **Bild 376**
Bw Nossen am 10. Juni 1979: Kleine Fahrzeugausstellung für die anwesenden Sonderfahrtteilnehmer mit den Gastloks 58 3039 und 58 3052 sowie den einheimischen 50 3014 und 50 3657.

AUFNHAME: GUNTER VON HARTWIG

△ **Bild 377** • Am 6. Oktober 1980 kam es an der Drehscheibe des Bw Nossen zu diesem Zusammentreffen der DR-Traditionslokomotiven 89 6009 vom Bw Dresden, 86 001 vom Bw Aue und 38 205 vom Bw Karl-Marx-Stadt.

△ **Bild 378** • Am 31. August 1983 fährt 99 794 mit einem Personenzug aus Freital-Hainsberg in den Bahnhof Kurort Kipsdorf ein. Auf dem Nachbargleis stehen 99 734 und 99 713. Sie haben anlässlich des Jubiläums „100 Jahre Freital-Hainsberg – Kurort Kipsdorf" einen Sonderzug bespannt.

Aufnahmen (2): Rainer Heinrich

◁ **Bild 379**
Rainer Heinrich fotografierte am 12. Mai 1985 das Teiben vor dem Nossener Lokschuppen. Im Vordergrund ist die Grabenräum-Lok 110 970 zu sehen und auf der Drehscheibe steht 86 001 vom Bw Aue.

terzugdienst eingesetzten 50 3539 und 50 3581 das Streckenjubiläum. Die viertägige Festveranstaltung war ein voller Erfolg und zog tausende Besucher an.

27. August – 4. September 1983
„100 Jahre Freital-Hainsberg – Kurort Kipsdorf"
Anlässlich dieses Streckenjubiläums kamen vom 27. August bis zum 4. September 1983 die Radebeuler Traditionslokomotiven 99 539 und 99 713 gemeinsam mit der Hainsberger Einheitslok 99 734 vor Sonderzügen zwischen Freital-Hainsberg und Kurort Kipsdorf zum Einsatz. Vor den planmäßig verkehrenden Personen- und Güterzügen leisteten in dieser Zeit 99 747, 99 776, 99 787 und 99 794 ihre Dienste.

Auf dem Güterbahnhof in Freital-Hainsberg fand an den Festtagen zudem eine kleine Fahrzeugausstellung mit den Museumslokomotiven 01 137, 19 017, 38 205, 98 001, der Diesellok 119 143 und einer Ellok der Baureihe 250 statt.

11./12. Mai 1985
Unter dem Motto „150 Jahre Deutsche Eisenbahn – 40 Jahre Eisenbahn in Volkes Hand" veranstalteten die DMV-Bezirksvorstände Dresden und Halle (S) sowohl am 11. als auch am 12. Mai 1985 Sternfahrten mit drei Sonderzügen nach Nossen. Sonderzug Nummer 1 fuhr mit 01 137 und 03 001 von Dresden über Meißen nach Nossen, Sonderzug Nummer 2 kam – bespannt mit 50 849 und 58 3047 – von Zwickau über Karl-Marx-Stadt und Döbeln nach Nossen, und der von 38 1182

△ **Bild 380** • Bei den Feierlichkeiten am 11./12. Mai 1985 war auch die Traditionslok aus dem Bw Reichenbach (Vogtl) – Est Zwickau –, 50 849, in Nossen zu Gast. Hier präsentiert sich die „großohrige" Lok am 12. Mai den Besuchern auf der Drehscheibe des Nossener Bahnbetriebswerkes.

Aufnahmen (2): Rainer Heinrich

Bild 381 ▷ Lokparade am 12. Mai 1985 im Bahnhof Nossen: Zu sehen sind 58 3047, 50 849, 01 137, 35 1113, 03 001, 38 1182 und 38 205.

Aufnahme: Rainer Heinrich

und 38 205 beförderte Sonderzug Nummer 3 nahm seinen Laufweg von Leipzig über Leisnig und Döbeln nach Nossen. In Nossen selbst kamen noch 35 1113, 50 1002, 74 1230, 86 001 und 89 6009 zum Einsatz, u. a. bei Pendelfahrten mit den Wagen des „Veltener Traditionszuges“ zwischen Nossen und Großvoigtsberg. Gleichzeitig waren 50 3539, 50 3540 und 50 3603 noch planmäßig vor Zügen nach Meißen, Riesa und Döbeln im Einsatz, die mindestens genauso ein Interesse bei den Besuchern erweckten wie die Traditionslokomotiven. Die zweitägige Veranstaltung brachte erneut tausende Besucher nach Nossen und wurde zu einem wahren Volksfest.

16./17. Juli 1988
„120 Jahre Eisenbahn in Nossen“
Anlässlich des Jubiläums „120 Jahre Döbeln – Nossen“ gab es am 16. und 17. Juli 1988 in Nossen eine kleine Lokausstellung am Freiberger Bahnsteig mit 35 1113, 50 1002, 50 3536, 106 344 und 110 202. Es wurden auch wieder Sonderfahrten mit dem Veltener Traditionszug zwischen Nossen und Großvoigtsberg durchgeführt. Zum Einsatz kamen dabei 35 1113, 50 2740 und 86 501, zudem verkehrten zwei Sonderzüge nach Nossen: aus Dresden mit 38 1182 und von Radebeul Ost mit 50 849.

seit 1992
Im Jahr 1992 wurde der Verein IG Dampflok Nossen e. V. gegründet. Dieser übernahm später den Nossener Lokschuppen mit den Lokomotiven 35 1113, 52 8047, 110 101 und 234 304. Der Verein veranstaltet einmal im Jahr ein Eisenbahnfest.

△ **Bild 382** • Fast wie „In alten Zeiten“ war es am 28. August 2010 im ehemaligen Bw Nossen. Zum Eisenbahnfest trafen sich u. a. 58 3047, 50 849, 35 1097 und 35 1113. Immerhin drei der vier Loks standen auch 1985 in einer Reihe – siehe Bild oben.

Aufnahme: Simon Steinbrink

10 Unfälle

Die im Bw Nossen beheimateten Lokomotiven blieben selbstverständlich von Unfällen nicht verschont. Die folgende Auflistung umfasst alle bekannten größeren Unfälle im Bahnhof Nossen und mit Nossener Lokomotiven auf Unterwegs- bzw Wendebahnhöfen und beschränkt sich auf Ereignisse mit Normalspurloks.

29. Mai 1946
Bei Mulda prallte der KP („Kleiner Personenzug") 3025 mit einem Lkw zusammen.

14. November 1946
38 314 entgleiste in Döbeln Nord mit allen Achsen

18. März 1947
In Nossen kam es zu einem Auffahrunfall mit 38 270 des Bw Dresden-Friedrichstadt.

3. Juli 1947
In Döbeln Nord entgleiste 38 209 mit allen Achsen.

22. Dezember 1947
38 3496 fuhr in Nossen auf einen Gleisabschluss und entgleiste mit vier Achsen.

26. Dezember 1947
In Nossen entgleiste 56 129 mit allen Tenderachsen.

19. August 1949
Bei Gleisberg-Marbach rollten „entlaufene" Wagen auf 56 159.

9. Februar 1950
56 112 entgleiste in Nossen mit allen Tenderachsen.

6. Oktober 1956
In Nossen kam es zu einer Flankenfahrt zwischen einer Lok der Baureihe 38 und einer Lok der Baureihe 56 des Bw Nossen.

23. September 1957
56 128 entgleiste in Nossen mit allen Achsen.

11. Mai 1958
Erneut war es 56 128, die in Nossen mit allen Achsen entgleiste.

29. März 1959
In Coswig fuhr 56 131 auf eine Wagengruppe auf.

10. April 1959
56 116 fuhr in Roßwein auf eine Wagengruppe auf.

27. April 1959
In Gleisberg-Marbach entgleiste 56 162 vor einem Nahgüterzug.

27. Februar 1960
38 323 entgleiste in Mulda mit allen Achsen.

7. Juli 1961
In Nossen fuhr 58 1040 auf einen Gleisabschluss und entgleiste mit allen Achsen.

6. Januar 1962
Bei Böhringen stieß 58 2051 vor einem Nahgüterzug mit einem Lkw zusammen.

15. Juli 1962
In Nossen entgleiste 58 1056 mit allen Tenderachsen.

6. November 1962
23 1106 entgleiste in Bad Schandau mit allen Tenderachsen.

18. Januar 1963
In Dresden-Altstadt entgleiste 38 222 mit dem Tender.

31. Mai 1963
38 314 entgleiste als rückkehrende Schiebelok in Nossen mit allen Achsen.

31. März 1964
In Radebeul West entgleiste 58 1265 mit allen Achsen.

3. Juni 1964
38 316 (Zuglok des P 3024) stieß bei Berthelsdorf mit einem Traktor zusammen.

29. September 1964
In Meißen entgleiste 58 1662 mit fünf Achsen.

27. Februar 1965
58 1606 entgleiste in Coswig mit allen Tenderachsen.

28. April 1965
38 282 fuhr in Niederau auf einen Gleisabschluss und entgleiste mit allen Achsen.

28. September 1965
In Dresden-Friedrichstadt entgleiste 58 408 mit dem Tender.

Bahnbetriebswerk Nossen
Tu

Nossen, den 1.3.1978

Aufstellung der Unfallschäden

Lok-Nr.	Tag des Unfalls	Art der Schäden	letzte Schadgruppe
50 1333	15.1.77	links Kreuzkopf gerissen	L5 13.10.75
50 2407	2.2.77	rechts Treibzapfen weggerissen	L6 30.12.76
50 3093	7.6.77	links Kreuzkopf angerissen (beim Auswaschen festgestellt)	L2 14.12.76
50 3113	17.8.77	rechts Kreuzkopf angerissen	L2 29.3.77
50 1992	1.7.77	rechts Treibstange gebrochen	L3 29.3.77
50 1992	18.8.77	rechts Kolbenstange verbogen	nach L0 1000 km
50 1992	14.12.77	rechts Treibzapfen abgerissen	nach L0 Kolbenstange 7500 km
50 2407	5.9.77	links Kreuzkopf angerissen	L6 30.12.76
50 2146	3.11.77	links Treibstange gerissen	L6 16.9.77
50 1002	12.2.78	rechts Kreuzkopf gerissen	L2 14.9.77
50 3138	22.2.78	rechts Treibstange gerissen	L6 31.10.77

△ **Bild 383** • Zu den nicht bei der Auflistung der Unfälle aufgeführten Ereignissen gehören Vorkommnisse wie die hier gelisteten Schäden am Triebwerk von Dampflokomotiven, die im schlimmsten Fall zu Unfällen führen und damit schwere Auswirkungen auf den Betriebsablauf haben können. Abbildung: Sammlung Martin Stams

20. Oktober 1965
38 351 entgleiste in Roßwein mit allen Achsen.

20. November 1965
In Nossen entgleiste 38 222 mit allen Tenderachsen.

2. Oktober 1966
58 1040 fuhr in Nossen auf 58 1606 auf.

15. Oktober 1966
In Nossen fuhr 58 1206 auf eine Wagengruppe auf.

23. Oktober 1966
58 1662 entgleiste in Gleisberg-Marbach mit dem Tender.

26. Dezember 1966
In Nossen entgleiste 38 332 mit dem Tender.

5. Januar 1967
58 446 entgleiste in Meißen mit dem Tender.

29. Januar 1967
In Böhringen fuhr ein Personenzug auf einen Nahgüterzug auf. Dabei entgleiste 50 1432.

7. Februar 1967
Im Bw Leipzig Süd fuhr 23 1106 auf eine abgestellte Lok auf.

26. April 1967
23 1111 entgleiste in Meißen-Triebischtal mit dem Tender.

21. August 1967
In Roßwein entgleiste 38 222 mit dem Tender.

29. Januar 1968
Bei Niederau entgleisten bei 38 333 alle Achsen.

18. Juni 1968
38 323 entgleiste in Meißen mit allen Achsen.

12. Juli 1968
In Nossen fuhr 58 2051 einer Wagengruppe in die Flanke.

21. November 1968
50 1308 wurde bei einer Flankenfahrt beschädigt.

18. September 1969
In Nossen kam es bei 23 1037 zu einem Brand im Führerhaus.

13. Dezember 1970
50 1992 entgleiste in Nossen mit vier Achsen.

12. April 1971
In Dresden Hbf entgleiste 35 1106 mit allen Achsen.

Bahnbetriebswerk Nossen
Abt.-Triebfahrzeugunterhaltung

Entgleisungen - Schmalspur

Datum	Lok-Nr.	Km	Strecke	Achse	Ursache
10.01.84	99 1773-3	3,8	Freital-Hainsbg.	4.KA	Schi enenstoß / Anlagen
13.01.84	99 1773-3	6,1	" "	LV	/ Anlagen
16.01.84	99 1791-5	6,3	" "	LV	Spurmaß(693,5mm) / RAW
16.01.84	99 1772-5	3,2	Radbeul-Ost	5.KA	Kupferdrahtprobe /Maschine
01.02.84	99 1773-3	6,05	Freital-Hainsbg.	LV	Bogenhalbmesser 47 mm / Anlagen
13.02.84	99 1772-5	0,824	Radeburg	1.KA	/ Anlagen
09.06.84	99 1746-9	16,335	Freital-Hainsbg.	5.KA	/ Anlagen
18.09.84	99 1781-6	6,3	" "	LV	Bogenhalbmesser 47,7 mm /Anlagen
09.11.84	99 1793-1	0,2	Radbeul-Ost	5.KA	
12.01.85	99 1781-6	Bf.	Rabenau	alle	Schnee u. Eis / EOH
16.01.85	99 1794-5	Bf.	XX Radeburg	LH	Schnee u. Eis /EOH
21.02.85	99 1779-0	6,4	Freital-Hainsbg.		
11.03.85	99 1794-9	5,9	Radebeul-Ost	5.KA	/Anlagen
18.03.85	99 1791-5	Bf.	Schmiedeberg	LV	Schnee u. Eis /EOH
31.03.85	99 1734-5	16,2	Freital-Hainsbg.	3.-5.KA	/Anlagen
06.04.85	99 1794-9	5,28	Radebeul-Ost	5.KA	/Anlagen
02.08.85	99 1776-6		Freital-Hainsbg.	1.+2.KA	
01.11.85	99 1781-6	4,625	Radebeul-Ost	LV	/Anlagen
04.11.85	99 1788-1	6,05	Freital-Hainsbg.	LV	/ dritte
15.11.85	99 1788-1	6,1	" "	LV	/ dritte
16.11.85	99 1788-1	15,67/ 15,7	" "	1.+2.KA	Anlagen/Dritte
02.12.85	99 1788-1	6,1	" "	LV	/dritte
03.12.85	99 1794-5	4,585	Radebeul-Ost	1.KA	/ dritte

△ **Bild 384** • Sind die Regelspurloks schon häufig entgleist, so zeigt diese Übersicht, was alleine 1984 und 1985 auf den Strecke Radebeul Ost – Radeburg und Freital-Hainsberg – Kurort Kipsdorf diesbezüglich los war.
ABBILDUNG: SAMMLUNG MARTIN STAMS

25. Februar 1973
35 1111 fuhr in Dresden Hbf auf einen Gleisabschluss und entgleiste.

17. Oktober 1974
Bei Prausitz stieß der von einer Nossener 50 bespannte Ng 62310 mit einem Traktor zusammen.

26. April 1975
In Mittelgrund (Děčín – Bad Schandau) fuhr der D 1278 mit der Zuglok 35 1047 dem TEM 41302 in die Flanke.

9. Oktober 1976
110 166 wurde bei einer Flankenfahrt beschädigt.

17. September 1978
Ebenfalls bei einer Flankenfahrt wurde 110 147 beschädigt.

15. Oktober 1978
In Nossen fuhr 50 3657 einer Wagengruppe in die Flanke.

2. Januar 1980
Der P 4724 mit 110 147 stieß bei bei Roßwein mit einem Lkw zusammen.

18. Januar 1985
Bei Roßwein kam es zum Zusammenstoß des Ng 62399 (Zuglok 106 886) mit einem Lkw.

28. Oktober 1989
Der P 4725 mit Zuglok 112 743 stieß bei Westerwitz-Hochweitzschen mit einem Traktor zusammen.

7. Mai 1990
In Großvoigtsberg prallte der Ng 64360 mit 112 166 und 112 780 auf einen Kranausleger.

Alle Angaben: Andreas Stange/Volker Lucas

11 Literatur- und Quellenverzeichnis

Autorengemeinschaft; Die Hauptbahn Borsdorf – Coswig; Wilsdruffer Bahnbücher (Hrsg); Nossen 2009

Becher, Udo; Die Leipzig-Dresdner Eisenbahn-Compagnie; Berlin 1981

Ebel, Jürgen-Ulrich/Schlegel, Dietmar/Stange, Andreas; Die Baureihe 23^{10}; Freiburg 2003

Endisch, Dirk; Die Baureihe 50 bei der Deutschen Reichsbahn, Stendal 2014

Endisch, Dirk; Das Bahnbetriebswerk Mügeln; Stendal 2019

Groß, Gerald/Lenhard, Dirk/Schlegel, Dietmar; Die Reko-50 der DR; Freiburg 2017

Horstmann, Heinrich/Schlegel, Dietmar; Die Baureihe 75^{5}; Freiburg 2016

Lenhard, Dirk/Schlegel, Dietmar/Stange, Andreas; Die Baureihe 52^{80}; Freiburg 2014

Lenhard, Dirk/Rost, Marko/Schlegel, Dietmar; Die Baureihen 99^{64-71} und 99^{19}; Freiburg 2012

Preuß, Erich; Sächsische Staatseisenbahnen; Berlin 1991

Rost, Marko/Schlegel, Dietmar; Das Bw Wilsdruff; Freiburg 2020

Schulz, Peter; Die Eisenbahn um Nossen zur Dampflokzeit; Deutscher Modelleisenbahn-Verband der DDR (Hrsg); 1988

Wunderwald, Peter; Das große Buch der Schmalspurbahn Freital-Potschappel – Nossen; Nossen 2021

Die Deutsche Reichsbahn vor 25 Jahren – 1970, Freiburg 1995

Die Deutsche Reichsbahn vor 25 Jahren – 1975, Freiburg 2000

Die Deutsche Reichsbahn vor 25 Jahren – 1980, Freiburg 2005

Die Deutsche Reichsbahn vor 25 Jahren – 1988, Freiburg 2013

Die Deutsche Reichsbahn vor 25 Jahren – 1989, Freiburg 2014

Die Deutsche Reichsbahn vor 25 Jahren – 1990, Freiburg 2015

Die Deutsche Reichsbahn vor 25 Jahren – 1991, Freiburg 2016

Dienstpläne und Triebfahrzeugumlaufpläne des Bw Nossen

Dienstunterlagen des Bw Nossen

Amtliche Schriftwechsel des Bw Nossen mit der Rbd Dresden

Kostenübersicht für Triebfahrzeuge des Bw Nossen

Buchfahrpläne der Reichsbahndirektion Dresden (1941, 1946, 1951)

Kursbücher der Deutschen Reichsbahn

Betriebsbücher der Baureihen 23^{10}, 38^{2-3}, 38^{10-40}, 50, 50^{35-37}, 52, 52^{80}, 56^{1}, 58, 75^{5}, 86, 99^{51-60}, 99^{64-71}, 99^{73-76}, 99^{77-79} und 110